Fourier Analysis

STEIN

푸리에 해석학

지은이 **Elias M. Stein, Rami Shakarchi**

Elias M. Stein(1931-2018) : 미국의 수학자로 조화해석학 분야의 선구자이자 대가로 꼽힌다. 그간의 공로를 인정받아 1999년에 세계 3대 수학상 중 하나인 울프상(Wolf Prize)을 수상했으며, 2001년에 국립 과학 훈장(National Medal of Science)을 받았다. 1955년 시카고 대학교에서 박사 학위를 취득했으며, 메사추세츠 공과대학교(MIT)와 시카고 대학교를 거쳐 프린스턴 대학교 수학과 교수로 재직했다. 2012년 명예교수로 은퇴하기 전까지 학부 수학을 위해 《프린스턴 해석학 시리즈》를 공동집필하는 등 교육에 힘을 쏟았다. 제자들도 마찬가지로 조화해석학 분야를 기반으로 다양한 업적을 이루었는데, 특히 찰스 페퍼먼(Charles Fefferman)이나 테렌스 타오(Terence Tao)가 필즈상(Fields Medal)을 수상하는 영예를 누렸다.

Rami Shakarchi : 2002년 프린스턴 대학교에서 수학과 박사 학위를 취득했으며 현재 금융 분야에서 일하고 있다. 찰스 페퍼먼 교수의 제자로, 대학원생 시절 Elias M. Stein 교수와 함께 《프린스턴 해석학 시리즈》를 공동집필했다.

옮긴이 **한빛수학교재연구소**

한빛수학교재연구소에서는 이공계열 공통 수학 및 수학 관련 학과 전공 교재에 적합한 번역서와 집필서를 기획하여 출간하고 있다.

감수 **이상혁**

포항공과대학교 수학과를 졸업한 뒤 동대학원에서 수학과 석사 학위와 박사 학위를 받았다. 위스콘신 대학교 수학과에서 밴 블렉(Van Vleck) 방문 조교수를 지냈으며, 현재 서울대학교 수리과학부 교수로 재직 중이다. 주요 연구 분야는 조화해석학과 편미분방정식이다.

STEIN 푸리에 해석학

초판발행 2022년 3월 18일
2쇄발행 2024년 8월 6일

지은이 Elias M. Stein, Rami Shakarchi
옮긴이 한빛수학교재연구소 / **감수** 이상혁 / **펴낸이** 전태호
펴낸곳 한빛아카데미(주) / **주소** 서울시 서대문구 연희로2길 62 한빛아카데미(주) 2층
전화 02-336-7112 / **팩스** 02-336-7199
등록 2013년 1월 14일 제2017-000063호 / **ISBN** 979-11-5664-596-2 93410

책임편집 김은정 / **기획 · 편집** 윤세은 / **교정** 류영표 / **진행** 윤세은
디자인 이아란 / **전산편집** 김강수, 안우혁, 백지선 / **제작** 박성우, 김정우
영업 김태진, 김성삼, 이정훈, 임현기, 이성훈, 김주성 / **마케팅** 김호철, 심지연

이 책에 대한 의견이나 오탈자 및 잘못된 내용은 출판사 홈페이지나 아래 이메일로 알려주십시오.
파본은 구매처에서 교환하실 수 있습니다. 책값은 뒤표지에 표시되어 있습니다.
홈페이지 www.hanbit.co.kr / 이메일 question@hanbit.co.kr

이 책은 LaTeX으로 조판되었으며, LaTeX 판면권은 한빛아카데미(주)에 있습니다.

Fourier Analysis

STEIN
푸리에 해석학

Elias M. Stein, Rami Shakarchi 지음
한빛수학교재연구소 옮김 이상혁 감수

지은이 머리말

프린스턴 대학교는 2000년 봄부터 해석학의 핵심 내용을 통합적으로 이해할 수 있도록 한 학기 분량인 네 과목을 일련의 강좌로 구성했다. 이 연쇄 강좌의 목적은 해석학의 다양한 분야 사이에 존재하는 유기적 통일성을 명확하게 드러내고, 학습 내용이 수학의 다른 분야와 과학에서 어떻게 응용되는지를 보여주는 데 있다. 이러한 강좌 내용을 《프린스턴 해석학 시리즈》 4권에 나누어 정리했다.

《프린스턴 해석학 시리즈》에서 다루는 주제를 개별적으로만 본다면 시중에 이미 훌륭한 교과서가 많이 나와 있음을 부정할 수 없다. 하지만 우리의 목표는 조금 달랐다. 《프린스턴 해석학 시리즈》를 통해 해석학의 다양한 세부 분야는 별개의 대상이 아니며 고도로 상호 연결되어 있음을 보여주려 했다. 우리의 관점과 해석학 교과서가 잘 만난다면 여러분이 해석학을 전체적으로 잘 이해할 수 있게끔 동기를 부여해 주리라 생각했다. 이러한 시너지 효과를 염두에 두고 해당 분야를 형성한 주요 아이디어와 정리에 집중했다. 서술 순서는 크게 각 분야가 발전한 역사적 흐름을 따랐다. 그러다 보니 때로는 엄밀하고 공리적인 접근 방식[systematic approach]을 포기해야 하기도 했다.

《프린스턴 해석학 시리즈》는 총 4권으로 구성했으며, 각각 한 학기 분량의 내용을 담았다. 각 도서의 주제를 요약하면 다음과 같다.

제1권 「STEIN 푸리에 해석학」 : 푸리에 급수와 적분
제2권 「STEIN 복소해석학」 : 복소해석학
제3권 「Real Analysis」 : 측도 이론, 르베그 적분, 힐베르트 공간
제4권 「Functional Analysis」 : 함수해석학, 분포, 확률론 등 추가 주제

한 가지 주의해야 할 점이 있다. 이 목록만 가지고는 각 주제가 어떻게 상호 작용하는지, 이 주제가 다른 분야에 어떻게 응용되는지에 대해 온전히 알지 못한다. 몇 가지 예를 보면 어떤 식으로 그림을 그릴지 예상할 수 있을 것이다.

(1) **(유한) 푸리에 급수** : 『STEIN 푸리에 해석학』에서 연구한 푸리에 급수는 디리클레 지표(Dirichlet characters)로 이어지며, 이를 바탕으로 "등차수열에 무한히 많은 소수가 있다."라는 명제를 증명할 수 있다.

(2) **엑스선과 라돈 변환** : 이 개념은 『STEIN 푸리에 해석학』에 여러 번 등장하며 『Real Analysis』에서 2차원과 3차원 속 베시코비치 류(Besicovitch–like) 집합을 이해하는 데 큰 도움을 준다.

(3) **파투 정리** : 원판에서 정의되고 유계인 복소해석적 함수를 경계로 확장할 수 있음을 보장하는 파투 정리(Fatou's theorem)는 『STEIN 푸리에 해석학』, 『STEIN 복소해석학』, 『Real Analysis』 세 권에

서 고유한 아이디어를 사용해 각기 다른 방식으로 증명한다.

(4) 세타함수 : 세타함수(theta function)는 『STEIN 푸리에 해석학』에서 열 방정식의 해를 찾을 때 처음 등장한다. 『STEIN 복소해석학』에서는 정수가 두 제곱수의 합 또는 네 제곱수의 합으로 표현될 수 있음을 증명할 때, 제타함수를 해석적으로 확장할 때 사용한다.

이 책의 토대가 된 강좌를 어떻게 운영했는지 소개하겠다. 각 강좌는 한 학기당 48시간씩 배정받았고 주어진 시간 내에서 집중적으로 수업을 진행했다. 수업이 원활하게 이루어질 수 있도록 매주 과제problem sets를 부과했는데, 이 책의 연습문제와 심화문제가 이러한 과제 역할을 대신한다. 각 장에는 본문 내용과 직접 연결되는 일련의 **연습문제**를 다양한 난이도로 수록했다. 어려운 문제에도 힌트를 적잖이 제시했으니 연습문제 대부분은 여러분이 스스로 풀 수 있으리라 생각한다. 더 어렵고 도전적인 **심화문제**도 있다. 가장 어려운 문제나 본문 내용을 벗어난 문제는 번호 앞에 별표(*)로 표시했다.

《프린스턴 해석학 시리즈》는 각각 매우 밀접하게 연관되어 있다. 특히 처음 세 권은 각각 극한, 급수, 미분가능한 함수, 리만 적분과 같은 해석학의 기본 주제와 선형대수학 일부를 풍부하게 다루어 선행 학습을 최소화했다. 따라서 수학을 비롯해 물리학, 공학, 금융공학 전공자들이 학부와 대학원을 가리지 않고 모두 이 책으로 공부할 수 있다고 자부한다.

《프린스턴 해석학 시리즈》를 출간하는 데 도움을 주신 분들이 무척 많다. 모든 분께 감사의 마음을 전할 수 있어 기쁘다. 특히 네 강좌를 모두 수강한 학생들에게 감사를 표한다. 학생들이 끊임없이 보내준 관심과 열정, 헌신을 원동력 삼아 이 책들을 출간할 수 있었다. 아드리안 배너Adrian Banner와 호세 루이스 로드리고Jose Luis Rodrigo는 각 수업을 진행할 때 큰 도움을 주고, 학생들이 수업에서 성과를 최대한 낼 수 있도록 노력했다. 특히 아드리안은 본문에 관해 여러 가지 의견을 주었으며, 큰 도움이 되었다.

특별히 다음 분들에게 감사한 마음을 전하고 싶다. 찰스 페퍼먼Charles Fefferman이 첫 주에 강의를 해주었기에 전체 프로젝트를 성공적으로 시작할 수 있었다. 파울 하겔스타인Paul Hagelstein은 원고 일부를 검토한데다 몇 주간 직접 강의했으며, 그다음 강좌도 강의해 주었다. 다니엘 레빈Daniel Levine은 증명을 꼼꼼히 읽고 귀중한 의견을 주었다. 마지막으로 저리 페크Gerree Pecht는 조판을 완벽하게 해주고 투명 필름이라거나 메모, 원고 등 강의에 필요한 자원을 준비해 주었다.

마지막으로 프린스턴 대학교 250주년 기금과 미국 국립과학재단NSF의 연구·교육 수직적 통합VIGRE 프로그램이 보내준 지원에 대해 깊은 감사를 표한다.

2002년 8월, 뉴저지 주 프린스턴 대학교에서

Elias M. Stein, Rami Shakarchi

미리보기

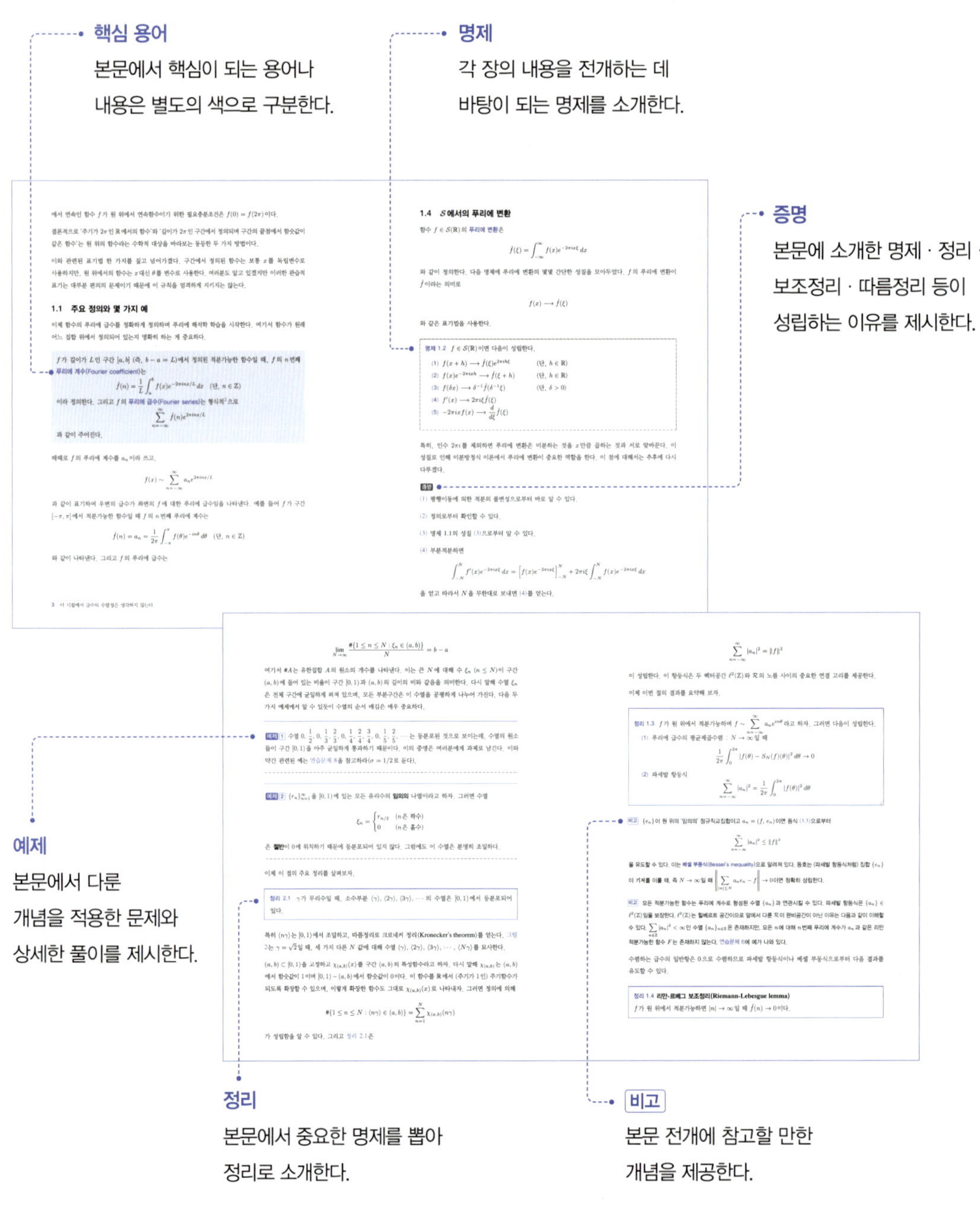

핵심 용어
본문에서 핵심이 되는 용어나 내용은 별도의 색으로 구분한다.

명제
각 장의 내용을 전개하는 데 바탕이 되는 명제를 소개한다.

증명
본문에 소개한 명제 · 정리 · 보조정리 · 따름정리 등이 성립하는 이유를 제시한다.

예제
본문에서 다룬 개념을 적용한 문제와 상세한 풀이를 제시한다.

정리
본문에서 중요한 명제를 뽑아 정리로 소개한다.

비고
본문 전개에 참고할 만한 개념을 제공한다.

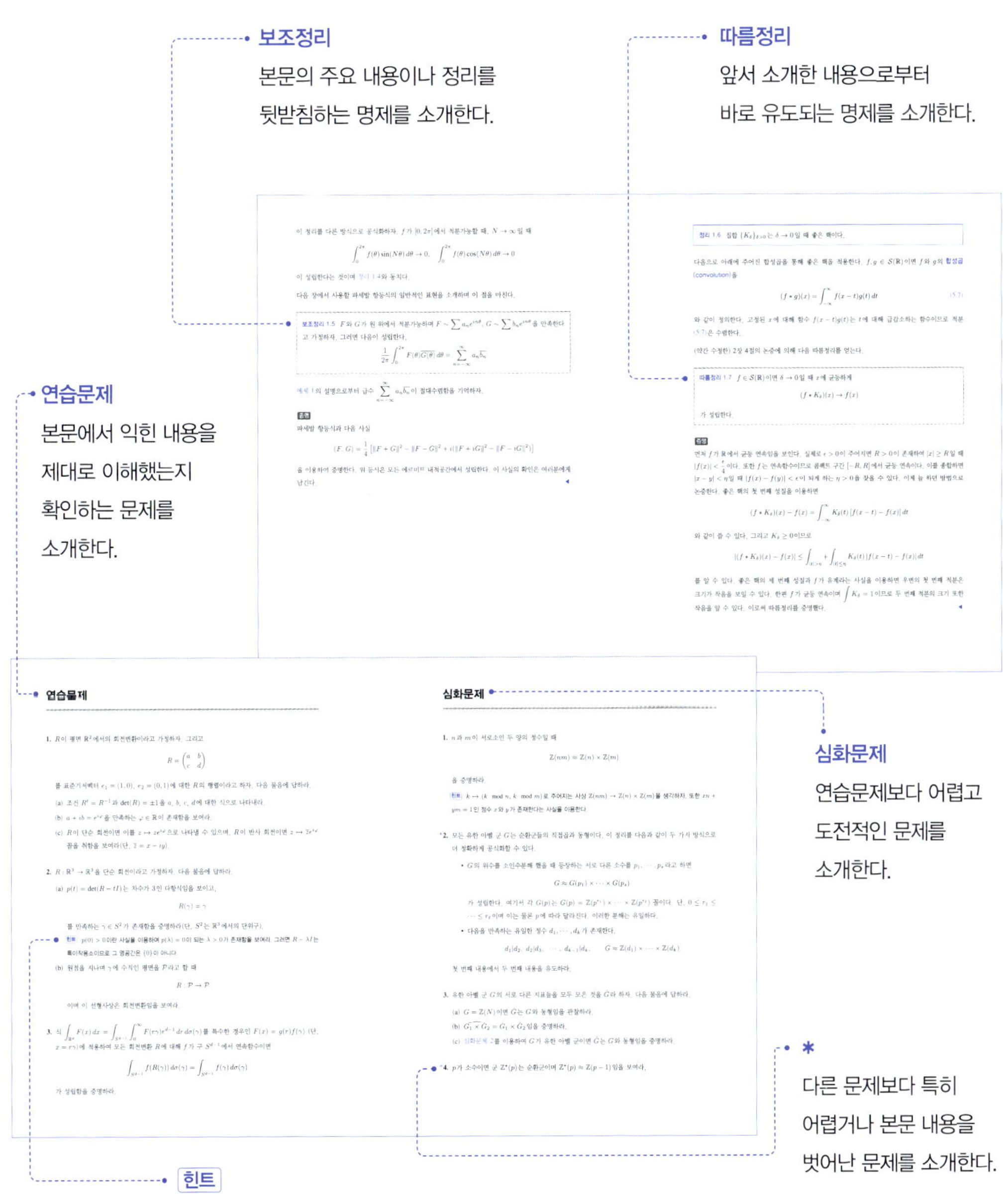

- **강의자용 : 강의보조자료 다운로드**
  한빛출판네트워크 접속(http://www.hanbit.co.kr) → [교수전용] 클릭 → [강의자료] 클릭
- **학습자용 :** 학습자의 자학자습을 위해 저작권자의 요청에 따라 별도 자료를 제공하지 않는다.

감수자 머리말

푸리에 해석학은 조제프 푸리에(Joseph Fourier)의 이름에서 유래한다. 푸리에는 프랑스 대혁명, 나폴레옹 시대를 거치는 격동의 시대를 산 인물이다. '일반적인 함수는 삼각함수로 표현 가능하다.'는 푸리에의 대담한 생각에서 출발한 푸리에 해석학은 여러 형태로 변형되고 발전되며 수학, 물리학과 더불어 자연과학 전반과 공학의 발전에 지대한 영향을 끼쳐왔다. 특히 통신 분야의 발전과 더불어 오늘날 푸리에 해석학의 중요함이 더해지고 있다.

현재 푸리에 해석학을 만족스럽게 배울 수 있는 학부 수준의 교재는 매우 드물다. 그 이유로는 개념을 수학적인 논지로 엄밀하게 전개하려면 르베그 적분, 르베그 공간 등 선행지식이 필요하기 때문이다. 대개 해석개론이나 실해석학 교재의 마지막 부분에서 앞서 배운 일반 이론의 응용으로 푸리에 해석학의 일부 이론을 다루곤 하는데 이마저도 푸리에 급수 및 변환에 대한 원론적인 논의에 그친다.

이 책의 장점은 크게 두 가지다. 첫째, 기초 해석학에 대한 지식이 있다면 누구나 큰 어려움 없이 읽을 수 있다. 둘째, 이 책은 해석학, 푸리에 해석학의 기본으로부터 편미분방정식, 미분기하학, 적분기하학, 그리고 수론에 이르기까지 푸리에 해석학의 다양한 스펙트럼을 망라하고 있다. 이 책은 푸리에 급수나 변환에 대한 기초 지식을 넘어, 놀랍고 심오하면서도 한편으로는 보석처럼 아름답고 귀중한 수학적 결과를 통해 푸리에 해석학의 다양한 모습을 보여 준다.

이 책의 가장 큰 특징은 이론을 체계적, 추상적으로 발전시키기보다 구체적인 예를 통해 푸리에 해석학을 소개하는 데 있다. 이는 저자인 Elias M. Stein 교수의 학풍과도 관련이 깊다. 구체적인 방식으로 수학에 접근함으로써 학습자는 수학을 추상화와 일반화로 박제된 학문이 아닌, 생생히 살아 있는 수학으로 만날 수 있다. 다만 이렇게 예를 중심으로 접근하면 일부 세세한 부분은 생략되기도 하는데, 이러한 부분에는 학습자의 적극적 노력이 필요하다.

조화해석학은 푸리에 해석학이 심화 · 발전된 분야로, Elias M. Stein 교수는 조화해석학의 대가이자 시카고 학파(Chicago school)의 중심인물로서 조화해석학의 발전에 크게 기여했다. 본 감수자는 Stein 교수의 학문적 계보에 속하며, 본인의 학문적 성장에서도 큰 영향을 받았다. 또한 〈푸리에 해석 및 응용〉이라는 서울대학교 강의에서 이 책의 원서를 10년 넘게 교재로 사용해오고 있다. 이러한 이유로 조화해석학의 출발점에 있는 이 책 『STEIN 푸리에 해석학』을 감수하게 되어 매우 의의가 크다. 이 책은 여러분을 푸리에 해석학과 조화해석학의 넓은 세계로 소개하는 훌륭한 입문서가 될 것이다.

이상혁

목차

7장 유한 푸리에 해석 ········ 249

8장 디리클레 정리 ········ 275

서론

해석학에 대한 관점을 전반적으로 제시하고자 할 때 우선 다음과 같은 질문에 답해야 한다. 어디서부터 시작할 것인가? 가장 먼저 다뤄야 할 주제는 무엇이며, 관련된 개념과 기본적인 기법은 어떤 순서로 전개해야 하는가?

이 질문에 대한 답은 푸리에 해석학의 중요성에 대한 우리의 견해와 관련이 있다. 그 중요성은 다루고자 하는 주제를 전개할 때 푸리에 해석학이 맡은 역할에서도 드러나고, 푸리에 해석학의 아이디어가 현대 해석학의 많은 부분에 스며들었다는 점에서도 나타난다. 이러한 이유로 푸리에 급수에 대한 몇 가지 기본 사실과 푸리에 변환, 그리고 이산 푸리에 해석의 주요 요소를 살펴보는 데에 상당한 분량을 할애했다. 이러한 방식으로 학습을 시작한다면 푸리에 해석학이 편미분방정식과 정수론과 같은 주제에 어떻게 연관되어 있는지 알 수 있다. 더불어 다른 과학 분야에서 푸리에 해석학이 구체적으로 어떻게 응용되는지 더 쉽게 확인할 수도 있다. 『STEIN 복소해석학』을 비롯한 《프린스턴 해석학 시리즈》의 다른 책에서는 이러한 연관성 중 몇 가지를 좀 더 체계적으로 다룬다. 특히 복소해석학, 실해석학, 힐베르트 공간 이론 및 기타 분야와의 관계를 더 자세히 탐구할 것이다.

이와 같은 맥락에서, 푸리에 해석학을 이제 막 배우는 초심자들이 주제 자체에서 오는 몇몇 어려운 부분으로 인해 과한 부담을 느끼지 않도록 주의했다. 그러한 주제에 등장하는 미묘한 내용이라던가 기교적 복잡성은 관련 있는 초기 아이디어 중 일부를 충분히 숙지해야만 이해할 수 있다. 이러한 관점으로 이 책에서는 다음과 같은 소재를 선택했다.

- **푸리에 급수**(Fourier series) : 초기 단계에 측도론(measure theory)과 르베그 적분(Lebesgue integration)을 도입하는 건 적절하지 않다. 이러한 이유로 1장부터 4장까지는 푸리에 급수를 리만 적분가능한 함수에서만 생각할 것이다. 함수를 이렇게 제한하더라도 수렴성과 합 가능성을 자세히 설명하면서 이론의 상당 부분을 전개할 수 있다. 또한 다른 수학 분야의 문제와 어떤 다양한 연관성이 있는지도 설명할 수 있다.
- **푸리에 변환**(Fourier transform) : 푸리에 급수와 같은 이유로 함수를 일반화하여 이론을 다루는 대신, 5장과 6장에서는 주로 시험함수(test function)에 국한하여 내용을 전개한다. 함수를 이렇게 제한하더라도 $\mathbb{R}^d$에서의 푸리에 해석과 파동 방정식(wave equation), 라돈 변환(Radon transform)을 포함한 다른 분야와의 관계에 대해 여러 흥미로운 사실을 배울 수 있다.
- **이산 푸리에 해석**(finite Fourier analysis) : 이산 푸리에 해석은 **탁월한** 입문 주제다. 극한이나 적분이 명시적으로 나타나지 않기 때문이다. 그럼에도, 등차수열 속 소수의 무한성에 대한 증명을 포함하여 이 주제와 관련된 놀라운 응용이 몇 가지 존재한다.

푸리에 해석학을 이제 배우려는 참이니, 필요한 사전 지식을 최소로 하였다. 리만 적분의 개념 정도는 알고 있다고 가정하지만, 본문에서 필요로 하는 적분 결과는 대부분 [부록]에 포함했다.

이러한 접근법이 우리가 정한 목표를 더 쉽게 이룰 수 있길 희망한다. 우리의 목표는 관심 있는 사람들로 하여금 매력적인 푸리에 해석학에 대해 더 많이 배우고 싶도록 영감을 주고, 푸리에 해석학이 수학을 비롯해 과학의 다른 분야에 어떻게 결정적인 영향을 미치는지 발견하게끔 돕는 것이다.

1

푸리에 해석학의 기원
The Genesis of Fourier Analysis

달랑베르와 오일러의 연구에 대해 말하자면, 두 사람이 이러한 전개를 알았다고 해도 매우 불완전하게 사용했다고 할 수 있을 것이다. 달랑베르와 오일러는 모두 임의의 불연속 함수를 결코 이런 형태의 급수로는 다룰 수 없다고 확신했으며, 심지어 내가 열 이론에서 풀어야 했던 첫 번째 문제인 코사인 급수의 계수를 찾는 일[1]은 아무도 개발하지 않은 듯했다.

J. **푸리에**(*J. Fourier*), 1808-9

푸리에 해석학은 초기에 현(string)의 진동 문제를 연구하며, 이후 열의 흐름에 대한 연구를 통하여 발전했다. 이러한 별개의 물리적 현상을 지배하는 법칙은 두 개의 다른 편미분방정식인 파동 방정식과 열 방정식으로 표현되었으며, 이는 푸리에 급수로 해결되었다.

이러한 아이디어들이 어떻게 발전했는지 자세히 설명하며 시작하고자 한다. 처음에는 현의 진동 문제를 3단계로 나누어 진행할 것이다. 먼저, 학습 내용 중 중요한 수학적 아이디어에 동기를 부여하기 위해 이에 대응하는 몇 가지 물리적(경험적) 개념을 설명한다. 이 개념에는 총 세 가지가 있으며 단순 조화 운동에서 비롯한 함수인 $\cos t$, $\sin t$, e^{it}의 역할, 정상파 현상으로부터 유도된 변수분리법의 사용, 음의 중첩과 관련된 선형성 개념이다. 다음으로 진동하는 현의 움직임을 지배하는 편미분방정식을 도출한다. 마지막으로 방정식을 풀기 위해 (수학적으로 표현된) 문제의 물리적 본질에 대해 학습했던 내용을 사용할 것이다. 마지막 절에서는 같은 방법으로 열 확산 문제를 다룬다.

1장이 도입부라는 점과 다루는 주제를 감안할 때, 1장 내용을 순수하게 수학적 논증을 기반으로 제시할 수는 없다. 그 대신 타당해 보이는 논리를 따라 진행하면서 여러분에게 다음 장에 소개할 더 엄밀한 해석에 대해 동기를 제공하려고 한다. 이 주제에 대한 정리를 당장 살펴봐야겠다면 다음 장으로 바로 넘어가도 나쁘지 않다.

1 현의 진동

현의 진동 문제는 끝점이 고정된 채 자유롭게 진동할 수 있는 현(줄)의 운동을 학습하는 것이다. 악기의 현과 같은 물리계(physical system)를 생각하면 된다. 앞서 언급한 바와 같이, 학습 기반이 될 관찰 가능한 물리적 현상 중 다음 몇 가지에 대해 간략히 설명하며 시작하겠다.

1 (옮긴이) 예를 들어 $1 = a_1 \cos x + a_2 \cos 2x + \cdots (-\pi/2 < x < \pi/2)$에서 $a_1, a_2, \cdots$를 찾는 일을 의미한다.

- 단순 조화운동
- 정상파와 진행파
- 배음(harmonics)[2]과 음의 중첩

이러한 현상의 이면에 있는 경험적 사실을 이해하면 현의 진동 문제에 대한 우리의 수학적 접근에 동기부여가 될 것이다.

단순 조화운동

단순 조화운동은 (단순 조화진동자라고 하는) 가장 기본적인 진동계의 움직임을 설명하므로 진동에 대한 학습을 시작할 때 가장 자연스럽게 다룰 수 있는 주제다. 고정된 벽에 부착된 수평 용수철에 달려 있는 질량 $\{m\}$의 물체를 생각하고 운동계가 마찰이 없는 표면에 놓여 있다고 가정한다.

물체가 그림 1과 같이 정지해 있을 때(즉, 용수철이 늘어나거나 압축되지 않았을 때), 물체의 중심이 원점에 놓이도록 축을 선택한다. 물체를 초기 평형 위치에서 이동시킨 후 놓으면 **단순 조화운동(simple harmonic motion)**을 한다. 이 운동은 일단 물체의 운동을 지배하는 미분방정식을 찾으면 수학적으로 설명할 수 있다.

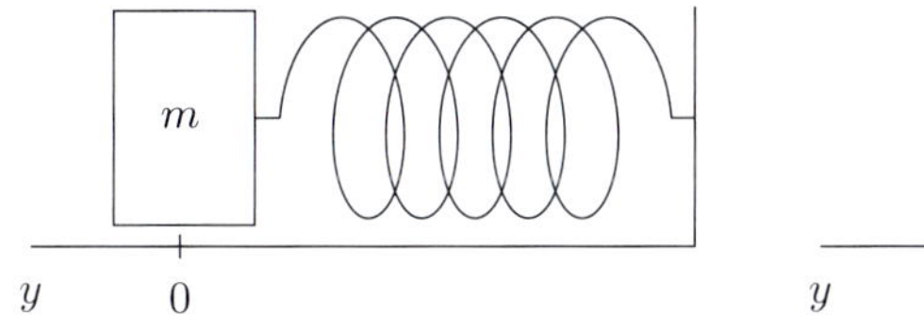

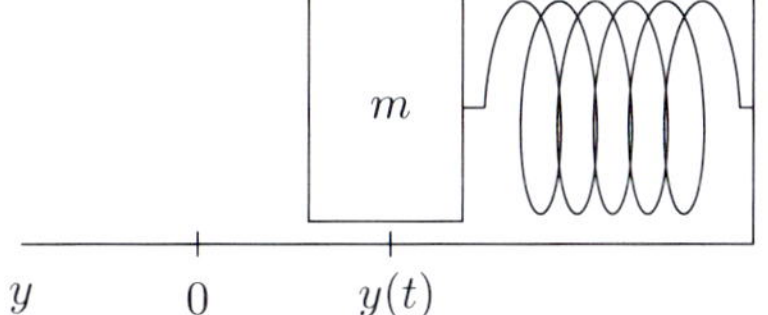

[그림 1] 단순 조화진동자

$y(t)$를 시각 t에서의 물체의 변위라고 하자. 용수철이 훅의 법칙을 따른다는 의미에서 이상적이라고 가정한다. 용수철에 의해 물체에 가해지는 복원력 F는 $F = -ky(t)$와 같이 주어진다. 이때 $k > 0$은 용수철 상수라고 하는 물리적 상수다. 뉴턴 운동 법칙(힘=질량×가속도)을 적용하면

$$-ky(t) = my''(t)$$

를 얻는다. 이때 y''은 t에 대한 y의 이계도함수를 나타낸다. $c = \sqrt{k/m}$이라 두면 위의 이계상미분방정식은

$$y''(t) + c^2y(t) = 0 \tag{1.1}$$

과 같이 나타난다. 방정식 (1.1)의 일반해는

2 (옮긴이) Harmonic은 우리말로 고조파라고 부르지만, 음악에서는 배음이라 표현하기도 한다.

$$y(t) = a\cos ct + b\sin ct$$

와 같다. 여기서 a와 b는 상수다. 분명히 이런 꼴의 모든 함수는 방정식 (1.1)의 해다. 그리고 연습문제 6에서는 이러한 함수가 앞에 소개한 미분방정식의 (두 번 미분가능한) 유일해라는 증명을 요약하여 제시한다.

$y(t)$에 대한 위 식에서 c는 주어진 값이지만 a와 b는 모든 실숫값이 될 수 있다. 방정식의 특수해를 결정하려면 두 개의 미지수 a와 b를 고려하여 초기 조건이 두 개 주어져야 한다. 예를 들어 $y(0)$과 $y'(0)$처럼 물체의 초기 위치와 초기 속도가 주어지면 물리 문제의 해는

$$y(t) = y(0)\cos ct + \frac{y'(0)}{c}\sin ct$$

와 같이 유일하게 주어진다. t에 대한 식

$$a\cos ct + b\sin ct = A\cos(ct - \varphi)$$

를 만족하는 상수 $A > 0$과 $\varphi \in \mathbb{R}$이 존재함은 쉽게 확인할 수 있다. 앞서 주어진 물리적 해석으로 인해 $A = \sqrt{a^2 + b^2}$은 운동의 **진폭(amplitude)**이라 하고, c는 **고유 진동수(natural frequency)**라 하며, φ는 (2π의 정수배마다 유일하게 결정되는) **위상(phase)**이라 한다. 그리고 $2\pi/c$는 운동의 **주기(period)**라고 부른다.

그림 2에 묘사된 함수 $A\cos(ct - \varphi)$의 그래프는 $\cos t$의 그래프를 평행이동하고 확대(또는 축소)하여 얻은 물결 모양 패턴을 나타낸다.

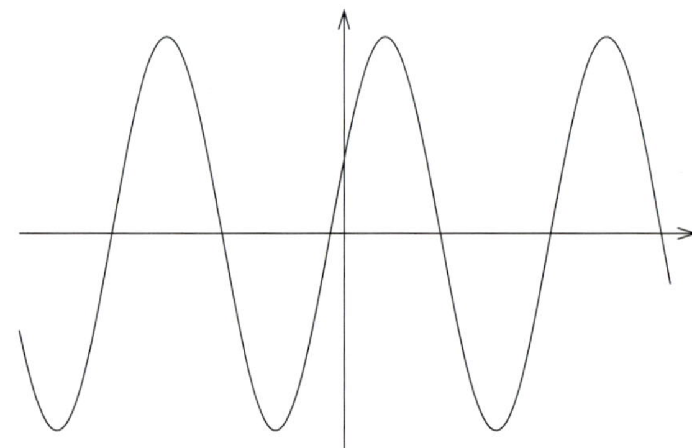

[그림 2] $A\cos(ct - \varphi)$의 그래프

우리가 단순 조화운동에 대해 살핀 바를 염두에 두고 다음 두 가지를 관찰해 보자. 첫 번째는 가장 기초적인 진동계인 단순 조화운동을 수학적으로 설명할 때 기본 삼각함수들인 $\cos t$와 $\sin t$가 등장

한다. 오일러 항등식 $e^{it} = \cos t + i \sin t$에서 알 수 있듯이, 이러한 삼각함수와 복소수 사이에 연결 관계가 있음을 기억하면 앞으로도 도움이 될 것이다. 두 번째는 단순 조화운동이 두 가지 초기 조건에 의해 시간에 대한 함수로 결정된다는 것이다. 이 초기 조건(예를 들면 시각 $t = 0$에서 지정된 값) 중 하나는 위치를 결정하고 다른 하나는 속도를 결정한다. 보다 일반적인 진동계도 이러한 성질을 가진다. 다음 내용에서 확인하자.

정상파와 진행파

진동하는 현은 1차원 파동 운동으로 볼 수 있다. 여기서는 그래프로 간단하게 표현할 수 있는 두 종류의 운동을 설명한다.

(1) **정상파(standing wave)** : 정상파는 그림 3처럼 시간 t에 대한 $y = u(x,t)$의 그래프로 설명되는 파동 형태의 운동이다.

다시 말해 시각 $t = 0$에서의 파형을 나타내는 초기 윤곽선 $y = \varphi(x)$가 있고, t에 따른 증폭 계수 $\psi(t)$가 있어 $y = u(x,t)$가

$$u(x,t) = \varphi(x)\psi(t)$$

와 같이 주어진다. 정상파의 성질은 **변수분리법**에 대한 수학적 아이디어를 암시하는데, 이는 나중에 다시 설명한다.

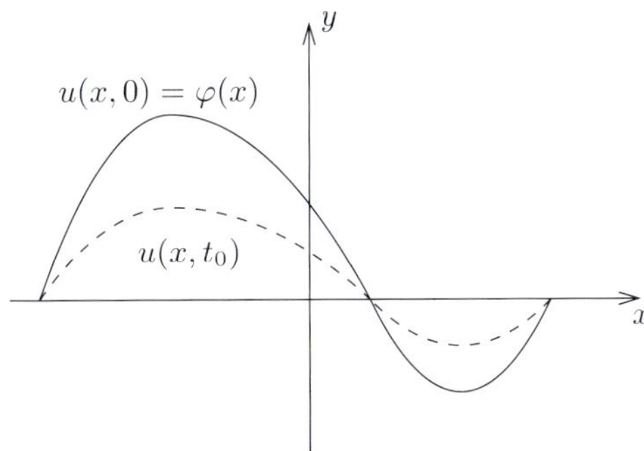

[그림 3] 두 시점 $t = 0$과 $t = t_0$에서의 정상파

(2) **진행파(traveling wave)** : 자연에서 자주 관찰되는 두 번째 유형의 파동 운동으로 진행파가 있다. 진행파는 다음과 같이 간단히 설명할 수 있다.

$t = 0$일 때의 $u(x,t)$와 같은 값을 가지는 초기 윤곽선 $F(x)$가 있다. t가 커짐에 따라 이 윤곽선은 오른쪽으로 ct(c는 양의 상수)만큼 옮겨진다. 즉

$$u(x,t) = F(x - ct)$$

와 같다. 그림 4는 이 상황을 그래프로 표현한 것이다.

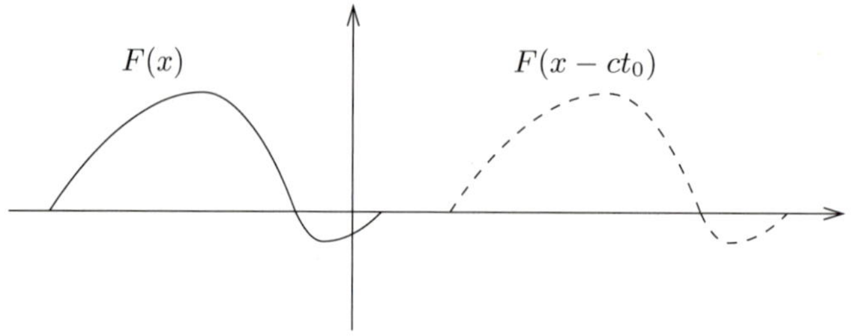

[그림 4] 두 시점 $t=0$과 $t=t_0$에서의 진행파

시간 t에 따라 c의 속도로 움직이므로, 상수 c는 파동의 **속도(velocity)**를 나타낸다. 함수 $F(x-ct)$는 오른쪽으로 진행하는 1차원 진행파다. 마찬가지로 $u(x,t)=F(x+ct)$는 왼쪽으로 진행하는 1차원 진행파다.

배음과 음의 중첩

마지막으로 음악가들이 태곳적부터 알고 있던 물리적 관찰을 소개한다. 바로 고조파 또는 배음인데, 자세한 이야기는 생략하고 간단하게 다루려 한다. **순음(pure tone)**은 악기의 음색을 주로 담당하는 **배음(overtone)**의 조합을 동반한다. 음의 조합 또는 중첩에 대한 아이디어는 기본적인 선형성 개념을 이용해 수학적으로 구현할 수 있다. 이러한 개념에 대해서는 이어지는 내용에서 살펴볼 것이다.

이제 우리의 주요 문제, 즉 진동하는 현의 움직임을 설명하는 것에 집중해 보자. 먼저 파동 방정식, 즉 현의 운동을 지배하는 편미분방정식을 유도해야 한다.

1.1 파동 방정식 유도

xy 평면에 놓여 있으며, x축을 따라 $x=0$과 $x=L$ 사이에 늘어진 균일한 하나의 현을 상상해 보자. 이 현이 진동하도록 두었을 때 변위 $y=u(x,t)$는 x와 t에 대한 함수이며, 우리의 목표는 이 함수를 지배하는 미분방정식을 유도하는 것이다.

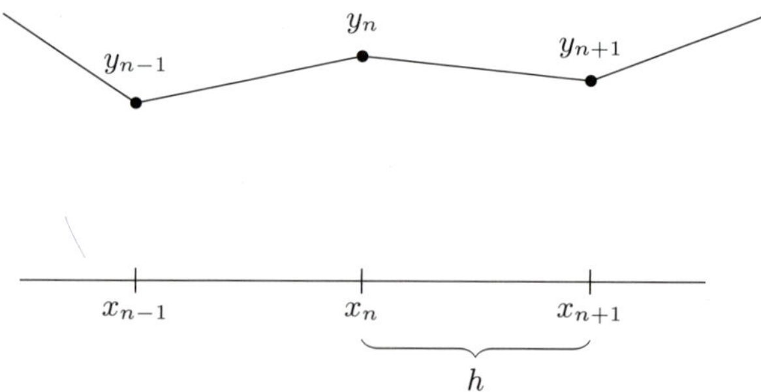

[그림 5] 개별 물체들의 체계로 본 진동하는 현

이를 위해 큰 수 N에 대해 현을 x축을 따라 균일하게 분포하는 N개의 물체로 나누어 생각할 것이며(이를 개별 입자처럼 간주한다), n번째 입자의 x좌표가 $x_n = nL/N$이 되도록 둔다. 따라서 진동하는 현을 각각 **수직 방향으로만** 진동하는 N개의 입자로 구성된 복잡계(complex system)로 생각할 것이다. 그러나 앞에서 다룬 단순 조화진동자와 달리 각 입자의 진동은 현의 장력에 의해 바로 인접한 입자의 영향을 받는다.

그런 다음 $y_n(t) = u(x_n, t)$라 두고 $x_{x+1} - x_n = h$임에 주목한다(단, $h = L/N$). 현의 밀도가 $\rho > 0$으로 일정하다고 가정하면, 각 입자의 질량은 동일하게 ρh라고 해야 합당하다. 뉴턴의 운동 법칙에 따르면 n번째 입자에 작용하는 힘은 $\rho h y_n''(t)$와 같다. 이제 단순히 이 힘이 x좌표가 x_{n-1}과 x_{n+1}인 인접한 두 입자의 영향 때문이라고 가정한다(그림 5 참고). 또한 n번째 입자의 오른쪽에서 오는 힘(또는 장력)은 $\dfrac{1}{h}(y_{n+1} - y_n)$에 비례한다고 가정한다. 여기서 h는 x_{n+1}과 x_n 사이의 거리다. 따라서 이 장력은

$$\left(\frac{\tau}{h}\right)(y_{n+1} - y_n)$$

과 같이 쓸 수 있다. 여기서 $\tau > 0$은 상수이며 현의 장력 계수 값과 같다. 또, 왼쪽에서 오는 유사한 힘이 있으며 이는

$$\left(\frac{\tau}{h}\right)(y_{n-1} - y_n)$$

과 같다. 종합하면 이러한 힘을 모두 더했을 때 우리가 원하던 진동자 $y_n(t)$ 사이의 관계식

$$\rho h y_n''(t) = \frac{\tau}{h}\{y_{n+1}(t) + y_{n-1}(t) - 2y_n(t)\} \tag{1.2}$$

를 얻는다. 한편, 앞서 채택한 표기법에 따르면

$$y_{n+1}(t) + y_{n-1}(t) - 2y_n(t) = u(x_n + h, t) + u(x_n - h, t) - 2u(x_n, t)$$

로 알 수 있다. 또 한편으로 (연속인 이계도함수를 가지는) 임의의 적절한 함수 $F(x)$에 대해

$$h \to 0 \text{일 때,} \qquad \frac{F(x+h) + F(x-h) - 2F(x)}{h^2} \to F''(x)$$

가 성립한다. 따라서 식 (1.2)에서 양변을 h로 나누고 h를 0으로 보내면(즉, N을 무한대로 보내면) $\rho \dfrac{\partial^2 u}{\partial t^2} = \tau \dfrac{\partial^2 u}{\partial x^2}$가 성립함을 알 수 있다. 또는

$$\frac{1}{c^2}\frac{\partial^2 u}{\partial t^2} = \frac{\partial^2 u}{\partial x^2} \quad \left(\text{단, } c = \sqrt{\tau/\rho}\right)$$

과 같다. 이 관계식을 1**차원 파동 방정식** 또는 더 간단히 **파동 방정식(wave equation)**이라고 한다. 나중에 밝혀질 내용에 따라 계수 $c > 0$을 운동의 **속도(velocity)**라고 한다.

이 편미분방정식과 관련하여 수학적으로 단순화하는 중요한 작업을 수행한다. 이는 **척도 변환(scaling)** 또는 (물리학 언어로) **단위 변환**과 관련 있다. 다시 말해 좌표 x를 $x = aX$로 생각할 수 있다. 여기서 a는 적절한 양의 상수다. 이제 새로운 좌표 X의 관점에서 구간 $0 \le x \le L$은 $0 \le X \le L/a$이 된다. 비슷하게 시간 좌표 t는 $t = bT$로 바꿀 수 있다. 여기서 b는 또 다른 양의 상수다. 이제 $U(X,T) = u(x,t)$라 두면

$$\frac{\partial U}{\partial X} = a\frac{\partial u}{\partial x}, \qquad \frac{\partial^2 U}{\partial X^2} = a^2\frac{\partial^2 u}{\partial x^2}$$

가 성립한다. t에 대한 미분도 비슷하다. a와 b를 적절히 택하면 1차원 파동 방정식을

$$\frac{\partial^2 U}{\partial T^2} = \frac{\partial^2 U}{\partial X^2}$$

처럼 변환할 수 있다. 이는 속도 c를 1로 설정하는 효과를 준다. 또한 구간 $0 \le x \le L$은 $0 \le X \le \pi$로 변환할 수 있다(보통 L을 π로 택하면 편리하다). 이 모두는 $a = L/\pi$이고 $b = L/(c\pi)$로 두어 얻을 수 있다. 새로운 방정식을 풀 수만 있다면 당연히 변수를 반대로 변수변환해서 원래 방정식으로 돌아갈 수 있다. 따라서 구간 $[0, \pi]$에서 속도가 $c = 1$인 파동 방정식을 생각해도 일반성을 잃지 않는다.

1.2 파동 방정식의 해

현의 진동에 대한 방정식을 유도했으므로 이제 방정식을 푸는 다음의 두 가지 방법을 설명한다.

- 진행파를 이용하는 방법
- 정상파의 중첩을 이용하는 방법

첫 번째 방법은 매우 간단하고 우아하지만, 문제의 본질을 직접 꿰뚫어 볼 수 있는 방법은 아니다. 두 번째 방법은 통찰력을 제공할뿐더러 폭넓게 응용할 수 있다. 처음에는 두 번째 방법이 현의 초기 위치와 초기 속도 모두 정상파가 중첩된 형태로 주어지는 단순한 경우에만 적용된다고 여겨졌다. 그러나 푸리에의 아이디어로 인해 모든 초기 조건에 대해 어느 쪽이든 문제를 해결할 수 있다는 결론이 도출되었다.

진행파

이전과 같이 문제를 단순화하여 $c=1$, $L=\pi$라고 가정하면 우리가 풀고자 하는 방정식은

$$\frac{\partial^2 u}{\partial t^2}=\frac{\partial^2 u}{\partial x^2}\quad (0\le x\le \pi)$$

와 같다. 우리는 다음과 같은 중요한 관찰을 할 수 있다. F가 임의의 두 번 미분가능한 함수일 때, $u(x,t)=F(x+t)$와 $u(x,t)=F(x-t)$는 파동 방정식의 해다. 미분을 이용해 이를 쉽게 확인할 수 있다. 시각 $t=0$에서 $u(x,t)=F(x-t)$의 그래프는 단순히 F의 그래프이며, 시각 $t=1$에서 그래프는 F의 그래프를 오른쪽으로 1만큼 평행이동한 것이다. 따라서 $F(x-t)$는 오른쪽으로 1의 속도로 움직이는 진행파라 할 수 있다. 비슷하게 $u(x,t)=F(x+t)$는 왼쪽으로 1의 속도로 움직이는 파동이다. 그림 6은 이러한 운동을 묘사한다.

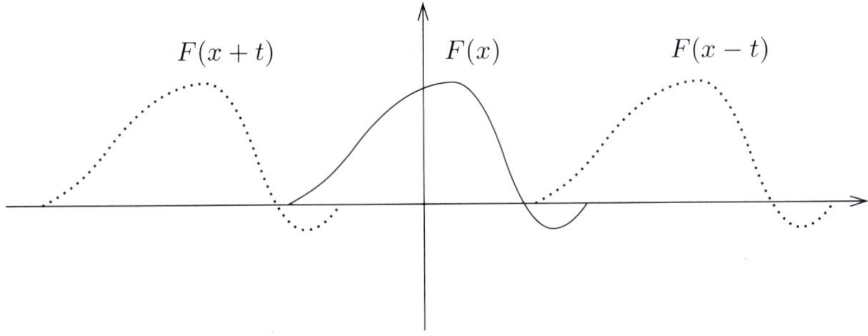

[그림 6] 두 방향으로 진행하는 파동

음(tone)의 조합에 대한 논의로부터 파동 방정식은 **선형(linear)**임을 관찰할 수 있다. 이는 $u(x,t)$와 $v(x,t)$가 특수해일 때 $\alpha u(x,t)+\beta v(x,t)$도 해임을 의미한다($\alpha$와 β는 임의의 상수). 따라서 반대 방향으로 이동하는 두 파동을 중첩하여 F와 G가 두 번 미분가능한 함수라면 항상

$$u(x,t)=F(x+t)+G(x-t)$$

가 파동 방정식의 해임을 알 수 있다. 사실, 이제 모든 해가 이러한 꼴임을 보일 것이다.

잠시만 $0\le x\le\pi$라는 가정에서 벗어나 u가 두 번 미분가능한 함수이며 모든 실수 x와 t에 대해 파동 방정식을 푼다고 가정하자. 새로운 변수 $\xi=x+t$, $\eta=x-t$를 고려하고 $v(\xi,\eta)=u(x,t)$라 정의한다. 변수변환에 의해 v가

$$\frac{\partial^2 v}{\partial\xi\partial\eta}=0$$

을 만족함을 알 수 있다. 이 관계식을 두 번 적분하면 $v(\xi,\eta)=F(\xi)+G(\eta)$를 얻고, 이는 적절한

함수 F와 G에 대해

$$u(x,t) = F(x+t) + G(x-t)$$

와 같이 나타낼 수 있음을 의미한다. 이제 이 결과를 원래 문제인 현의 물리적 운동과 연관지어야 한다. 원래 문제에서는 $0 \leq x \leq \pi$이며 현의 초기 모양이 $u(x,0) = f(x)$이고, 또한 현의 끝점이 고정되어 있다는(모든 t에 대해 $u(0,t) = u(\pi,t) = 0$) 제한을 두었다. 앞에서 간단히 관찰한 내용을 사용하려면 먼저 $[-\pi,\pi]$에서 홀함수[3]면서 x에 대해 주기 2π인 주기함수[4]가 되도록 f를 $\mathbb{R}$ 전체로 확장한다. 비슷하게 문제의 해인 $u(x,t)$도 $\mathbb{R}$ 전체로 확장한다. 그러면 확장된 u는 $\mathbb{R}$ 전체에서 파동 방정식의 해가 되고, 모든 $x \in \mathbb{R}$에 대해 $u(x,0) = f(x)$이다. 따라서 $u(x,t) = F(x+t)+G(x-t)$이며 $t = 0$으로 두면

$$F(x) + G(x) = f(x)$$

가 성립함을 알 수 있다. 수많은 F와 G가 이 항등식을 만족하기 때문에 u에 대한 (단순 조화운동처럼 두 초기 조건과 유사한) 또 다른 초기 조건을 줄 필요가 있다. 현의 초기 속도를 $g(x)$로 나타내자.

$$\frac{\partial u}{\partial t}(x,0) = g(x)$$

물론 여기서 $g(0) = g(\pi) = 0$이다. 다시 g를 먼저 $[-\pi,\pi]$에서 홀함수이면서 주기가 2π인 주기함수가 되도록 $\mathbb{R}$ 전체로 확장한다. 이제 위치와 속도에 대한 두 초기 조건은 연립방정식

$$\begin{cases} F(x) + G(x) & = f(x), \\ F'(x) - G'(x) & = g(x) \end{cases}$$

로 바뀐다. 처음 식을 미분하여 두 번째 식과 더하면 $2F'(x) = f'(x) + g(x)$를 얻는다. 비슷하게 $2G'(x) = f'(x) - g(x)$를 얻는다. 따라서 상수 C_1과 C_2가 존재하여

$$F(x) = \frac{1}{2}\left[f(x) + \int_0^x g(y)\,dy\right] + C_1, \quad G(x) = \frac{1}{2}\left[f(x) - \int_0^x g(y)\,dy\right] + C_2$$

가 성립한다. $F(x)+G(x) = f(x)$이므로 $C_1 + C_2 = 0$이고, 따라서 주어진 초기 조건을 가진 파동 방정식의 해는 최종적으로

$$u(x,t) = \frac{1}{2}[f(x+t) + f(x-t)] + \frac{1}{2}\int_{x-t}^{x+t} g(y)\,dy$$

와 같은 꼴이다. 이러한 형태의 해는 **달랑베르 공식(d'Alembert's formula)**으로 알려져 있다.

3 집합 U에서 정의된 함수 f는 $x \in U$이면 항상 $-x \in U$일 때, $f(-x) = -f(x)$이면 **홀함수(odd function)** 또는 **기함수**라 하고, $f(-x) = f(x)$이면 **짝함수(even function)** 또는 **우함수**라 한다.

4 모든 x에 대해 $f(x+\omega) = f(x)$이면 함수 f는 $\mathbb{R}$에서 주기가 ω인 **주기함수(periodic function)**다.

우리가 정한 f와 g의 확장은 현의 끝이 항상 고정되어 있음을 보장한다. 다시 말해 모든 t에 대해 $u(0,t) = u(\pi,t) = 0$이다.

마지막으로 한 가지를 짚고 넘어가자. $t \geq 0$에서 $t \in \mathbb{R}$로 이동하고, 다시 $t \geq 0$로 이동한 것은 파동 방정식의 시간 역전 성질을 나타낸다. 즉, $t \geq 0$에 대한 파동 방정식의 해 u는 단순히 $u^-(x,t) = u(x,-t)$로 둠으로써 음의 시간 $t < 0$에 대해 정의된 해 u^-를 이끌어낸다. 이는 $t \mapsto -t$의 변환 아래에서 파동 방정식의 불변성에 의한 사실이다. 열 방정식이라면 상황이 상당히 다르다.

정상파의 중첩

이전의 물리적 관찰에서 얻은 두 가지 기본 결과를 기반으로 파동 방정식을 푸는 두 번째 방법을 알아보자. 정상파를 고려한다는 것은 $\varphi(x)\psi(t)$ 꼴인 파동 방정식의 특수해를 찾는 것으로 이어진다. 다른 상황(예를 들어 열 방정식)에서도 잘 활용할 수 있는 이 방법은 **변수분리(separation of variables)**라고 하며, 순음(pure tone)이라고 하는 해를 만든다. 이러한 순음들을 조합하면 파동 방정식의 선형성에 의해 소리를 더 복잡하게 조합할 수 있을 것이다. 이 원리를 더욱 발전시키면 파동 방정식의 일반해를 이러한 특수해의 합으로 표현할 수 있을 것이라 기대할 수 있다.

파동 방정식에서 우변은 x에 대한 미분만 포함하고 좌변은 t에 대한 미분만 포함한다. 이러한 관찰을 통해 $u(x,t) = \varphi(x)\psi(t)$ 꼴인 (**변수분리**) 방정식의 해를 찾는 또 다른 이유를 확인할 수 있다. 또한 어려운 편미분방정식을 간단한 연립 상미분방정식으로 간소화하여 푸는 방법을 기대할 수 있다. 파동 방정식의 경우, 위와 같은 꼴의 u에 대해

$$\varphi(x)\psi''(t) = \varphi''(x)\psi(t)$$

를 얻는다. 따라서

$$\frac{\psi''(t)}{\psi(t)} = \frac{\varphi''(x)}{\varphi(x)}$$

가 성립한다. 여기서 좌변은 t에만 의존하고 우변은 x에만 의존한다는 점이 중요하다. 이는 양변이 상수로 같을 때만 가능하며, 이 상수를 λ라고 하자. 따라서 파동 방정식은

$$\begin{cases} \psi''(t) - \lambda\psi(t) & = 0 \\ \varphi''(x) - \lambda\varphi(x) & = 0 \end{cases} \tag{1.3}$$

과 같이 간단하게 쓸 수 있다. 연립방정식 (1.3)에서 첫 번째 방정식을 주목하자. 이 시점에서 여러분은 단순 조화운동을 학습할 때 얻은 방정식을 떠올릴 것이다. $\lambda \geq 0$일 때 해 ψ는 시간이 지나도 진동하지

않기 때문에 $\lambda < 0$인 경우만 고려해야 한다. 따라서 $\lambda = -m^2$이라 쓸 수 있고, 이에 따라 방정식의 해는

$$\psi(t) = A\cos mt + B\sin mt$$

와 같다. 비슷하게 연립방정식 (1.3)에서 두 번째 방정식의 해는

$$\varphi(x) = \tilde{A}\cos mx + \tilde{B}\sin mx$$

와 같음을 알 수 있다. 이제 현이 $x = 0$과 $x = \pi$에 붙어 있음을 고려하자. 이는 $\varphi(0) = \varphi(\pi) = 0$임을 의미하고, 차례로 $\tilde{A} = 0$이며 $\tilde{B} \neq 0$이면 m은 정수여야 함을 알 수 있다. $m = 0$이면 해는 항등적으로 0이 되며, $m \leq -1$이면 함수 $\sin y$는 홀함수고 $\cos y$는 짝함수다. 따라서 상수를 다시 설정하면 $m \geq 1$인 상황만 생각해도 된다. 마지막으로 각 $m \geq 1$에 대해 **정상파**라 여길 수 있는 함수

$$u_m(x,t) = (A_m \cos mt + B_m \sin mt)\sin mx$$

가 파동 방정식의 해라고 추측할 수 있다. 앞선 논증에서 φ와 ψ로 나눴는데, 이 함수들은 때때로 0이 되기 때문에 실제로 정상파 u_m이 방정식을 푸는지 직접 손으로 확인해야 한다. 간단한 이 계산은 여러분에게 과제로 남긴다.

파동 방정식을 더 분석하기 전에, 잠시 멈춰서 정상파를 더 자세히 알아보자. 고정된 각 t마다 $u_m(x,t)$의 그래프를 보면 이 용어가 어떻게 나온 건지 알 수 있다. 먼저 $m = 1$이라 가정하고 $u(x,t) = \cos t \sin x$라 하자. 그러면 그림 7(a)와 같이 여러 t 값에 대한 u의 그래프를 볼 수 있다.

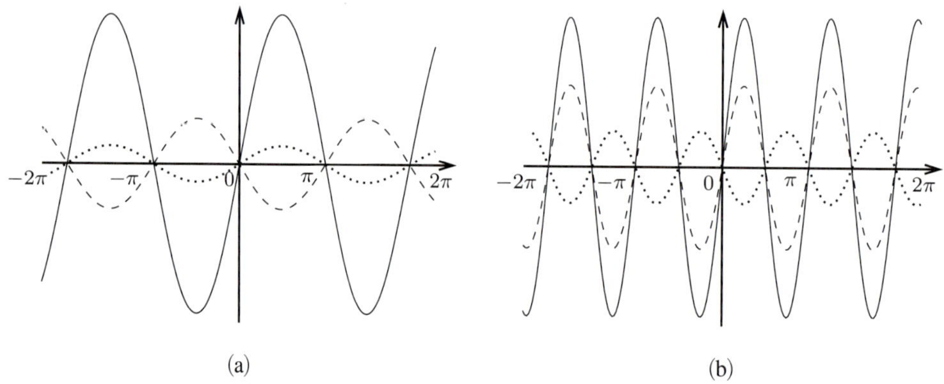

[그림 7] 서로 다른 순간에서의 기본음(a)과 배음(b)

$m=1$은 진동하는 현의 **기본음(fundamental tone)** 또는 **제1고조파(first harmonic)**에 대응한다.

이제 $m=2$라 두고 $u(x,t)=\cos 2t\sin 2x$를 보자. 이는 **제1배음(first overtone)** 또는 **제2고조파(second harmonic)**에 대응하며, 그림 7(b)는 이 운동을 묘사한다. 모든 t에 대해 $u(\pi/2,t)=0$임을 유념하자. 시간이 지나도 움직임이 없는 점을 **마디(nodes)**라고 하며, 최대 진폭을 갖는 점을 **배(anti-nodes)**라고 한다.

m 값이 더 높을수록 더 많은 배음 또는 더 높은 차수의 고조파를 얻는다. m이 커질수록 주파수는 증가하고 주기 $2\pi/m$는 감소한다. 따라서 기본음은 배음보다 주파수가 낮다.

이제 원래 문제로 돌아가자. 파동 방정식은 u와 v가 해일 때, 임의의 상수 α와 β에 대해 $\alpha u+\beta v$도 해가 된다는 점에서 선형적이다. 이를 통해 정상파 u_m의 선형결합을 취함으로써 더 많은 해를 구성할 수 있다. **중첩(superposition)**이라고 하는 이 기법을 통해 파동 방정식의 해에 대해 최종적으로

$$u(x,t)=\sum_{m=1}^{\infty}(A_m\cos mt+B_m\sin mt)\sin mx \tag{1.4}$$

임을 추측할 수 있다. 식 (1.4)는 무한합이므로 수렴성에 대한 문제를 제기할 수 있으나, 여태까지의 논증이 대부분 형식적이므로 여기서는 이 부분을 신경쓰지 않을 것이다.

식 (1.4)를 이용해 파동 방정식의 **모든** 해를 구할 수 있다고 가정하자. 시각 $t=0$에서의 현의 초기 위치가 $[0,\pi]$에서 함수 f의 그래프 모양으로 주어진다면, (물론 $f(0)=f(\pi)=0$이고) $u(x,0)=f(x)$이다. 따라서

$$\sum_{m=1}^{\infty}A_m\sin mx=f(x)$$

가 성립한다. 어느 적절한 함수 f를 가져와도 이는 현의 초기 모양이 될 수 있으므로 다음과 같은 기초적인 질문을 마주해야 한다.

$[0,\pi]$에서 정의된 함수 f가 주어질 때(단, $f(0)=f(\pi)=0$), 다음을 만족하는 상수 A_m을 구할 수 있는가?

$$f(x)=\sum_{m=1}^{\infty}A_m\sin mx \tag{1.5}$$

이 질문은 엄격하다고 할 순 없지만, 이 질문을 정확하게 공식화하고 답을 하기 위해 2장과 3장에서 많은 노력을 기울일 것이다. 이러한 기본 문제에서 푸리에 해석학의 연구가 시작되었다.

식 (1.5)가 성립하는 경우 간단한 관찰을 통해 A_m을 구하는 공식을 추측할 수 있다. 실제로 양변에 $\sin nx$를 곱하고 $[0, \pi]$에서 적분하면 형식적인 계산을 통해

$$\begin{aligned}\int_0^{\pi} f(x) \sin nx \, dx &= \int_0^{\pi} \left(\sum_{m=1}^{\infty} A_m \sin mx \right) \sin nx \, dx \\ &= \sum_{m=1}^{\infty} A_m \int_0^{\pi} \sin mx \sin nx \, dx = A_n \cdot \frac{\pi}{2}\end{aligned}$$

를 얻는다. 여기서 다음 사실을 사용했다.

$$\int_0^{\pi} \sin mx \sin nx \, dx = \begin{cases} 0 & (m \neq n) \\ \pi/2 & (m = n) \end{cases}$$

따라서 f의 n번째 푸리에 사인 계수라고 하는 A_n은

$$A_n = \frac{2}{\pi} \int_0^{\pi} f(x) \sin nx \, dx \tag{1.6}$$

임을 예상할 수 있다. 나중에 이 공식과 유사한 다른 공식을 다룰 것이다.

$[0, \pi]$에서 푸리에 사인 급수에 대한 질문은 구간 $[-\pi, \pi]$에서 일반적인 질문으로 바꿀 수 있다. $[0, \pi]$에서 f를 사인 급수로 나타낼 수 있다면 f를 $[-\pi, \pi]$에서 홀함수가 되도록 확장해도 이 전개는 여전히 성립한다. 마찬가지로 $[-\pi, \pi]$에서 짝함수 $g(x)$를 코사인 급수로 표현할 수 있는지, 다시 말해

$$g(x) = \sum_{m=0}^{\infty} A'_m \cos mx$$

와 같이 나타낼 수 있는지 질문을 던질 수 있다. 일반적으로 $[-\pi, \pi]$에서 정의된 임의의 함수 F는 홀함수 f와 짝함수 g에 대해 $f + g$로 나타낼 수 있으므로[5] F를

$$F(x) = \sum_{m=1}^{\infty} A_m \sin mx + \sum_{m=0}^{\infty} A'_m \cos mx$$

와 같이 쓸 수 있는지 질문을 던질 수 있다. 또는 오일러 항등식 $e^{ix} = \cos x + i \sin x$를 적용하여 F가

$$F(x) = \sum_{m=-\infty}^{\infty} a_m e^{imx}$$

5 예를 들어 $f(x) = [F(x) - F(-x)]/2$이고 $g(x) = [F(x) + F(-x)]/2$이다.

과 같은 꼴이기를 기대할 수 있다. 식 (1.6)과 유사하게

$$\frac{1}{2\pi}\int_{-\pi}^{\pi} e^{imx}e^{-inx}\,dx = \begin{cases} 0 & (n \neq m) \\ 1 & (n = m) \end{cases}$$

이라는 사실을 이용하자. 이로써

$$a_n = \frac{1}{2\pi}\int_{-\pi}^{\pi} F(x)e^{-inx}\,dx$$

를 예상할 수 있다. 이 값을 F의 n번째 **푸리에 계수(Fourier coefficient)**라고 한다.

이제 앞에서 제기한 문제를 다음과 같이 재구성할 수 있다.

$[-\pi, \pi]$에서 정의된 임의의 적절한 함수 F가 주어질 때, 푸리에 계수를 위와 같이 정의하면

$$F(x) = \sum_{m=-\infty}^{\infty} a_m e^{imx} \tag{1.7}$$

은 참인가?

앞으로 문제를 복소지수함수를 이용하여 공식화한 이 형태를 주로 사용한다.

조제프 푸리에(Joseph Fourier, 1768–1830)는 최초로 **임의의** 함수 F를 식 (1.7)의 형태인 급수로 표현할 수 있다고 믿었다. 푸리에의 아이디어는 어느 함수건 기본 삼각함수인 $\sin mx$와 $\cos mx$의 선형결합(무한합일 수 있음)으로 나타낼 수 있다는 것으로, 여기서 m은 정수 범위에서 움직인다.[6] 비록 푸리에의 초기 연구에서 이 아이디어가 명확하게 드러나진 않았으나, 푸리에는 달랑베르나 오일러 등 선대 수학자들에게 부족했던 확신을 가지고 열 확산 연구에서 이 아이디어를 사용했다. 이것이 **푸리에 해석학** 연구의 시작이다. 이 원리는 처음엔 특정 물리적 문제를 해결하기 위해 개발되었는데, 나중에 알게 되겠지만 수학 및 기타 분야에서도 다양하게 응용할 수 있음이 증명되었다.

이제 파동 방정식으로 돌아가자. 문제를 올바르게 표현하려면 단순 조화운동과 진행파를 살펴보았을 때처럼 두 가지 초기 조건을 추가해야 한다. 초기 조건은 현의 초기 위치와 초기 속도를 지정한다. 즉, u는 미분방정식과 두 조건

$$u(x,0) = f(x), \quad \frac{\partial u}{\partial t}(x,0) = g(x)$$

를 만족해야 한다. 여기서 f와 g는 미리 주어진 함수다.

6 디리클레는 일반적인 함수를 푸리에 급수로 표현할 수 있음을 최초로 증명했다. 4장 심화문제 6을 참고하라.

f와 g를

$$f(x) = \sum_{m=1}^{\infty} A_m \sin mx, \quad g(x) = \sum_{m=1}^{\infty} mB_m \sin mx$$

와 같이 표현해야 하는데, 이는 (1.4)와 일치한다.

1.3 예 : 퉁긴 현

이제 우리의 논리를 퉁긴 현에 대한 특정한 문제에 적용해 보자. 간단히, 현이 구간 $[0, \pi]$에 놓이며 $c = 1$인 파동 방정식을 만족하도록 설정한다. 현은 $0 < p < \pi$인 점 p에서 높이 h까지 퉁겨졌다고 가정하며, 이것이 초기 위치다. 다시 말해 다음과 같이 주어진 삼각형 모양을 초기 위치로 취한다.

$$f(x) = \begin{cases} \dfrac{xh}{p} & (0 \le x \le p) \\[2ex] \dfrac{h(\pi - x)}{\pi - p} & (p \le x \le \pi) \end{cases}$$

그림 8은 이 모양을 묘사한다.

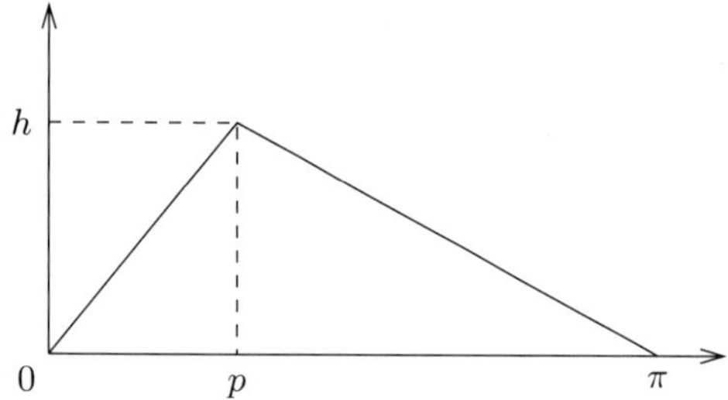

[그림 8] 퉁긴 현의 초기 위치

또한 초기 속도 $g(x)$가 항등적으로 0이 되도록 택한다. 그러면 f의 푸리에 계수를 계산할 수 있으며 (연습문제 9 참고), 식 (1.5) 이전에 제기한 질문의 답이 참이라고 가정하면

$$f(x) = \sum_{m=1}^{\infty} A_m \sin mx \quad \left(\text{단,} \quad A_m = \frac{2h}{m^2} \frac{\sin mp}{p(\pi - p)}\right)$$

를 얻는다. 따라서 식 (1.8)이 성립한다.

$$u(x,t) = \sum_{m=1}^{\infty} A_m \cos mt \sin mx \tag{1.8}$$

이 급수는 절대수렴한다는 점에 주목하자. 해는 진행파에 대한 식으로 표현할 수도 있으며 실제로

$$u(x,t) = \frac{f(x+t)+f(x-t)}{2} \tag{1.9}$$

와 같다. 여기서 $f(x)$는 모든 x에 대해 다음과 같이 정의된다. 먼저, f는 $[-\pi,\pi]$로 홀함수 전개를 하고, 주기가 2π인 주기함수가 되도록 전체 실수로 전개한다. 다시 말해 모든 정수 k에 대해 $f(x+2\pi k) = f(x)$이다.

삼각함수에 대한 항등식

$$\cos v \sin u = \frac{1}{2}[\sin(u+v) + \sin(u-v)]$$

를 이용하면 식 (1.8)로부터 식 (1.9)를 얻을 수 있다. 마지막으로 이 문제의 해가 가진 불만족스럽지만 본질적인 면에 주목해 보자. 퉁긴 현에 대한 초기 조건 $f(x)$는 두 번 연속미분가능한 함수가 아니므로 (식 (1.9)에 주어진) 함수 u도 마찬가지다. 따라서 u는 파동 방정식의 해라 하기 어렵다. $u(x,t)$는 퉁긴 현의 위치를 나타내지만, 우리가 풀고자 하는 편미분방정식을 풀지는 못한다. 이 상황을 제대로 이해하기 위해선 u가 방정식을 풀지만 적절하게 일반화된 의미에서 방정식의 해가 됨을 받아들여야 한다. 이 현상을 더 잘 이해하려면 **약해**(weak solution) 및 **초함수**(distribution) 이론에 대한 연구와 관련된 아이디어가 필요하다. 이 주제들은 차후에 《프린스턴 해석학 시리즈》의 제3권인 『Real Analysis : Measure Theory, Integration, and Hilbert Spaces』와 제4권인 『Functional Analysis : Introduction to Further Topics in Analysis』에서 다룬다.

2 열 방정식

이제 파동 방정식에 적용했던 것과 동일한 방식을 따라 열 확산 문제를 다룬다. 먼저 시간에 따른 열 방정식을 유도한 다음, 원판에서 안정 상태의 열 방정식을 학습하여 기본적인 질문인 식 (1.7)로 돌아간다.

2.1 열 방정식 유도

평면 $\mathbb{R}^2$을 모형화한 무한 금속판을 생각하고, 시각 $t=0$에 초기 열 분포가 주어졌다고 가정하자. 시각 $t=0$일 때 점 (x,y)에서의 온도를 $u(x,y,t)$로 나타내자.

그림 9와 같이 길이가 h인 각 변이 축에 평행하며 (x_0, y_0)가 중심인 작은 정사각형 S를 생각하자. 시각 t에서 S 안에 든 열 에너지 양은

$$H(t) = \sigma \iint_S u(x, y, t)\, dx\, dy$$

와 같다. 여기서 $\sigma > 0$은 물질의 비열이라고 불리는 상수다. 따라서 S로의 열 흐름은

$$\frac{\partial H}{\partial t} = \sigma \iint_S \frac{\partial u}{\partial t}\, dx\, dy$$

와 같다. S의 넓이가 h^2이므로 이는 근사적으로

$$\sigma h^2 \frac{\partial u}{\partial t}(x_0, y_0, t)$$

와 같다. 이제 뉴턴의 냉각 법칙을 적용한다. 이는 열의 차이, 즉 기울기에 비례하는 속도로 열이 높은 온도에서 낮은 온도로 흐른다는 것이다.

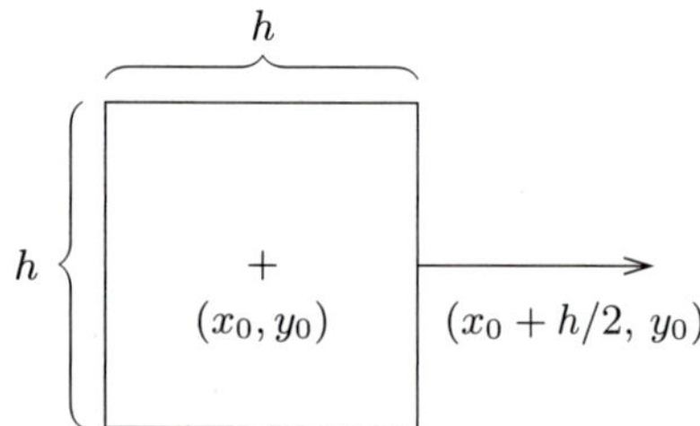

[그림 9] 작은 정사각형을 통과하는 열의 흐름

따라서 오른쪽 세로변을 통과하는 열 흐름은

$$-\kappa h \frac{\partial u}{\partial x}(x_0 + h/2, y_0, t)$$

와 같다. 여기서 $\kappa > 0$은 물질의 전도율이다. 다른 변도 유사하게 생각하면 정사각형 S를 통과하는 열 흐름의 총량은

$$\kappa h \left[\frac{\partial u}{\partial x}(x_0 + h/2, y_0, t) - \frac{\partial u}{\partial x}(x_0 - h/2, y_0, t) + \frac{\partial u}{\partial y}(x_0, y_0 + h/2, t) - \frac{\partial u}{\partial y}(x_0, y_0 - h/2, t)\right]$$

와 같이 주어진다.

평균값정리를 적용하고 h를 0으로 보내면

$$\frac{\sigma}{\kappa}\frac{\partial u}{\partial t} = \frac{\partial^2 u}{\partial x^2} + \frac{\partial^2 u}{\partial y^2}$$

임을 알 수 있다. 이를 **시간 종속 열 방정식(time-dependent heat equation)**이라고 하며, 보통 **열 방정식**으로 줄여 쓴다.

2.2 원판에서 안정상태의 열 방정식

오랜 시간이 지나면 더이상 열의 순환이 이루어지지 않아 계(system)는 열 평형 상태에 도달하며 $\partial u/\partial t = 0$이다. 이 경우 시간 종속 열 방정식은

$$\frac{\partial^2 u}{\partial x^2} + \frac{\partial^2 u}{\partial y^2} = 0 \tag{1.10}$$

과 같은 **안정상태 열 방정식(steady-state heat equation)**이 된다. 연산자 $\frac{\partial^2}{\partial x^2} + \frac{\partial^2}{\partial y^2}$은 수학과 물리학에서 매우 중요하다. 보통 $\triangle$로 줄여 쓰며, **라플라스 작용소(Laplace operator, Laplacian)**라고 부른다. 따라서 안정상태 열 방정식은

$$\triangle u = 0$$

과 같이 쓸 수 있다. 또한 이 방정식의 해를 **조화함수(harmonic function)**라고 한다.

평면에서의 단위원판

$$D = \{(x, y) \in \mathbb{R}^2 : x^2 + y^2 < 1\}$$

을 생각하자. 이 원판의 경계는 단위원 C이다. 극좌표계 (r, θ) (단, $0 \le r,\ 0 \le \theta < 2\pi$)로 나타내면

$$D = \{(r, \theta) : 0 \le r < 1\}, \quad C = \{(r, \theta) : r = 1\}$$

과 같다. (단위원판에서 라플라스 작용소에 대한) **디리클레 문제(Dirichlet problem)**라고도 하는 이 문제는 C에서 경계조건 $u = f$가 주어졌을 때 단위원판에서 안정상태 열 방정식을 푸는 것이다. 이는 원에서의 온도 분포를 사전에 정한 뒤 고정하고, 오랜 시간을 기다린 후 원판 내부의 온도 분포를 보는 것과 같다.

방정식 (1.10)에서는 변수분리법이 유용함을 알게 되겠지만, 경계조건을 직교좌표계에서 간단히 표현할 수 없다는 단점이 있다. 이 경계조건은 (r, θ) 좌표계에서 가장 잘 표현할 수 있으므로(단, $u(1, \theta) = f(\theta)$), 극좌표계를 이용하여 라플라스 작용소를 다시 표현한다. 연쇄법칙을 적용하면 (연습문제 10 참고),

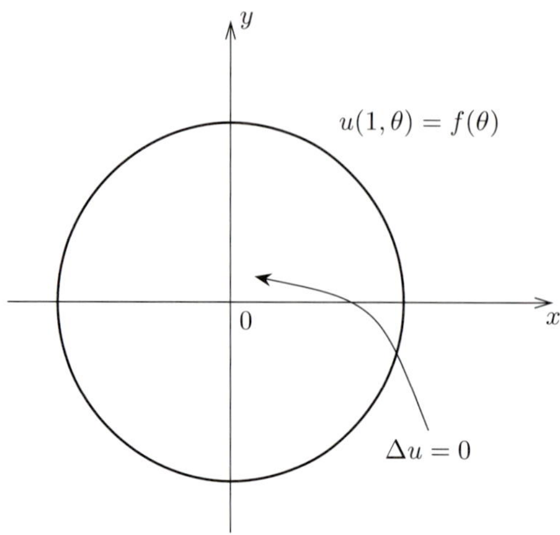

[그림 10] 원판에 대한 디리클레 문제

$$\triangle u = \frac{\partial^2 u}{\partial r^2} + \frac{1}{r}\frac{\partial u}{\partial r} + \frac{1}{r^2}\frac{\partial^2 u}{\partial \theta^2}$$

가 나온다. 이제 양변에 r^2을 곱하면 $\triangle u = 0$이므로

$$r^2\frac{\partial^2 u}{\partial r^2} + r\frac{\partial u}{\partial r} = -\frac{\partial^2 u}{\partial \theta^2}$$

를 얻는다. 변수분리를 하고 $u(r,\theta) = F(r)G(\theta)$ 꼴의 해를 구하면

$$\frac{r^2F''(r) + rF'(r)}{F(r)} = -\frac{G''(\theta)}{G(\theta)}$$

임을 확인할 수 있다. 양변은 서로 다른 변수에 대한 식이므로 모두 상수여야 하고, 이를 λ라 하자. 따라서 방정식

$$\begin{cases} G''(\theta) + \lambda G(\theta) = 0 \\ r^2F''(r) + rF'(r) - \lambda F(r) = 0 \end{cases}$$

을 얻는다. G는 주기가 2π인 주기함수여야 하므로 (전에 확인했듯이) 위 방정식에서 $\lambda \geq 0$이며 정수 m에 대해 $\lambda = m^2$이다. 따라서

$$G(\theta) = \tilde{A}\cos m\theta + \tilde{B}\sin m\theta$$

가 성립한다. 오일러 항등식 $e^{ix} = \cos x + i\sin x$를 적용하여 G를 복소지수함수를 이용해 다시 쓰면

$$G(\theta) = Ae^{im\theta} + Be^{-im\theta}$$

과 같다. $m \neq 0$이면서 $\lambda = m^2$일 때, F에 대한 방정식의 두 가지 간단한 해는 $F(r) = r^m$과 $F(r) = r^{-m}$이다. (연습문제 11에서 이러한 해에 대한 추가 정보를 확인할 수 있다.) $m = 0$일 때의 두 가지 해는 $F(r) = 1$과 $F(r) = \log r$이다. $m > 0$일 때 r이 0에 가까워지면 r^{-m}은 무한히 커지므로 $F(r)G(\theta)$는 원점에서 유계가 아니다. $m = 0$일 때 $F(r) = \log r$에 대해서도 같은 일이 발생한다. 이러한 해들은 우리의 직관에 반하기 때문에 받아들이지 않는다. 따라서 다음과 같은 특수해가 남는다.

$$u_m(r,\theta) = r^{|m|}e^{im\theta} \quad (\text{단, } m \in \mathbb{Z})$$

이제 방정식 (1.10)이 **선형**임에 주목하여, 진동하는 현에 대한 경우와 같이 위의 특수해를 중첩하여 일반해라고 생각할 수 있는 식

$$u(r,\theta) = \sum_{m=-\infty}^{\infty} a_m r^{|m|} e^{im\theta}$$

을 얻는다. 만약 이 식이 안정상태 열 방정식의 모든 해를 나타낸다면 적절한 f에 대해

$$u(1,\theta) = \sum_{m=-\infty}^{\infty} a_m e^{im\theta} = f(\theta)$$

가 성립해야 한다. 따라서 이러한 맥락에서 다시 질문을 던진다. $[0, 2\pi]$에서 정의된 임의의 적절한 함수 f가 주어질 때(단, $f(0) = f(2\pi)$), 다음을 만족하는 계수 a_m을 구할 수 있는가?

$$f(\theta) = \sum_{m=-\infty}^{\infty} a_m e^{im\theta}$$

간단한 수학사

달랑베르(d'Alembert)는 1747년에 처음으로 진행파 방법을 이용하여 현의 진동에 대한 방정식을 풀었다. 1년 뒤 오일러가 이 해법을 정교하게 다듬었다. 1753년에 다니엘 베르누이는 어느 모로 보나 (1.4)와 같이 주어진 푸리에 급수 형태의 해를 제안했다. 그러나 오일러는 이러한 해법이 **임의의** 함수가 푸리에 급수로 전개할 수 있는 경우에만 성립할 수 있기 때문에 그 일반성을 완전히 확신하지 못했다. 달랑베르를 비롯한 다른 수학자들 역시 의심을 품었다. 푸리에는 1807년에 열 방정식 연구를 통해 이러한 관점을 바꿔놓았고, 푸리에의 확신과 연구는 다른 수학자들이 일반적인 함수를 푸리에 전개로 표현할 수 있다는 완벽한 증명을 하게 이끌었다.

연습문제

1. 복소수 $z = x + iy$(단, $x, y \in \mathbb{R}$)에 대해 z의 **절댓값(modulus 또는 absolute value)**을

$$|z| = (x^2 + y^2)^{1/2}$$

과 같이 정의한다. 다음 물음에 답하라.

(a) $|z|$를 기하학적으로 어떻게 해석할 수 있는가?

(b) $|z| = 0$이면 $z = 0$임을 보여라.

(c) $\lambda \in \mathbb{R}$일 때, $|\lambda z| = |\lambda||z|$임을 보여라. 단, $|\lambda|$는 실수에 대한 일반적인 절댓값을 나타낸다.

(d) 두 복소수 z_1, z_2에 대하여

$$|z_1 z_2| = |z_1||z_2|, \quad |z_1 + z_2| \le |z_1| + |z_2|$$

를 증명하라.

(e) $z \neq 0$일 때, $|1/z| = 1/|z|$임을 보여라.

2. 복소수 $z = x + iy$ (단, $x, y \in \mathbb{R}$)에 대해 z의 **켤레복소수(complex conjugate)**를

$$\overline{z} = x - iy$$

와 같이 정의한다. 다음 물음에 답하라.

(a) $\overline{z}$를 기하학적으로 어떻게 해석할 수 있는가?

(b) $|z|^2 = z\overline{z}$임을 보여라.

(c) z가 단위원에 놓여 있을 때, $1/z = \overline{z}$임을 증명하라.

3. 만약 $\lim_{n\to\infty} |w_n - w| = 0$을 만족하는 $w \in \mathbb{C}$가 존재하면 복소수열 $\{w_n\}_{n=1}^{\infty}$은 수렴한다고 한다. 여기서 w를 수열의 극한값이라고 한다. 다음 물음에 답하라.

(a) 수렴하는 복소수열은 유일한 극한값을 가짐을 보여라.

각각의 $\epsilon > 0$에 양의 정수 N이 있어 다음을 만족할 때, 수열 $\{w_n\}_{n=1}^{\infty}$은 **코시 수열(Cauchy sequence)**이라고 한다.

$$n, m > N\text{이면 항상 } |w_n - w_m| < \epsilon \text{이다.}$$

(b) 복소수열이 수렴하기 위한 필요충분조건은 코시 수열임을 증명하라.

힌트 실수열의 수렴성에 대해 유사한 정리가 존재한다. 복소수열에서도 같은 결론이 이어지는 이유는 무엇인가?

다음과 같은 부분합 S_N이 수렴할 때 복소급수 $\sum_{n=1}^{\infty} z_n$은 수렴한다고 한다.

$$S_N = \sum_{n=1}^{N} z_n$$

$\{a_n\}_{n=1}^{\infty}$을 음이 아닌 실수열이며 급수 $\sum_n a_n$이 수렴한다고 하자.

(c) 모든 n에 대해 $|z_n| \leq a_n$인 복소수열 $\{z_n\}_{n=1}^{\infty}$에 대해 급수 $\sum_n z_n$이 수렴함을 보여라.

힌트 코시 판정법을 사용하라.

4. $z \in \mathbb{C}$에 대해 **복소지수함수(complex exponential)**를

$$e^z = \sum_{n=0}^{\infty} \frac{z^n}{n!}$$

이라 정의한다. 다음 물음에 답하라.

(a) 모든 복소수 z에 대해 급수가 수렴함을 보임으로써 복소지수함수가 잘 정의되었음을 증명하라. 또한 $\mathbb{C}$의 모든 유계 부분집합에서 균등 수렴함을 보여라.[7]

(b) 두 복소수 z_1, z_2에 대하여 $e^{z_1}e^{z_2} = e^{z_1+z_2}$임을 증명하라.

힌트 이항정리를 사용하여 $(z_1 + z_2)^n$을 전개하라.

(c) z가 순허수일 때, 다시 말해 $z = iy$ (단, $y \in \mathbb{R}$)일 때

$$e^{iy} = \cos y + i \sin y$$

를 보여라. 이는 오일러 항등식이다.

힌트 멱급수 전개를 이용하라.

(d) $x, y \in \mathbb{R}$이면 항상 $e^{x+iy} = e^x(\cos y + i \sin y)$가 성립한다. 이때,

$$|e^{x+iy}| = e^x$$

을 보여라.

7 각각의 $\epsilon > 0$에 대해 정수 N이 있어 모든 $n > N$과 $z \in S$에 대해 항상 $|f_n(z) - f(z)| < \epsilon$을 만족하는 S 위의 함수 f가 있을 때, 함수열 $\{f_n(z)\}_{n=1}^{\infty}$은 집합 S에서 균등 수렴한다고 한다.

(e) $e^z = 1$이기 위한 필요충분조건은 어떤 정수 k에 대해 $z = 2\pi ki$인 것임을 증명하라.

(f) 모든 복소수 $z = x + iy$는

$$z = re^{i\theta}$$

과 같은 꼴로 쓸 수 있음을 보여라. 여기서 r은 유일하며 $0 \le r < \infty$이고, $\theta \in \mathbb{R}$는 2π의 정수배마다 유일하게 결정된다.

$$r = |z|, \quad \theta = \arctan(y/x)$$

는 잘 정의되기만 하면 성립함을 확인하라.

(g) 특히 $i = e^{i\pi/2}$이다. 복소수에 i를 곱하는 것은 어떤 기하학적 의미가 있는가? 또는 $e^{i\theta}$ (단, $\theta \in \mathbb{R}$)를 곱하는 것은 어떤 기하학적 의미가 있는가?

(h) $\theta \in \mathbb{R}$가 주어질 때,

$$\cos\theta = \frac{e^{i\theta} + e^{-i\theta}}{2}, \quad \sin\theta = \frac{e^{i\theta} - e^{-i\theta}}{2i}$$

을 보여라. 위의 식 또한 오일러 항등식이라고 한다.

(i) 복소지수함수를 이용하여 삼각함수의 항등식

$$\cos(\theta + \vartheta) = \cos\theta\cos\vartheta - \sin\theta\sin\vartheta$$

를 유도하라. 그리고 두 식

$$2\sin\theta\sin\varphi = \cos(\theta - \varphi) - \cos(\theta + \varphi)$$

$$2\sin\theta\cos\varphi = \sin(\theta + \varphi) + \sin(\theta - \varphi)$$

가 성립함을 보여라. 이 계산은 달랑베르가 제시한 진행파를 이용한 해와 정상파 중첩을 이용한 해를 연결짓는다.

5. $f(x) = e^{inx}$은 주기가 2π인 주기함수이며

$$\frac{1}{2\pi}\int_{-\pi}^{\pi} e^{inx}\,dx = \begin{cases} 1 & (n = 0) \\ 0 & (n \ne 0) \end{cases}$$

이 성립함을 확인하라. 이 사실을 이용하여 $n, m \ge 1$에 대해

$$\frac{1}{\pi}\int_{-\pi}^{\pi} \cos nx \cos mx\,dx = \begin{cases} 0 & (n \ne m) \\ 1 & (n = m) \end{cases}$$

이 성립함을 증명하라. 또 유사하게

$$\frac{1}{\pi}\int_{-\pi}^{\pi} \sin nx \sin mx \, dx = \begin{cases} 0 & (n \neq m) \\ 1 & (n = m) \end{cases}$$

임을 증명하라. 마지막으로 모든 n, m에 대해

$$\int_{-\pi}^{\pi} \sin nx \cos mx \, dx = 0$$

임을 보여라.

힌트 $e^{inx}e^{-imx} + e^{inx}e^{imx}$과 $e^{inx}e^{-imx} - e^{inx}e^{imx}$을 계산하라.

6. f가 $\mathbb{R}$에서 두 번 연속미분가능한 함수이며 방정식 $f''(t) + c^2 f(t) = 0$의 해라 하자.

$$f(t) = a \cos ct + b \sin ct$$

를 만족하는 상수 a와 b가 존재함을 증명하라. 이는 두 함수 $g(t) = f(t)\cos ct - c^{-1}f'(t)\sin ct$와 $h(t) = f(t)\sin ct + c^{-1}f'(t)\cos ct$를 미분하여 알 수 있다.

7. a와 b가 실수일 때,

$$a \cos ct + b \sin ct = A \cos(ct - \varphi)$$

와 같이 쓸 수 있음을 보여라. 여기서 $A = \sqrt{a^2 + b^2}$이며 φ는 $\cos\varphi = \dfrac{a}{\sqrt{a^2+b^2}}$, $\sin\varphi = \dfrac{b}{\sqrt{a^2+b^2}}$를 만족한다.

8. F가 구간 (a, b)에서 정의된 두 번 연속미분가능한 함수라고 가정하자. x와 $x + h$가 (a, b)에 속하면 항상

$$F(x+h) = F(x) + hF'(x) + \frac{h^2}{2}F''(x) + h^2\varphi(h)$$

와 같이 쓸 수 있음을 보여라. 이때 $h \to 0$일 때 $\varphi(h) \to 0$이다. 이로부터

$$h \to 0 \text{ 일 때,} \quad \frac{F(x+h) + F(x-h) - 2F(x)}{h^2} \to F''(x)$$

를 유도하라.

힌트 이는 단순히 테일러 전개다. $F(x+h) - F(x) = \int_x^{x+h} F'(y)\,dy$임에 유의하여 $F'(y) = F'(x) + (y-x)F''(x) + (y-x)\psi(y-x)$ (단, $h \to 0$일 때 $\psi(h) \to 0$)라고 쓰면 원하는 식을 얻을 수 있다.

9. 퉁긴 현의 경우에서 푸리에 사인 계수에 대한 공식을 이용하여

$$A_m = \frac{2h}{m^2} \frac{\sin mp}{p(\pi - p)}$$

임을 보여라. p가 어느 위치에 놓일 때 두 번째, 네 번째, ... 고조파가 없어지는가? 또 p가 어느 위치에 놓일 때 세 번째, 여섯 번째, ... 고조파가 없어지는가?

10. 라플라스 작용소에 대한 식 $\triangle = \frac{\partial^2}{\partial x^2} + \frac{\partial^2}{\partial y^2}$은 극좌표계에서

$$\triangle = \frac{\partial^2}{\partial r^2} + \frac{1}{r}\frac{\partial}{\partial r} + \frac{1}{r^2}\frac{\partial^2}{\partial \theta^2}$$

과 같음을 보여라. 또한

$$\left|\frac{\partial u}{\partial x}\right|^2 + \left|\frac{\partial u}{\partial y}\right|^2 = \left|\frac{\partial u}{\partial r}\right|^2 + \frac{1}{r^2}\left|\frac{\partial u}{\partial \theta}\right|^2$$

임을 보여라.

11. $n \in \mathbb{Z}$일 때, $r > 0$에서 두 번 미분가능한 미분방정식

$$r^2 F''(r) + rF'(r) - n^2 F(r) = 0$$

의 유일한 해는 $n \neq 0$일 때 r^n과 r^{-n}의 선형결합으로 주어지고, $n = 0$일 때 1과 $\log r$의 선형결합으로 주어짐을 보여라.

힌트 F가 방정식의 해일 때, $F(r) = g(r)r^n$이라 쓰고 g에 대한 방정식을 구하면 $rg'(r) + 2ng(r) = c$이다(단, c는 상수).

심화문제

1. 그림 11에 묘사된 디리클레 문제를 생각하자.

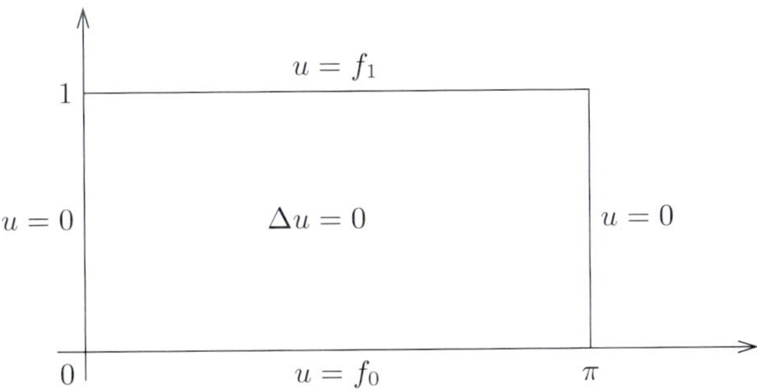

[그림 11] 직사각형에서의 디리클레 문제

보다 구체적으로 직사각형 $R = \{(x, y) : 0 \leq x \leq \pi,\ 0 \leq y \leq 1\}$에서 안정상태 열 방정식 $\triangle u = 0$의 해를 구한다. 이때 u는 R의 세로변에서 항등적으로 0이며

$$u(x, 0) = f_0(x), \quad u(x, 1) = f_1(x)$$

를 만족한다. 여기서 f_0와 f_1은 직사각형의 가로변에서 고정된 온도 분포를 나타내는 초기 조건이다.

f_0와 f_1이 다음과 같은 푸리에 전개를 가진다고 하자.

$$f_0(x) = \sum_{k=1}^{\infty} A_k \sin kx, \quad f_1(x) = \sum_{k=1}^{\infty} B_k \sin kx$$

변수분리법을 이용하여

$$u(x, y) = \sum_{k=1}^{\infty} \left(\frac{\sinh k(1-y)}{\sinh k} A_k + \frac{\sinh ky}{\sinh k} B_k \right) \sin kx$$

가 성립함을 보여라. 쌍곡사인함수와 쌍곡코사인함수의 정의는

$$\sinh x = \frac{e^x - e^{-x}}{2}, \quad \cosh x = \frac{e^x + e^{-x}}{2}$$

과 같이 주어졌음을 기억하자. 이 결과를 5장 심화문제 3에서 구한 띠에서의 디리클레 문제의 해와 비교하라.

2

푸리에 급수의 기본 성질
Basic Properties of Fourier Series

"임의의 함수가 해석적으로 표현가능한가?"라는 질문에 대해 어떠한 진전도 없이 거의 50년의 세월이 흘렀으나, 푸리에로 인해 드디어 이 문제에 서광이 비췄다. 그리하여 이 분야의 수학이 발전하는 새로운 시대가 시작되었고, 뜻밖에도 수리물리학의 주요 발전에서 이러한 시대가 도래했음이 예견되었다.

B. 리만(*B. Riemann*), 1854

2장부터는 푸리에 급수에 대해 엄밀하게 다룰 것이다. 주제와 관련 있는 주요 개념을 소개한 후 앞서 다루었던 몇 가지 기본 문제를 공식화하는 방식으로 진행할 것이다.

우선 "푸리에 계수가 같은 두 함수는 반드시 같은가?"라는 유일성에 대한 질문을 다룬다. 실제로 간단한 논증을 통해 푸리에 계수가 같은 연속인 두 함수는 사실 반드시 같은 함수임을 보일 수 있다.

다음으로 푸리에 급수의 부분합을 자세히 살펴본다. (적분을 포함하는) 푸리에 계수 공식을 이용하면 이러한 부분합을 아래와 같이 적분으로 편리하게 나타낼 수 있다는 중요한 사실을 확인할 수 있다.

$$\frac{1}{2\pi}\int D_N(x-y)f(y)\,dy$$

여기서 $\{D_N\}$은 디리클레 핵(Dirichlet kernel)이라 불리는 함수들의 집합이다. 위 수식은 f와 함수 D_N의 합성곱이다. 합성곱은 차후 내용에서 중요한 역할을 한다. 일반적으로 함수 집합 $\{K_n\}$이 주어질 때 n이 무한히 커짐에 따라 합성곱

$$\frac{1}{2\pi}\int K_n(x-y)f(y)\,dy$$

가 어떠한 특성을 보이는지 살펴봐야 한다. 이때 집합 $\{K_n\}$이 **좋은 핵**의 세 가지 중요 성질을 만족하면 위의 합성곱은 (적어도 f가 연속일 때) $n \to \infty$일 때 $f(x)$로 수렴함을 확인할 수 있다. 이러한 맥락에서 집합 $\{K_n\}$은 **항등원으로의 근사**다. 안타깝게도 디리클레 핵 D_N은 좋은 핵이 아니기 때문에 푸리에 급수의 수렴 문제는 단순하지 않다.

지금 단계에서 수렴성 문제를 추구하는 대신 함수의 푸리에 급수를 합하는 다른 다양한 방법을 다룬다. 첫 번째 방법은 부분합의 평균과 관련 있으며 좋은 핵과의 합성곱으로 이어진다. 여기서 중요한 페제르 정리(Fejér's theorem)를 이끌어 낸다. 이를 통해 삼각다항식을 이용해 원 위에서의 연속함수를 균등하게 근사할 수 있음을 유추할 수 있다. 두 번째 방법은 푸리에 급수의 아벨 합(Abel's sum)을 계산하여 이전과 같이 좋은 핵 집합을 얻어내는 것이다. 이 경우 합성곱과 좋은 핵에 대한 결과를 이용하면 1장 말미에 다룬 원판에서의 안정상태 열 방정식에 대한 디리클레 문제의 해를 얻을 수 있다.

1 예와 문제의 명확화

어떤 함수를 다룰지 간단하게 설명하면서 시작한다. $[0, L]$에서 정의된 복소함수 f에 대한 푸리에 계수는

$$a_n = \frac{1}{L}\int_0^L f(x)e^{-2\pi inx/L}\,dx \quad (\text{단, } n \in \mathbb{Z})$$

와 같이 정의되므로 f에 몇 가지 적분가능성에 대한 조건을 설정할 필요가 있다. 그러므로 앞으로 모든 함수가 적어도 리만 적분가능하다고 가정할 것이다.[1] 때로는 더 **정칙**(regular)인 함수, 즉 어떤 연속성이나 미분가능성을 가진 함수에 집중하면 이해하는 데 도움이 될 것이다.

아래에 몇 가지 함수들의 집합을 특수한 경우에서 일반적인 경우 순으로 제시했다. 그림 1이나 그림 2에 묘사한 바와 달리 일반적으로 실함수만을 다루지는 않을 것임을 기억해두자. 거의 대부분은 복소수 값을 가지는 함수를 고려할 것이다. 때때로 함수가 구간이 아니라 원에서 정의되었다고 생각한다. 이러한 사실을 이제부터 자세히 설명한다.

전체에서 연속인 함수

전체에서 연속인 함수로는 구간 $[0, L]$의 모든 점에서 연속인 복소함수 f가 있다. 전형적인 연속함수의 그래프를 그림 1(a)에서 확인할 수 있다. 원에서의 연속함수는 추가 조건 $f(0) = f(L)$을 만족함에 유념하자.

조각마다 연속인 함수

조각마다 연속인 함수로는 불연속점을 유한개만 가지는 $[0, L]$에서의 유계함수가 있다. 단순 불연속점을 가지는 이러한 함수의 예를 그림 1(b)에서 확인할 수 있다.

전체에서 연속인 함수와 조각마다 연속인 함수만으로도 다음 몇 장에 등장하는 많은 정리를 충분히 설명할 수 있다. 그러나 논리적 완결성을 위해 범위를 넓혀 일반적인 리만 적분가능한 함수도 생각한다. 푸리에 계수 공식에는 적분이 포함되므로 이렇게 더 확장하여 생각하는 것이 자연스럽다.

1 이 주제를 처음 학습한다면 '리만 적분가능한 함수'로 제한해야 이해하기 좋다. 르베그 적분가능성에 대한 발전된 개념은 『Real Analysis : Measure Theory, Integration, and Hilbert Spaces』에서 다룬다.

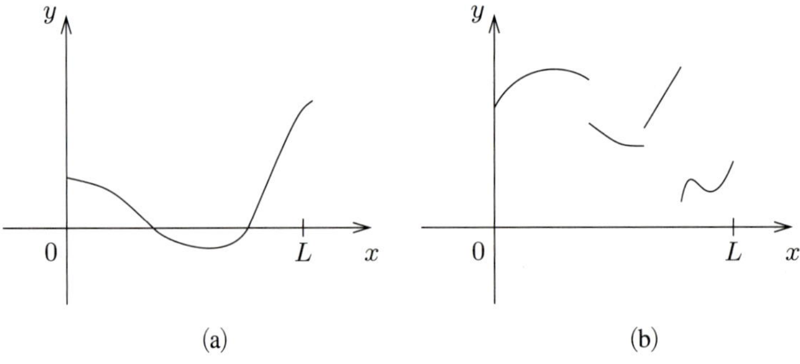

[그림 1] $[0, L]$ 전체에서 정의된 연속함수와 $[0, L]$에서 조각마다 연속인 함수

리만 적분가능한 함수

리만 적분가능한 함수는 우리가 다룰 가장 일반적인 함수다. 이러한 함수는 유계지만 불연속점을 무한개 가질 수 있다. 적분가능성의 정의를 상기하자. $[0, L]$에서 정의된 실함수 f가 다음과 같으면 **리만 적분가능한(Riemann integrable)** 함수(줄여서 **적분가능한 함수**[2])라고 한다.

> f는 유계이며 임의의 $\epsilon > 0$에 대해 구간 $[0, L]$의 분할 $0 = x_0 < x_1 < \cdots < x_{N-1} < x_N = L$이 존재하여 $\mathcal{U} - \mathcal{L} < \epsilon$이 성립한다.
>
> $$\mathcal{U} = \sum_{j=1}^{N} [\sup_{x_{j-1} \leq x \leq x_j} f(x)](x_j - x_{j-1}), \quad \mathcal{L} = \sum_{j=1}^{N} [\inf_{x_{j-1} \leq x \leq x_j} f(x)](x_j - x_{j-1})$$
>
> 여기서 $\mathcal{U}$와 $\mathcal{L}$은 각각 이 분할에 대한 f의 상합과 하합이다.

마지막으로 복소함수는 실수부와 허수부가 적분가능하면 적분가능하다고 한다. 이때 적분가능한 두 함수의 합과 곱은 적분가능함을 기억해두자.

$[0, 1]$에서 정의되고 불연속점이 무한개이며 적분가능한 함수의 간단한 예로 다음과 같은 f를 생각할 수 있다.

$$f(x) = \begin{cases} 1 & (1/(n+1) < x \leq 1/n,\ n\text{은 홀수}) \\ 0 & (1/(n+1) < x \leq 1/n,\ n\text{은 짝수}) \\ 0 & (x = 0) \end{cases}$$

함수 f의 그래프는 그림 2에 나와 있다. 이때 f는 $x = 1/n$과 $x = 0$에서 불연속이다.

---

2 『Real Analysis : Measure Theory, Integration, and Hilbert Spaces』 부터는 **적분가능하다**는 용어를 르베그 이론에서 더 폭넓은 의미로 사용한다.

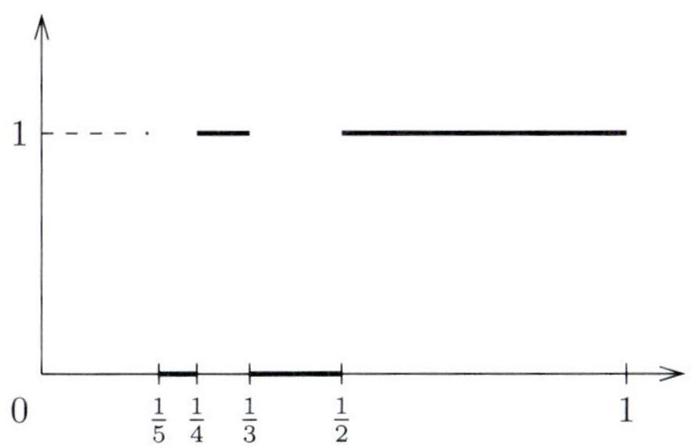

[그림 2] 리만 적분가능한 함수

적분가능하고 불연속점이 구간 $[0,1]$에서 조밀한 함수의 더 정교한 예는 심화문제 1에서 설명한다. 일반적으로 적분가능한 함수는 불연속점을 무한개 가질 수 있지만, 불연속점이 그렇게 많지 않다고 말할 수 있고 그러한 불연속점은 **무시**할 수 있다. 다시 말해 적분가능한 함수의 불연속점 집합은 **측도가** 0이다. 리만 적분은 [부록]에서 더 자세한 내용을 찾을 수 있다.

앞으로는 별다른 언급 없이도 함수가 항상 적분가능하다고 가정한다.

원 위의 함수

지수함수 $e^{in\theta}$과 같이 $\mathbb{R}$에서 주기가 2π인 주기함수, 길이가 2π인 구간에서의 함수, 그리고 원 위의 함수는 자연스럽게 연결된다. 세 함수가 자연스럽게 연결되는 이유를 살펴보자.

단위원 위의 점은 $e^{i\theta}$ 꼴이다. 이때 θ는 2π의 정수배마다 유일하다. F가 원 위의 함수일 때, 각 실수 θ에 대해

$$f(\theta) = F(e^{i\theta})$$

으로 정의할 수 있다. 이 정의로부터 함수 f는 $\mathbb{R}$에서 주기가 2π인 주기함수임을 알 수 있다. 다시 말해 모든 θ에 대해 $f(\theta + 2\pi) = f(\theta)$이다. F의 적분가능성과 연속성 그리고 매끄러움에 대한 성질은 f의 적분가능성과 연속성 그리고 매끄러움에 대한 성질로부터 결정된다. 예를 들어 f가 길이가 2π인 구간에서 항상 적분가능하면 F는 원 위에서 적분가능하다. 또한 f가 $\mathbb{R}$에서 연속이면 F는 원 위에서 연속이다. 이는 f가 길이가 2π인 구간에서 항상 연속인 것과 같다. 또한 f가 연속인 도함수를 가지면 F는 연속미분가능하다. 다른 성질도 비슷하게 설명할 수 있다.

f는 주기가 2π이므로 길이가 2π인 구간으로 제한하면(예를 들어 $[0, 2\pi]$ 또는 $[-\pi, \pi]$) 원 위의 초기 함수 F를 포착할 수 있다. 구간의 끝점은 원 위에서 같은 점에 해당하기 때문에 f는 구간의 끝점에서 같은 값을 가져야 한다. 반대로 $f(0) = f(2\pi)$이고 $[0, 2\pi]$에서 정의된 모든 함수는 $\mathbb{R}$에서의 주기함수로 확장할 수 있으며, 이는 원 위에서의 함수로 동일시 할 수 있다. 특히 구간 $[0, 2\pi]$

에서 연속인 함수 f가 원 위에서 연속함수이기 위한 필요충분조건은 $f(0) = f(2\pi)$이다.

결론적으로 '주기가 2π인 $\mathbb{R}$에서의 함수'와 '길이가 2π인 구간에서 정의되며 구간의 끝점에서 함숫값이 같은 함수'는 원 위의 함수라는 수학적 대상을 바라보는 동등한 두 가지 방법이다.

이와 관련된 표기법 한 가지를 짚고 넘어가겠다. 구간에서 정의된 함수는 보통 x를 독립변수로 사용하지만, 원 위에서의 함수는 x 대신 θ를 변수로 사용한다. 여러분도 알고 있겠지만 이러한 관습적 표기는 대부분 편의의 문제이기 때문에 이 규칙을 엄격하게 지키지는 않는다.

1.1 주요 정의와 몇 가지 예

이제 함수의 푸리에 급수를 정확하게 정의하며 푸리에 해석학 학습을 시작한다. 여기서 함수가 원래 어느 집합 위에서 정의되어 있는지 명확히 하는 게 중요하다.

f가 길이가 L인 구간 $[a, b]$ (즉, $b - a = L$)에서 정의된 적분가능한 함수일 때, f의 n번째 **푸리에 계수(Fourier coefficient)**는

$$\hat{f}(n) = \frac{1}{L}\int_a^b f(x)e^{-2\pi inx/L}\,dx \quad (\text{단, } n \in \mathbb{Z})$$

라고 정의한다. 그리고 f의 **푸리에 급수(Fourier series)**는 형식적[3]으로

$$\sum_{n=-\infty}^{\infty} \hat{f}(n)e^{2\pi inx/L}$$

과 같이 주어진다.

때때로 f의 푸리에 계수를 a_n이라 쓰고,

$$f(x) \sim \sum_{n=-\infty}^{\infty} a_n e^{2\pi inx/L}$$

과 같이 표기하여 우변의 급수가 좌변의 f에 대한 푸리에 급수임을 나타낸다. 예를 들어 f가 구간 $[-\pi, \pi]$에서 적분가능한 함수일 때 f의 n번째 푸리에 계수는

$$\hat{f}(n) = a_n = \frac{1}{2\pi}\int_{-\pi}^{\pi} f(\theta)e^{-in\theta}\,d\theta \quad (\text{단, } n \in \mathbb{Z})$$

와 같이 나타낸다. 그리고 f의 푸리에 급수는

3 이 시점에서 급수의 수렴성은 생각하지 않는다.

$$f(\theta) \sim \sum_{n=-\infty}^{\infty} a_n e^{in\theta}$$

과 같다. 이때 변수는 $-\pi$와 π 사이의 각으로 생각하기 때문에 θ를 변수로 사용한다.

f가 $[0, 2\pi]$에서 정의될 때, 푸리에 계수의 정의에서 0부터 2π까지 적분한다는 점만 제외하면 공식은 위와 같다.

원에서 정의된 함수도 푸리에 계수와 푸리에 급수를 생각할 수 있다. 앞서 설명한대로, 원 위의 함수를 주기가 2π인 $\mathbb{R}$에서의 함수로 생각해도 좋다. 함수 f를 길이가 2π인 구간(예를 들어 $[0, 2\pi]$ 또는 $[-\pi, \pi]$)으로 제한하고 푸리에 계수를 계산하자. 다행히 f가 **주기함수**이면 연습문제 1에 의해 푸리에 계수는 적분 구간 선택에 무관하다. 따라서 원 위의 함수의 푸리에 계수는 잘 정의된다.

간혹 구간 $[0, 1]$에서 주어진 함수 g를 생각할 것이다. 그러면

$$\hat{g}(n) = a_n = \int_0^1 g(x)e^{-2\pi inx}\,dx, \quad g(x) \sim \sum_{n=-\infty}^{\infty} a_n e^{2\pi inx}$$

이 성립한다. 여기서 x를 $[0, 1]$에서의 변수로 사용한다.

물론 f가 처음에 $[0, 2\pi]$에서 정의되면 $g(x) = f(2\pi x)$는 $[0, 1]$에서 정의되며, 변수변환에 의해 f의 n번째 푸리에 계수는 g의 n번쌔 푸리에 계수임을 보일 수 있다.

푸리에 급수는 **삼각급수(trigonometric series)**라 불리는 더 큰 급수 집합의 일부다. 여기서 삼각급수는 $\sum_{n=-\infty}^{\infty} c_n e^{2\pi inx/L}$ (단, $c_n \in \mathbb{C}$) 꼴인 급수다. 삼각급수에 0이 아닌 항이 유한개만 존재하면, 다시 말해 충분히 큰 모든 $|n|$에 대해 $c_n = 0$이면 이 삼각급수를 **삼각다항식(trigonometric polynomial)**이라 한다. 이때 $c_n \neq 0$인 가장 큰 $|n|$의 값이 **차수(degree)**다.

삼각함수의 한 예로, 자연수 N에 대해 f의 푸리에 급수의 N번째 **부분합(partial sum)**을 들 수 있다. 이 부분합은

$$S_N(f)(x) = \sum_{n=-N}^{N} \hat{f}(n) e^{2\pi inx/L}$$

과 같다. 여기서 n이 $-N$부터 N까지의 범위에 놓이므로 위의 급수는 **대칭적**이다. 이는 푸리에 급수를 사인 급수와 코사인 급수로 나누어 쓸 수 있기 때문에 자연스럽다. 결과적으로 (이 책에서는) 푸리에 급수를 N이 무한대로 갈 때 이러한 대칭 합의 **극한**으로 이해할 것이다.

실제로 푸리에 급수의 부분합을 이용하여 1장에서 제기한 질문을 다음과 같이 재구성할 수 있다.

$N \to \infty$일 때 어떠한 의미에서 $S_N(f)$는 f로 수렴하는가?

이 질문에 대해 더 나아가기 전에 푸리에 급수에 대한 간단한 예를 몇 가지 살펴보자.

예제 1 $-\pi \le \theta \le \pi$에 대해 $f(\theta) = \theta$라고 하자. 푸리에 계수는 간단한 부분적분법으로 계산할 수 있다. 먼저 $n \neq 0$이면 다음이 성립한다.

$$\begin{aligned}\hat{f}(n) &= \frac{1}{2\pi}\int_{-\pi}^{\pi} \theta e^{-in\theta}\, d\theta \\ &= \frac{1}{2\pi}\left[-\frac{\theta}{in}e^{-in\theta}\right]_{-\pi}^{\pi} + \frac{1}{2\pi in}\int_{-\pi}^{\pi} e^{-in\theta}\, d\theta \\ &= \frac{(-1)^{n+1}}{in}\end{aligned}$$

또한 $n = 0$이면 $\hat{f}(0) = \dfrac{1}{2\pi}\displaystyle\int_{-\pi}^{\pi} \theta\, d\theta = 0$은 자명하게 성립한다. 따라서 f의 푸리에 급수는

$$f(\theta) \sim \sum_{n \neq 0} \frac{(-1)^{n+1}}{in} e^{in\theta} = 2\sum_{n=1}^{\infty} (-1)^{n+1} \frac{\sin n\theta}{n}$$

와 같다. 첫 번째 합은 0이 아닌 모든 정수에 대해 더하며, 두 번째 합은 오일러 항등식을 적용하여 얻는다. 위 급수가 모든 θ에 대해 수렴한다는 것은 기초적인 방법으로 증명할 수 있지만, $f(\theta)$로 수렴하는지는 명확하지 않다. 이는 나중에 증명할 것이다(연습문제 8, 연습문제 9에서 유사한 상황을 다룬다).

예제 2 $0 \le \theta \le 2\pi$에 대해 $f(\theta) = \dfrac{(\pi - \theta)^2}{4}$으로 정의하자. 예제 1과 같이 부분적분법을 연속 적용하면

$$f(\theta) \sim \frac{\pi^2}{12} + \sum_{n=1}^{\infty} \frac{\cos n\theta}{n^2}$$

임을 알 수 있다.

예제 3 $[0, 2\pi]$에서 정의된 함수 $f(\theta) = \frac{\pi}{\sin \pi\alpha} e^{i(\pi-\theta)\alpha}$의 푸리에 급수는 α가 정수가 아니라면

$$f(\theta) \sim \sum_{n=-\infty}^{\infty} \frac{e^{in\theta}}{n+\alpha}$$

과 같다.

예제 4 $x \in [-\pi, \pi]$에 대해

$$D_N(x) = \sum_{n=-N}^{N} e^{inx}$$

으로 정의되는 삼각다항식을 N번째 **디리클레 핵(Dirichlet kernel)**이라고 한다. 나중에 살펴보겠지만 디리클레 핵은 푸리에 급수 이론에서 근본적으로 중요하다. 푸리에 계수 a_n은 $|n| \leq N$이면 $a_n = 1$이고 그 외에는 $a_n = 0$이다. 디리클레 핵의 닫힌 형식 표현은

$$D_N(x) = \frac{\sin((N+\frac{1}{2})x)}{\sin(x/2)}$$

와 같다. 이는 등비수열 $\sum_{n=0}^{N} \omega^n$, $\sum_{n=-N}^{-1} \omega^n$의 합을 계산하여 보일 수 있다. 이때 $\omega = e^{ix}$이다. 이 등비수열의 합들은 각각

$$\frac{1-\omega^{N+1}}{1-\omega}, \quad \frac{\omega^{-N}-1}{1-\omega}$$

과 같고, 두 식을 더하면

$$\frac{\omega^{-N}-\omega^{N+1}}{1-\omega} = \frac{\omega^{-N-1/2}-\omega^{N+1/2}}{\omega^{-1/2}-\omega^{1/2}} = \frac{\sin((N+\frac{1}{2})x)}{\sin(x/2)}$$

이므로 원하는 결과를 얻는다.

예제 5 푸아송 핵(Poisson kernel)이라 부르는 함수 $P_r(\theta)$는 $\theta \in [-\pi, \pi]$와 $0 \le r < 1$에 대해

$$P_r(\theta) = \sum_{n=-\infty}^{\infty} r^{|n|} e^{in\theta}$$

으로 정의된다. 이 급수는 절대수렴급수이며 균등 수렴한다. 이 함수는 1장에서 다룬 단위원판에서의 안정상태 열 방정식의 해에서 넌지시 등장했다. $P_r(\theta)$의 푸리에 계수를 계산할 때, 고정된 r에 대해 위 급수는 θ에 대하여 균등 수렴하므로 적분과 급수의 순서를 바꿀 수 있다. 이때 n번째 푸리에 계수는 $r^{|n|}$과 같다. 또한 $P_r(\theta)$에 대한 급수를 계산하여

$$P_r(\theta) = \frac{1-r^2}{1-2r\cos\theta + r^2}$$

임을 알 수 있다. 실제로 $P_r(\theta)$를 두 급수

$$P_r(\theta) = \sum_{n=0}^{\infty} \omega^n + \sum_{n=1}^{\infty} \overline{\omega}^n \quad (\text{단, } \omega = re^{i\theta})$$

으로 나타낼 수 있는데, 각각의 급수는 절대수렴한다. 무한등비급수인 첫 번째 급수의 합은 $\dfrac{1}{1-\omega}$이고, 두 번째 급수의 합은 $\dfrac{\overline{\omega}}{1-\overline{\omega}}$이다. 두 식을 결합하면 앞서 주장한 바와 같이

$$\frac{1-\overline{\omega} + (1-\omega)\overline{\omega}}{(1-\omega)(1-\overline{\omega})} = \frac{1-|\omega|^2}{|1-\omega|^2} = \frac{1-r^2}{1-2r\cos\theta + r^2}$$

을 얻는다. 푸아송 핵은 나중에 함수의 푸리에 급수에 대한 아벨 합 가능성을 다룰 때 다시 등장한다.

앞에서 재구성한 문제로 돌아가자. 지금까지 한 논의에서 f의 푸리에 급수의 정의는 순전히 형식적이며 이 급수가 f로 수렴하는지는 분명하지 않다. 실제로 급수가 어떤 의미에서 수렴할 것으로 기대하는지에 따라, 또는 f에 어떤 추가적인 가정을 하는지에 따라 이 문제는 해결하기 매우 어렵거나 상대적으로 쉬울 수도 있다.

좀 더 엄밀하게 생각해 보자. 이 논의를 위해, 함수 f는 (항상 리만 적분가능하다고 가정하며) $[-\pi, \pi]$에서 정의된다고 가정한다. 첫 번째로 f의 푸리에 급수의 부분합이 f로 점별 수렴하는지 묻는다.

$$\text{모든 } \theta\text{에 대해 } \lim_{N\to\infty} S_N(f)(\theta) = f(\theta)\text{인가?} \tag{2.1}$$

일반적으로 모든 θ에 대해 (2.1)이 참이라 기대할 수 없음을 쉽게 알 수 있다. 왜냐하면 푸리에 계수를

바꾸지 않고도 적분가능한 함수의 한 점에서의 함숫값을 항상 다르게 취할 수 있기 때문이다. 따라서 f가 연속이며 주기함수라 가정하면 같은 질문을 할 수 있다. 이러한 추가 가정하에서는 오랫동안 이 질문에 대한 답이 **그렇다**고 여겨졌다. 그렇기에 드 부아-레이몽(du Bois–Reymond)이 어떤 연속함수가 존재하여 그 푸리에 급수가 한 점에서 발산함을 보인 것은 놀라운 일이었다. 3장에서 그러한 예를 소개할 것이다. 이러한 부정적인 결과에도 불구하고 f에 매끄러움 조건을 더 추가하면 어떻게 되는지 생각해 볼 수 있다. 예를 들어 f가 연속적으로 한 번 미분가능하거나 혹은 두 번 미분가능하다고 가정할 수 있다. 이때 f의 푸리에 급수가 f로 균등 수렴함을 차후에 알게 될 것이다.

또한 푸리에 급수의 체사로 합 또는 아벨 합이 모든 연속인 점에서 함수 f로 수렴함을 보여줌으로써 질문 (2.1)의 극한을 해석할 것이다. 이러한 접근은 f의 푸리에 급수의 부분합에 대해 적절히 평균을 취하는 것과 연관이 있다.

마지막으로 질문 (2.1)의 극한을 평균제곱의 의미에서 정의할 수도 있다. 3장에서 f가 적분가능하기만 하면 다음 명제가 성립함을 보일 것이다.

$$N \to \infty \text{ 일 때}, \quad \frac{1}{2\pi}\int_{-\pi}^{\pi} |S_N(f)(\theta) - f(\theta)|^2 \, d\theta \to 0$$

흥미롭게도 1966년에 L. 칼레슨(L. Carleson)이 푸리에 급수의 점별 수렴 문제를 해결했다. 칼레슨은 f가 리만 적분가능하면[4] f의 푸리에 급수는 **측도가 0인** 집합을 제외하면 f로 수렴함을 보였다. 이 정리의 증명은 어렵고 이 책의 범위를 벗어난다.

2 푸리에 급수의 유일성

만약 함수 f의 푸리에 급수가 적절한 의미에서 f로 수렴한다고 가정하면, 함수는 그 푸리에 계수에 의해 유일하게 결정된다고 추론할 수 있다. 이로부터 f와 g의 푸리에 계수가 같으면 f와 g가 반드시 같아야 한다고 말할 수 있다. 함수의 차 $f - g$를 생각하여 이 명제는 '모든 $n \in \mathbb{Z}$에 대해 $\hat{f}(n) = 0$이면 $f = 0$이다.'로 재구성할 수 있다. 이미 언급했듯이 푸리에 계수를 계산하려면 적분이 필요하기에 이 명제가 무조건 참일 수는 없다. 예를 들어 두 함수가 유한개 점에서만 함숫값이 다르다면 푸리에 급수가 서로 같을 수 있다. 그러나 다음과 같은 긍정적인 결과가 있다.

4 칼레슨의 증명은 사실 르베그 적분 관점에서 제곱 적분가능한(즉, L^2 함수) 더 넓은 분류의 함수에 대해 성립한다.

정리 2.1 f가 원 위에서 적분가능하며 모든 $n \in \mathbb{Z}$에 대해 $\hat{f}(n) = 0$이라고 가정하자. 그러면 f가 θ_0에서 연속이면 $f(\theta_0) = 0$이다.

적분가능한 함수의 불연속점 집합에 대해 알고 있는 사실과 관련지어 생각해 보면[5] f는 **대부분의** θ에서 0이라고 결론 내릴 수 있다.

증명

먼저 f는 실함수라고 가정하고 귀류법을 쓴다. 일반성을 잃지 않고 f는 $[-\pi, \pi]$에서 정의되며 $\theta_0 = 0$이고 $f(0) > 0$이라 가정하자. 이제 아이디어는 0에서 **가장 높은 점**을 가지며 $k \to \infty$일 때 $\int p_k(\theta) f(\theta)\, d\theta \to \infty$인 삼각다항식 집합 $\{p_k\}$를 구성하는 것이다. 가정에 의하면 이러한 적분은 0과 같으므로 원하는 모순을 보일 수 있을 것이다.

f는 0에서 연속이므로 $|\theta| < \delta$이면 $f(\theta) > \dfrac{f(0)}{2}$이 되도록 $0 < \delta \le \dfrac{\pi}{2}$를 택할 수 있다. 이제 p를

$$p(\theta) = \epsilon + \cos\theta$$

와 같이 정의하자. 이때 $\delta \le |\theta| \le \pi$이면 $|p(\theta)| < 1 - \dfrac{\epsilon}{2}$이 되도록 ϵ을 작게 택한다. 이제 $\eta < \delta$인 양수 η를 택하는데, $|\theta| < \eta$이면 $p(\theta) \ge 1 + \dfrac{\epsilon}{2}$이 되도록 한다. 마지막으로 p_k를

$$p_k(\theta) = [p(\theta)]^k$$

이라 두고, 모든 θ에 대해 $|f(\theta)| \le B$인 B를 택한다. 이는 f가 적분가능하므로 따라서 유계이기 때문에 가능하다. 그림 3은 $\{p_k\}$의 그래프를 나타낸다.

함수의 구성에 따라 각 p_k는 삼각다항식이며 모든 n에 대해 $\hat{f}(n) = 0$이므로 모든 k에 대해

$$\int_{-\pi}^{\pi} f(\theta) p_k(\theta)\, d\theta = 0$$

이 성립해야 한다. 그러나

$$\left| \int_{\delta \le |\theta|} f(\theta) p_k(\theta)\, d\theta \right| \le 2\pi B \left(1 - \frac{\epsilon}{2}\right)^k$$

을 얻는다. 또한 앞에서 선택한 δ에 의해 $|\theta| < \delta$이면 $p(\theta)$와 $f(\theta)$는 음이 아니므로

5 [부록]을 참고하라.

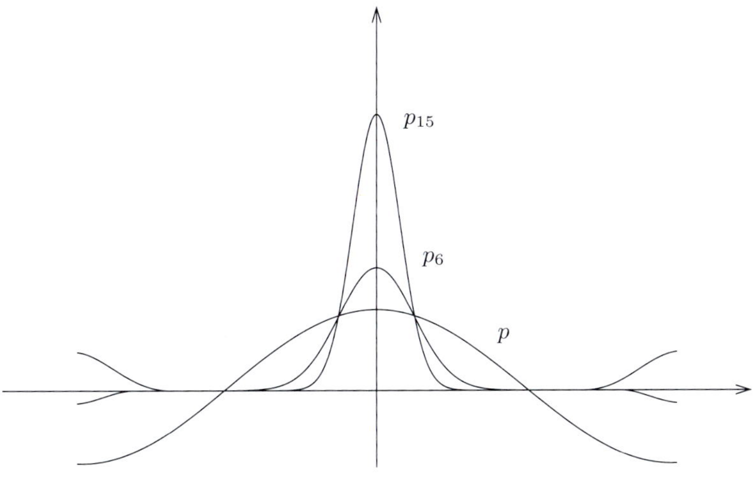

[그림 3] $\epsilon = 0.1$일 때의 함수 p, p_6, p_{15}

$$\int_{\eta \leq |\theta| < \delta} f(\theta) p_k(\theta)\, d\theta \geq 0$$

이 성립한다. 마지막으로

$$\int_{|\theta| < \eta} f(\theta) p_k(\theta)\, d\theta \geq 2\eta \frac{f(0)}{2} \left(1 + \frac{\epsilon}{2}\right)^k$$

을 얻는다. 따라서 $k \to \infty$일 때 $\int p_k(\theta) f(\theta)\, d\theta \to \infty$이며 이로써 f가 실함수일 때 증명이 끝났다.

일반적으로는 $f(\theta) = u(\theta) + iv(\theta)$라 쓴다. 이때 u와 v는 실함수다. $\overline{f}(\theta) = \overline{f(\theta)}$라 정의하면

$$u(\theta) = \frac{f(\theta) + \overline{f}(\theta)}{2}, \quad v(\theta) = \frac{f(\theta) - \overline{f}(\theta)}{2i}$$

가 성립한다. 또한 $\hat{\overline{f}}(n) = \overline{\hat{f}(-n)}$이므로 u와 v의 푸리에 계수는 모두 0이고, 따라서 연속인 점에서 $f = 0$이다. ◀

원점에서 최댓값을 가지면서 다른 좋은 성질을 갖는 함수들의 집합(위 경우에는 삼각다항식 집합)을 구성하는 아이디어는 이 책에서 중요한 역할을 할 것이다. 그러한 함수들의 집합은 차후에 합성곱의 개념과 관련지어 4절에서 다룰 것이다. 우선 지금은, 정리 2.1이 다음을 의미함을 기억하자.

> **따름정리 2.2** f가 원 위에서 연속이고 모든 $n \in \mathbb{Z}$에 대해 $\hat{f}(n) = 0$이면 $f = 0$이다.

다음 따름정리를 통해 푸리에 계수의 급수가 절대수렴한다는 가정하에, 앞서 제시한 질문 (2.1)에 대한 답은 긍정적임을 알 수 있다.

따름정리 2.3 f는 원 위에서 연속이며 f의 푸리에 급수는 절대수렴, 즉 $\sum_{n=-\infty}^{\infty} |\hat{f}(n)| < \infty$라고 가정하자. 그러면 푸리에 급수는 f로 균등 수렴한다. 즉, 다음이 성립한다.

$$\theta\text{에 균등하게 } \lim_{N\to\infty} S_N(f)(\theta) = f(\theta)\text{이다.}$$

증명

연속함수열이 균등 수렴하면 그 극한함수도 연속임을 기억하자. 이제 $\sum |\hat{f}(n)| < \infty$라는 가정으로부터 f의 푸리에 급수의 부분합이 절대수렴하며 균등 수렴함을 관찰한다. 따라서

$$g(\theta) = \sum_{n=-\infty}^{\infty} \hat{f}(n)e^{in\theta} = \lim_{N\to\infty} \sum_{n=-N}^{N} \hat{f}(n)e^{in\theta}$$

과 같이 정의되는 함수 g는 원 위에서 연속이다. 또한 (급수의 균등 수렴성에 의해) 적분과 무한합의 순서를 바꿀 수 있으므로 g의 푸리에 계수는 정확히 $\hat{f}(n)$이다. 따라서 $f - g$에 대해 따름정리 2.2를 적용하면 바라던 대로 $f = g$를 얻는다. ◀

f에 대한 어떤 조건이 푸리에 급수의 절대수렴성을 보장할까? 밝혀진 바와 같이 f의 매끄러움은 푸리에 계수의 감쇄와 직접 관련 있으며, 일반적으로 함수가 매끄러울수록 이러한 감쇄가 빨라진다. 그 결과 상대적으로 매끄러운 함수는 푸리에 급수와 동일하다고 예상할 수 있다. 이제 보이고자 하는 것처럼 이는 실제로 성립한다.

결과를 간결하게 설명하기 위해 표준 O **표기법**(O **notation**)을 도입한다. 이 표기법은 이 책의 나머지 부분에서도 자유롭게 사용한다.

- $|n| \to \infty$일 때 $\hat{f}(n) = O(1/|n|^2)$은 좌변이 우변의 상수배로 유계됨을 의미한다. 다시 말해 충분히 큰 모든 $|n|$에 대해 $|\hat{f}(n)| \le C/|n|^2$인 $C > 0$이 존재한다는 뜻이다.
- $x \to a$일 때 $f(x) = O(g(x))$는 x가 a로 다가갈 때 $|f(x)| \le C|g(x)|$인 상수 C가 존재함을 의미한다. 특히 $f(x) = O(1)$은 f가 유계라는 뜻이다.

따름정리 2.4 f가 원 위에서 두 번 연속미분가능한 함수라고 가정하자. 그러면

$$|n| \to \infty \text{ 일 때,} \quad \hat{f}(n) = O(1/|n|^2)$$

이 성립하여 f의 푸리에 급수는 f로 절대수렴하며 동시에 균등 수렴한다.

증명

푸리에 계수에 대한 추정은 $n \neq 0$에 대해 부분적분법을 두 번 적용하여 증명한다. 그러면

$$\begin{aligned} 2\pi \hat{f}(n) &= \int_0^{2\pi} f(\theta) e^{-in\theta}\, d\theta \\ &= \left[f(\theta) \cdot \frac{-e^{-in\theta}}{in} \right]_0^{2\pi} + \frac{1}{in} \int_0^{2\pi} f'(\theta) e^{-in\theta}\, d\theta \\ &= \frac{1}{in} \int_0^{2\pi} f'(\theta) e^{-in\theta}\, d\theta \\ &= \frac{1}{in} \left[f'(\theta) \cdot \frac{-e^{-in\theta}}{in} \right]_0^{2\pi} + \frac{1}{(in)^2} \int_0^{2\pi} f''(\theta) e^{-in\theta}\, d\theta \\ &= \frac{-1}{n^2} \int_0^{2\pi} f''(\theta) e^{-in\theta}\, d\theta \end{aligned}$$

를 얻는데, 여기서 대괄호 안의 값은 f와 f'이 주기함수이므로 0이다. 따라서

$$2\pi |n|^2 |\hat{f}(n)| \leq \left| \int_0^{2\pi} f''(\theta) e^{-in\theta}\, d\theta \right| \leq \int_0^{2\pi} |f''(\theta)|\, d\theta \leq C$$

가 성립한다. 여기서 상수 C는 n에 무관하다($|f''| \leq B$인 B에 대해 $C = 2\pi B$로 택할 수 있다). $\sum \frac{1}{n^2}$은 수렴하므로 증명이 끝난다. ◀

이제 우리는 중요한 항등식

$$\widehat{f'}(n) = in\hat{f}(n) \quad (\text{단, } n \in \mathbb{Z})$$

도 얻었다. $n \neq 0$인 경우 증명은 앞에 설명했으며 $n = 0$인 경우는 연습문제로 남긴다. 따라서 f가 미분가능하며 $f \sim \sum a_n e^{in\theta}$이면 $f' \sim \sum a_n in e^{in\theta}$이다. 또한 f가 두 번 연속미분가능하면 $f'' \sim \sum a_n (in)^2 e^{in\theta}$이고, 고계도함수에도 비슷하게 적용할 수 있다. f에 추가로 매끄러움 조건을 부여하면 이는 푸리에 계수의 더 나은 감쇄로 이어진다(연습문제 10 참고).

따름정리 2.4의 더 강한 형태도 있다. 예를 들어 f가 한 번 연속미분가능하다고만 가정해도 f의 푸리에 급수는 절대수렴함을 보일 수 있다. 일반적으로 f가 $\alpha > \frac{1}{2}$인 α**–횔더 연속(Hölder condition)**이면, 다시 말해

$$\text{모든 } t\text{에 대해} \quad \sup_\theta |f(\theta + t) - f(\theta)| \leq A|t|^\alpha$$

을 만족하면 f의 푸리에 급수는 절대수렴한다(따라서 f로 균등 수렴한다). 이러한 문제에 대한 자세한 내용은 3장 말미에 있는 연습문제를 참조하자.

이쯤에서 일반적인 표기법을 도입하는 게 좋겠다. f가 k번 연속미분가능하면 f는 C^k 함수라고 한다. C^k 함수거나 휠더 연속인 것이 함수의 **매끄러움**(smoothness)을 설명하는 여러 방법 중 두 가지다.

3 합성곱

두 함수의 합성곱 개념은 푸리에 해석학에서 핵심 역할을 한다. 이는 푸리에 급수에서도 자연스럽게 등장하지만 더 일반적으로 다른 여러 설정 하에서 함수를 분석하는 데 사용된다.

$\mathbb{R}$에서 주기가 2π인 적분가능한 두 함수가 주어질 때, $[-\pi, \pi]$에서 **합성곱(convolution)** $f * g$를

$$(f * g)(x) = \frac{1}{2\pi} \int_{-\pi}^{\pi} f(y) g(x-y)\, dy \tag{2.2}$$

와 같이 정의한다. 적분가능한 두 함수의 곱은 다시 적분가능하므로 위 적분은 모든 x에 대해 잘 정의된다. 또한 두 함수 모두 주기함수이므로 변수변환을 통해

$$(f * g)(x) = \frac{1}{2\pi} \int_{-\pi}^{\pi} f(x-y) g(y)\, dy$$

를 보일 수 있다. 대략적으로 말해서 합성곱은 **가중 평균**(weighted average)에 해당한다. 예를 들어 식 (2.2)에서 $g = 1$이면 $f * g$는 상수함수로 $\frac{1}{2\pi} \int_{-\pi}^{\pi} f(y)\, dy$와 같으며, 이는 원 위에서의 f의 평균값으로 해석할 수 있다. 또한 합성곱 $(f * g)(x)$는 두 함수 f와 g의 점별 곱 $f(x)g(x)$와 유사한 역할을 하며, 어떤 의미에서는 이를 대체하기도 한다.

이 장에서 합성곱에 관심을 가져야 하는 이유는 f의 푸리에 급수의 부분합을 다음과 같이 표현할 수 있기 때문이다.

$$\begin{aligned} S_N(f)(x) &= \sum_{n=-N}^{N} \hat{f}(n) e^{inx} \\ &= \sum_{n=-N}^{N} \left(\frac{1}{2\pi} \int_{-\pi}^{\pi} f(y) e^{-iny}\, dy \right) e^{inx} \\ &= \frac{1}{2\pi} \int_{-\pi}^{\pi} f(y) \left(\sum_{n=-N}^{N} e^{in(x-y)} \right) dy \\ &= (f * D_N)(x) \end{aligned}$$

여기서 D_N은 N번째 디리클레 핵(예제 4 참고)으로

$$D_N(x) = \sum_{n=-N}^{N} e^{inx}$$

과 같다. 따라서 $S_N(f)$를 이해하는 문제는 합성곱 $f * D_N$을 이해하는 문제로 환원된다.

합성곱의 몇 가지 주요 성질을 살펴보며 시작하겠다.

명제 3.1 f, g, h가 주기가 2π인 적분가능한 함수라고 가정하자. 그러면 다음이 성립한다.

(1) $f * (g+h) = (f * g) + (f * h)$

(2) $(cf) * g = c(f * g) = f * (cg)$ (단, $c \in \mathbb{C}$)

(3) $f * g = g * f$

(4) $(f * g) * h = f * (g * h)$

(5) $f * g$는 연속함수다.

(6) $\widehat{f * g}(n) = \hat{f}(n)\hat{g}(n)$

성질 (1)~(4)는 합성곱의 대수적 성질인 선형성, 교환법칙, 결합법칙을 설명한다. 성질 (5)는 중요한 원리인데, 합성곱 $f * g$가 f 또는 g보다 **더 정칙적**이다. 이때 f와 g가 단지 (리만) 적분가능하기만 해도 $f * g$는 연속이다. 마지막으로 성질 (6)은 푸리에 급수 학습에서 중요하다. 일반적으로 곱함수 fg의 푸리에 계수는 f와 g의 푸리에 계수의 곱이 아니다. 그러나 성질 (6)에 따르면 두 함수 f와 g의 곱을 합성곱 $f * g$로 대체할 경우 이 관계가 성립한다.

증명

(1), (2) 적분의 선형성으로부터 바로 알 수 있다.

다른 성질들은 f와 g가 연속이라고 가정하면 쉽게 추론할 수 있다. 이 경우, 적분 순서를 자유롭게 바꿀 수 있다. (6)을 먼저 증명하겠다.

(6)
$$\begin{aligned}\widehat{f * g}(n) &= \frac{1}{2\pi}\int_{-\pi}^{\pi} (f * g)(x)e^{-inx}\,dx \\ &= \frac{1}{2\pi}\int_{-\pi}^{\pi} \frac{1}{2\pi}\left(\int_{-\pi}^{\pi} f(y)g(x-y)\,dy\right) e^{-inx}\,dx \\ &= \frac{1}{2\pi}\int_{-\pi}^{\pi} f(y)e^{-iny}\left(\frac{1}{2\pi}\int_{-\pi}^{\pi} g(x-y)e^{-in(x-y)}\,dx\right) dy\end{aligned}$$

$$= \frac{1}{2\pi}\int_{-\pi}^{\pi} f(y)e^{-iny}\left(\frac{1}{2\pi}\int_{-\pi}^{\pi} g(x)e^{-inx}\,dx\right)dy$$
$$= \hat{f}(n)\hat{g}(n)$$

(3) 먼저 F가 연속이고 주기가 2π인 함수라면

$$\int_{-\pi}^{\pi} F(y)\,dy = \int_{-\pi}^{\pi} F(x-y)\,dy \quad (x \in \mathbb{R})$$

가 성립함에 주목하자. 이 등식은 $y \mapsto -y$로 변수변환하고 $y \mapsto y - x$와 같이 평행이동하여 확인할 수 있다. 그런 다음 $F(y) = f(y)g(x-y)$로 택한다.

(4) 두 적분순서를 바꾸고 적절히 변수변환하면 알 수 있다.

(5) f와 g가 연속이면 $f * g$가 연속임을 보이자. 먼저

$$(f*g)(x_1) - (f*g)(x_2) = \frac{1}{2\pi}\int_{-\pi}^{\pi} f(y)[g(x_1-y) - g(x_2-y)]\,dy$$

와 같이 나타내자. 함수 g는 연속이므로 임의의 닫힌 유계구간에서 균등 연속이어야 한다. 그런데 g는 주기함수이기도 하므로 $\mathbb{R}$ 전체에서 균등 연속이어야 한다. 즉, $\epsilon > 0$이 주어질 때 $\delta > 0$이 존재하여 $|s-t| < \delta$이기만 하면 $|g(s) - g(t)| < \epsilon$이 된다. 이때 $|x_1 - x_2| < \delta$이면 모든 y에 대해 $|(x_1 - y) - (x_2 - y)| < \delta$이므로 다음이 성립한다.

$$\begin{aligned}
|(f*g)(x_1) - (f*g)(x_2)| &\le \frac{1}{2\pi}\left|\int_{-\pi}^{\pi} f(y)[g(x_1-y) - g(x_2-y)]\,dy\right| \\
&\le \frac{1}{2\pi}\int_{-\pi}^{\pi} |f(y)||g(x_1-y) - g(x_2-y)|\,dy \\
&\le \frac{\epsilon}{2\pi}\int_{-\pi}^{\pi} |f(y)|\,dy \\
&\le \frac{\epsilon}{2\pi} 2\pi\ B
\end{aligned}$$

여기서 B는 모든 x에 대해 $|f(x)| \le B$가 되도록 택한다. 따라서 $f * g$는 연속함수이며 적어도 f와 g가 연속함수인 경우에 대해 명제를 증명했다. ◀

일반적으로 f와 g가 단지 적분가능하기만 한 때에는 지금까지(f와 g가 연속함수일 때) 보인 결과를 다음의 근사에 대한 보조정리와 함께 사용하면 된다. 이 증명은 [부록]에서 확인할 수 있다.

보조정리 3.2 f가 원 위에서 적분가능하며 $|f(x)| \leq B$라고 하자. 그러면 원 위에서 연속함수열 $\{f_k\}_{k=1}^{\infty}$가 있어 다음이 성립한다.

- $\sup_{x \in [-\pi, \pi]} |f_k(x)| \leq B$ (단, $k = 1, 2, \cdots$)
- $k \to \infty$일 때, $\int_{-\pi}^{\pi} |f(x) - f_k(x)|\, dx \to 0$

이 결과를 이용하여 명제 3.1의 증명을 다음과 같이 마무리할 수 있다.

명제 3.1의 증명

(5) f와 g에 보조정리 3.2를 적용하여 근사하는 연속함수열 $\{f_k\}$와 $\{g_k\}$를 얻는다. 이제

$$f * g - f_k * g_k = (f - f_k) * g + f_k * (g - g_k)$$

와 같이 쓰자. 함수열 $\{f_k\}$의 성질에 의해 $k \to \infty$일 때,

$$\begin{aligned}
|(f - f_k) * g(x)| &\leq \frac{1}{2\pi} \int_{-\pi}^{\pi} |f(x-y) - f_k(x-y)||g(y)|\, dy \\
&\leq \frac{1}{2\pi} \sup_y |g(y)| \int_{-\pi}^{\pi} |f(y) - f_k(y)|\, dy \\
&\to 0
\end{aligned}$$

이 성립한다. 따라서 $(f - f_k) * g$는 x에 균등하게 0으로 수렴한다. 비슷하게 $f_k * (g - g_k)$는 0으로 균등 수렴하고 따라서 $f_k * g_k$는 $f * g$로 균등 수렴한다. 각 $f_k * g_k$는 연속이므로 $f * g$도 연속이다.

(6) $f_k * g_k$는 $f * g$로 균등 수렴하므로 고정된 각각의 정수 n에 대해 k가 무한히 커질 때 $\widehat{f_k * g_k}(n) \to \widehat{f * g}(n)$이어야 한다. 그런데 f_k와 g_k는 모두 연속이므로 앞서 $\widehat{f_k}(n)\widehat{g_k}(n) = \widehat{f_k * g_k}(n)$임을 확인했다. 따라서

$$\begin{aligned}
|\hat{f}(n) - \hat{f}_k(n)| &= \frac{1}{2\pi} \left| \int_{-\pi}^{\pi} (f(x) - f_k(x)) e^{-inx}\, dx \right| \\
&\leq \frac{1}{2\pi} \int_{-\pi}^{\pi} |f(x) - f_k(x)|\, dx
\end{aligned}$$

가 성립한다. 그 결과 k가 무한대로 갈 때 $\widehat{f_k}(n) \to \hat{f}(n)$임을 알 수 있다. 비슷하게 $\widehat{g_k}(n) \to \hat{g}(n)$이므로 k를 무한대로 보내면 원하는 성질 (6)을 얻는다.

(3), (4) 비슷한 종류의 논증을 통해 보일 수 있다. ◀

4 좋은 핵

정리 2.1의 증명에서 원점에 가장 높은 점이 존재하는 특징을 지닌 삼각다항식렬 $\{p_k\}$를 만들어냈다. 그 결과 원점에서의 f의 움직임을 따로 떼어 놓고 생각할 수 있었다. 이번 절에서는 이러한 함수 집합을 다시 살펴본다. 이번에는 좀 더 일반적인 설정에서 다룰 것이다. 먼저 좋은 핵의 개념을 정의하고 이러한 함수의 특성을 논의한다. 그런 다음 합성곱을 이용하여 이러한 핵을 어떻게 쓰면 주어진 함수를 복원할 수 있는지를 보인다.

원 위에서 정의된 핵의 집합 $\{K_n(x)\}_{n=1}^{\infty}$가 다음 성질을 만족하면 이를 **좋은 핵(good kernel)** 집합이라고 한다.

(1) 모든 $n \geq 1$에 대해 $\dfrac{1}{2\pi}\displaystyle\int_{-\pi}^{\pi} K_n(x)\,dx = 1$이다.

(2) 모든 $n \geq 1$에 대해 $\displaystyle\int_{-\pi}^{\pi} |K_n(x)|\,dx \leq M$을 만족하는 $M > 0$이 존재한다.

(3) 각각의 $\delta > 0$에 대해 $n \to \infty$일 때 $\displaystyle\int_{\delta \leq |x| \leq \pi} |K_n(x)|\,dx \to 0$이다.

실제로 $K_n(x) \geq 0$인 경우 조건 (2)는 (1)로부터 얻을 수 있다. 핵 $K_n(x)$를 원 위의 무게 분포로 해석할 수도 있다. 성질 (1)에 의하면 K_n은 단위질량을 나누어 전체 원 $[-\pi, \pi]$ 위에 할당한 것이며, (3)에 의하면 이 분배된 질량은 n이 커질 때 원점 근처에 집중된다.[6] 그림 4(a)는 좋은 핵의 일반적인 특성을 보여 준다.

좋은 핵의 중요성은 합성곱과 함께 사용될 때 더 잘 드러난다.

정리 4.1 $\{K_n\}_{n=1}^{\infty}$을 좋은 핵 집합이라 하고 f는 원 위의 적분가능한 함수라고 하자. 그러면 f가 x에서 연속일 때

$$\lim_{n\to\infty} (f * K_n)(x) = f(x)$$

가 성립한다. f가 연속함수라면 위의 수렴은 균등 수렴이다.

6 극한을 취하면 좋은 핵은 **디랙 델타함수**(Dirac delta function)를 나타낸다. 이 용어는 물리학에서 유래했다.

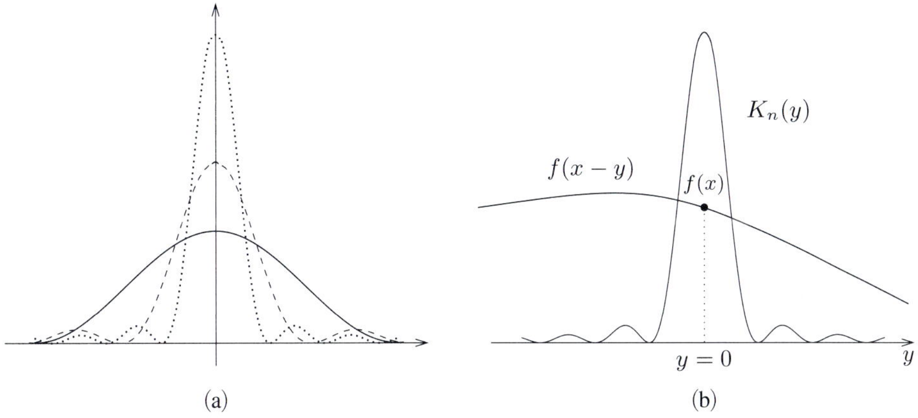

[그림 4] 좋은 핵

이 결과로 인해 집합 $\{K_n\}$을 **항등원으로의 근사(approximation to the identity)**라고도 한다.

앞서 합성곱을 가중평균으로 해석했다. 이러한 맥락에서 합성곱

$$(f * K_n)(x) = \frac{1}{2\pi}\int_{-\pi}^{\pi} f(x-y)K_n(y)\,dy$$

는 $f(x-y)$의 평균이며 이때 가중치는 $K_n(y)$로 주어진다. 그런데 무게분포 K_n은 n이 커짐에 따라 질량을 $y=0$에 집중시킨다. 따라서 적분식에서 $n \to \infty$일 때 $f(x)$에 모든 질량이 집중된다. 그림 4(b)는 이를 묘사한다.

정리 4.1의 증명

f가 x에서 연속이고 $\epsilon > 0$일 때, $|y| < \delta$이면 $|f(x-y) - f(x)| < \epsilon$이 되도록 δ를 택한다. 그러면 좋은 핵의 성질 (1)에 의해

$$\begin{aligned}(f * K_n)(x) - f(x) &= \frac{1}{2\pi}\int_{-\pi}^{\pi} K_n(y)f(x-y)\,dy - f(x) \\ &= \frac{1}{2\pi}\int_{-\pi}^{\pi} K_n(y)[f(x-y) - f(x)]\,dy\end{aligned}$$

와 같이 쓸 수 있다. 따라서

$$\begin{aligned}|(f * K_n)(x) - f(x)| &= \left|\frac{1}{2\pi}\int_{-\pi}^{\pi} K_n(y)[f(x-y) - f(x)]\,dy\right| \\ &\le \frac{1}{2\pi}\int_{|y|<\delta} |K_n(y)||f(x-y) - f(x)|\,dy \\ &\quad + \frac{1}{2\pi}\int_{\delta\le|y|\le\pi} |K_n(y)||f(x-y) - f(x)|\,dy\end{aligned}$$

$$\leq \frac{\epsilon}{2\pi}\int_{-\pi}^{\pi}|K_n(y)|\,dy + \frac{2B}{2\pi}\int_{\delta\leq|y|\leq\pi}|K_n(y)|\,dy$$

가 성립한다. 여기서 $|f(x)| \leq B$이다. 첫 번째 항은 좋은 핵의 성질 (2)에 의해 $\frac{\epsilon M}{2\pi}$으로 유계된다. 좋은 핵의 성질 (3)에 의해 충분히 큰 모든 n에 대해 두 번째 항은 ϵ보다 작다. 따라서 적당한 상수 $C > 0$이 있어 충분히 큰 모든 n에 대해

$$|(f * K_n)(x) - f(x)| \leq C\epsilon$$

이 성립한다. 이로써 정리의 첫 번째 주장을 증명했다. f가 연속함수라면 균등 연속이고 δ를 x에 무관하게 택할 수 있다. 이로써 $f * K_n$이 f로 균등 수렴한다는 결론을 내리며 증명이 끝난다. ◀

우리는 3절을 시작하면서 $S_N(f)(x) = (f * D_N)(x)$를 확인했다. 여기서 $D_N(x) = \sum_{n=-N}^{N} e^{inx}$은 디리클레 핵이다. 여기서 자연스럽게 D_N이 좋은 핵인지 질문할 수 있다. 만약 좋은 핵이라면 정리 4.1에 의해 f가 x에서 연속일 경우 f의 푸리에 급수는 $f(x)$로 수렴하기 때문이다. 그러나 디리클레 핵은 좋은 핵이 아니다. 실제로 계산해보면 D_N은 좋은 핵의 성질 (2)를 만족하지 않는다. 정확히 말하자면

$$N \to \infty \text{ 일 때, } \int_{-\pi}^{\pi}|D_N(x)|\,dx \geq c\log N$$

이 성립한다(심화문제 2 참고). 그런데 지수함수의 합으로 나타낸 D_N의 식에서

$$\frac{1}{2\pi}\int_{-\pi}^{\pi} D_N(x)\,dx = 1$$

을 바로 확인할 수 있다. 따라서 사실 좋은 핵의 성질 (1)을 만족한다. D_N에 절댓값을 씌워서 적분을 취한 값이 큰 반면에 평균값은 1이라는 것은, D_N에 들어 있는 항들이 서로 상쇄된 결과다. 실제로 그림 5는 함수 $D_N(x)$가 양의 함숫값과 음의 함숫값을 가지며 N이 커질수록 빠르게 진동함을 보여 준다.

이러한 관찰은 푸리에 급수의 점별 수렴성이 복잡하고 연속인 점에서도 수렴하지 못할 수 있음을 암시한다. 다음 장에서 살펴보겠지만 실제로도 그렇다.

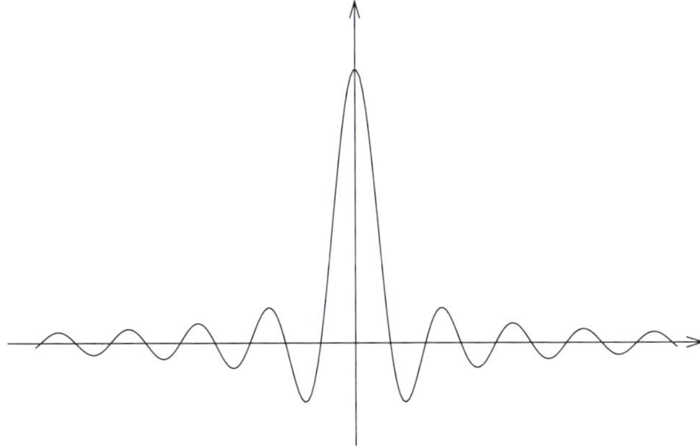

[그림 5] N이 클 때의 디리클레 핵

5 체사로 합 및 아벨 합 가능성 : 푸리에 급수에 응용

푸리에 급수가 각 점에서 수렴하지 못할 수 있으므로 극한

$$\lim_{N\to\infty} S_N(f) = f$$

를 다른 의미로 해석하여 이 문제점을 극복하고자 한다.

5.1 체사로 평균과 체사로 합

부분합의 일반적인 평균을 구하면서 시작한다. 이제 이를 좀 더 자세히 설명하고자 한다.

$$c_0 + c_1 + c_2 + \cdots = \sum_{k=0}^{\infty} c_k$$

와 같은 복소급수가 주어졌다고 가정하자. n번째 부분합 s_n을 $s_n = \sum_{k=0}^{n} c_k$로 정의하고 $\lim_{n\to\infty} s_n = s$이면 급수가 s로 수렴한다고 한다. 이것이 가장 자연스럽고 보편적으로 사용하는 **합 가능성**의 유형이다. 그런데

$$1-1+1-1+\cdots=\sum_{k=0}^{\infty}(-1)^k \tag{2.3}$$

과 같은 급수의 예를 생각해 보자. 이 급수의 부분합은 $\{1, 0, 1, 0, \cdots\}$의 수열을 이루며 극한값은 존재하지 않는다. 이 부분합은 1과 0을 균등하게 번갈아가며 취하기 때문에 $\frac{1}{2}$이 수열의 **극한**이며, 따라서 $\frac{1}{2}$이 이 급수의 **합**과 같다고 제안할 수도 있다. 이에 대한 정확한 의미를 부여하기 위해 처음 N개의 부분합의 평균을

$$\sigma_N=\frac{s_0+s_1+\cdots+s_{N-1}}{N}$$

과 같이 정의한다. 여기서 σ_N을 수열 $\{s_k\}$의 N번째 **체사로 평균(Cesàro mean)**[7] 또는 급수 $\sum_{k=0}^{\infty}c_k$의 N번째 **체사로 합(Cesàro sum)**이라 한다.

N이 무한히 커짐에 따라 σ_N이 극한값 σ로 수렴할 때, 급수 $\sum c_n$이 σ로 **체사로 합 가능(Cesàro summable)**하다고 한다. 함수급수의 경우 상황에 따라 점별 수렴 또는 균등 수렴의 관점에서 극한을 받아들일 것이다.

급수 (2.3)이 $\frac{1}{2}$로 체사로 합 가능한지 확인하는 건 어렵지 않다. 더욱이 체사로 합이 급수의 수렴보다 더 넓은 개념임을 보일 수 있다. 실제로 급수가 s로 수렴하면, 같은 극한값 s로 체사로 합 가능하다(연습문제 12 참고).

5.2 페제르 정리

푸리에 급수에서 체사로 합 가능성을 응용할 수 있는 한 가지 흥미로운 예가 있다. 앞서 말했듯이 디리클레 핵은 좋은 핵이 아니다. 놀랍게도 디리클레 핵의 평균은 좋은 핵이라는 점에서 매우 좋은 행태를 보이는 함수다.

이를 보이기 위해 푸리에 급수의 N번째 체사로 평균을 구하자. 정의에 따라

$$\sigma_N(f)(x)=\frac{S_0(f)(x)+\cdots+S_{N-1}(f)(x)}{N}$$

와 같다. $S_n(f)=f*D_n$이므로

7 급수 $\sum_{k=1}^{\infty}c_k$가 $k=1$부터 시작하면 일반적으로 $\sigma_N=(s_1+\cdots+s_N)/N$으로 정의한다. 이렇게 표기법을 바꾸어도 앞으로의 내용에 거의 영향을 미치지 않는다.

$$\sigma_N(f)(x) = (f * F_N)(x)$$

가 성립한다. 여기서 $F_N(x)$는 $F_N(x) = \dfrac{D_0(x) + \cdots + D_{N-1}(x)}{N}$로 주어지는 N 번째 **페제르 핵 (Fejér kernel)**이다.

> **보조정리 5.1** 등식 $F_N(x) = \dfrac{1}{N}\dfrac{\sin^2(Nx/2)}{\sin^2(x/2)}$가 성립하며 페제르 핵은 좋은 핵이다.

F_N에 대한 공식의 증명은 (삼각항등식의 간단한 응용이며) 연습문제 15에 요약되어 있다. 보조정리의 나머지 부분을 증명하기 위해, F_N은 양의 함숫값을 가지며 디리클레 핵 D_n에 대해 유사한 항등식이 성립했기 때문에 $\dfrac{1}{2\pi}\displaystyle\int_{-\pi}^{\pi} F_N(x)\,dx = 1$임을 주목하자. 그런데 $\delta \le |x| \le \pi$일 때 $\sin^2(x/2) \ge c_\delta > 0$이므로 $F_N(x) \le \dfrac{1}{Nc_\delta}$이고 이로부터

$$N \to \infty \text{ 일 때, } \int_{\delta \le |x| \le \pi} |F_N(x)|\,dx \to 0$$

이 성립한다. 새롭게 얻은 이 좋은 핵에 정리 4.1을 적용하면 다음의 중요한 사실을 얻는다.

> **정리 5.2** f가 원 위에서 적분가능하면 f의 푸리에 급수는 f가 연속인 점에서 f로 체사로 합 가능하다. 또한 f가 원 위에서 연속이면 f의 푸리에 급수는 f로 균등하게 체사로 합 가능하다.

이제 두 개의 따름정리를 서술할 수 있다. 따름정리 5.3은 이미 확인한 결과다. 따름정리 5.4는 새로운 내용이면서도 근본적으로 중요하다.

> **따름정리 5.3** f가 원 위에서 적분가능하고 모든 n에 대해 $\hat{f}(n) = 0$이면 f가 연속인 모든 점에서 $f = 0$이다.

모든 부분합이 0이므로 모든 체사로 평균이 0이다. 따라서 증명이 마무리된다.

> **따름정리 5.4** 원 위에서 연속인 함수는 삼각다항식에 의해 균등하게 근사될 수 있다.

이 따름정리는 f가 $[-\pi, \pi]$에서 연속이고 $f(-\pi) = f(\pi)$이면 $\epsilon > 0$에 대해 삼각다항식 P가 있어

$$\text{모든 } -\pi \leq x \leq \pi \text{에 대해 } |f(x) - P(x)| < \epsilon$$

이 성립함을 뜻한다. 부분합 D_N이 삼각다항식이므로 D_N의 체사로 평균 F_N도 삼각다항식이다. 때문에 정리 5.2로부터 바로 확인할 수 있다. 따름정리 5.4는 연습문제 16에서 주어진 다항식에 대한 바이어슈트라스 근사 정리의 주기함수 형태다.

5.3 아벨 평균과 아벨 합

또 다른 합의 방식은 아벨이 처음 고안했으며 실제로 체사로의 방법보다 시기적으로 앞선다.

복소급수 $\sum_{k=0}^{\infty} c_k$가 주어졌을 때, 모든 $0 \leq r < 1$에 대해 급수

$$A(r) = \sum_{k=0}^{\infty} c_k r^k$$

이 수렴하며, 극한값이 $\lim_{r \to 1} A(r) = s$이면 이 급수는 s로 **아벨 합 가능(Abel summable)**하다고 한다. 이때 $A(r)$을 급수의 **아벨 평균(Abel mean)**이라고 한다. 만일 급수가 s로 수렴하면 s로 아벨 합 가능함을 증명할 수 있다.

아벨 합 방법은 체사로 합 방법보다 훨씬 강력하다. 즉, 급수가 체사로 합 가능하면 항상 아벨 합 가능하다. 그러나 아벨 합 가능한 급수가 체사로 합이 가능하지는 않을 수 있다.

급수 $1 - 2 + 3 - 4 + 5 - \cdots = \sum_{k=0}^{\infty} (-1)^k (k+1)$을 생각하자.

$$A(r) = \sum_{k=0}^{\infty} (-1)^k (k+1) r^k = \frac{1}{(1+r)^2}$$

이 성립하기 때문에 이 급수는 1/4로 아벨 합 가능하다. 하지만 체사로 합은 가능하지 않다. 연습문제 13을 참고하라.

5.4 푸아송 핵과 단위원판에서의 디리클레 문제

아벨 합 가능성을 푸리에 급수에 적용하기 위해 함수 $f(\theta) \sim \sum_{n=-\infty}^{\infty} a_n e^{in\theta}$의 아벨 평균을

$$A_r(f)(\theta) = \sum_{n=-\infty}^{\infty} r^{|n|} a_n e^{in\theta}$$

과 같이 정의한다. n은 양수와 음수를 모두 취하므로 $c_0 = a_0$로 쓰고 $n > 0$에 대하여 $c_n = a_n e^{in\theta} + a_{-n} e^{-in\theta}$으로 써서 푸리에 급수의 아벨 평균이 이전 절의 복소급수에 대한 아벨 평균의 정의와 대응되도록 한다.

f는 적분가능하므로 $|a_n|$은 n에 대해 균등 유계이며 따라서 각각의 $0 \le r < 1$에 대해 $A_r(f)$는 절대수렴하며 동시에 균등 수렴한다. 체사로 평균의 경우와 마찬가지로, 핵심은 아벨 평균을

$$A_r(f)(\theta) = (f * P_r)(\theta)$$

와 같이 합성곱으로 나타낼 수 있다는 것이다. 이때 $P_r(\theta)$는

$$P_r(\theta) = \sum_{n=-\infty}^{\infty} r^{|n|} e^{in\theta} \tag{2.4}$$

과 같이 주어지는 **푸아송 핵**이다. 실제로

$$\begin{aligned} A_r(f)(\theta) &= \sum_{n=-\infty}^{\infty} r^{|n|} a_n e^{in\theta} \\ &= \sum_{n=-\infty}^{\infty} r^{|n|} \left(\frac{1}{2\pi} \int_{-\pi}^{\pi} f(\varphi) e^{-in\varphi}\, d\varphi \right) e^{in\theta} \\ &= \frac{1}{2\pi} \int_{-\pi}^{\pi} f(\varphi) \left(\sum_{n=-\infty}^{\infty} r^{|n|} e^{-in(\varphi-\theta)} \right) d\varphi \end{aligned}$$

가 성립한다. 여기서 급수가 균등 수렴하기 때문에 적분과 무한합의 순서를 바꿀 수 있다.

보조정리 5.5 $0 \le r < 1$이면

$$P_r(\theta) = \frac{1-r^2}{1-2r\cos\theta + r^2}$$

이 성립한다. 푸아송 핵은 r이 1보다 작은 범위에서 1로 다가갈 때, 좋은 핵이다.[8]

증명

항등식 $P_r(\theta) = \dfrac{1-r^2}{1-2r\cos\theta + r^2}$은 이미 1.1절에서 유도했다. 등식

$$1 - 2r\cos\theta + r^2 = (1-r)^2 + 2r(1-\cos\theta)$$

가 성립함에 유의하자. 따라서 $\frac{1}{2} \le r \le 1$이고 $\delta \le |\theta| \le \pi$이면 어떠한 상수 c_δ에 대하여

$$1 - 2r\cos\theta + r^2 \ge c_\delta > 0$$

8 이 경우, 핵에 붙는 첨자는 이전에 다루었던 이산매개변수 n이 아닌 연속매개변수 $0 \le r < 1$이다. 좋은 핵의 정의에서 단순히 n을 r로 바꾸고, 좋은 핵의 성질 (3)(64쪽)에서는 극한을 적절히 취한다. 예를 들어 지금 같은 경우에는 $r \to 1$의 극한을 취한다.

이 성립한다. 따라서 $\delta \le |\theta| \le \pi$일 때 $P_r(\theta) \le (1-r^2)/c_\delta$이므로 좋은 핵의 성질 (3)이 확인된다. $P_r(\theta) \ge 0$이며 식 (2.4)를 항별로 적분하여(이는 급수가 절대수렴하기 때문에 가능)

$$\frac{1}{2\pi}\int_{-\pi}^{\pi} P_r(\theta)\,d\theta = 1$$

을 얻는다. 이로써 P_r이 좋은 핵임이 증명된다. ◀

이 보조정리를 정리 4.1과 결합하면 다음 결과를 얻는다.

정리 5.6 원 위에서 적분가능한 함수의 푸리에 급수는 연속인 점에서 항상 f로 아벨 합 가능하다. 또한 f가 원 위에서 연속이면 f의 푸리에 급수는 f로 균등하게 아벨 합 가능하다.

이제 1장에서 다루었던 문제로 돌아가자. 1장에서는 원 위의 경계조건이 $u = f$인 단위원판에서의 안정상태 열 방정식 $\triangle u = 0$을 푸는 방법을 간략히 소개했다. 라플라스 작용소를 극좌표계를 이용하여 나타내고 변수를 분리하여

$$u(r,\theta) = \sum_{m=-\infty}^{\infty} a_m r^{|m|} e^{im\theta} \tag{2.5}$$

처럼 주어진 함수가 해가 될 거라 예상했다. 여기서 a_m은 f의 m번째 푸리에 계수다. 다시 말해 해가

$$u(r,\theta) = A_r(f)(\theta) = \frac{1}{2\pi}\int_{-\pi}^{\pi} f(\varphi)P_r(\theta-\varphi)\,d\varphi$$

와 같을 것으로 기대했다. 이제 이것이 실제로 참임을 보여줄 수 있다.

정리 5.7 f가 단위원에서 정의된 적분가능한 함수라고 하자. 그러면 단위원판에서

$$u(r,\theta) = (f * P_r)(\theta) \tag{2.6}$$

와 같이 푸아송 적분으로 정의된 함수 u는 다음과 같이 세 가지 성질을 만족한다.

(1) u는 단위원판에서 두 번 연속미분가능하며 $\triangle u = 0$이다.

(2) θ에서 f가 연속이면 항상 $\lim_{r\to 1} u(r,\theta) = f(\theta)$가 성립한다. f가 연속함수라면 이 수렴은 균등 수렴이다.

(3) f가 연속함수라면 $u(r,\theta)$는 조건 (1)과 (2)를 만족하는 단위원판에서의 안정상태 열 방정식의 유일한 해다.

증명

(1) 함수 u는 급수 (2.5)로 정의됨을 기억하고 $\rho < 1$을 고정하자. 반지름 길이가 $r < \rho < 1$이고 중심이 원점인 각 원판의 내부에서 u에 대한 급수는 항별로 미분할 수 있으며, 미분하여 얻은 급수는 절대수렴하며 동시에 균등 수렴한다. 따라서 u는 두 번 미분가능하며(실제로는 무한 번 미분가능) 이는 모든 $\rho < 1$에 대해 성립하기 때문에 u는 단위원판의 내부에서 두 번 미분가능하다. 또한 극좌표계를 이용하여 나타내면

$$\triangle u = \frac{\partial^2 u}{\partial r^2} + \frac{1}{r}\frac{\partial u}{\partial r} + \frac{1}{r^2}\frac{\partial^2 u}{\partial \theta^2}$$

이므로 항별 미분을 통해 $\triangle u = 0$임을 알 수 있다.

(2) 이전 정리를 단순히 적용하기만 하면 증명할 수 있다.

(3) 다음과 같이 논증하자. v는 원판에서의 안정상태 열 방정식의 해이며, r이 1보다 작은 값을 가지면서 1로 다가갈 때 f로 균등 수렴한다고 가정하자. $0 < r < 1$인 각각의 고정된 r에 대해 함수 $v(r,\theta)$의 푸리에 급수는

$$\sum_{n=-\infty}^{\infty} a_n(r)e^{in\theta} \quad \left(\text{단, } a_n(r) = \frac{1}{2\pi}\int_{-\pi}^{\pi} v(r,\theta)e^{-in\theta}\,d\theta\right)$$

과 같다. $v(r,\theta)$는 방정식

$$\frac{\partial^2 v}{\partial r^2} + \frac{1}{r}\frac{\partial v}{\partial r} + \frac{1}{r^2}\frac{\partial^2 v}{\partial \theta^2} = 0 \tag{2.7}$$

의 해이므로

$$a_n''(r) + \frac{1}{r}a_n'(r) - \frac{n^2}{r^2}a_n(r) = 0 \tag{2.8}$$

이 성립함을 알 수 있다. 실제로 먼저 방정식 (2.7)에 $e^{-in\theta}$을 곱하고 θ에 대해 적분한다. 그러면 v가 주기함수이므로 부분적분을 두 번 수행하여

$$\frac{1}{2\pi}\int_{-\pi}^{\pi} \frac{\partial^2 v}{\partial \theta^2}(r,\theta)e^{-in\theta}\,d\theta = -n^2 a_n(r)$$

을 얻는다. 마지막으로 v가 두 번 연속미분가능하므로 미분과 적분의 순서를 바꿀 수 있다. 이로써 식 (2.8)을 보인다.

따라서 $n \neq 0$일 때 적당한 상수 A_n과 B_n에 대해 $a_n(r) = A_n r^n + B_n r^{-n}$이어야 한다(1장 연습문제 11 참고). 상수를 구하기 위해 먼저 v가 유계이므로 각 $a_n(r)$은 유계임을 관찰한다. 그러므로

$B_n = 0$이다. A_n을 찾기 위해 $r \to 1$의 극한을 취한다. v는 $r \to 1$일 때 f로 균등 수렴하므로

$$A_n = \frac{1}{2\pi}\int_{-\pi}^{\pi} f(\theta)e^{-in\theta}\,d\theta$$

임을 알 수 있다. 비슷한 논리로 이 공식은 $n = 0$일 때도 성립한다. 따라서 각 $0 < r < 1$에 대해 v의 푸리에 급수는 $u(r,\theta)$에 대한 급수로 주어지므로 연속함수에 대한 푸리에 급수의 유일성에 의해 $u = v$여야 한다. ◀

비고 정리 5.7(3)에 의해 u가 원판에서 $\triangle u = 0$의 해이고 $r \to 1$일 때 0으로 균등 수렴하면, u는 항등적으로 0이어야 한다. 그러나 균등 수렴하지 않고 점별 수렴하는 경우에는 결론이 성립하지 않을 수 있다. 연습문제 18을 확인하라.

연습문제

1. f는 주기가 2π이며 임의의 유한구간에서 적분가능하다고 가정하자. $a, b \in \mathbb{R}$일 때 다음 두 식을 증명하라.

$$\int_a^b f(x)\,dx = \int_{a+2\pi}^{b+2\pi} f(x)\,dx = \int_{a-2\pi}^{b-2\pi} f(x)\,dx$$

$$\int_{-\pi}^{\pi} f(x+a)\,dx = \int_{-\pi}^{\pi} f(x)\,dx = \int_{-\pi+a}^{\pi+a} f(x)\,dx$$

2. 이 연습문제에서는 함수의 대칭성에 따라 푸리에 계수가 어떤 특정 성질을 가지는지 보일 것이다. f는 $\mathbb{R}$에서 정의되고 주기가 2π인 리만 적분가능한 함수라고 하자. 다음 물음에 답하라.

(a) 함수 f의 푸리에 급수를 다음과 같이 쓸 수 있음을 보여라.

$$f(\theta) \sim \hat{f}(0) + \sum_{n\geq 1}[\hat{f}(n) + \hat{f}(-n)]\cos n\theta + i[\hat{f}(n) - \hat{f}(-n)]\sin n\theta$$

(b) f가 짝함수라면 $\hat{f}(n) = \hat{f}(-n)$이며 푸리에 급수가 코사인 급수가 됨을 증명하라.

(c) f가 홀함수라면 $\hat{f}(n) = -\hat{f}(-n)$이며 푸리에 급수가 사인 급수가 됨을 증명하라.

(d) 모든 $\theta \in \mathbb{R}$에 대해 $f(\theta + \pi) = f(\theta)$라고 가정하자. 모든 홀수 n에 대해 $\hat{f}(n) = 0$임을 보여라.

(e) f가 실함수이기 위한 필요충분조건은 모든 n에 대해 $\overline{\hat{f}(n)} = \hat{f}(-n)$임을 보여라.

3. 1장에서 다루었던 퉁긴 현 문제로 돌아가자. 초기 조건 f는 자신의 푸리에 사인 급수

$$f(x) = \sum_{m=1}^{\infty} A_m \sin mx \quad \left(\text{단, } A_m = \frac{2h}{m^2}\frac{\sin mp}{p(\pi - p)}\right)$$

와 **같음**을 보여라.

힌트 $|A_m| \le \dfrac{C}{m^2}$이다.

4. $[0, \pi]$에서 $f(\theta) = \theta(\pi - \theta)$로 정의되고 주기가 2π인 홀함수를 생각하자. 다음 물음에 답하라.

(a) f의 그래프를 그려라.

(b) f의 푸리에 계수를 계산하여 $f(\theta) = \dfrac{8}{\pi}\displaystyle\sum_{\text{홀수 } k \ge 1} \dfrac{\sin k\theta}{k^3}$ 임을 보여라.

5. 구간 $[-\pi, \pi]$에서

$$f(\theta) = \begin{cases} 0 & (|\theta| > \delta) \\ 1 - |\theta|/\delta & (|\theta| \le \delta) \end{cases}$$

와 같이 정의한 함수 f를 생각하자. 즉, f의 그래프는 삼각형 텐트 모양이다.

$$f(\theta) = \frac{\delta}{2\pi} + 2\sum_{n=1}^{\infty} \frac{1 - \cos n\delta}{n^2 \pi \delta} \cos n\theta$$

임을 보여라.

6. f는 $[-\pi, \pi]$에서 $f(\theta) = |\theta|$로 정의되었다고 하자. 다음 물음에 답하라.

(a) f의 그래프를 그려라.

(b) f의 푸리에 계수를 계산하여 다음을 보여라.

$$\hat{f}(n) = \begin{cases} \dfrac{\pi}{2} & (n = 0) \\[2ex] \dfrac{-1 + (-1)^n}{\pi n^2} & (n \ne 0) \end{cases}$$

(c) f의 푸리에 급수를 사인과 코사인 함수를 이용하여 나타내라.

(d) $\theta = 0$을 취하여

$$\sum_{\text{홀수 } n\geq 1} \frac{1}{n^2} = \frac{\pi^2}{8}, \quad \sum_{n=1}^{\infty} \frac{1}{n^2} = \frac{\pi^2}{6}$$

임을 보여라.

1.1절 예제 2도 참고하라.

7. $\{a_n\}_{n=1}^N$과 $\{b_n\}_{n=1}^N$이 유한 복소수열이라고 가정하자. 급수 $\sum b_n$의 부분합을 $B_k = \sum_{n=1}^{k} b_n$이라 하고 편의상 $B_0 = 0$이라 하자. 다음 물음에 답하라.

(a) **부분합 공식(summation by parts)**

$$\sum_{n=M}^{N} a_n b_n = a_N B_N - a_M B_{M-1} - \sum_{n=M}^{N-1} (a_{n+1} - a_n) B_n$$

을 증명하라.

(b) 이 공식으로부터 급수의 수렴성에 대한 디리클레 판정법을 유도하라. 즉, 급수 $\sum b_n$의 부분합이 유계이며 $\{a_n\}$이 0으로 단조감소하는 실수열이면 $\sum a_n b_n$은 수렴함을 보여라.

8. $\dfrac{1}{2i} \sum_{n\neq 0} \dfrac{e^{inx}}{n}$은 주기가 2π인 **톱니함수(sawtooth function)**의 푸리에 급수임을 보여라. 이 톱니함수는 $f(0) = 0$이고

$$f(x) = \begin{cases} -\dfrac{\pi}{2} - \dfrac{x}{2} & (-\pi < x < 0) \\ \\ \dfrac{\pi}{2} - \dfrac{x}{2} & (0 < x < \pi) \end{cases}$$

와 같이 정의되며, 그림 6은 그 그래프를 나타낸다. 이 함수는 연속함수가 아니다. 그럼에도 급수가 모든 x에서 수렴함을 보여라(이는 보통의 경우처럼 급수의 대칭 부분합이 수렴한다는 의미다). 특히 원점에서의 급수의 값인 0은 원점에서의 $f(x)$의 좌극한과 우극한의 평균이다.

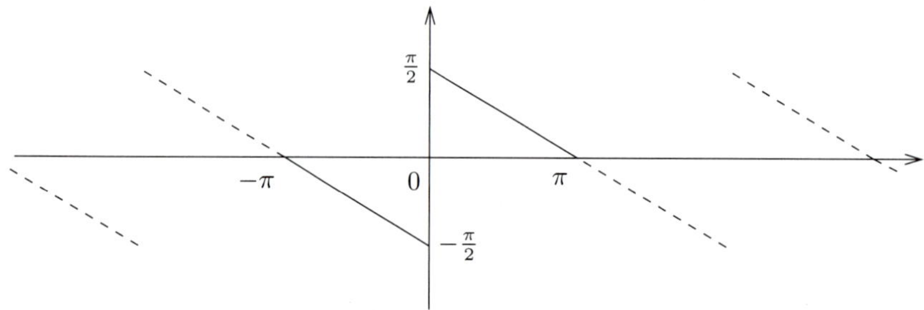

[그림 6] 톱니함수

힌트 급수 $\sum a_n b_n$ 의 수렴성에 대한 디리클레 판정법을 사용하라.

9. $f(x) = \chi_{[a,b]}(x)$를 구간 $[a, b] \subset [-\pi, \pi]$에서의 특성함수(characteristic function)라고 하자. 다시 말해

$$\chi_{[a,b]}(x) = \begin{cases} 1 & (x \in [a, b]) \\ 0 & (\text{그 외의 경우}) \end{cases}$$

과 같다. 다음 물음에 답하라.

(a) f의 푸리에 급수는

$$f(x) \sim \frac{b-a}{2\pi} + \sum_{n \neq 0} \frac{e^{-ina} - e^{-inb}}{2\pi in} e^{inx}$$

과 같음을 보여라. 위의 합은 0을 제외한 모든 정수에 대해 더한다.

(b) $a \neq -\pi$ 또는 $b \neq \pi$이고 $a \neq b$이면 푸리에 급수는 어느 x에서도 절대수렴하지 않음을 보여라.

힌트 $\theta_0 = \dfrac{b-a}{2}$일 때 여러 n에 대해 $|\sin n\theta_0| \geq c > 0$임을 증명하면 충분하다.

(c) 그러나 푸리에 급수는 모든 x에서 수렴함을 증명하라. $a = -\pi$이고 $b = \pi$이면 어떤 일이 생기는가?

10. f는 주기가 2π인 C^k 함수라고 가정하자. 이때

$$|n| \to \infty \text{ 일 때, } \hat{f}(n) = O(1/|n|^k)$$

임을 보여라. 이 표기법은 $|\hat{f}(n)| \leq \dfrac{C}{|n|^k}$인 상수 C가 존재함을 의미한다. 이를 $|n|^k \hat{f}(n) = O(1)$로 쓸 수도 있다. 여기서 $O(1)$은 유계임을 의미한다.

힌트 부분적분을 이용하라.

11. $\{f_k\}_{k=1}^{\infty}$는 구간 $[0, 1]$에서 리만 적분가능한 함수열이며

$$k \to \infty \text{ 일 때, } \int_0^1 |f_k(x) - f(x)|\, dx \to 0$$

을 만족한다고 가정하자. $k \to \infty$일 때 $\hat{f}_k(n)$은 n에 균등하게 $\hat{f}(n)$으로 수렴함을 보여라.

12. 복소급수 $\sum c_n$이 s로 수렴하면 $\sum c_n$은 s로 체사로 합 가능함을 증명하라.

힌트 $n \to \infty$일 때 $s_n \to 0$이라 가정하자.

13. 이 연습문제의 목표는 아벨 합 가능성이 급수의 일반적인 수렴 또는 체사로 합 가능성보다 더 강한 조건임을 증명하는 것이다.

(a) $\sum_{n=1}^{\infty} c_n$이 유한값 s로 수렴하는 복소급수일 때, 이 급수는 s로 아벨 합 가능함을 보여라.

힌트 $s = 0$인 경우에만 증명해도 충분한 이유는 무엇인가? $s = 0$이라 가정하고 $s_N = c_1 + \cdots + c_N$이면 $\sum_{n=1}^{N} c_n r^n = (1-r)\sum_{n=1}^{N} s_n r^n + s_N r^{N+1}$임을 보여라. $N \to \infty$의 극한을 취하여

$$\sum c_n r^n = (1-r)\sum s_n r^n$$

임을 보여라. 마지막으로 $r \to 1$일 때 우변은 0으로 수렴함을 증명하라.

(b) 그러나 아벨 합 가능하지만 수렴하지 않는 급수가 존재함을 보여라.

힌트 $c_n = (-1)^n$인 경우를 시도해본다. 이때 $\sum c_n$은 어느 값으로 아벨 합 가능한가?

(c) 유사한 방식을 이용해 급수 $\sum_{n=1}^{\infty} c_n$이 σ로 체사로 합 가능하면, 이 급수는 σ로 아벨 합 가능함을 증명하라.

힌트 다음이 성립하며 $\sigma = 0$이라 가정하자.

$$\sum_{n=1}^{\infty} c_n r^n = (1-r)^2 \sum_{n=1}^{\infty} n\sigma_n r^n$$

(d) 아벨 합 가능하지만 체사로 합 가능하지 않은 급수의 예를 들어라.

힌트 $c_n = (-1)^{n-1}n$인 경우를 시도해본다. $\sum c_n$이 체사로 합 가능하면 $\frac{c_n}{n}$은 0으로 수렴함에 주목한다.

연습문제 13의 결과로부터 급수의 수렴성을 다음과 같이 요약할 수 있다.

수렴 $\Longrightarrow$ 체사로 합 가능 $\Longrightarrow$ 아벨 합 가능

이때 어느 화살표도 그 역은 참이 아니다.

14. 이 연습문제는 계수 c_n에 가정을 추가하면 앞의 화살표의 역이 성립한다는 타우버 정리(Tauber's theorem)를 다룬다.

(a) $\sum c_n$이 σ로 체사로 합 가능하고 $c_n = o(1/n)$이면 (즉, $nc_n \to 0$) $\sum c_n$은 σ로 수렴한다.

힌트 $s_n - \sigma_n = [(n-1)c_n + \cdots + c_2]/n$

(b) (a)는 체사로 합을 아벨 합으로 바꾸어도 성립한다.

힌트 $r = 1 - \frac{1}{N}$ 일 때 $\sum_{n=1}^{N} c_n$ 과 $\sum_{n=1}^{N} c_n r^n$ 의 차를 추정한다.

15. 페제르 핵은 $F_N(x) = \frac{1}{N}\frac{\sin^2(Nx/2)}{\sin^2(x/2)}$ 와 같음을 증명하라.

힌트 $D_n(x)$가 디리클레 핵일 때 $NF_N(x) = D_0(x) + \cdots + D_{N-1}(x)$이다. 따라서 $\omega = e^{ix}$으로 두면 다음을 얻는다.

$$NF_N(x) = \sum_{n=0}^{N-1} \frac{\omega^{-n} - \omega^{n+1}}{1-\omega}$$

16. 바이어슈트라스 근사 정리(Weierstrass approximation theorem)는 다음과 같다.

> f가 닫힌 유계구간 $[a,b] \subset \mathbb{R}$에서 연속인 함수라고 하자. 그러면 모든 $\epsilon > 0$에 대해 다항함수 P가 있어
>
> $$\sup_{x\in[a,b]} |f(x) - P(x)| < \epsilon$$
>
> 을 만족한다.

페제르 정리의 따름정리 5.4를 적용하고 지수함수 e^{ix}은 임의의 구간에서 다항함수에 의해 균등하게 근사될 수 있다는 사실을 이용하여 이 근사 정리를 증명하라.

17. 5.4절에서 f가 연속인 모든 점에서 f의 아벨 평균은 f로 수렴함을 증명했다. 다시 말해 f가 θ에서 연속이면

$$\lim_{r\to 1} A_r(f)(\theta) = \lim_{r\to 1}(P_r * f)(\theta) = f(\theta) \quad (\text{단, } \ 0 < r < 1)$$

가 성립한다. 이 연습문제에서는 특정 불연속점에서 $A_r(f)(\theta)$가 어떻게 되는지 알아보겠다.

> 적분가능한 함수에 대해 두 극한
>
> $$\lim_{\substack{h\to 0\\ h>0}} f(\theta+h) = f(\theta^+), \qquad \lim_{\substack{h\to 0\\ h>0}} f(\theta-h) = f(\theta^-)$$
>
> 가 존재할 때, 이 함수는 θ에서 **비약 불연속점(jump discontinuity)**을 가진다고 한다.

다음 물음에 답하라.

(a) f가 θ에서 비약 불연속점을 가지면

$$\lim_{r\to 1} A_r(f)(\theta) = \frac{f(\theta^+)+f(\theta^-)}{2} \quad (\text{단, } 0 \le r < 1)$$

이 성립함을 증명하라.

힌트 $\frac{1}{2\pi}\int_{-\pi}^{0} P_r(\theta)\,d\theta = \frac{1}{2\pi}\int_{0}^{\pi} P_r(\theta)\,d\theta = \frac{1}{2}$인 이유를 설명하고, 본문의 증명을 바꾸어서 생각해 보라.

(b) 비슷한 방법으로 f가 θ에서 비약 불연속점을 가지면 θ에서의 f의 푸리에 급수는

$$\frac{f(\theta^+)+f(\theta^-)}{2}$$

로 체사로 합 가능함을 보여라.

18. $P_r(\theta)$를 푸아송 핵이라 할 때, $0 \le r < 1$과 $\theta \in \mathbb{R}$에 대해 정의된 함수

$$u(r,\theta) = \frac{\partial P_r}{\partial \theta}$$

는 다음 성질을 가짐을 보여라.

(i) 원판에서 $\triangle u = 0$이다.

(ii) 모든 θ에 대해 $\lim_{r\to 1} u(r,\theta) = 0$이다.

그러나 u가 항등적으로 0은 아니다.

19. 반 무한띠 $S = \{(x,y) : 0 < x < 1,\ 0 < y\}$에서 라플라스 방정식 $\triangle u = 0$의 해를 구하라. 이때 경계조건은

$$\begin{cases} u(0,y) = 0 & (0 \le y) \\ u(1,y) = 0 & (0 \le y) \\ u(x,0) = f(x) & (0 \le x \le 1) \end{cases}$$

와 같다. 여기서 f는 주어진 함수이며 물론 $f(0) = f(1) = 0$이다. f를

$$f(x) = \sum_{n=1}^{\infty} a_n \sin(n\pi x)$$

와 같이 쓰고 특수해

$$u_n(x,y) = e^{-n\pi y}\sin(n\pi x)$$

를 이용해 일반해를 확장하라. 푸아송 적분 공식 (2.6)과 유사하게 u를 f를 포함하는 적분식으로 나타내라.

20. $\{(r,\theta) : \rho < r < 1\}$로 정의된 원환에서 디리클레 문제를 생각하자. 이때 $0 < \rho < 1$은 내부 반지름 길이다. 풀고자 하는 방정식은

$$\frac{\partial^2 u}{\partial r^2} + \frac{1}{r}\frac{\partial u}{\partial r} + \frac{1}{r^2}\frac{\partial^2 u}{\partial \theta^2} = 0$$

이며 경계조건은

$$\begin{cases} u(1,\theta) = f(\theta) \\ u(\rho,\theta) = g(\theta) \end{cases}$$

와 같다. 여기서 f와 g는 주어진 연속함수다.

이전에 원판에서의 디리클레 문제에서 논증한 것처럼

$$u(r,\theta) = \sum c_n(r)e^{in\theta}$$

과 같은 표현이 가능하기를 기대할 수 있다. 이때 $c_n(r) = A_n r^n + B_n r^{-n}$ $(n \neq 0)$이다.

$$f(\theta) \sim \sum a_n e^{in\theta}, \quad g(\theta) \sim \sum b_n e^{in\theta}$$

과 같이 두자. $c_n(1) = a_n$이고 $c_n(\rho) = b_n$임을 보이고자 한다. 이것이 성립하면 해를

$$u(r,\theta) = \sum_{n\neq 0}\left(\frac{1}{\rho^n - \rho^{-n}}\right)\left[((\rho/n)^n - (r/\rho)^n)a_n + (r^n - r^{-n})b_n\right]e^{in\theta} + a_0 + (b_0 - a_0)\frac{\log r}{\log \rho}$$

과 같이 얻는다. 결과적으로 다음 극한이 성립함을 보여라.

- $r \to 1$일 때, θ에 균등하게 $u(r,\theta) - (P_r * f)(\theta) \to 0$이다.
- $r \to \rho$일 때, θ에 균등하게 $u(r,\theta) - (P_{\rho/r} * g)(\theta) \to 0$이다.

심화문제

1. 구간 $[0,1]$에서 리만 적분가능하고 조밀한 불연속점 집합을 가지는 함수를 만들어 낼 수 있다.

(a) $x < 0$일 때 $f(x) = 0$이고 $x \geq 0$일 때 $f(x) = 1$이라 하자. $[0,1]$에서 조밀하고 셀 수 있을만큼 많은 항을 가지는 수열 $\{r_n\}$을 택하자. 그러면 함수

$$F(x) = \sum_{n=1}^{\infty} \frac{1}{n^2} f(x - r_n)$$

은 적분가능하고 $\{r_n\}$ 전체에서 불연속임을 보여라.

힌트 F는 단조유계함수다.

(b) 다음으로 함수 $F(x) = \sum_{n=1}^{\infty} 3^{-n} g(x - r_n)$을 생각하자. 여기서 $x \neq 0$일 때 $g(x) = \sin \frac{1}{x}$이고 $g(0) = 0$이다. 그러면 F는 적분가능하며 모든 $x = r_n$에서 불연속이고, $[0,1]$의 어떠한 부분구간에서도 단조함수가 되지 않는다.

힌트 $3^{-k} > \sum_{n>k} 3^{-n}$인 사실을 이용하라.

(c) 리만의 원래 예는 함수 $F(x) = \sum_{n=1}^{\infty} \frac{(nx)}{n^2}$이다. 이때 $x \in (-1/2, 1/2]$이면 $(x) = x$이며, (x)는 $(x+1) = (x)$가 되도록 주기성을 가지면서 $\mathbb{R}$로 확장된다. F는 $x = \frac{m}{2n}$에서 불연속적임을 보일 수 있다(단, $m, n \in \mathbb{Z}$이고 m은 홀수이며 $n \neq 0$이다).

2. 디리클레 핵을

$$D_N(\theta) = \sum_{k=-N}^{N} e^{ik\theta} = \frac{\sin((N+1/2)\theta)}{\sin(\theta/2)}$$

라고 하고 L_N을

$$L_N = \frac{1}{2\pi} \int_{-\pi}^{\pi} |D_N(\theta)| \, d\theta$$

라고 정의하자. 다음 물음에 답하라.

(a) 어떤 상수 $c > 0$에 대해 $L_N \geq c \log N$이 성립함을 증명하라.

힌트 $|D_N(\theta)| \geq c \frac{\sin((N+1/2)\theta)}{|\theta|}$임을 보이고 변수변환하여 부등식

$$L_N \geq c\int_{\pi}^{N\pi} \frac{|\sin\theta|}{|\theta|}\,d\theta + O(1)$$

을 증명하자. 우변의 적분을 $\sum_{k=1}^{N-1} \int_{k\pi}^{(k+1)\pi}$ 와 같이 합으로 나타낸다. $\sum_{k=1}^{n} \frac{1}{k} \geq c\log n$인 사실을 이용하여 증명을 마무리한다.

더 정교하게 계산하면 다음을 얻는다.

$$L_N = \frac{4}{\pi^2}\log N + O(1)$$

(b) (a)의 결과를 이용하여 다음을 증명하라.

> 각각의 $n \geq 1$에 대해 $|f_n| \leq 1$이고 $|S_n(f_n)(0)| \geq c' \log n$을 만족시키는 연속함수 f_n이 존재한다.

힌트 D_n이 양수일 때는 1과 같고 D_n이 음수일 때는 -1과 같게 설정한 함수 g_n은 보이고자 하는 성질을 가지지만 연속함수가 아니다. g_n을 보조정리 3.2의 의미에서 $|h_k| \leq 1$인 연속함수 h_k로 근사해 보라.

*__3.__ 리틀우드(Littlewood)는 타우버 정리를 다음과 같이 개선했다.

> **(a)** $\sum c_n$이 s로 아벨 합 가능하고 $c_n = O(1/n)$이면 $\sum c_n$은 s로 수렴한다.
> **(b)** 따라서 $\sum c_n$이 s로 체사로 합 가능하고 $c_n = O(1/n)$이면 $\sum c_n$은 s로 수렴한다.

위의 결과를 푸리에 급수에 적용할 수 있다. 연습문제 17에 따르면 위의 결과에 의해 f가 적분가능하고 $\hat{f}(\nu) = O(1/|\nu|)$이면 다음이 성립한다.

> **(i)** f가 θ에서 연속이면 $N \to \infty$일 때
>
> $$S_N(f)(\theta) \to f(\theta)$$
>
> 가 성립한다.
>
> **(ii)** f가 θ에서 비약 불연속점을 가지면 $N \to \infty$일 때
>
> $$S_N(f)(\theta) \to \frac{f(\theta^+) + f(\theta^-)}{2}$$
>
> 가 성립한다.
>
> **(iii)** f가 $[-\pi, \pi]$에서 연속이면 $S_N(f)$는 f로 균등 수렴한다.

보다 더 간단한 주장인 (b)와 이에 따른 (i), (ii), (iii)의 증명은 4장 심화문제 5를 참고하라.

3

푸리에 급수의 수렴성

Convergence of Fourier Series

주어진 구간에서 임의의 함수를 나타낼 수 있는 사인 급수와 코사인 급수의 여러 특징 중에서도 특히 주목할 만한 성질은 수렴한다는 것이다. 이 성질은 앞서 말한 함수 표현을 도입하여 해석학을 응용하는 새로운 장을 연 위대한 기하학자 푸리에가 발견했고, 열에 대한 첫 번째 연구 내용을 담은 푸리에의 저작에 기술되어 있다. 그러나 내가 아는 한, 일반적인 증명을 제시한 사람은 아무도 없었다…….

G. 디리클레(*G. Dirichlet*), 1829

이 장에서는 푸리에 급수의 수렴 문제에 대한 학습을 계속한다. 우리는 두 가지 다른 관점으로 이 문제에 접근한다.

첫 번째 관점은 **대역적**(global)이며, 구간 $[0, 2\pi]$ 전체에서 함수 f의 전반적인 행태와 관련된다. 우리가 다루고자 하는 결과는 **평균제곱수렴**(mean–square convergence)이다. 다시 말해 f가 원 위에서 적분가능하면 $N \to \infty$일 때,

$$\frac{1}{2\pi}\int_0^{2\pi} |f(\theta) - S_N(f)(\theta)|^2 \, d\theta \to 0$$

이 성립할 것이라 기대한다. **직교성**(orthogonality)이라는 기본 개념이 이 결과를 얻어내는 데에 있어 핵심이다. 직교성은 내적이 정의된 벡터공간과, 이를 무한차원으로 확장한 힐베르트 공간과 관련되어 나타날 것이다. 이와 관련된 결과로서, 함수의 **평균제곱노름**(mean–square norm)과 푸리에 계수로 정의되는 노름이 같음을 알려주는 파세발 항등식(Parseval identity)을 얻는다. 직교성은 해석학에서 다양하게 응용되는 기본적인 수학 개념이다.

두 번째 관점은 **국소적**(local)으로, 주어진 점 근방에서의 f의 행태(behavior)에 관한 것이다. 이 관점에서는 '주어진 θ에 대해 f의 푸리에 급수는 $f(\theta)$로 수렴할까?'라는 점별수렴 문제를 주로 생각한다. 먼저 f가 θ에서 미분가능하기만 하면 실제로 수렴함을 보인다. 이에 대한 따름정리로 리만의 국소화 원리를 얻는다. 이 원리는 $S_N(f)(\theta)$가 $f(\theta)$로 수렴할지의 여부는 θ 근방에 임의의 작은 구간에서 f의 행태에 의해 전적으로 결정됨을 알려준다. 이는 f의 푸리에 계수(따라서, 푸리에 급수)가 구간 $[0, 2\pi]$ 전체에서의 f의 함숫값에 의존한다는 걸 생각해본다면 매우 놀라운 결과다.

푸리에 급수는 f가 미분가능한 지점에서는 수렴하지만 f가 단순히 연속이기만 하면 수렴하지 않을 수 있다. 앞에서 약속한 대로 주어진 점에서 푸리에 계수가 수렴하지 않는 연속함수를 제시하며 이 장을 마무리한다.

1 푸리에 급수의 평균제곱수렴성

이 절의 목표는 다음 정리를 증명하는 것이다.

정리 1.1 f가 원 위에서 적분가능하다고 가정하자. 그러면 $N \to \infty$일 때 다음이 성립한다.

$$\frac{1}{2\pi}\int_0^{2\pi} |f(\theta) - S_N(f)(\theta)|^2 \, d\theta \to 0$$

앞서 언급했듯이, 이 내용과 관련해서는 직교성이 핵심이다. 직교성을 다루려면 내적이 갖추어진 벡터공간을 살펴볼 필요가 있다.

1.1 벡터공간과 내적

이제 $\mathbb{R}$ 또는 $\mathbb{C}$ 위의 벡터공간과 내적, 그리고 여기서 정의되는 노름의 정의를 복습한다. 익숙한 유한차원 벡터공간 $\mathbb{R}^d$ 또는 $\mathbb{C}^d$ 외에도 정리 1.1의 증명에서 중심 역할을 하는 두 가지 무한차원공간의 예도 알아본다.

벡터공간에 대한 기초 지식

실수 $\mathbb{R}$ 위의 벡터공간 V는 원소를 서로 **더할** 수 있고 스칼라로 **곱할** 수 있는 집합이다. 정확하게는 임의의 쌍 $X, Y \in V$를 가져와도 두 원소의 합이라고 하는 V의 원소를 대응시킬 수 있으며 $X + Y$로 나타낸다. 이 덧셈은 교환법칙 $X + Y = Y + X$ 및 결합법칙 $X + (Y + Z) = (X + Y) + Z$ 등과 같은 일반적인 산술 법칙을 따라야 한다.

주어진 임의의 $X \in V$와 실수 λ에 대해서도 원소 $\lambda X \in V$를 대응시킬 수 있으며 이를 λ와 X의 곱이라고 한다. 이 스칼라 곱은 일반적인 성질을 만족해야 한다. 예를 들어 $\lambda_1(\lambda_2 X) = (\lambda_1\lambda_2)X$이며 $\lambda(X + Y) = \lambda X + \lambda Y$이어야 한다. 복소수 $\mathbb{C}$를 대신 써서 스칼라 곱을 정의하면 V를 복소수 위의 벡터공간이라고 한다.

예를 들어 d개의 실수 순서쌍 $(x_1, x_2, \cdots, x_d)$의 집합 $\mathbb{R}^d$는 실수 위의 벡터공간이다. 덧셈과 곱은 각각 성분별로 정의된다.

- 덧셈 : $(x_1, \cdots, x_d) + (y_1, \cdots, y_d) = (x_1 + y_1, \cdots, x_d + y_d)$
- 스칼라 $\lambda \in \mathbb{R}$에 의한 곱 : $\lambda(x_1, \cdots, x_d) = (\lambda x_1, \cdots, \lambda x_d)$

방금 살펴본 예를 복소수로 나타내자. 공간 $\mathbb{C}^d$는 d개의 복소수 순서쌍 $(z_1, z_2, \cdots, z_d)$의 집합이다. 이는 $\mathbb{C}$ 위의 벡터공간이며 덧셈과 곱은 각각 성분별로 정의된다.

- 덧셈 : $(z_1, \cdots, z_d) + (w_1, \cdots, w_d) = (z_1 + w_1, \cdots, z_d + w_d)$
- 스칼라 $\lambda \in \mathbb{C}$에 의한 곱 : $\lambda(z_1, \cdots, z_d) = (\lambda z_1, \cdots, \lambda z_d)$

$\mathbb{R}$ 위의 벡터공간 V에서 **내적(inner product)**은 임의의 V의 원소 X, Y를 실수에 대응시키며 이를 (X, Y)로 나타낸다. 특히 내적은 대칭적, 즉 $(X, Y) = (Y, X)$이어야 하며 각각의 두 변수에 대해 선형적이어야 한다. 다시 말해 $\alpha, \beta \in \mathbb{R}$과 $X, Y, Z \in V$에 대해

$$(\alpha X + \beta Y, Z) = \alpha(X, Z) + \beta(Y, Z)$$

가 성립해야 한다. 또한 내적은 양의 정부호(positive–definite)이어야 한다. 다시 말해 V의 모든 X에 대해 $(X, X) \geq 0$이어야 한다. 특히, 내적 $(\cdot, \cdot)$이 주어지면 X의 노름을

$$\|X\| = (X, X)^{1/2}$$

과 같이 정의할 수 있다. 추가적으로 $\|X\| = 0$이면 $X = 0$이 성립하는 내적은 **엄격한 양의 정부호**(strictly positive–definite)라고 한다.

예를 들어 공간 $\mathbb{R}^d$에는 (엄격한 양의 정부호인) 내적

$$(X, Y) = x_1 y_1 + \cdots + x_d y_d$$

가 주어진다. 여기서 $X = (x_1, \cdots, x_d)$이며 $Y = (y_1, \cdots, y_d)$이다. 그러면

$$\|X\| = (X, X)^{1/2} = \sqrt{x_1^2 + \cdots + x_d^2}$$

이 성립하는데, 이는 일반적인 유클리드 거리다. $\|X\|$ 대신 표기법으로 $|X|$를 사용하기도 한다.

복소수 위의 벡터공간에서 두 원소를 내적한 결과는 복소수다. 또한 이러한 내적은 (대칭 대신) 에르미트(Hermitian)라고 하는데, $(X, Y) = \overline{(Y, X)}$를 만족해야 하기 때문이다. 따라서 이 내적은 첫 번째 변수에 대해서는 선형적이나 두 번째 변수에 대해서는 켤레선형적(conjugate–linear)이다. 즉, $\alpha, \beta \in \mathbb{C}$와 $X, Y, Z \in V$에 대해

$$(\alpha X + \beta Y, Z) = \alpha(X, Z) + \beta(Y, Z), \quad (X, \alpha Y + \beta Z) = \overline{\alpha}(X, Y) + \overline{\beta}(X, Z)$$

이다. 또한 $(X, X) \geq 0$이어야 하며, X의 노름을 이전과 같이 $\|X\| = (X, X)^{1/2}$으로 정의한다. 이전과 같이 내적이 엄격한 양의 정부호라는 것은 $\|X\| = 0$이면 $X = 0$임을 뜻한다.

예를 들어 $\mathbb{C}^d$의 두 벡터 $Z=(z_1, \cdots, z_d)$와 $W=(w_1, \cdots, w_d)$의 내적은

$$(Z, W) = z_1\overline{w_1} + \cdots + z_d\overline{w_d}$$

와 같이 정의된다. 그러면 벡터 Z의 노름은

$$\|Z\| = (Z, Z)^{1/2} = \sqrt{|z_1|^2 + \cdots + |z_d|^2}$$

과 같이 주어진다.

벡터공간에 내적이 존재하면 **직교성**(orthogonality)이라는 기하학적 개념을 정의할 수 있다. V를 ($\mathbb{R}$ 또는 $\mathbb{C}$ 위의) 벡터공간으로 내적 $(\cdot,\cdot)$과 이와 관련된 노름 $\|\cdot\|$이 주어졌다고 하자. 두 원소 X와 Y는 $(X,Y)=0$이면 **직교한다(orthogonal)**고 하며, $X\perp Y$로 쓴다. 이러한 직교성 개념에서 다음의 세 가지 중요한 결과를 도출할 수 있다.

(1) 피타고라스 정리 : X와 Y가 직교할 때, $\|X+Y\|^2 = \|X\|^2 + \|Y\|^2$이다.
(2) 코시–슈바르츠 부등식 : 모든 $X, Y \in V$에 대해 $|(X, Y)| \le \|X\|\,\|Y\|$이다.
(3) 삼각부등식 : 모든 $X, Y \in V$에 대해 $\|X+Y\| \le \|X\| + \|Y\|$이다.

증명

(1) $(X+Y, X+Y)$를 전개하고 $(X, Y)=0$이라는 가정을 이용한다.

(2) $\|Y\|=0$이면 모든 X에 대해 $(X, Y)=0$임을 보여서 이 경우를 먼저 처리한다. 실제로 모든 실수 t에 대해

$$0 \le \|X+tY\|^2 = \|X\|^2 + 2t\,\mathrm{Re}(X, Y)$$

가 성립하며 $\mathrm{Re}(X, Y) \neq 0$이라면 t를 무한히 큰 양수(또는 무한히 작은 음수)로 택할 수 있어 부등식에 모순된다. 비슷하게 $\|X+itY\|^2$을 생각하면 $\mathrm{Im}(X, Y)=0$임을 보일 수 있다.

$\|Y\| \neq 0$이라면 $c=(X, Y)/(Y, Y)$로 두자. 그러면 $X-cY$는 Y와 직교하며, 따라서 cY와도 직교한다. $X = X - cY + cY$로 쓰고 피타고라스 정리를 적용하면

$$\|X\|^2 = \|X-cY\|^2 + \|cY\|^2 \ge |c|^2\|Y\|^2$$

을 얻는다. 양변에 제곱근을 씌우면 원하는 결과가 나온다. $X=cY$일 때 등식이 정확히 성립한다.

(3) 먼저 $\|X+Y\|^2 = (X, X) + (X, Y) + (Y, X) + (Y, Y)$가 성립함에 주목한다. 그런데 $(X, X) = \|X\|^2$, $(Y, Y) = \|Y\|^2$이며, 코시–슈바르츠 부등식에 의해

$$|(X, Y) + (Y, X)| \le 2\|X\|\,\|Y\|$$

가 성립하므로, 따라서

$$\|X+Y\|^2 \le \|X\|^2 + 2\|X\|\,\|Y\| + \|Y\|^2 = (\|X\| + \|Y\|)^2$$

을 얻는다. ◀

이렇게 세 가지 중요한 결과를 증명했다.

두 가지 중요한 예

벡터공간 $\mathbb{R}^d$와 $\mathbb{C}^d$는 유한차원이다. 푸리에 급수를 다루려면 이제 설명하는 두 가지 무한차원 벡터 공간을 살펴보아야 한다.

예제 1 $\mathbb{C}$ 위의 벡터공간 $\ell^2(\mathbb{Z})$는

$$\sum_{n\in\mathbb{Z}} |a_n|^2 < \infty$$

를 만족하는 모든 무한복소수열 $(\cdots, a_{-n}, \cdots, a_{-1}, a_0, a_1, \cdots, a_n, \cdots)$의 집합이다. 덧셈은 성분별로 정의되며, 스칼라 곱도 마찬가지다.

두 벡터 $A = (\cdots, a_{-1}, a_0, a_1, \cdots)$과 $B = (\cdots, b_{-1}, b_0, b_1, \cdots)$의 내적은 다음과 같은 절대 수렴급수

$$(A, B) = \sum_{n\in\mathbb{Z}} a_n \overline{b_n}$$

로 정의된다. 그러면 A의 노름은 $\|A\| = (A, A)^{1/2} = \left(\sum_{n\in\mathbb{Z}} |a_n|^2\right)^{1/2}$과 같이 주어진다.

먼저 $\ell^2(\mathbb{Z})$가 벡터공간임을 확인해야 한다. 벡터공간이려면 $\ell^2(\mathbb{Z})$의 두 원소 A와 B에 대해 벡터 $A+B$도 $\ell^2(\mathbb{Z})$의 원소여야 한다. 이를 보이기 위해 각 정수 $N > 0$에 대해 A_N을

$$A_N = (\cdots, 0, 0, a_{-N}, \cdots, a_{-1}, a_0, a_1, \cdots, a_N, 0, 0, \cdots)$$

과 같이 두자. 여기서는 $|n| > N$ 이면 $a_n = 0$ 으로 둔 것이다. 원소 B_N 도 유사하게 정의한다. 그러면 유한차원 유클리드 공간에서의 삼각부등식에 의해

$$\|A_N + B_N\| \leq \|A_N\| + \|B_N\| \leq \|A\| + \|B\|$$

를 얻게 되며, 따라서

$$\sum_{|n| \leq N} |a_n + b_n|^2 \leq (\|A\| + \|B\|)^2$$

이 성립하고 N 을 무한대로 보내면 $\sum_{n \in \mathbb{Z}} |a_n + b_n|^2 < \infty$ 를 얻는다. 또한 이로부터 삼각부등식 $\|A + B\| \leq \|A\| + \|B\|$ 가 성립한다.

$\sum_{n \in \mathbb{Z}} a_n \bar{b}_n$ 이 절대수렴하며 코시–슈바르츠 부등식 $|(A, B)| \leq \|A\| \, \|B\|$ 가 성립하는 것도 유한차원에서와 같은 방법으로 유도할 수 있다.

벡터공간의 세 가지 예인 $\mathbb{R}^d$, $\mathbb{C}^d$, $\ell^2(\mathbb{Z})$ 는 각각의 내적과 노름과 관해 다음의 두 가지 중요한 성질을 가진다.

(1) 내적은 엄격한 양의 정부호다. 다시 말해 $\|X\| = 0$ 이면 $X = 0$ 이다.

(2) 벡터공간은 **완비(complete)**공간이다. 이는 주어진 노름에 대해 코시인 모든 수열은 벡터공간의 원소로 수렴한다는 의미다.

이러한 두 가지 성질을 가지는 내적공간을 **힐베르트 공간(Hilbert space)**이라고 한다.

$\mathbb{R}^d$ 와 $\mathbb{C}^d$ 는 유한차원 힐베르트 공간의 예이며, $\ell^2(\mathbb{Z})$ 는 무한차원 힐베르트 공간의 예다(연습문제 1과 연습문제 2 참고). 위의 조건 중 하나라도 만족하지 않으면 이 공간을 **원 힐베르트 공간(pre-Hilbert space)**이라고 한다.

이제 성질 (1)과 (2)를 모두 만족하지 않는 원 힐베르트 공간의 중요한 예를 제시한다.

예제 2 $[0, 2\pi]$에서 리만 적분가능한 (또는 같은 의미로 원 위에서 적분가능한) 복소함수의 집합을 $\mathcal{R}$로 나타내자. 이 집합은 $\mathbb{C}$ 위의 벡터공간이다.

- 덧셈은 $(f+g)(\theta) = f(\theta) + g(\theta)$와 같이 점별로 정의된다.
- 스칼라 $\lambda \in \mathbb{C}$에 의한 곱은 $(\lambda f)(\theta) = \lambda \cdot f(\theta)$와 같이 주어진다.

이 벡터공간에서 내적은

$$(f, g) = \frac{1}{2\pi} \int_0^{2\pi} f(\theta)\overline{g(\theta)}\, d\theta \tag{3.1}$$

와 같이 정의한다. 그러면 f의 노름은

$$\|f\| = \left(\frac{1}{2\pi} \int_0^{2\pi} |f(\theta)|^2\, d\theta \right)^{1/2}$$

과 같다.

이 예에서도 코시–슈바르츠 부등식과 삼각부등식이 성립하는지 확인이 필요하다. 다시 말해 $|(f, g)| \le \|f\|\,\|g\|$와 $\|f+g\| \le \|f\| + \|g\|$가 성립하는지를 확인해야 한다. 이러한 사실들은 앞의 예에서 이에 대응하는 부등식들을 이용하면 확인할 수도 있지만, 노력을 조금 더 들여야 하기에 다른 방식으로 보이고자 한다.

먼저 임의의 두 실수 A와 B에 대해 $2AB \le (A^2+B^2)$임을 관찰한다. $\lambda > 0$에 대해 $A = \lambda^{1/2}|f(\theta)|$ 및 $B = \lambda^{-1/2}|g(\theta)|$로 두면

$$|f(\theta)\overline{g(\theta)}| \le \frac{1}{2}(\lambda|f(\theta)|^2 + \lambda^{-1}|g(\theta)|^2)$$

을 얻는다. 이를 θ에 대해 적분하면

$$|(f, g)| \le \frac{1}{2\pi} \int_0^{2\pi} |f(\theta)|\,|\overline{g(\theta)}|\, d\theta \le \frac{1}{2}(\lambda\|f\|^2 + \lambda^{-1}\|g\|^2)$$

을 얻는다. 그런 다음 $\lambda = \|g\|/\|f\|$로 두면 코시–슈바르츠 부등식을 얻는다. 이제 삼각부등식은 위에서처럼 쉽게 얻을 수 있다.

물론 λ를 선택할 때 $\|f\| \neq 0$과 $\|g\| \neq 0$을 가정해야 하므로 다음과 같은 관찰을 요구한다.

$\mathcal{R}$은 힐베르트 공간의 성질 (1)을 만족하지 않는다. 왜냐하면 $\|f\| = 0$은 단지 f가 연속인 점에서 0이 된다는 것만 의미하기 때문이다. 이는 그다지 심각한 문제는 아니다. [부록]에서 적분가능한 함수는

무시할 만큼 작은(negligible) 집합을 제외한 점들에서는 연속임을 증명한다. 그러므로 $\|f\| = 0$은 f가 **측도가 0인** 집합 위의 점들 밖에서는 0임을 의미한다. 적분할 때 이러한 f는 정확하게 영함수처럼 행동한다. 따라서 이러한 함수들을 영함수로 취급한다는 규칙을 정해놓으면 f가 항등적으로 0이 아니라는 문제점을 피할 수 있다.

더 본질적인 문제점은 $\mathcal{R}$이 완비공간이 아니란 사실이다. 이를 확인하는 한 가지 방법은 다음과 같이 주어진 함수

$$f(\theta) = \begin{cases} 0 & (\theta = 0) \\ \log \frac{1}{\theta} & (0 < \theta \leq 2\pi) \end{cases}$$

을 고려하는 것이다. f는 유계가 아니므로 f는 더이상 $\mathcal{R}$의 원소가 아니다. 또한 f를 절단하여 만든 수열

$$f_n(\theta) = \begin{cases} 0 & (0 \leq \theta \leq 1/n) \\ f(\theta) & (1/n < \theta \leq 2\pi) \end{cases}$$

는 $\mathcal{R}$에서 코시 수열임을 쉽게 확인할 수 있다(연습문제 5 참고). 그러나 이 수열은 $\mathcal{R}$의 원소로 수렴할 수 없다. 만약 수렴한다면 그 극한값은 f이어야 하기 때문이다. 또 다른 예는 연습문제 7을 참고한다.

이러한 예와 더 복잡한 예는 $[0, 2\pi]$에서 리만 적분가능한 함수의 집합인 $\mathcal{R}$의 완비(completion)를 찾는 동기가 된다. 이 집합의 완비인 르베그 집합 $L^2([0, 2\pi])$를 구성하고 확인하는 작업을 통해 해석학의 발전에 중요한 전환점이 만들어졌다(훨씬 이전에 있었던 $\mathbb{Q}$에서 $\mathbb{R}$로의 유리수의 완비와 유사하다). 이러한 기본 아이디어는 르베그 적분 이론을 다루는 『Real Analysis : Measure Theory, Integration, and Hilbert Spaces』에서 논의를 더 이어가도록 하겠다.

이제 정리 1.1의 증명으로 돌아오자.

1.2 평균제곱수렴성의 증명

다음과 같이 내적이 주어진, 원 위에서 적분가능한 함수의 공간 $\mathcal{R}$을 생각하자.

$$(f, g) = \frac{1}{2\pi} \int_0^{2\pi} f(\theta)\overline{g(\theta)}\, d\theta$$

노름은 $\|f\|^2 = (f, f) = \frac{1}{2\pi} \int_0^{2\pi} |f(\theta)|^2\, d\theta$와 같이 정의된다. 이때 N이 무한히 커짐에 따라

$\|f - S_N(f)\| \to 0$임을 증명해야 한다.

각 정수 n에 대해 $e_n(\theta) = e^{in\theta}$이라 하면 집합 $\{e_n\}_{n\in\mathbb{Z}}$은 **정규직교(orthonormal)**집합이다. 다시 말해

$$(e_n, e_m) = \begin{cases} 1 & (n = m) \\ 0 & (n \neq m) \end{cases}$$

이 성립한다. f는 원 위에서 적분가능한 함수라고 하고 f의 푸리에 계수를 a_n이라 하자. 여기서 이러한 푸리에 계수들은

$$(f, e_n) = \frac{1}{2\pi}\int_0^{2\pi} f(\theta)e^{-in\theta}\,d\theta = a_n$$

과 같이 f와 정규직교집합 $\{e_n\}_{n\in\mathbb{Z}}$의 원소의 내적으로 표현된다는 점은 중요한 관찰이다. 특히 $S_N(f) = \sum_{|n|\le N} a_n e_n$이다. 그러면 집합 $\{e_n\}$의 정규직교성과 $a_n = (f, e_n)$이라는 사실로부터 모든 $|n| \le N$에 대해 $f - \sum_{|k|\le N} a_k e_k$가 e_n과 직교함을 알 수 있다. 따라서 임의의 복소수 b_n에 대해

$$(f - \sum_{|n|\le N} a_n e_n) \perp \sum_{|n|\le N} b_n e_n \tag{3.2}$$

이 성립한다. 이 사실에서 다음의 두 가지 결론을 도출한다.

먼저 식 (3.2)에서 $b_n = a_n$으로 택하여 분해

$$f = f - \sum_{|n|\le N} a_n e_n + \sum_{|n|\le N} a_n e_n$$

에 피타고라스 정리를 적용하면

$$\|f\|^2 = \|f - \sum_{|n|\le N} a_n e_n\|^2 + \|\sum_{|n|\le N} a_n e_n\|^2$$

을 얻는다. 집합 $\{e_n\}_{n\in\mathbb{Z}}$의 정규직교성에 의해

$$\|\sum_{|n|\le N} a_n e_n\|^2 = \sum_{|n|\le N} |a_n|^2$$

이 성립하며,

$$\|f\|^2 = \|f - S_N(f)\|^2 + \sum_{|n| \leq N} |a_n|^2 \tag{3.3}$$

을 도출할 수 있다.

식 (3.2)에서 이끌어낼 수 있는 두 번째 결론은 다음과 같은 간단한 보조정리다.

보조정리 1.2 최적 근사(best approximation)

f가 원 위에서 적분가능하고 f의 푸리에 계수를 a_n이라 하자. 임의의 복소수 c_n에 대해

$$\|f - S_N(f)\| \leq \|f - \sum_{|n| \leq N} c_n e_n\|$$

이 성립한다. 정확히 모든 $|n| \leq N$에 대해 $c_n = a_n$이 되어야만 등호가 성립한다.

증명

이는 등식

$$f - \sum_{|n| \leq N} c_n e_n = f - S_N(f) + \sum_{|n| \leq N} b_n e_n$$

에 피타고라스 정리를 적용하여 바로 알 수 있다. 여기서 $b_n = a_n - c_n$이다. ◀

이 보조정리는 기하학적으로 해석할 수 있다. 부분합 $S_N(f)$는 노름 $\|\cdot\|$에 있어 f에 가장 가까우며 최대 차수가 N인 삼각다항식이다. 이 부분합의 기하학적 성질은 그림 1에 묘사되어 있다. 이 그림은 $\{e_{-N}, \cdots, e_0, \cdots, e_N\}$으로 생성된 평면으로의 f의 정사영이 단순히 $S_N(f)$임을 보여 준다.

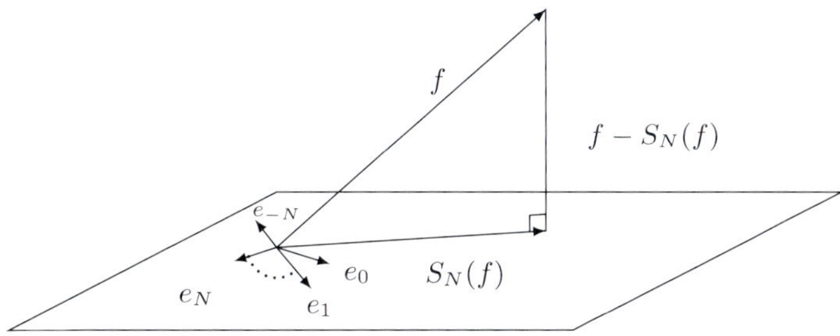

[그림 1] 최적 근사 보조정리

이제 최적 근사 보조정리(보조정리 1.2)와 삼각다항식이 원 위에서의 연속함수 공간에서 조밀하다는 사실을 이용하여 $\|S_N(f) - f\| \to 0$을 증명할 수 있다.

f가 원 위에서 연속이라고 가정하자. 그러면 주어진 $\epsilon > 0$에 대해(2장 따름정리 5.4에 의해) 차수가 M인 삼각다항식 P가 있어 모든 θ에 대해

$$|f(\theta) - P(\theta)| < \epsilon$$

을 만족한다. 특히 이 부등식의 양변을 제곱하여 적분하면 $\|f - P\| < \epsilon$을 얻고, 최적 근사 보조정리에 의해 $N \geq M$일 때

$$\|f - S_N(f)\| < \epsilon$$

이 성립한다고 할 수 있다. 이로써 f가 연속함수일 때 정리 1.1을 증명했다.

f가 단지 적분가능하면 f를 더이상 삼각다항식으로 균등하게 근사할 수 없다. 대신에 2장 보조정리 3.2의 근사를 적용하여

$$\sup_{\theta \in [0,2\pi]} |g(\theta)| \leq \sup_{\theta \in [0,2\pi]} |f(\theta)| = B$$

이고

$$\int_0^{2\pi} |f(\theta) - g(\theta)|\, d\theta < \epsilon^2$$

을 만족하는 원 위의 연속함수 g를 택한다. 그러면

$$\begin{aligned}
\|f - g\|^2 &= \frac{1}{2\pi} \int_0^{2\pi} |f(\theta) - g(\theta)|^2\, d\theta \\
&= \frac{1}{2\pi} \int_0^{2\pi} |f(\theta) - g(\theta)|\, |f(\theta) - g(\theta)|\, d\theta \\
&\leq \frac{2B}{2\pi} \int_0^{2\pi} |f(\theta) - g(\theta)|\, d\theta \\
&\leq C\epsilon^2
\end{aligned}$$

을 얻는다. 이제 g를 삼각다항식 P로 근사하여 $\|g - P\| < \epsilon$이 되게 한다. 그러면 $\|f - P\| < C'\epsilon$이고, 다시 최적 근사 보조정리를 적용하여 결론을 내릴 수 있다. 이로써 f의 푸리에 급수의 부분합이 평균제곱노름 $\|\cdot\|$에 대해 f로 수렴한다는 증명이 마무리된다.

이 결과와 등식 (3.3)에 의하면 a_n이 적분가능한 함수 f의 n번째 푸리에 계수일 때, 급수 $\sum_{n=-\infty}^{\infty} |a_n|^2$이 수렴한다. 실제로 **파세발 항등식(Parseval's identity)**

$$\sum_{n=-\infty}^{\infty} |a_n|^2 = \|f\|^2$$

이 성립한다. 이 항등식은 두 벡터공간 $\ell^2(\mathbb{Z})$와 $\mathcal{R}$의 노름 사이의 중요한 연결 고리를 제공한다.

이제 이번 절의 결과를 요약해 보자.

정리 1.3 f가 원 위에서 적분가능하며 $f \sim \sum_{n=-\infty}^{\infty} a_n e^{in\theta}$이라고 하면 다음이 성립한다.

(1) 푸리에 급수의 평균제곱수렴 : $N \to \infty$일 때

$$\frac{1}{2\pi}\int_0^{2\pi} |f(\theta) - S_N(f)(\theta)|^2\, d\theta \to 0$$

(2) 파세발 항등식

$$\sum_{n=-\infty}^{\infty} |a_n|^2 = \frac{1}{2\pi}\int_0^{2\pi} |f(\theta)|^2\, d\theta$$

비고 $\{e_n\}$이 원 위의 '임의의' 정규직교집합이고 $a_n = (f,\, e_n)$이면 등식 (3.3)으로부터

$$\sum_{n=-\infty}^{\infty} |a_n|^2 \le \|f\|^2$$

을 유도할 수 있다. 이는 **베셀 부등식(Bessel's inequality)**으로 알려져 있다. 등호는 (파세발 항등식처럼) 집합 $\{e_n\}$이 '기저'를 이룰 때, 즉 $N \to \infty$일 때 $\left\| \sum_{|n| \le N} a_n e_n - f \right\| \to 0$이면 정확히 성립한다.

비고 모든 적분가능한 함수는 푸리에 계수로 형성된 수열 $\{a_n\}$과 연관시킬 수 있다. 파세발 항등식은 $\{a_n\} \in \ell^2(\mathbb{Z})$임을 보장한다. $\ell^2(\mathbb{Z})$는 힐베르트 공간이므로 앞에서 다룬 $\mathcal{R}$이 완비공간이 아닌 이유는 다음과 같이 이해할 수 있다. $\sum_{n \in \mathbb{Z}} |a_n|^2 < \infty$인 수열 $\{a_n\}_{n\in\mathbb{Z}}$은 존재하지만, 모든 n에 대해 n번째 푸리에 계수가 a_n과 같은 리만 적분가능한 함수 F는 존재하지 않는다. 연습문제 6에 예가 나와 있다.

수렴하는 급수의 일반항은 0으로 수렴하므로 파세발 항등식이나 베셀 부등식으로부터 다음 결과를 유도할 수 있다.

정리 1.4 리만-르베그 보조정리(Riemann-Lebesgue lemma)

f가 원 위에서 적분가능하면 $|n| \to \infty$일 때 $\hat{f}(n) \to 0$이다.

이 정리를 다른 방식으로 공식화하자. f가 $[0, 2\pi]$에서 적분가능할 때, $N \to \infty$일 때

$$\int_0^{2\pi} f(\theta)\sin(N\theta)\,d\theta \to 0, \quad \int_0^{2\pi} f(\theta)\cos(N\theta)\,d\theta \to 0$$

이 성립한다는 것이며 정리 1.4와 동치다.

다음 장에서 사용할 파세발 항등식의 일반적인 표현을 소개하며 이 절을 마친다.

보조정리 1.5 F와 G가 원 위에서 적분가능하며 $F \sim \sum a_n e^{in\theta}$, $G \sim \sum b_n e^{in\theta}$을 만족한다고 가정하자. 그러면 다음이 성립한다.

$$\frac{1}{2\pi}\int_0^{2\pi} F(\theta)\overline{G(\theta)}\,d\theta = \sum_{n=-\infty}^{\infty} a_n \overline{b_n}$$

예제 1의 설명으로부터 급수 $\sum_{n=-\infty}^{\infty} a_n \overline{b_n}$이 절대수렴함을 기억하자.

증명

파세발 항등식과 다음 사실

$$(F, G) = \frac{1}{4}\left[\|F+G\|^2 - \|F-G\|^2 + i(\|F+iG\|^2 - \|F-iG\|^2)\right]$$

을 이용하여 증명한다. 위 등식은 모든 에르미트 내적공간에서 성립한다. 이 사실의 확인은 여러분에게 남긴다. ◀

2 점별수렴으로 돌아가기

평균제곱수렴 정리를 통해서는 점별수렴 문제를 어떻게 다뤄야 할지 추가적인 통찰력을 얻을 수 없다. 실제로 정리 1.1 자체는 푸리에 급수가 임의의 θ에 대해 수렴함을 보장하지 않는다. 연습문제 3은 이것이 의미하는 바를 이해할 수 있게 도와줄 것이다. 그러나 만약 함수가 점 θ_0에서 미분가능하다면, 그 함수의 푸리에 급수는 θ_0에서 수렴한다. 이 결과를 증명한 뒤에 한 점에서 푸리에 급수가 발산하는 연속함수가 존재함을 보인다. 이 현상은 푸리에 급수의 점별수렴 문제가 복잡하고 까다로움을 의미한다.

2.1 국소적 결과

정리 2.1 f가 원 위에서 적분가능하며 점 θ_0에서 미분가능하다고 하자. 그러면 $N \to \infty$일 때 $S_N(f)(\theta_0) \to f(\theta_0)$이다.

증명

함수 F를

$$F(t) = \begin{cases} \dfrac{f(\theta_0 - t) - f(\theta_0)}{t} & (t \neq 0,\ |t| < \pi) \\ -f'(\theta_0) & (t = 0) \end{cases}$$

와 같이 정의하자. 먼저 f가 θ_0 근방에서 미분가능하므로 F는 0 근방에서 유계다. 다음으로 충분히 작은 모든 δ에 대해 함수 F는 $[-\pi, -\delta] \cup [\delta, \pi]$에서 적분가능한데, 이는 f가 적분가능하고 이 구간에서 $|t| > \delta$이기 때문이다. [부록]의 명제 1.4에 따른 결과로 함수 F는 $[-\pi, \pi]$ 전체에서 적분가능하다. 디리클레 핵 D_N에 대해 $S_N(f)(\theta_0) = (f * D_N)(\theta_0)$임을 이미 우리는 알고 있으며 $\dfrac{1}{2\pi}\displaystyle\int D_N = 1$이므로

$$\begin{aligned} S_N(f)(\theta_0) - f(\theta_0) &= \frac{1}{2\pi}\int_{-\pi}^{\pi} f(\theta_0 - t) D_N(t)\, dt - f(\theta_0) \\ &= \frac{1}{2\pi}\int_{-\pi}^{\pi} [f(\theta_0 - t) - f(\theta_0)] D_N(t)\, dt \\ &= \frac{1}{2\pi}\int_{-\pi}^{\pi} F(t) t D_N(t)\, dt \end{aligned}$$

를 알 수 있다. 여기서

$$tD_N(t) = \frac{t}{\sin(t/2)} \sin((N+1/2)t)$$

임을 기억하자. 이때 $\frac{t}{\sin(t/2)}$는 구간 $[-\pi, \pi]$에서 연속이다. 이제

$$\sin((N+1/2)t) = \sin(Nt)\cos(t/2) + \cos(Nt)\sin(t/2)$$

와 같이 쓸 수 있으므로 리만 적분가능한 함수 $F(t)t\cos(t/2)/\sin(t/2)$와 $F(t)t$에 리만–르베그 보조정리(정리 1.4)를 적용할 수 있다. 이로써 정리의 증명을 마무리한다. ◀

여기서 주목할 점은 f가 θ_0에서 **립쉬츠 조건(Lipschitz condition)**을 만족한다고만 가정해도, 다시 말해 어떤 $M \geq 0$과 모든 θ에 대해

$$|f(\theta) - f(\theta_0)| \leq M|\theta - \theta_0|$$

가 성립한다고만 가정해도 정리 2.1의 결론이 여전히 성립한다는 것이다. 이는 f가 1–횔더 연속인 것과 같다.

이 정리로부터 리만의 국소화 원리(localization principle of Riemann)라는 놀라운 결과를 얻을 수 있다. 이 결과는 $S_N(f)(\theta_0)$의 수렴성은 θ_0 근방에서의 f의 행태에만 의존함을 의미한다. 푸리에 급수를 구성하려면 원 **전체**에서 f를 적분해야 하기 때문에, 처음에는 이것이 명확하게 다가오지는 않는다.

정리 2.2 f와 g는 원 위에서 정의된 적분가능한 함수라고 가정하자. 또 어떤 θ_0에 대해 θ_0를 포함하는 열린 구간 I가 있어

$$f(\theta) = g(\theta) \quad (\theta \in I)$$

를 만족한다고 가정하자. 그러면 $N \to \infty$일 때 $S_N(f)(\theta_0) - S_N(g)(\theta_0) \to 0$이다.

증명

함수 $f - g$는 I에서 0이므로 θ_0에서 미분가능하다. 따라서 정리 2.1을 적용할 수 있고 이로써 증명을 마무리한다. ◀

2.2 푸리에 급수가 발산하는 연속함수

이제 푸리에 급수가 한 점에서 발산하는 연속인 주기함수의 예를 살펴본다. 따라서 정리 2.1은 미분가능성을 가정하지 않고 더 약한 연속성만 가정하면 성립하지 않는다. 우리의 반례를 통해 그럴듯해

보였던 이 가설이 사실은 거짓임을 보일 수 있다. 게다가 그 반례를 구성하는 과정은 이론의 중요한 원리를 보여 준다.

여기에 포함된 원리를 **대칭 파괴**(symmetry–breaking)[1] 라고 한다. 여기서 말하는 대칭은 함수의 푸리에 전개에서 나타나는 주파수 $e^{in\theta}$과 $e^{-in\theta}$ 사이의 대칭이다. 예를 들어 부분합 연산자 S_N은 이러한 대칭성을 반영하는 방식으로 정의된다. 또한 디리클레 핵, 페제르 핵, 푸아송 핵도 이러한 맥락에서 대칭적이다. 이러한 대칭이 깨지면, 다시 말해 푸리에 급수 $\sum_{n=-\infty}^{\infty} a_n e^{in\theta}$을 두 급수 $\sum_{n\geq 0} a_n e^{in\theta}$과 $\sum_{n<0} a_n e^{in\theta}$으로 나누었을 때 새롭고 광범위한 현상이 나타난다.

간단한 예를 들어보자. θ에 대해 홀함수이며 $0 < \theta < \pi$일 때 $i(\pi - \theta)$와 같은 톱니함수 f로부터 시작하자. 그러면 2장 연습문제 8에 의해

$$f(\theta) \sim \sum_{n\neq 0} \frac{e^{in\theta}}{n} \tag{3.4}$$

이 성립한다. 이제 대칭 파괴를 생각하면

$$\sum_{n=-\infty}^{n=-1} \frac{e^{in\theta}}{n}$$

과 같은 급수를 얻는다. 식 (3.4)와는 달리 위 급수는 더이상 리만 적분가능한 함수의 푸리에 급수가 아니다. 이를 확인하기 위해 위 급수가 적분가능한 함수 $\tilde{f}$의 푸리에 급수라고 가정해 보자. 특히 $\tilde{f}$는 유계가 된다. 아벨 평균을 이용하면

$$|A_r(\tilde{f})(0)| = \sum_{n=1}^{\infty} \frac{r^n}{n}$$

을 얻는다. 그러면 $\sum \frac{1}{n}$이 발산하므로 이 급수는 $r \to 1$일 때 무한대로 발산한다. 이로부터 바라던 모순을 이끌어 내는데, 왜냐하면

$$|A_r(\tilde{f})(0)| \leq \frac{1}{2\pi} \int_{-\pi}^{\pi} |\tilde{f}(\theta)| P_r(\theta)\, d\theta \leq \sup_{\theta} |\tilde{f}(\theta)|$$

가 성립하기 때문이다. 여기서 $P_r(\theta)$는 2장에서 다룬 푸아송 핵을 의미한다.

우리는 톱니함수를 기반으로 하여 반례를 만들어 낼 것이다. 다음과 같이 진행해 보자.

각 $N \geq 1$에 대해 $[-\pi, \pi]$에서 다음의 두 함수

1 이 용어는 물리학에서 차용했으며, 물리학에서는 매우 다른 맥락에서 사용한다.

$$f_N(\theta) = \sum_{1\le|n|\le N} \frac{e^{in\theta}}{n}, \quad \tilde{f}_N(\theta) = \sum_{-N\le n\le -1} \frac{e^{in\theta}}{n}$$

을 정의한다. 이제 다음 두 명제가 성립함을 주장한다.

(1) $|\tilde{f}_N(0)| \ge c\log N$

(2) $f_N(\theta)$는 N과 θ에 대해 균등 유계다.

명제 (1)은 $\sum_{n=1}^{N} \frac{1}{n} \ge \log N$이란 사실로부터 비롯하며, 이는

$$\sum_{n=1}^{N} \frac{1}{n} \ge \sum_{n=1}^{N-1} \int_n^{n+1} \frac{dx}{x} = \int_1^N \frac{dx}{x} = \log N$$

과 같이 쉽게 확인할 수 있다(그림 2도 참고).

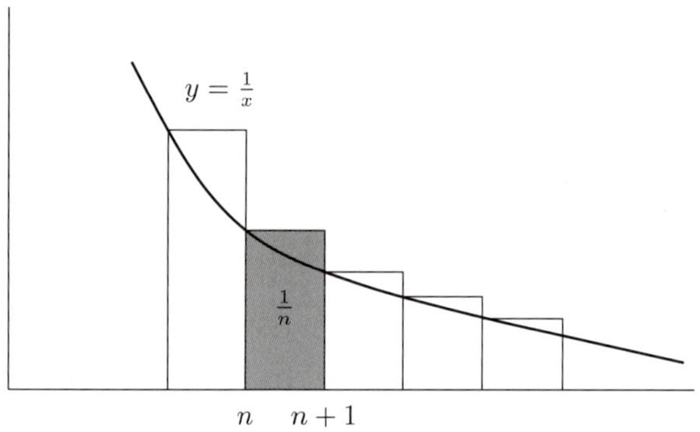

[그림 2] 급수와 적분의 비교

명제 (2)를 증명하기 위해 타우버 정리의 증명과 같은 맥락에서 논증한다. 타우버 정리에 의하면 급수 $\sum c_n$이 s로 아벨 합 가능하며 $c_n = o(1/n)$이면 $\sum c_n$은 실제로 s로 수렴한다(2장 연습문제 14 참고). 사실, 타우버 정리의 증명은 다음 보조정리의 증명과 매우 유사하다.

보조정리 2.3 급수 $\sum_{n=1}^{\infty} c_n$의 아벨 평균 $A_r = \sum_{n=1}^{\infty} r^n c_n$이 $r < 1$이면서 $r \to 1$일 때 유계라고 가정하자. $c_n = O(1/n)$이면 부분합 $S_N = \sum_{n=1}^{N} c_n$은 유계다.

증명

$r = 1 - 1/N$이라 하고 $n|c_n| \le M$이 되도록 M을 택하자.

$$S_N - A_r = \sum_{n=1}^{N}(c_n - r^n c_n) - \sum_{n=N+1}^{\infty} r^n c_n \text{을}$$

$$\begin{aligned}|S_N - A_r| &\le \sum_{n=1}^{N}|c_n|(1-r^n) + \sum_{n=N+1}^{\infty} r^n|c_n| \\ &\le M\sum_{n=1}^{N}(1-r) + \frac{M}{N}\sum_{n=N+1}^{\infty} r^n \\ &\le MN(1-r) + \frac{M}{N}\frac{1}{1-r} \\ &= 2M\end{aligned}$$

과 같이 추정한다. 여기서 간단한 부등식 $1 - r^n = (1-r)(1 + r + \cdots + r^{n-1}) \le n(1-r)$을 이용했다. 따라서 M이 $|A_r| \le M$과 $n|c_n| \le M$을 모두 만족하면 $|S_N| \le 3M$이다. ◀

위에서 사용한 톱니함수 f의 푸리에 급수

$$\sum_{n\neq 0}\frac{e^{in\theta}}{n}$$

에 보조정리 2.3을 적용한다. 여기서 $n \neq 0$에 대해 $c_n = e^{in\theta}/n + e^{-in\theta}/(-n)$이므로 $c_n = O(1/|n|)$임은 분명하다. 마지막으로 이 급수의 아벨 평균은 $A_r(f)(\theta) = (f * P_r)(\theta)$이다. 그런데 f는 유계이며 P_r은 좋은 핵이므로 $S_N(f)(\theta)$는 보이고자 한 바와 같이 N과 θ에서 균등 유계다.

이제 문제의 핵심에 다다랐다. f_N과 $\tilde{f}_N$은 차수가 N인 삼각다항식이다(다시 말해 두 함수는 $|n| \le N$일 때만 0이 아닌 푸리에 계수를 가진다). 이로부터 f_N과 $\tilde{f}_N$의 주파수를 $2N$ 단위로 옮겨서 삼각다항식 P_N과 $\tilde{P}_N$을 형성한다. 이제 차수는 각각 $3N$과 $2N-1$이다. 다시 말해 $P_N(\theta) = e^{i(2N)\theta} f_N(\theta)$와 $\tilde{P}_N(\theta) = e^{i(2N)\theta}\tilde{f}_N(\theta)$로 정의한다. 따라서 f_N은 $0 < |n| \le N$일 때 0이 아닌 푸리에 계수를 가지지만, 이제 P_N의 계수는 $N \le n \le 3N$, $n \neq 2N$일 때 0이 아니다. 또한 $n = 0$이 f_N의 대칭의 중심인 반면, 이제 $n = 2N$이 P_N의 대칭의 중심이다. 다음으로 부분합 S_M을 생각한다.

보조정리 2.4 $S_M(P_N) = \begin{cases} P_N & (M \ge 3N) \\ \tilde{P}_N & (M = 2N) \\ 0 & (M < N) \end{cases}$

증명

이는 앞에서 설명한 내용과 그림 3에서 분명하다. ◀

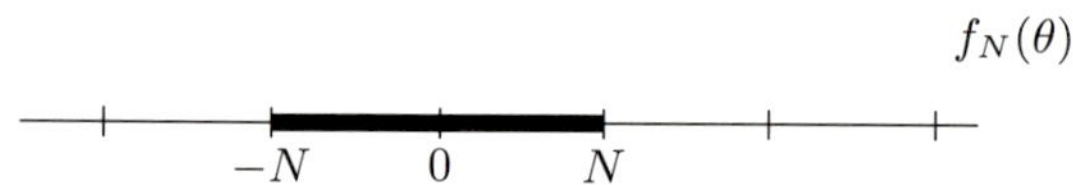

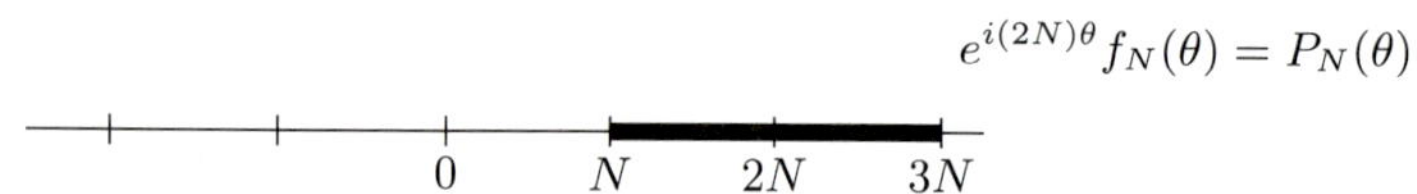

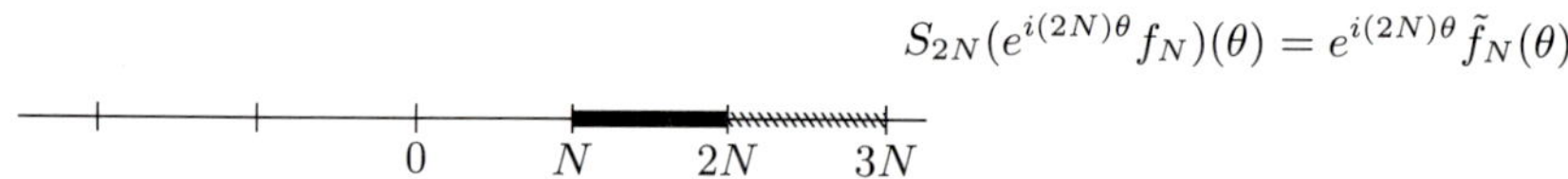

[그림 3] 보조정리 2.4에서 대칭 파괴

이 결과로 $M = 2N$ 일 때 연산자 S_M 이 P_N 의 대칭을 깨뜨리지만, 보조정리에서 다루는 다른 경우에는 연산자를 적용한 결과가 P_N 또는 0 이기 때문에 S_M 의 작용이 상대적으로 미미하다고 할 수 있다.

마지막으로 양수로 이루어진 수렴하는 급수 $\sum \alpha_k$ 와 충분히 빠르게 증가하여 다음을 만족하는 정수열 $\{N_k\}$ 를 구해야 한다.

(1) $N_{k+1} > 3N_k$

(2) $k \to \infty$ 일 때, $\alpha_k \log N_k \to \infty$

예를 들어 $\alpha_k = \dfrac{1}{k^2}$ 과 $N_k = 3^{2^k}$ 을 택하자. 이 두 수가 두 기준 (1), (2)를 만족함은 쉽게 확인할 수 있다.

드디어 우리가 원했던 함수를 표기할 수 있다. 이는

$$f(\theta) = \sum_{k=1}^{\infty} \alpha_k P_{N_k}(\theta)$$

와 같다. P_N 의 균등 유계성 때문에($|P_N(\theta)| = |f_N(\theta)|$ 임을 기억하라) 위의 급수는 연속인 주기함수로 균등 수렴한다. 그러나 보조정리 2.4에 의해

$$|S_{2N_m}(f)(0)| \geq c\alpha_m \log N_m + O(1) \to \infty \quad (\text{단, } m \to \infty)$$

를 얻는다.

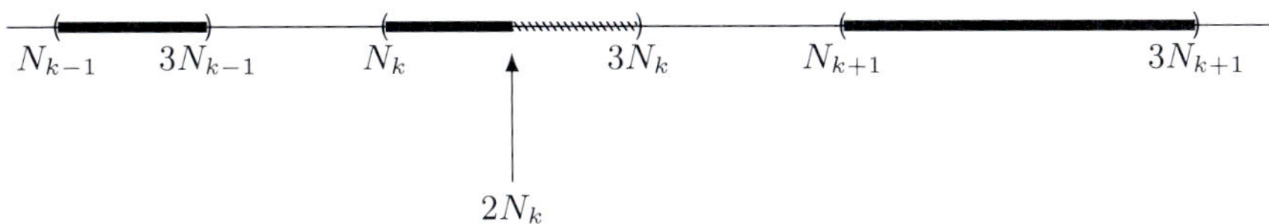

[그림 4] 가운데 구간 $(N_k, 3N_k)$에서 파괴된 대칭성

실제로 $k < m$ 또는 $k > m$인 N_k에 대응하는 항은 (P_N이 균등 유계이기 때문에) 각각 $O(1)$ 또는 0만큼 기여한다. 반면에, N_m에 대응하는 항은 $|\tilde{P}_N(\theta)| = |\tilde{f}_N(\theta)| \geq c \log N$이므로 그 절댓값이 $c\alpha_m \log N_m$보다 크거나 같다. 따라서 0에서 f의 푸리에 급수의 부분합은 유계가 아니고, 이는 $\theta = 0$에서의 f의 푸리에 급수의 발산을 증명하므로 모든 증명이 마무리된다. 미리 정해진 다른 $\theta = \theta_0$에서 푸리에 급수가 발산하는 함수를 만드려면 함수 $f(\theta - \theta_0)$를 생각하는 것으로 충분하다.

연습문제

1. 내적공간의 처음 두 가지 예인 $\mathbb{R}^d$와 $\mathbb{C}^d$가 완비공간임을 보여라.

힌트 $\mathbb{R}$에서 모든 코시 수열은 극한을 가진다.

2. 벡터공간 $\ell^2(\mathbb{Z})$가 완비공간임을 증명하라.

힌트 $A_k = \{a_{k,n}\}_{n\in\mathbb{Z}}$ $(k = 1, 2, \cdots)$이 코시 수열이라고 가정하자. 각 n에 대해 $\{a_{k,n}\}_{k=1}^{\infty}$이 코시인 복소수열이므로 수렴함을 보이고 이 극한값을 b_n이라 하자. $\|A_k - A_{k'}\|$의 부분합을 취하고 $k' \to \infty$의 극한을 취하여 $k \to \infty$일 때 $\|A_k - B\| \to 0$임을 보여라(단, $B = (\cdots, b_{-1}, b_0, b_1, \cdots)$).

마지막으로 $B \in \ell^2(\mathbb{Z})$임을 증명하라.

3. $[0, 2\pi]$에서 정의되고 적분가능하며

$$\lim_{k\to\infty} \frac{1}{2\pi} \int_0^{2\pi} |f_k(\theta)|^2 \, d\theta = 0$$

을 만족하지만 어떠한 θ에 대해서도 $\lim_{k\to\infty} f_k(\theta)$가 존재하지 않는 함수열 $\{f_k\}$를 구성하라.

힌트 길이가 0으로 수렴하는 구간으로 이루어진 수열 $I_k \subset [0, 2\pi]$를 택하고, 각 점이 이러한 구간들에 무한히 많이 포함되도록 한다. 그런 다음 $f_k = \chi_{I_k}$라 하자.

4. 적분가능한 함수의 벡터공간 $\mathcal{R}$에는 내적이 정의되며 그에 따른 노름은

$$\|f\| = \left(\frac{1}{2\pi}\int_0^{2\pi} |f(x)|^2\,dx\right)^{1/2}$$

과 같다. 다음 물음에 답하라.

(a) $\|f\| = 0$인 영함수가 아닌 적분가능한 함수 f가 존재함을 보여라.

(b) 그러나 $f \in \mathcal{R}$이고 $\|f\| = 0$이면 f가 연속인 x마다 $f(x) = 0$임을 보여라.

(c) 반대로 $f \in \mathcal{R}$가 연속인 모든 점에서 0일 때, $\|f\| = 0$임을 보여라.

5. 함수 f를

$$f(\theta) = \begin{cases} 0 & (\theta = 0) \\ \log(1/\theta) & (0 < \theta \le 2\pi) \end{cases}$$

와 같이 정의하자. 또한 $\mathcal{R}$의 함수열을

$$f_n(\theta) = \begin{cases} 0 & (0 \le \theta \le 1/n) \\ f(\theta) & (1/n < \theta \le 2\pi) \end{cases}$$

와 같이 정의하자. $\{f_n\}_{n=1}^{\infty}$은 $\mathcal{R}$에서 코시 수열임을 증명하라. 하지만 f는 $\mathcal{R}$의 원소가 아니다.

힌트 $\theta(\log\theta)^2 - 2\theta\log\theta + 2\theta$의 도함수가 $(\log\theta)^2$과 같다는 사실을 이용하여 $0 < a < b$이고 $b \to 0$일 때 $\int_a^b (\log\theta)^2\,d\theta \to 0$임을 보여라.

6. 수열 $\{a_k\}_{k=-\infty}^{\infty}$를

$$a_k = \begin{cases} \dfrac{1}{k} & (k \ge 1) \\ 0 & (k \le 0) \end{cases}$$

과 같이 정의하자. $\{a_k\} \in \ell^2(\mathbb{Z})$이지만 모든 k에 대해 k번째 푸리에 계수가 a_k인 리만 적분가능한 함수는 존재하지 않음을 보여라.

7. 삼각급수 $\displaystyle\sum_{n\ge 2} \frac{1}{\log n}\sin nx$는 모든 x에 대해 수렴하지만, 어느 리만 적분가능한 함수의 푸리에 급수도 아님을 보여라.

$0 < \alpha < 1$일 때 $\displaystyle\sum \frac{\sin nx}{n^{\alpha}}$에 대해서도 같은 결론이 성립하지만, $\dfrac{1}{2} < \alpha < 1$인 경우는 훨씬 어렵다. 심화문제 1을 보라.

8. 2장 연습문제 6에서 급수 $\sum_{\text{홀수 } n\geq 1} \frac{1}{n^2}$, $\sum_{n=1}^{\infty} \frac{1}{n^2}$을 다루었다. 이번 장에서 다룬 방법을 이용하여 이와 비슷한 급수의 값을 유도할 수 있다. 다음 물음에 답하라.

(a) f를 $[-\pi, \pi]$에서 $f(\theta) = |\theta|$로 정의하자. 파세발 항등식을 이용하여 두 급수

$$\sum_{n=0}^{\infty} \frac{1}{(2n+1)^4}, \quad \sum_{n=1}^{\infty} \frac{1}{n^4}$$

의 값을 구하라. 실제로 두 급수의 값은 각각 $\frac{\pi^4}{96}$과 $\frac{\pi^4}{90}$이다.

(b) $[0, \pi]$에서 $f(\theta) = \theta(\pi - \theta)$로 정의된 주기가 2π인 홀함수를 생각하자.

$$\sum_{n=0}^{\infty} \frac{1}{(2n+1)^6} = \frac{\pi^6}{960}, \quad \sum_{n=1}^{\infty} \frac{1}{n^6} = \frac{\pi^6}{945}$$

임을 보여라.

비고 심화문제 4에서는 k가 짝수일 때 $\sum_{n=1}^{\infty} \frac{1}{n^k}$을 π^k에 대한 일반식으로 나타낸다. 그러나 $\sum_{n=1}^{\infty} \frac{1}{n^3}$ 또는 더 일반적으로 k가 홀수일 때 $\sum_{n=1}^{\infty} \frac{1}{n^k}$의 일반식을 찾는 문제는 유명한 미해결 문제다.

9. α가 정수가 아닐 때, $[0, 2\pi]$에서 $\frac{\pi}{\sin \pi\alpha} e^{i(\pi - x)\alpha}$의 푸리에 급수는

$$\sum_{n=-\infty}^{\infty} \frac{e^{inx}}{n+\alpha}$$

과 같음을 보여라. 파세발 항등식을 적용하여

$$\sum_{n=-\infty}^{\infty} \frac{1}{(n+\alpha)^2} = \frac{\pi^2}{(\sin \pi\alpha)^2}$$

임을 보여라.

10. 1장에서 분석한 진동하는 현의 예를 생각하자. 시각 t에서 현의 변위 $u(x,t)$는 파동 방정식

$$\frac{1}{c^2}\frac{\partial^2 u}{\partial t^2} = \frac{\partial^2 u}{\partial x^2} \quad (c^2 = \tau/\rho)$$

을 만족한다. 현의 초기 조건은 $u(x, 0) = f(x)$, $\frac{\partial u}{\partial t}(x, 0) = g(x)$로 주어진다. 여기서 $f \in C^1$이며 g는 연속함수라고 가정한다.

현의 전체 **에너지(energy)**를

$$E(t) = \frac{1}{2}\rho \int_0^L \left(\frac{\partial u}{\partial t}\right)^2 dx + \frac{1}{2}\tau \int_0^L \left(\frac{\partial u}{\partial x}\right)^2 dx$$

와 같이 정의한다. 첫 번째 항은 (질량이 m이고 속도가 v인 입자의 운동에너지 $(1/2)mv^2$과 유사하게) 현의 **운동에너지**(kinetic energy)에 해당하며, 두 번째 항은 현의 **위치에너지**(potential energy)에 해당한다.

현의 전체 에너지는 보존됨을, 즉 $E(t)$가 상수함수임을 보여라. 따라서

$$E(t) = E(0) = \frac{1}{2}\rho \int_0^L g(x)^2\, dx + \frac{1}{2}\tau \int_0^L f'(x)^2\, dx$$

가 성립한다.

11. 비르팅거(Wirtinger)와 푸앵카레(Poincaré)의 부등식은 함수의 노름과 도함수의 노름 사이의 관계를 설명한다. 다음 물음에 답하라.

(a) f는 주기가 T이고 연속이며 $\int_0^T f(t)\, dt = 0$이고 조각마다 C^1인 함수일 때,

$$\int_0^T |f(t)|^2\, dt \le \frac{T^2}{4\pi^2} \int_0^T |f'(t)|^2\, dt$$

임을 보여라. 또한 등호가 성립하기 위한 필요충분조건은 $f(t) = A\sin(2\pi t/T) + B\cos(2\pi t/T)$임을 보여라.

힌트 파세발 항등식을 적용하라.

(b) f는 (a)의 가정을 만족하고 g는 단지 C^1이며 주기가 T인 주기함수라면

$$\left|\int_0^T \overline{f(t)} g(t)\, dt\right|^2 \le \frac{T^2}{4\pi^2} \int_0^T |f(t)|^2\, dt \int_0^T |g'(t)|^2\, dt$$

임을 증명하라.

(c) 임의의 콤팩트 구간 $[a, b]$와 $f(a) = f(b) = 0$을 만족하는 임의의 연속미분가능한 함수 f에 대해

$$\int_a^b |f(t)|^2\, dt \le \frac{(b-a)^2}{\pi^2} \int_a^b |f'(t)|^2\, dt$$

를 보여라. 등호가 언제 성립하는지에 대해 논하고 상수 $\frac{(b-a)^2}{\pi^2}$을 개선할 수 없음을, 즉 우변에 $\frac{(b-a)^2}{\pi^2}$보다 더 작은 상수가 올 수 없음을 증명하라.

힌트 f를 a에 대하여 홀함수이며 주기가 $T = 2(b-a)$인 주기함수가 되도록 확장하여 길이가 T인 구간에서의 f의 적분이 0이 되도록 한다. (a)를 적용하여 부등식을 얻고, 등호가 성립하기 위한 필요충분조건은 $f(t) = A\sin\left(\pi\frac{t-a}{b-a}\right)$임을 보여라.

12. $\int_0^\infty \frac{\sin x}{x}\,dx = \frac{\pi}{2}$를 증명하라.

힌트 $D_N(\theta)$의 적분이 2π와 같다는 사실에서 시작한다. $\frac{1}{\sin(\theta/2)} - \frac{2}{\theta}$는 $[-\pi, \pi]$에서 연속임에 주목하여 리만–르베그 보조정리를 적용한다.

13. f가 C^k인 주기함수라고 가정하자. 이때,

$$\hat{f}(n) = o(1/|n|^k)$$

임을 보여라. 다시 말해 $|n| \to \infty$일 때 $|n|^k \hat{f}(n)$이 0으로 수렴함을 보여라. 이는 2장 연습문제 10보다 개선된 결과다.

힌트 리만–르베그 보조정리를 이용한다.

14. 원 위에서 연속미분가능한 함수 f의 푸리에 급수는 절대수렴함을 증명하라.

힌트 코시–슈바르츠 부등식과 f'에 대한 파세발 항등식을 이용한다.

15. f는 $[-\pi, \pi]$에서 리만 적분가능하고 주기가 2π인 함수라고 하자.

(a) $\hat{f}(n) = -\frac{1}{2\pi}\int_{-\pi}^{\pi} f(x+\pi/n)e^{-inx}\,dx$임을 보여라. 따라서

$$\hat{f}(n) = \frac{1}{4\pi}\int_{-\pi}^{\pi} [f(x) - f(x+\pi/n)]e^{-inx}\,dx$$

가 성립한다.

(b) 이제 f가 α–횔더 연속이라고 가정하자. 다시 말해 어떤 $0 < \alpha \le 1$과 어떤 $C > 0$ 및 모든 x, h에 대해 $|f(x+h) - f(x)| \le C|h|^\alpha$이 성립한다. (a)를 이용하여

$$\hat{f}(n) = O(1/|n|^\alpha)$$

임을 보여라.

(c) 앞선 결과를 더 개선할 수 없음을 증명하기 위해, 함수

$$f(x)=\sum_{k=0}^{\infty}2^{-k\alpha}e^{i2^k x}$$

을 생각해 보자. 여기서 $0<\alpha<1$이다. 이때 f가 $|f(x+h)-f(x)|\le C|h|^{\alpha}$을 만족하며, $N=2^k$일 때 $\hat{f}(N)=\dfrac{1}{N^{\alpha}}$임을 보여라.

힌트 주어진 합을 $f(x+h)-f(x)=\sum_{2^k\le 1/|h|}+\sum_{2^k>1/|h|}$로 분해한다. 첫 번째 합을 추정하기 위해 θ가 작을 때 $|1-e^{i\theta}|\le|\theta|$인 사실을 이용하라. 두 번째 합을 추정하기 위해 자명한 부등식 $|e^{ix}-e^{iy}|\le 2$를 이용하라.

16. f는 주기가 2π이고 립쉬츠 상수가 K인 립쉬츠 조건을 만족한다고 하자. 다시 말해 모든 x, y에 대해

$$|f(x)-f(y)|\le K|x-y|$$

가 성립한다. 이는 단순히 $\alpha=1$인 α–횔더 연속이므로 연습문제 15에 의해 $\hat{f}(n)=O(1/|n|)$임을 알 수 있다. 조화급수 $\sum\frac{1}{n}$은 발산하므로 (아직은) f의 푸리에 급수의 절대수렴성에 대해 어떠한 것도 말할 수 없다. 다음 논증을 통해 실제로 f의 푸리에 급수가 절대수렴하며 균등 수렴함을 증명할 수 있다.

(a) 모든 양수 h에 대해 $g_h(x)=f(x+h)-f(x-h)$를 정의하자. 이때

$$\frac{1}{2\pi}\int_0^{2\pi}|g_h(x)|^2\,dx=\sum_{n=-\infty}^{\infty}4|\sin nh|^2|\hat{f}(n)|^2$$

을 증명하고, 또한

$$\sum_{n=-\infty}^{\infty}|\sin nh|^2|\hat{f}(n)|^2\le K^2h^2$$

을 보여라.

(b) p를 양의 정수라고 하자. $h=\dfrac{\pi}{2^{p+1}}$로 택하여

$$\sum_{2^{p-1}<|n|\le 2^p}|\hat{f}(n)|^2\le\frac{K^2\pi^2}{2^{2p+1}}$$

을 보여라.

(c) $\displaystyle\sum_{2^{p-1}<|n|\le 2^p}|\hat{f}(n)|$을 추정하여 f의 푸리에 급수가 절대수렴하고, 따라서 균등 수렴함을 보여라.

힌트 코시–슈바르츠 부등식을 이용하여 급수를 추정하라.

(d) 다음의 베른슈타인 정리(Bernstein's theorem)를 증명할 수 있도록 논증을 약간 수정하라.

> f가 $\alpha > \frac{1}{2}$인 α–횔더 연속일 때, f의 푸리에 급수는 절대수렴한다.

17. f가 $[-\pi, \pi]$에서 유계인 단조함수일 때,

$$\hat{f}(n) = O(1/|n|)$$

임을 보여라.

힌트 f가 증가함수라고 가정할 수 있으며 $|f| \leq M$이라 하자. 먼저 $[a, b]$에서 특성함수의 푸리에 계수가 $O(1/|n|)$을 만족함을 확인한다. 이제 $\sum_{k=1}^{N} \alpha_k \chi_{[a_k, a_{k+1}]}(x)$와 같은 꼴의 급수가 N에 균등하게 $O(1/|n|)$인 푸리에 계수를 가짐을 보여라. 단, $-\pi = a_1 < a_2 < \cdots < a_N < a_{N+1} = \pi$이며 $-M \leq \alpha_1 \leq \cdots \leq \alpha_N \leq M$이다.

부분합 공식을 이용하면 망원급수(telescopic sum) $\sum(\alpha_{k+1} - \alpha_k)$를 얻는다. 이 급수의 절댓값은 $2M$보다 작거나 같다. 이제 f를 위와 같은 유형의 함수로 근사한다.

18. 푸리에 계수의 감쇄에 대해 알게 된 사항은 다음과 같다.

> (i) f가 C^k 함수라면 $\hat{f}(n) = o(1/|n|^k)$이다.
> (ii) f가 립쉬츠 함수라면 $\hat{f}(n) = O(1/|n|)$이다.
> (iii) f가 단조함수라면 $\hat{f}(n) = O(1/|n|)$이다.
> (iv) f가 α–횔더 연속이면 $\hat{f}(n) = O(1/|n|^\alpha)$이다(단, $0 < \alpha < 1$).
> (v) f가 단지 리만 적분가능하면 $\sum |\hat{f}(n)|^2 < \infty$이고 따라서 $\hat{f}(n) = o(1)$이다.

그럼에도 0으로 수렴하는 모든 음이 아닌 실수열 $\{\epsilon_n\}$에 대해 무한히 많은 n에 대해 $|\hat{f}(n)| \geq \epsilon_n$인 연속함수 f가 존재함을 증명하여, 연속함수의 푸리에 계수는 임의로 느리게 0으로 수렴할 수 있음을 보여라.

힌트 $\sum_k \epsilon_{n_k} < \infty$가 되도록 부분수열 $\{\epsilon_{n_k}\}$를 택한다.

19. 급수 $\displaystyle\sum_{0<|n|\le N} \frac{e^{inx}}{n}$ 이 N과 $x \in [-\pi, \pi]$에 균등 유계임을 (i), (ii)를 이용하여 증명하라.

(i) D_N이 디리클레 핵일 때

$$\frac{1}{2i} \sum_{0<|n|\le N} \frac{e^{inx}}{n} = \sum_{n=1}^{N} \frac{\sin nx}{n} = \frac{1}{2} \int_0^x (D_N(t) - 1)\, dt$$

가 성립한다.

(ii) (연습문제 12에서 증명한) $\displaystyle\int_0^\infty \frac{\sin t}{t}\, dt < \infty$

20. 구간 $(0, 2\pi)$에서 $f(x) = \dfrac{\pi - x}{2}$로 정의되고 $f(0) = 0$이며 $\mathbb{R}$ 전체에 주기함수로 확장된 톱니 함수를 $f(x)$라 하자. f의 푸리에 급수는

$$f(x) \sim \frac{1}{2i} \sum_{|n|\ne 0} \frac{e^{inx}}{n} = \sum_{n=1}^{\infty} \frac{\sin nx}{n}$$

와 같다. 또한 f는 원점에서

$$f(0^+) = \frac{\pi}{2}, \quad f(0^-) = -\frac{\pi}{2} \quad \Rightarrow \quad f(0^+) - f(0^-) = \pi$$

와 같은 비약 불연속점을 가진다. 이제

$$\max_{0<x\le \pi/N} S_N(f)(x) - \frac{\pi}{2} = \int_0^\pi \frac{\sin t}{t}\, dt - \frac{\pi}{2}$$

임을 보여라.

이는 비약(jump) π의 약 9%에 해당한다. 이 결과는 기브스 현상(Gibbs's phenomenon)이 나타났음을 보여 준다. 기브스 현상은 비약 불연속점 근방에서 함수의 푸리에 급수가 비약의 약 9% 만큼 더 크게(혹은 더 작게) 나온다는 것이다.

힌트 연습문제 19에 주어진 $S_N(f)$의 표현식을 이용한다.

심화문제

1. 각 $0 < \alpha < 1$에 대해 급수

$$\sum_{n=1}^{\infty} \frac{\sin nx}{n^{\alpha}}$$

는 모든 x에 대해 수렴하지만 리만 적분가능한 함수의 푸리에 급수는 아니다.

(a) **켤레 디리클레 핵(conjugate Dirichlet kernel)**을

$$\tilde{D}_N(x) = \sum_{|n| \le N} \text{sign}(x) e^{inx}$$

이라 정의하자.

$$\tilde{D}_N(x) = \frac{\cos(x/2) - \cos((N+1/2)x)}{\sin(x/2)}$$

이고

$$\int_{-\pi}^{\pi} |\tilde{D}_N(x)| \, dx \le c \log N$$

임을 보여라. 여기서 $\text{sign}(x)$는

$$\text{sign}(x) = \begin{cases} 1 & (n > 0) \\ 0 & (n = 0) \\ -1 & (n < 0) \end{cases}$$

과 같다.

(b) 따라서 f가 리만 적분가능하면 $(f * \tilde{D}_N)(0) = O(\log N)$이 성립함을 보여라.

(c) 지금 상황에서 $\displaystyle\sum_{n=1}^{N} \frac{1}{n^{\alpha}} = O(\log N)$을 유도할 수 있는데, 이는 모순이다.

2. 앞서 증명한 중요한 사실은 $\{e^{inx}\}_{n \in \mathbb{Z}}$이 $\mathcal{R}$에서 정규직교집합이며 또한 f의 푸리에 급수가 노름에 대해 f로 수렴한다는 점에서 완비정규직교집합이라는 것이다. 이제 또 다른 완비정규직교집합을 소개한다.

구간 $[-1, 1]$에서 $n = 0, 1, 2, \cdots$에 대해 L_n을

$$L_n(x) = \frac{d^n}{dx^n}(x^2 - 1)^n$$

과 같이 정의한다. 그러면 L_n은 차수가 n인 다항식으로 이를 n차 **르장드르 다항식(Legendre polynomial)**이라고 한다.

다음 물음에 답하라.

(a) f가 $[-1,1]$에서 무한 번 미분가능하면

$$\int_{-1}^{1} L_n(x)f(x)\,dx = (-1)^n \int_{-1}^{1} (x^2-1)^n f^{(n)}(x)\,dx$$

가 성립함을 보여라. 특히, $m < n$일 때 L_n은 x^m과 직교함을 보여라. 따라서 $\{L_n\}_{n=0}^{\infty}$은 직교집합이다.

(b) $\|L_n\|^2 = \int_{-1}^{1} |L_n(x)|^2\,dx = \dfrac{(n!)^2 2^{2n+1}}{2n+1}$임을 보여라.

힌트 먼저 $\|L_n\|^2 = (-1)^n(2n)!\int_{-1}^{1}(x^2-1)^n\,dx$이다. $(x^2-1)^n = (x-1)^n(x+1)^n$과 같이 쓰고 부분적분법을 n번 적용하여 이 적분을 계산한다.

(c) $1,\ x,\ x^2,\ \cdots,\ x^{n-1}$과 직교하며 차수가 n인 임의의 다항식은 L_n의 상수배임을 증명하라.

(d) 정규화된 르장드르 다항식을 $\mathcal{L}_n = L_n/\|L_n\|$이라 하자. $\{1,\ x,\ \cdots,\ x^n,\ \cdots\}$에 **그람-슈미트 과정**(Gram–Schmidt process)을 적용하면 $\{\mathcal{L}_n\}$을 얻음을 증명하라. 또한 이로부터 $[-1,1]$에서 리만 적분가능한 모든 함수는 **르장드르 전개(Legendre expansion)**

$$\sum_{n=0}^{\infty}\langle f,\mathcal{L}_n\rangle\mathcal{L}_n$$

을 가지며, 이 르장드르 전개가 평균제곱노름에서 f로 수렴함을 보여라.

3. α는 정수가 아닌 복소수라고 하자. 다음 물음에 답하라.

(a) $[-\pi,\pi]$에서 정의되고 주기가 2π인 함수 $f(x)=\cos(\alpha x)$의 푸리에 급수를 구하라.

(b) 오일러가 밝힌 두 식 (i), (ii)를 증명하라.

(i) $\displaystyle\sum_{n=1}^{\infty}\frac{1}{n^2-\alpha^2} = \frac{1}{2\alpha^2} - \frac{\pi}{2\alpha\tan(\alpha\pi)}$

(ii) 모든 $u\in\mathbb{C}-\pi\mathbb{Z}$에 대해, $\displaystyle\cot u = \frac{1}{u} + 2\sum_{n=1}^{\infty}\frac{u}{u^2-n^2\pi^2}$

(c) 모든 $\alpha\in\mathbb{C}-\mathbb{Z}$에 대해 $\dfrac{\alpha\pi}{\sin(\alpha\pi)} = 1 + 2\alpha^2\displaystyle\sum_{n=1}^{\infty}\frac{(-1)^{n-1}}{n^2-\alpha^2}$이 성립함을 보여라.

(d) 모든 $0 < \alpha < 1$에 대해 $\displaystyle\int_0^\infty \frac{t^{\alpha-1}}{t+1}\,dt = \frac{\pi}{\sin(\alpha\pi)}$가 성립함을 보여라.

힌트 적분을 $\displaystyle\int_0^1 + \int_1^\infty$로 나누고 두 번째 적분에서 $t = \dfrac{1}{u}$로 두어 치환적분을 한다. 이제 두 적분은 모두 $\displaystyle\int_0^1 \frac{t^{\gamma-1}}{1+t}\,dt$ (단, $0 < \gamma < 1$)와 같은 꼴이다. 이는 $\displaystyle\sum_{k=0}^\infty \frac{(-1)^k}{k+\gamma}$과 같음을 보일 수 있다. (c)를 이용하여 증명을 마무리한다.

4. k가 임의의 짝수일 때 급수 $\displaystyle\sum_{n=1}^\infty \frac{1}{n^k}$의 값을 구해 보자. 이러한 급수는 베르누이 수로 나타낼 수 있다. 이와 관련된 베르누이 다항식은 심화문제 5에서 다룬다. 여기서 **베르누이 수(Bernoulli numbers)** B_n은

$$\frac{z}{e^z-1} = \sum_{n=0}^\infty \frac{B_n}{n!}z^n$$

으로 정의한다.

(a) $B_0 = 1,\ B_1 = -\dfrac{1}{2},\ B_2 = \dfrac{1}{6},\ B_3 = 0,\ B_4 = -\dfrac{1}{30},\ B_5 = 0$임을 보여라.

(b) $n \geq 1$에 대해

$$B_n = -\frac{1}{n+1}\sum_{k=0}^{n-1}\binom{n+1}{k}B_k$$

가 성립함을 보여라.

(c) $\displaystyle\frac{z}{e^z-1} = 1 - \frac{z}{2} + \sum_{n=2}^\infty \frac{B_n}{n!}z^n$으로 표현하여 n이 1보다 큰 홀수일 때 $B_n = 0$임을 보여라. 또한

$$z\cot z = 1 + \sum_{n=1}^\infty (-1)^n \frac{2^{2n}B_{2n}}{(2n)!}z^{2n}$$

임을 증명하라.

(d) 모든 $s > 1$에 대해 **제타함수(zeta function)**를 $\zeta(s) = \displaystyle\sum_{n=1}^\infty \frac{1}{n^s}$로 정의한다. (c)의 결과와 심화문제 3에서 얻은 코탄젠트 함수의 전개식으로부터

$$x\cot x = 1 - 2\sum_{m=1}^\infty \frac{\zeta(2m)}{\pi^{2m}}x^{2m}$$

을 유도하라.

(e) 마지막으로 $2\zeta(2m) = (-1)^{m+1}\dfrac{(2\pi)^{2m}}{(2m)!}B_{2m}$을 증명하라.

5. 베르누이 다항식(Bernoulli polynomials) $B_n(x)$는

$$\frac{ze^{xz}}{e^z-1}=\sum_{n=0}^{\infty}\frac{B_n(x)}{n!}z^n$$

과 같이 정의된다.

(a) 함수 $B_n(x)$는 x에 대한 다항식이며

$$B_n(x)=\sum_{k=0}^{\infty}\binom{n}{k}B_k x^{n-k}$$

을 만족한다. 이때 $B_0(x)=1$, $B_1(x)=x-\frac{1}{2}$, $B_2(x)=x^2-x+\frac{1}{6}$, $B_3(x)=x^3-\frac{3}{2}x^2+\frac{1}{2}x$임을 보여라.

(b) $n\geq 1$이면 $B_n(x+1)-B_n(x)=nx^{n-1}$이 성립함을 보여라. 또한 $n\geq 2$이면 $B_n(0)=B_n(1)=B_n$이 성립함을 보여라.

(c) $S_m(n)=1^m+2^m+\cdots+(n-1)^m$이라 정의하자. 다음을 보여라.

$$(m+1)S_m(n)=B_{m+1}(n)-B_{m+1}$$

(d) 다음을 만족하는 다항식은 베르누이 다항식이 유일함을 증명하라.

(i) $B_0(x)=1$

(ii) $n\geq 1$에 대해 $B_n'(x)=nB_{n-1}(x)$

(iii) $n\geq 1$에 대해 $\int_0^1 B_n(x)\,dx=0$

또한 (b)로부터 $\int_x^{x+1}B_n(t)\,dt=x^n$이 성립함을 보여라.

(e) $B_1(x)$의 푸리에 급수를 계산하여 $0<x<1$에 대해

$$B_1(x)=x-\frac{1}{2}=\frac{-1}{\pi}\sum_{k=1}^{\infty}\frac{\sin(2\pi kx)}{k}$$

가 성립함을 보여라. 이를 적분하여

$$B_{2n}(x)=(-1)^{n+1}\frac{2(2n)!}{(2\pi)^{2n}}\sum_{k=1}^{\infty}\frac{\cos(2\pi kx)}{k^{2n}}$$

$$B_{2n+1}(x)=(-1)^{n+1}\frac{2(2n+1)!}{(2\pi)^{2n+1}}\sum_{k=1}^{\infty}\frac{\sin(2\pi kx)}{k^{2n+1}}$$

을 보여라.

마지막으로 $0 < x < 1$에 대해

$$B_n(x) = -\frac{n!}{(2\pi i)^n}\sum_{k\neq 0}\frac{e^{2\pi ikx}}{k^n}$$

이 성립함을 보여라.

이로부터 정규화를 하지 않았다는 점만 뺀다면 베르누이 다항식은 톱니함수를 연달아 적분한 결과임을 관찰할 수 있다.

4

푸리에 급수의 응용
Some Applications of Fourier Series

> 푸리에 급수와 이에 유사한 전개는 곡선 및 곡면의 일반적인 이론과 매우 자연스럽게 연관되어 있다. 해석학 관점에서 발상한 이 이론을 통해 임의의 함수를 다룰 수 있다. 그래서 나는 기하학에 관한 몇 가지 문제에 푸리에 급수를 사용했으며, 이러한 방향으로 본 논문에서 제시하고자 하는 몇몇 결과를 얻었다. 내가 고려한 것은 뒤따라 이어질 주요 연구의 시작일 뿐이며, 앞으로 많은 새로운 결과가 나올 것임은 의심할 여지가 없다.
>
> *A.* **후르비츠**(*A. Hurwitz*), 1902

이전 장에서는 물리학에 등장한 문제로부터 영감을 받은, 푸리에 해석학에 대한 몇 가지 기본 사실을 소개했다. 현의 운동과 열의 확산이라는 두 가지 예를 자연스럽게 함수의 푸리에 급수 전개로 연결했다. 다음으로 푸리에 해석학이 미치는 광범위한 영향에 대한 풍미를 제공하고, 이러한 아이디어가 수학의 다른 영역으로 어떻게 뻗어나가는지 설명하려 한다. 특히, 다음 세 가지 문제를 생각한다.

(1) 평면 $\mathbb{R}^2$에서 길이가 ℓ인 모든 단순폐곡선 중 가장 큰 면적을 둘러싸는 것은 무엇인가?

(2) 무리수 γ가 주어지면 $n = 1, 2, 3, \cdots$에 대해 수열 $\{n\gamma\}$의 소수부분의 분포에 대해 무엇을 말할 수 있는가?

(3) 모든 점에서 미분불가능한 연속함수가 존재하는가?

문제 (1)은 분명히 기하학적이며, 언뜻 보기에는 푸리에 급수와 거의 관련이 없어 보인다. 문제 (2)는 수론과 동역학계 연구 사이의 경계에 놓여 있으며, **에르고딕 성질**(ergodicity)이라는 아이디어의 가장 간단한 예다. 문제 (3)은 본질적으로 해석학 문제이지만 해답을 발견하기 전까지 많은 시도와 좌절이 있었다. 놀랍게도 푸리에 급수를 사용하면 세 가지 문제 모두 아주 간단하고 직접적으로 해결할 수 있다.

4절에서는 초기에 우리에게 영감을 준 문제로 돌아가 원 위에서 시간 종속 열 방정식을 고려한다. 우리는 이 과정에서 중요하지만 불가사의한 원 위의 열 핵(heat kernel)과 만나게 된다. 이렇게 열 핵의 기본 성질을 둘러싼 미스터리는 5장에서 다룰 푸아송 합 공식을 적용하고 나서야 해결할 수 있을 것이다.

1 등주부등식

평면에서 자기 자신과 교차하지 않는 폐곡선을 Γ라고 하자. Γ의 길이를 ℓ이라 하고, $\mathbb{R}^2$에서 Γ로 둘러싸인 유계영역의 면적을 $\mathcal{A}$라고 하자. 이제 문제는 주어진 ℓ에 대해 $\mathcal{A}$가 최대인 곡선 Γ를 (만약 그러한 곡선이 존재하다면) 결정하는 것이다.

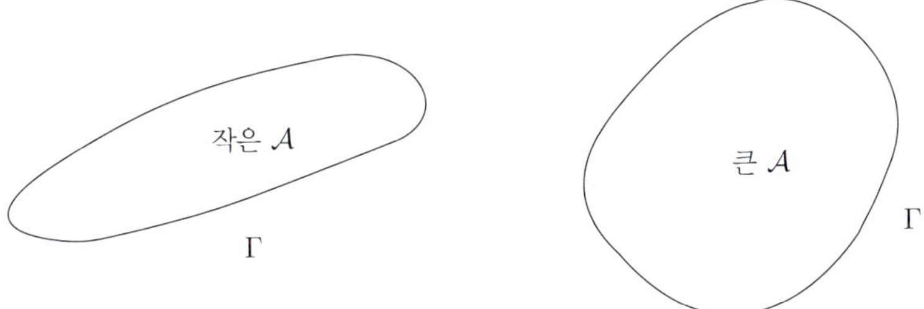

[그림 1] 등주문제

간단한 실험과 고찰을 통해 이 질문에 대한 답은 원임을 추측할 수 있다. 다음과 같은 실험적 추론으로 이러한 결론을 내릴 수 있다. 곡선은 탁자 위에 평평하게 놓여 있고 끝이 묶인 끈 조각으로 생각할 수 있다. 끈으로 둘러싸인 영역이 (예를 들어) 볼록하지 않다면, 끈의 일부를 변형하여 끈으로 둘러싸인 영역을 늘릴 수 있다. 간단한 예를 몇 가지 시도해 보면 곡선이 어떤 부분에서 **더 평평**(flatter)할수록 더 적은 영역을 둘러싼다는 사실을 납득할 수 있다. 따라서 각 점에서 곡선의 **둥근 정도**(roundness)를 극대화하면 우리가 원하는 결과를 가져다 줄 것이다.

비록 원이 옳은 추측이긴 하더라도, 위의 아이디어를 엄밀하게 보이기란 어렵다.

등주문제(isoperimetric problem)에 대한 해답의 핵심은 푸리에 급수에 대한 파세발 항등식을 적용하는 데 있다. 그러나 이 문제를 풀기 전에 단순폐곡선의 개념을 비롯해 단순폐곡선의 길이와 단순폐곡선에 의해 둘러싸인 영역의 면적이 의미하는 바를 정의해야 한다.

곡선과 길이 및 면적

매개화된 곡선 γ는

$$\gamma : [a, b] \to \mathbb{R}^2$$

인 사상이다. γ의 상은 평면의 점 집합으로 **곡선(curve)**이라고 하며 Γ로 나타낸다. 곡선 Γ는 자기 자신과 교차하지 않으면 **단순곡선(simple curve)**이라 하며, 곡선의 양 끝점이 일치하면 **폐곡선(closed curve)**이라고 한다. 단순폐곡선은 매개화 표현에서는 서로 다른 s_1, s_2에 대해 $s_1 = a$, $s_2 = b$인 경우가 아니라면 $\gamma(s_1) \neq \gamma(s_2)$이며 $\gamma(a) = \gamma(b)$인 곡선이라고 기술할 수 있다. 그러면 γ를 주기가 $b - a$인 $\mathbb{R}$ 위의 주기함수로 확장할 수도 있고, 원 위의 함수로 생각할 수도 있다. 또한 γ는 C^1 함수이고 $\gamma'(s) \neq 0$이라고 가정하여, 항상 곡선이 어느 정도 매끄럽다는 가정을 한다. 이러한 조건들은 Γ가 각 점에서 잘 정의된 접선을 가짐을 보장하며, 이러한 접선은 곡선의 점이 달라짐에 따라 연속적으로 변화한다. 또한 매개화 γ는 매개변수 s가 a에서 b로 이동함에 따른 Γ에서의 진행 방향을 유도한다.

임의의 C^1에서의 일대일 대응 $s : [c, d] \to [a, b]$는

$$\eta(t) = \gamma(s(t))$$

에 의해 Γ의 또 다른 매개화를 제공한다. 명백히 Γ가 폐곡선이거나 단순곡선이기 위한 조건은 정해진 매개화에 무관하다. 또한 모든 t에 대해 $s'(t) > 0$이면 두 매개화 γ와 η는 동치라고 한다. 이는 η와 γ가 곡선 Γ에 대해 같은 진행 방향을 유도함을 의미한다. 그러나 $s'(t) < 0$이면 η는 진행 방향을 뒤바꾼다.

Γ가 $\gamma(s) = (x(s), y(s))$로 매개화될 때, 곡선 Γ의 **길이(length)**는

$$\ell = \int_a^b |\gamma'(s)|\, ds = \int_a^b (x'(s)^2 + y'(s)^2)^{1/2}\, ds$$

로 정의한다. Γ의 길이는 곡선 자체의 성질이므로, 매개화와 무관하다. 이것이 실제로 사실인지 확인하기 위해 $\gamma(s(t)) = \eta(t)$라고 가정하자. 그러면 치환적분법과 연쇄법칙에 의해 원하던 대로

$$\int_a^b |\gamma'(s)|\, ds = \int_c^d |\gamma'(s(t))|\, |s'(t)|\, dt = \int_c^d |\eta'(t)|\, dt$$

가 성립한다. 뒤에 서술하는 정리 1.1의 증명에서 Γ에 대한 특별한 유형의 매개화를 사용할 것이다. 모든 s에 대해 $|\gamma'(s)| = 1$이면 γ는 **호의 길이로의 매개화(parametrization by arc length)**라고 한다. $\gamma(s)$는 일정한 속도로 이동하며, 결과적으로 Γ의 길이는 정확히 $b - a$임을 의미한다. 따라서 추가적인 변환을 하면 $[0, \ell]$에서 정의된 호의 길이로의 매개화를 얻을 수 있다. 이때, 모든 곡선[1]은 호의 길이로 매개화할 수 있다(연습문제 1 참고).

이제 등주문제로 돌아간다.

---

1 **(옮긴이)** 앞서 곡선은 항상 어느 정도는 매끄럽다고 생각하기로 했다. 여기서 말하는 곡선은 정규곡선(regular curve)이다.

단순폐곡선 Γ로 둘러싸인 영역의 면적 $\mathcal{A}$를 정확히 공식을 통해 기술하고자 하면 여러 까다로운 질문들을 마주하게 된다. 여러 단순한 상황에서 그 면적은 익숙한 미분적분학 공식인

$$\begin{aligned}\mathcal{A} &= \frac{1}{2}\left|\int_\Gamma (x\,dy - y\,dx)\right| \\ &= \frac{1}{2}\left|\int_a^b x(s)y'(s) - y(s)x'(s)\,ds\right|\end{aligned} \tag{4.1}$$

로 주어진다. 예를 들어 연습문제 3을 참고하라. 따라서 앞으로 결과를 나타낼 때 간단히 임시방편으로서 식 (4.1)을 면적의 정의로 삼을 것이다. 이를 이용하면 등주부등식(isoperimetric inequality)을 빠르고 깔끔하게 증명할 수 있다. 정리를 증명한 후에 이러한 단순화로도 해결되지 않은 문제들을 알아보자.

등주부등식의 기술과 증명

정리 1.1 Γ는 길이가 ℓ인 $\mathbb{R}^2$의 단순폐곡선이라고 가정하자. 그리고 이 곡선으로 둘러싸인 영역의 면적을 $\mathcal{A}$라고 하자. 그러면

$$\mathcal{A} \le \frac{\ell^2}{4\pi}$$

이 성립하며, 여기서 등호가 성립하기 위한 필요충분조건은 Γ가 원일 때다.

우선, 문제를 재설정할 수 있다는 점을 확인하자. 이는 측정 단위를 다음과 같이 $\delta(>0)$배 만큼 바꿀 수 있음을 의미한다. 점 (x, y)를 $(\delta x, \delta y)$로 보내는 평면 $\mathbb{R}^2$에서 $\mathbb{R}^2$로의 사상을 생각하자. 곡선 Γ의 길이가 ℓ일 때 길이의 정의에 따라 이 사상에 의한 상의 길이는 $\delta\ell$임을 알 수 있다. 따라서 이 작용은 $\delta \ge 1$인지 또는 $\delta \le 1$인지에 따라 길이를 δ배 만큼 확대하거나 축소한다. 마찬가지로 이 사상은 면적을 δ^2배 만큼 확대(또는 축소)함을 알 수 있다. $\delta = \dfrac{2\pi}{\ell}$로 취하면 $\ell = 2\pi$일 때 $\mathcal{A} \le \pi$이고 등호가 성립하기 위한 필요충분조건은 Γ가 원임을 증명하면 충분함을 알 수 있다.

$\gamma(s) = (x(s), y(s))$로 주어지는 $\gamma : [0, 2\pi] \to \mathbb{R}^2$는 곡선 Γ를 호의 길이로 매개화한 것이라고 하자. 다시 말해 모든 $s \in [0, 2\pi]$에 대해 $x'(s)^2 + y'(s)^2 = 1$이다. 이는

$$\frac{1}{2\pi}\int_0^{2\pi} (x'(s)^2 + y'(s)^2)\,ds = 1 \tag{4.2}$$

을 의미한다. 곡선이 폐곡선이므로 함수 $x(s)$와 $y(s)$는 주기가 2π이다. 따라서 각각의 푸리에 급수

$$x(s) \sim \sum a_n e^{ins}, \quad y(s) \sim \sum b_n e^{ins}$$

을 생각할 수 있다. 그러면 2장 2절 마지막 부분에서 확인했듯이

$$x'(s) \sim \sum a_n ine^{ins}, \quad y'(s) \sim \sum b_n ine^{ins}$$

이 성립한다. 식 (4.2)에 파세발 항등식을 적용하면

$$\sum_{n=-\infty}^{\infty} |n|^2 \left(|a_n|^2 + |b_n|^2\right) = 1 \tag{4.3}$$

을 얻는다. 이제 $\mathcal{A}$를 정의하는 적분에 파세발 항등식의 이중선형 형태(3장 보조정리 1.5)를 적용한다. $x(s)$와 $y(s)$가 실함수이므로 $a_n = \overline{a_{-n}}$, $b_n = \overline{b_{-n}}$이고 따라서

$$\mathcal{A} = \frac{1}{2}\left|\int_0^{2\pi} x(s)y'(s) - y(s)x'(s)\,ds\right| = \pi\left|\sum_{n=-\infty}^{\infty} n\left(a_n\overline{b_n} - b_n\overline{a_n}\right)\right|$$

이 성립한다. 여기서

$$|a_n\overline{b_n} - b_n\overline{a_n}| \le 2\,|a_n|\,|b_n| \le |a_n|^2 + |b_n|^2 \tag{4.4}$$

을 관찰하자. 또한 $|n| \le |n|^2$이므로 식 (4.3)을 이용하여 바라던 대로

$$\begin{aligned}\mathcal{A} &\le \pi \sum_{n=-\infty}^{\infty} |n|^2 \left(|a_n|^2 + |b_n|^2\right) \\ &\le \pi\end{aligned}$$

를 얻을 수 있다.

$\mathcal{A} = \pi$일 때는 $|n| \ge 2$이면 $|n| < |n|^2$이므로, 위의 논증으로부터

$$x(s) = a_{-1}e^{-is} + a_0 + a_1e^{is}, \quad y(s) = b_{-1}e^{-is} + b_0 + b_1e^{is}$$

임을 알 수 있다. $x(s)$와 $y(s)$가 실함수이므로 $a_{-1} = \overline{a_1}$, $b_{-1} = \overline{b_1}$이다. 식 (4.3)에서 $2\left(|a_1|^2 + |b_1|^2\right) = 1$임을 알 수 있고, 부등식 (4.4)에서 등호가 성립하므로 $|a_1| = |b_1| = \dfrac{1}{2}$이어야 한다. 이제

$$a_1 = \frac{1}{2}e^{i\alpha}, \quad b_1 = \frac{1}{2}e^{i\beta}$$

과 같이 쓰자. $1 = 2|a_1\overline{b_1} - \overline{a_1}b_1|$이라는 사실은 $|\sin(\alpha-\beta)| = 1$임을 의미하므로, $\alpha - \beta = \dfrac{k\pi}{2}$이다(단, k는 홀수). 이로부터

$$x(s) = a_0 + \cos(\alpha + s), \quad y(s) = b_0 \pm \sin(\alpha + s)$$

를 알 수 있다. 여기서 $y(s)$에 있는 부호는 $\frac{k-1}{2}$의 홀짝 여부에 달려 있다. 어느 경우든 Γ는 원임을 알 수 있고 이때 등호는 당연히 성립하며, 정리의 증명이 이렇게 마무리된다.

(후르비츠가 1901년에 제시한) 이 해답은 정말로 매우 명쾌하지만, 몇몇 중요한 사안(혹은 문제)에 대해 답을 제시하지는 못했다. 이를 열거하면 다음과 같다. Γ가 단순폐곡선이라고 가정하자.

(1) Γ로 **둘러싸인 영역**(region enclosed by Γ)은 어떻게 정의하는가?

(2) 이 영역의 **면적**(area)을 기하학적으로 어떻게 정의하는가? 이 정의는 식 (4.1)의 정의와 일치하는가?

(3) 이러한 결과를 문제와 관련된 가장 일반적인 단순폐곡선으로 확장할 수 있는가? **길이를 구할 수 있는**(rectifiable) 곡선, 즉 유한 길이를 부여할 수 있는 곡선으로 확장할 수 있는가?

위에 제기한 문제를 설명하는 것은 해석학의 다른 여러 중요한 아이디어와 연관되어 있다. 《프린스턴 해석학 시리즈》의 후속편에서 이러한 문제들을 다시 다룰 것이다.

2 바일 등분포정리

이제 푸리에 급수에서 나온 아이디어를 무리수의 성질을 다루는 문제에 적용한다. 합동(congruence)에 대한 간략한 논의로 시작하겠다. 합동은 주요 정리를 이해하려면 필요한 개념이다.

정수를 법으로 한 실수

x가 실수일 때, x 이하의 최대 정수를 $[x]$라 하며 $[x]$를 x의 **정수부분(integer part)**이라고 한다. x의 **소수부분(fractional part)**은 $\langle x \rangle = x - [x]$로 정의한다. 특히 모든 $x \in \mathbb{R}$에 대해 $\langle x \rangle \in [0, 1)$이다. 예를 들어 2.7의 정수부분과 소수부분은 각각 2와 0.7이며, -3.4의 정수부분과 소수부분은 각각 -4와 0.6이다.

$x - y \in \mathbb{Z}$일 때, 두 실수 x와 y가 **동치**(equivalent) 또는 **합동**(congruent)이라고 두면 $\mathbb{R}$에서의 관계를 정의할 수 있고

$$x = y \mod \mathbb{Z} \text{ 또는 } x = y \mod 1$$

과 같이 쓴다. 이렇게 쓰면 정수만큼 차이나는 두 실수를 동일시한다는 뜻이다. 임의의 실수 x와 합동인 수는 $[0, 1)$에서 유일하며, 이는 정확히 x의 소수부분인 $\langle x \rangle$임을 기억하자. 실제로 실수를 법(modulo) $\mathbb{Z}$로 줄인다는 것은 소수부분만 보고 정수부분은 무시하겠다는 뜻이다.

이제 실수 $\gamma \neq 0$으로 시작하여 수열 $\gamma, 2\gamma, 3\gamma, \cdots$를 살펴보자. 여기서 던질 수 있는 한 가지 흥미로운 질문은 이 수열을 법 $\mathbb{Z}$로 줄이면, 다시 말해

$$\langle \gamma \rangle, \ \langle 2\gamma \rangle, \ \langle 3\gamma \rangle, \ \cdots$$

와 같이 소수부분의 수열을 살펴보면 어떤 일이 일어나는가에 대한 질문이다. 간단한 관찰을 통해 다음을 알 수 있다.

(1) γ가 유리수이면 $\langle n\gamma \rangle$들 중에서 서로 다른 것은 오직 유한개뿐이다.
(2) γ가 무리수이면 $\langle n\gamma \rangle$는 모두 다르다.

실제로 (1)일 때, $\gamma = p/q$이면 이 수열에서 처음 q개 항은

$$\langle p/q \rangle, \ \langle 2p/q \rangle, \cdots, \ \langle (q-1)p/q \rangle, \ \langle qp/q \rangle = 0$$

과 같다. 그 후 이 수열은 반복되기 시작하여

$$\langle (q+1)p/q \rangle = \langle p + p/q \rangle = \langle p/q \rangle$$

와 같이 주어지며, 이후에도 같은 방식이다. 조금 더 상세한 증명에 대해서는 연습문제 6을 참고하라.

(2)를 보이기 위해 모든 수가 서로 다른 것은 아니라고 가정하자. 따라서 적당한 $n_1 \neq n_2$에 대해 $\langle n_1\gamma \rangle = \langle n_2\gamma \rangle$이다. 그러면 $n_1\gamma - n_2\gamma \in \mathbb{Z}$이므로 γ는 유리수가 되어 모순이다.

실제로 γ가 무리수이면 $\langle n\gamma \rangle$는 구간 $[0, 1)$에서 조밀함을 보일 수 있다. 이는 원래 크로네커(Kronecker)가 증명한 결과다. 다시 말해 $[0, 1)$의 모든 부분구간에 수열 $\langle n\gamma \rangle$의 원소가 들어 있다(또한 무한히 많이 들어 있다). 수열 $\langle n\gamma \rangle$의 균등 분포를 다루는 더 일반적인 정리의 따름정리로 이 사실을 얻을 것이다.

모든 구간 $(a, b) \subset [0, 1)$에 대해 다음이 성립하면 수열 $\xi_1, \xi_2, \cdots, \xi_n, \cdots$은 $[0, 1)$에서 **등분포되었다(equidistributed)**고 한다.

$$\lim_{N\to\infty} \frac{\#\{1 \le n \le N : \xi_n \in (a,b)\}}{N} = b - a$$

여기서 $\#A$는 유한집합 A의 원소의 개수를 나타낸다. 이는 큰 N에 대해 수 ξ_n $(n \le N)$이 구간 (a,b)에 들어 있는 비율이 구간 $[0,1)$과 (a,b)의 길이의 비와 같음을 의미한다. 다시 말해 수열 ξ_n은 전체 구간에 균일하게 퍼져 있으며, 모든 부분구간은 이 수열을 공평하게 나누어 가진다. 다음 두 가지 예제에서 알 수 있듯이 수열의 순서 매김은 매우 중요하다.

예제 1 수열 $0, \frac{1}{2}, 0, \frac{1}{3}, \frac{2}{3}, 0, \frac{1}{4}, \frac{2}{4}, \frac{3}{4}, 0, \frac{1}{5}, \frac{2}{5}, \cdots$는 등분포된 것으로 보이는데, 수열의 원소들이 구간 $[0,1)$을 아주 균일하게 통과하기 때문이다. 이의 증명은 여러분에게 과제로 남긴다. 이와 약간 관련된 예는 연습문제 8을 참고하라($\sigma = 1/2$로 둔다).

예제 2 $\{r_n\}_{n=1}^{\infty}$을 $[0,1)$에 있는 모든 유리수의 **임의의** 나열이라고 하자. 그러면 수열

$$\xi_n = \begin{cases} r_{n/2} & (n\text{은 짝수}) \\ 0 & (n\text{은 홀수}) \end{cases}$$

은 **절반**이 0에 위치하기 때문에 등분포되어 있지 않다. 그럼에도 이 수열은 분명히 조밀하다.

이제 이 절의 주요 정리를 살펴보자.

정리 2.1 γ가 무리수일 때, 소수부분 $\langle\gamma\rangle, \langle 2\gamma\rangle, \langle 3\gamma\rangle, \cdots$의 수열은 $[0,1)$에서 등분포되어 있다.

특히 $\langle n\gamma\rangle$는 $[0,1)$에서 조밀하고, 따름정리로 크로네커 정리(Kronecker's theorem)를 얻는다. 그림 2는 $\gamma = \sqrt{2}$일 때, 세 가지 다른 N 값에 대해 수열 $\langle\gamma\rangle, \langle 2\gamma\rangle, \langle 3\gamma\rangle, \cdots, \langle N\gamma\rangle$를 묘사한다.

$(a,b) \subset [0,1)$을 고정하고 $\chi_{(a,b)}(x)$를 구간 (a,b)의 특성함수라고 하자. 다시 말해 $\chi_{(a,b)}$는 (a,b)에서 함숫값이 1이며 $[0,1) - (a,b)$에서 함숫값이 0이다. 이 함수를 $\mathbb{R}$에서 (주기가 1인) 주기함수가 되도록 확장할 수 있으며, 이렇게 확장한 함수도 그대로 $\chi_{(a,b)}(x)$로 나타내자. 그러면 정의에 의해

$$\#\{1 \le n \le N : \langle n\gamma\rangle \in (a,b)\} = \sum_{n=1}^{N} \chi_{(a,b)}(n\gamma)$$

가 성립함을 알 수 있다.

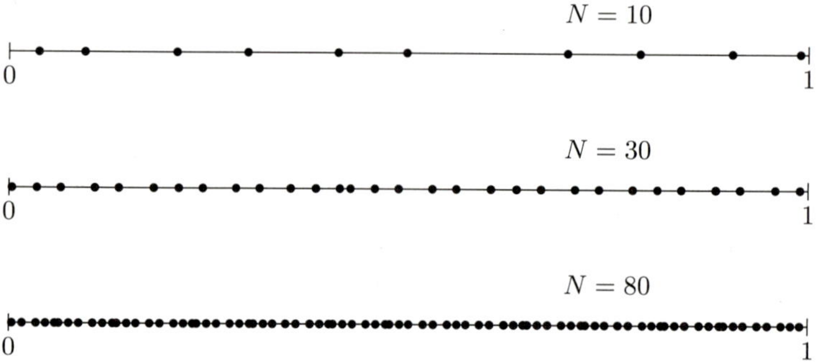

[그림 2] $\gamma = \sqrt{2}$일 때의 수열 $\langle\gamma\rangle, \langle 2\gamma\rangle, \langle 3\gamma\rangle, \cdots, \langle N\gamma\rangle$

그리고 정리 2.1은

$$N \to \infty \text{ 일 때,} \quad \frac{1}{N}\sum_{n=1}^{N} \chi_{(a,b)}(n\gamma) \to \int_0^1 \chi_{(a,b)}(x)\, dx$$

로 재구성할 수 있다. 이 단계는 소수부분을 다루는 어려움을 제거하는 동시에 수론 문제를 해석학 문제로 간단히 만든다. 문제의 핵심은 다음 결과에 있다.

> **보조정리 2.2** f가 연속함수이면서 주기가 1인 주기함수이고 γ가 무리수이면 $N \to \infty$일 때
>
> $$\frac{1}{N}\sum_{n=1}^{N} f(n\gamma) \to \int_0^1 f(x)\, dx$$
>
> 가 성립한다.

증명

보조정리의 증명은 세 단계로 나누어 한다.

단계 1 먼저 f가 지수함수 $1, e^{2\pi ix}, \cdots, e^{2\pi ikx}, \cdots$ 중 하나일 때 보조정리의 극한이 성립하는지 확인한다. $f = 1$이면 확실히 수렴한다. $f = e^{2\pi ikx}$ (단, $k \neq 0$)이면 보조정리의 적분값은 0이다. γ가 무리수이므로 $e^{2\pi ik\gamma} \neq 1$이고, 따라서

$$\frac{1}{N}\sum_{n=1}^{N} f(n\gamma) = \frac{e^{2\pi ik\gamma}}{N}\frac{1 - e^{2\pi ikN\gamma}}{1 - e^{2\pi ik\gamma}}$$

이 성립하며 이 값은 $N \to \infty$일 때 0으로 수렴한다.

단계 2 f와 g가 보조정리를 만족하는 함수라면, 분명히 임의의 $A, B \in \mathbb{C}$에 대해 $Af + Bg$도 보조정리를 만족한다. 따라서 단계 1로부터 모든 삼각다항식에 대해 보조정리가 참임을 유추할 수 있다.

단계 3 $\epsilon > 0$이라고 하자. f가 임의의 주기가 1인 연속주기함수라면 $\sup_{x\in\mathbb{R}} |f(x) - P(x)| < \frac{\epsilon}{3}$이 되도록 삼각다항식 P를 택한다(2장 따름정리 5.4에 의해 가능하다). 그러면 단계 1에 의해 충분히 큰 모든 N에 대해

$$\left| \frac{1}{N} \sum_{n=1}^{N} P(n\gamma) - \int_0^1 P(x)\, dx \right| < \frac{\epsilon}{3}$$

이 성립한다. 따라서

$$\begin{aligned} \left| \frac{1}{N} \sum_{n=1}^{N} f(n\gamma) - \int_0^1 f(x)\, dx \right| &\leq \frac{1}{N} \sum_{n=1}^{N} |f(n\gamma) - P(n\gamma)| \\ &\quad + \left| \frac{1}{N} \sum_{n=1}^{N} P(n\gamma) - \int_0^1 P(x)\, dx \right| \\ &\quad + \int_0^1 |P(x) - f(x)|\, dx \\ &< \epsilon \end{aligned}$$

이 성립하여 보조정리가 증명된다. ◀

이제 정리 2.1의 증명을 마무리할 수 있다. $[0,1)$에서 $\chi_{(a,b)}(x)$를 각각 위쪽과 아래쪽에서 근사하고 주기가 1인 두 연속주기함수 f_ϵ^+과 f_ϵ^-을 택하자. f_ϵ^+과 f_ϵ^-이 크기는 모두 1을 넘지 못하며 총 길이 2ϵ만큼의 구간을 제외하고는 $\chi_{(a,b)}(x)$와 같은 값이다(그림 3 참고).

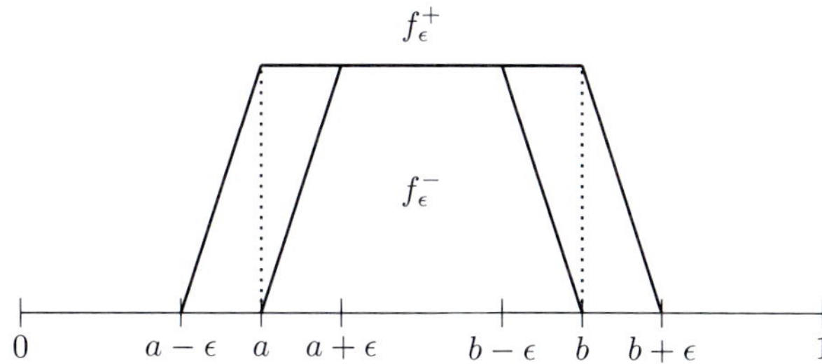

[그림 3] $\chi_{(a,b)}(x)$의 근사

특히 $f_\epsilon^-(x) \leq \chi_{(a,b)}(x) \leq f_\epsilon^+(x)$이며

$$b - a - 2\epsilon \leq \int_0^1 f_\epsilon^-(x)\, dx, \quad \int_0^1 f_\epsilon^+(x)\, dx \leq b - a + 2\epsilon$$

이 성립한다.

$S_N = \frac{1}{N}\sum_{n=1}^{N}\chi_{(a,b)}(n\gamma)$ 라 두면

$$\frac{1}{N}\sum_{n=1}^{N} f_\epsilon^-(n\gamma) \le S_N \le \frac{1}{N}\sum_{n=1}^{N} f_\epsilon^+(n\gamma)$$

를 얻는다. 따라서

$$b-a-2\epsilon \le \liminf_{N\to\infty} S_N, \quad \limsup_{N\to\infty} S_N \le b-a+2\epsilon$$

이다. 이는 모든 $\epsilon > 0$에 대해 참이므로 극한값 $\lim_{N\to\infty} S_N$은 존재하며 $b-a$와 같은 값이어야만 한다. 이로써 등분포정리(equidistribution theorem)의 증명을 완성했다.

등분포정리로부터 다음의 따름정리를 알 수 있다.

> **따름정리 2.3** 구간 $[0,1]$에서 리만 적분가능하며 주기가 1인 주기함수인 모든 f에 대해서도 보조정리 2.2가 성립한다.

증명

f가 실함수라고 가정하고 구간 $[0,1]$의 분할 $0 = x_0 < x_1 < \cdots < x_N = 1$을 생각한다. 다음으로 $x \in [x_{j-1}, x_j)$에 대해 $f_U(x) = \sup_{x_{j-1}\le y\le x_j} f(y)$라고 정의하고 $x \in (x_{j-1}, x_j)$에 대해 $f_L(x) = \inf_{x_{j-1}\le y\le x_j} f(y)$라고 정의한다. 그러면 분명히 $f_L \le f \le f_U$이며

$$\int_0^1 f_L(x)\,dx \le \int_0^1 f(x)\,dx \le \int_0^1 f_U(x)\,dx$$

가 성립한다. 또한 분할을 충분히 세분하여 주어진 $\epsilon > 0$에 대해

$$\int_0^1 f_U(x)\,dx - \int_0^1 f_L(x)\,dx \le \epsilon$$

이 성립하도록 할 수 있다. 그런데 각 f_L은 구간에 대한 특성함수들의 유한한 일차결합이므로 보조정리 2.2에 의해

$$\frac{1}{N}\sum_{n=1}^{N} f_L(n\gamma) \to \int_0^1 f_L(x)\,dx$$

가 성립한다. 비슷한 이유로

$$\frac{1}{N}\sum_{n=1}^{N} f_U(n\gamma) \to \int_0^1 f_U(x)\,dx$$

를 얻는다. 이 두 가지 결과로부터 이전에 사용한 근사 방법을 이용하면 증명을 마무리할 수 있다. ◀

간단한 동역학계를 이용하면 보조정리 2.2와 따름정리 2.3을 흥미롭게 해석할 수도 있다. 지금의 예에서 기본 공간은 각 θ로 매개화된 원이다. 또한 이 공간에서 자기 자신으로 보내는 사상을 생각하는데, 여기서는 원을 각 $2\pi\gamma$만큼 회전시키는 회전이동 ρ를 택한다. 다시 말해 $\rho : \theta \mapsto \theta + 2\pi\gamma$와 같은 변환이다.

다음으로 이 공간이 기본 작용인 ρ와 함께 시간에 따라 어떻게 변화하는지를 생각하려고 한다. 다시 말해 ρ의 반복이라 할 수 있는 $\rho, \rho^2, \rho^3, \cdots, \rho^n$을 생각하고자 한다. 여기서 ρ^n은

$$\rho^n = \rho \circ \rho \circ \cdots \circ \rho : \theta \mapsto \theta + 2\pi n\gamma$$

와 같고 작용 ρ^n이 시각 $t = n$에서 일어난다고 생각한다.

이제 원 위에서 정의되고 리만 적분가능한 각각의 함수 f에 대해 회전 ρ와 관련된 효과를 연관시킬 수 있으며, 함수열

$$f(\theta),\ f(\rho(\theta)),\ f(\rho^2(\theta)),\ \cdots,\ f(\rho^n(\theta)),\ \cdots$$

를 얻는다. 이때 $f(\rho^n(\theta)) = f(\theta + 2\pi n\gamma)$이다. 이렇게 특수한 맥락에서 이 동역학계의 **에르고딕 성질(ergodicity)**은 다음과 같이 기술된다.

γ가 무리수일 때 **시간평균**(time average)

$$\lim_{N\to\infty} \frac{1}{N}\sum_{n=1}^{N} f(\rho^n(\theta))$$

는 각 θ마다 존재하며 **공간평균**(space average)

$$\frac{1}{2\pi}\int_0^{2\pi} f(\theta)\,d\theta$$

와 같다. 사실 이는 $\theta = 2\pi x$로 변수변환하면 따름정리 2.3을 재서술한 것에 불과하다.

등분포 수열의 문제로 돌아와서 정리 2.1의 증명으로부터 다음과 같은 특성을 확인하자.

바일 판정법(Weyl's criterion) 실수열 $\xi_1, \xi_2, \cdots$ 가 $[0,1)$에서 등분포되어 있기 위한 필요충분조건은 모든 정수 $k \neq 0$에 대해 $N \to \infty$일 때

$$\frac{1}{N}\sum_{n=1}^{N} e^{2\pi i k \xi_n} \to 0$$

이 성립하는 것이다.

이 정리의 한쪽 방향은 실제로 앞에서 증명했으며, 반대 방향의 증명은 연습문제 7에서 확인할 수 있다. 특히 수열 ξ_n의 등분포 성질을 이해하려면 이에 대응하는 **지수합**(exponential sum) $\sum_{n=1}^{N} e^{2\pi i k \xi_n}$의 크기를 추정하면 충분하다. 예를 들어 바일 판정법을 이용하여 γ가 무리수일 때 수열 $\langle n^2\gamma\rangle$가 등분포되어 있음을 보일 수 있다. 이 예제와 다른 예제는 연습문제 8, 연습문제 9, 심화문제 2, 심화문제 3에서 확인하자.

마지막으로 $\langle n\gamma\rangle$의 분포성을 기하학적으로 멋지게 해석한 바를 언급하겠다. 정사각형의 각 변이 반사하는 거울로 이루어져 있고 광선이 정사각형 내부의 한 점에서 출발한다고 가정하자. 빛은 어떤 자취를 남기는가?

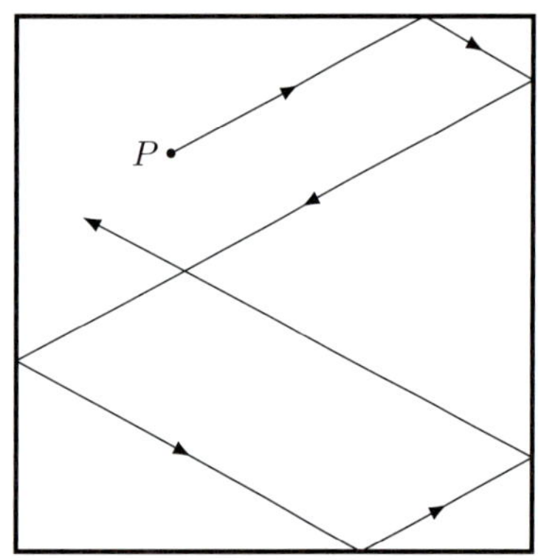

[그림 4] 정사각형에서 광선의 반사

이 문제를 해결하기 위한 주요 아이디어는 처음 정사각형의 각 변에 연속으로 반사하여 형성되는 평면 격자를 생각하는 것이다. 축을 적절하게 택하면 정사각형에서 빛의 자취는 평면에서의 직선 $P+(t,\gamma t)$에 대응한다. 이 결과로 여러분은 경로가 폐곡선이며 주기적이거나 정사각형에서 조밀하리란 것을 관찰할 수 있다. 전자의 상황은 빛의 초기 방향의(정사각형의 한 변에 대해 결정되는) 기울기 γ가 유리수일 때에만 발생한다. 후자의 상황에서 γ가 무리수일 때 크로네커 정리로부터 조밀성을 유추할 수 있다. 그렇다면 등분포정리로부터 어떤 더 강한 결론을 내릴 수 있을까?

3 연속이지만 모든 점에서 미분불가능한 함수

한 점에서 미분불가능한 연속함수로는 $f(x) = |x|$처럼 자명한 예가 여럿 있다. 주어진 유한집합에서 미분불가능한 연속함수나 심지어 셀 수 있을 만큼 많은 점을 가진 적절한 집합에서 미분불가능한 연속함수를 구성하는 문제는 제법 쉽다. 모든 점에서 미분불가능한 연속함수가 존재하는지 여부를 살피는 문제는 더 까다롭다. 1861년에 리만(Riemann)은

$$R(x) = \sum_{n=1}^{\infty} \frac{\sin(n^2 x)}{n^2} \tag{4.5}$$

와 같이 정의된 함수가 모든 점에서 미분불가능할 것이라 추측했다. 리만은 5장에서 소개할 세타 함수와의 밀접한 연관성 때문에 이 함수를 고려했다. 리만은 이를 결코 증명하지는 않았으나 강의 중에 이 예를 언급한 적이 있다. 바이어슈트라스(Weierstrass)는 이 예에 관심을 가졌고, 증명을 시도하던 중 연속이지만 모든 점에서 미분불가능한 함수인 첫 번째 예를 발견했다. $0 < b < 1$이고 a가 1보다 큰 정수라고 하자. 1872년에 바이어슈트라스는 $ab > 1 + \frac{3\pi}{2}$이면 함수

$$W(x) = \sum_{n=1}^{\infty} b^n \cos(a^n x)$$

가 모든 점에서 미분불가능함을 증명했다. 리만이 원래 제시한 함수식 (4.5)에 대한 이야기는 아직 끝나지 않았다. 1916년에 하디(Hardy)는 R이 모든 π의 무리수 배수에서 미분불가능한데다 몇몇 π의 유리수 배수에서도 미분불가능함을 보였으나, 한참 후인 1969년이 되어서야 제버(Gerver)가 이 문제에 대해 완전한 답을 제시했다. 제버는 먼저 함수 R이 사실 $\frac{\pi p}{q}$ (단, p와 q는 홀수) 꼴인 π의 모든 유리수 배수에서 미분가능함을 증명한 후, 나머지 모든 경우에는 R이 미분불가능함을 보였다.

이번 절에서는 다음 정리를 증명한다.

정리 3.1 $0 < \alpha < 1$이면 함수

$$f_\alpha(x) = f(x) = \sum_{n=0}^{\infty} 2^{-n\alpha} e^{i2^n x}$$

은 연속이지만 모든 점에서 미분불가능하다.

위 급수는 절대수렴하므로 연속임은 자명하다. 우리가 필요로 하는 f의 중요한 성질은 많은 푸리에 계수가 0이라는 것이다. 위의 급수 또는 $W(x)$와 같이 많은 항이 생략된 푸리에 급수를 **라쿠너리 푸리에 급수(lacunary Fourier series)**라고 한다.

정리 3.1에 대한 증명은 푸리에 급수를 더하는 세 가지 방법을 활용한다. 첫 번째 방법은 부분합 $S_N(g) = g * D_N$을 이용한 일반적인 수렴성이다. 두 번째 방법은 체사로 합 $\sigma_N(g) = g * F_N$ (단, F_N은 페제르 핵)을 고려한다. 두 번째 방법과 명백하게 연관 있는 세 번째 방법은

$$\triangle_N(g) = 2\sigma_{2N}(g) - \sigma_N(g)$$

로 정의되는 **지연된 평균(delayed mean)**을 이용한다. 따라서 $\triangle_N(g) = g * [2F_{2N} - F_N]$이다. 이 방법은 그림 5가 잘 표현하고 있다.

$g(x) \sim \sum a_n e^{inx}$이라고 가정하면 다음과 같다.

- $S_N(g)$는 $a_n e^{inx}$에 $|n| \le N$이면 1을 곱하여 더하고, $|n| > N$이면 0을 곱하여 더한 것이다.
- $\sigma_N(g)$는 $a_n e^{inx}$에 $|n| \le N$이면 $1 - |n|/N$을 곱하여 더하고, $|n| > N$이면 0을 곱하여 더한 것이다.
- $\triangle_N(g)$는 $a_n e^{inx}$에 $|n| \le N$이면 1을 곱하여 더하고, $N \le |n| \le 2N$이면 $2(1 - |n|/(2N))$을 곱하여 더하고, $|n| > 2N$이면 0을 곱하여 더한 것이다.

예를 들어

$$\begin{aligned}\sigma_N(g)(x) &= \frac{S_0(g)(x) + S_1(g)(x) + \cdots + S_{N-1}(g)(x)}{N} \\ &= \frac{1}{N}\sum_{\ell=0}^{N-1}\sum_{|k|\le\ell} a_k e^{ikx} \\ &= \frac{1}{N}\sum_{|n|\le N}(N - |n|)a_n e^{inx} \\ &= \sum_{|n|\le N}\left(1 - \frac{|n|}{N}\right)a_n e^{inx}\end{aligned}$$

에 주목하자. 다른 식도 비슷하게 보일 수 있다.

지연된 평균에는 두 가지 중요한 특징이 있다. 한 가지는 지연된 평균의 성질이 체사로 평균의 (좋은) 성질과 밀접하게 관련되어 있다는 점이다. 또 다른 특징은 f처럼 라쿠너리 성질을 띠는 급수의 경우, 지연된 평균은 본질적으로 부분합과 같다는 데 있다. 특히 지금 주어진 함수 $f = f_\alpha$에 대해

$$S_N(f) = \triangle_{N'}(f) \tag{4.6}$$

가 성립한다. 여기서 N'은 $N' \le N$인 2^k 꼴의 최대 정수다. 이는 그림 5와 f의 정의를 살펴보면 명확하게 알 수 있다.

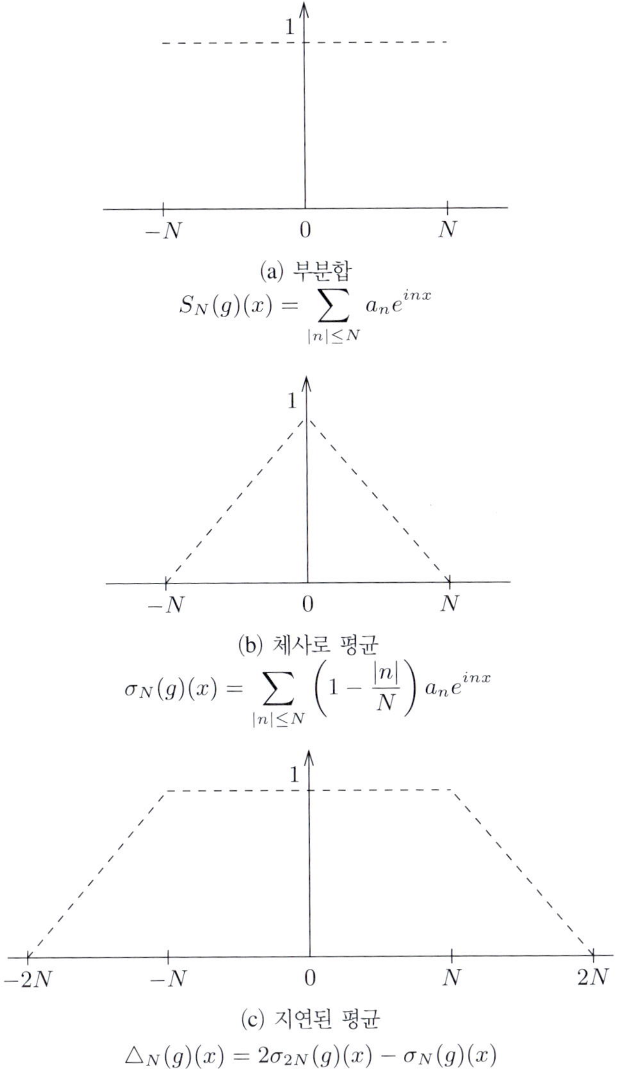

(a) 부분합
$S_N(g)(x) = \sum_{|n| \le N} a_n e^{inx}$

(b) 체사로 평균
$\sigma_N(g)(x) = \sum_{|n| \le N} \left(1 - \frac{|n|}{N}\right) a_n e^{inx}$

(c) 지연된 평균
$\triangle_N(g)(x) = 2\sigma_{2N}(g)(x) - \sigma_N(g)(x)$

[그림 5] 푸리에 급수를 더하는 세 가지 방법

정리의 증명으로 돌아가서 귀류법으로 증명한다. 즉, 어떤 x_0에 대해 $f'(x_0)$가 존재한다고 가정한다.

> **보조정리 3.2** g를 x_0에서 미분가능한 임의의 연속함수라고 하자. 함수 g의 체사로 평균은 $\sigma_N(g)'(x_0) = O(\log N)$을 만족하며, 따라서
>
> $$\triangle_N(g)'(x_0) = O(\log N)$$
>
> 이 성립한다.

증명

먼저 페제르 핵 F_N에 의해

$$\sigma_N(g)'(x_0) = \int_{-\pi}^{\pi} F_N'(x_0 - t)g(t)\,dt = \int_{-\pi}^{\pi} F_N'(t)g(x_0 - t)\,dt$$

가 성립한다. F_N은 주기함수이므로 $\int_{-\pi}^{\pi} F_N'(t)\,dt = 0$이고, 이는

$$\sigma_N(g)'(x_0) = \int_{-\pi}^{\pi} F_N'(t)[g(x_0 - t) - g(x_0)]\,dt$$

를 의미한다. g가 x_0에서 미분가능하다는 가정으로부터

$$|\sigma_N(g)'(x_0)| \le C\int_{-\pi}^{\pi} |F_N'(t)|\,|t|\,dt$$

를 얻는다. 이제 F_N'이 다음 두 가지 추정

$$|F_N'(t)| \le AN^2, \quad |F_N'(t)| \le \frac{A}{|t|^2}$$

를 만족함을 관찰한다.

첫 번째 부등식을 얻으려면 F_N이 계수의 크기가 1을 넘지 않으며 차수가 N인 삼각다항식임을 기억한다. 그러면 F_N'은 계수의 크기가 N보다 크지 않으며 차수가 N인 삼각다항식이다. 따라서 $|F'(t)| \le (2N+1)N \le AN^2$이다.

두 번째 부등식을 얻기 위해서 $F_N(t) = \frac{1}{N}\frac{\sin^2(Nt/2)}{\sin^2(t/2)}$를 떠올리자. 이 식의 양변을 미분하면

$$\frac{\sin(Nt/2)\cos(Nt/2)}{\sin^2(t/2)} - \frac{1}{N}\frac{\cos(t/2)\sin^2(Nt/2)}{\sin^3(t/2)}$$

와 같이 두 개의 항을 얻는다. 이때 $|\sin(Nt/2)| \le CN|t|$이며 ($|t| \le \pi$에 대해) $|\sin(t/2)| \ge c|t|$라는 사실을 이용하면 $F_N'(t)$에 대해 우리가 기대하던 추정을 얻는다.

이러한 모든 추정으로부터

$$\begin{aligned}|\sigma_N(g)'(x_0)| &\le C\int_{|t|\ge 1/N} |F_N'(t)|\,|t|\,dt + C\int_{|t|\le 1/N} |F_N'(t)|\,|t|\,dt \\ &\le CA\int_{|t|\ge 1/N} \frac{dt}{|t|} + CAN\int_{|t|\le 1/N} dt \\ &= O(\log N) + O(1) = O(\log N)\end{aligned}$$

임을 알 수 있다. $\triangle_N(g)$의 정의를 사용하면 보조정리의 증명이 완료된다. ◀

보조정리 3.3 $2N = 2^n$이면 $\triangle_{2N}(f) - \triangle_N(f) = 2^{-n\alpha}e^{i2^n x}$이 성립한다.

증명

이는 식 (4.6)에서 비롯하는데, $\triangle_{2N}(f) = S_{2N}(f)$이며 $\triangle_N(f) = S_N(f)$이기 때문이다. ◀

이제 보조정리 3.2에 의해

$$\triangle_{2N}(f)'(x_0) - \triangle_N(f)'(x_0) = O(\log N)$$

이 성립한다. 또한 보조정리 3.3은

$$|\triangle_{2N}(f)'(x_0) - \triangle_N(f)'(x_0)| = 2^{n(1-\alpha)} \geq cN^{1-\alpha}$$

을 의미한다. 이로써 바라던 모순을 이끌어 낼 수 있는데, $N^{1-\alpha}$이 $\log N$보다 더 빠르게 증가하기 때문이다.

함수 $f_\alpha(x) = \sum_{n=0}^{\infty} 2^{-n\alpha}e^{i2^n x}$에 대해 몇 가지 더 언급하고자 한다. 이 함수는 앞서 나온 예인 R, W와 달리 복소함수다. 따라서 f_α가 모든 점에서 미분불가능하다는 것이 f_α의 실수부와 허수부가 그렇다는 것을 의미하지는 않는다. 그러나 증명을 약간 수정하여 실제로 f_α의 실수부

$$\sum_{n=0}^{\infty} 2^{-n\alpha}\cos 2^n x$$

와 허수부 모두가 모든 점에서 미분불가능함을 보일 수 있다. 이를 보이기 위해, 우선 앞에서 한 증명과 동일하게 하면 보조정리 3.2를 다음과 같이 일반화할 수 있다는 점에 주목하자. 즉, g가 x_0에서 미분가능한 연속함수이면 $|h| \leq c/N$일 때

$$\triangle_N(g)'(x_0 + h) = O(\log N)$$

이 성립한다. 이제 앞에서 언급한 바와 같이 $\triangle_{2N}(F) - \triangle_N(F) = 2^{-n\alpha}\cos 2^n x$임을 기억하면서, f 대신 $F(x) = \sum_{n=0}^{\infty} 2^{-n\alpha}\cos 2^n x$를 가지고 증명을 진행한다. F가 x_0에서 미분가능하다고 가정하면 $2N = 2^n$이고 $|h| \leq \frac{c}{N}$일 때

$$|2^{n(1-\alpha)}\sin(2^n(x_0 + h))| = O(\log N)$$

을 얻는다. 모순을 이끌어내려면 $|\sin(2^n(x_0+h))| = 1$이 되도록 h를 택하기만 하면 된다. 이는 $2^n x_0$에서 가장 가까운 $(k+1/2)\pi$ (단, $k \in \mathbb{Z}$) 꼴인 수까지의 거리를 δ로 두고(따라서 $\delta \le \pi/2$) $h = \pm\frac{\delta}{2^n}$로 취하면 가능하다.

분명히 $\alpha > 1$일 때 함수를 정의하는 급수를 항별로 미분할 수 있으므로 함수 f_α는 연속미분가능하다. 마지막으로 우리가 증명한 것은 $\alpha < 1$일 때 모든 점에서 미분불가능하다는 것인데, 사실 논증을 적절히 수정하면 이 결과는 $\alpha = 1$일 때까지 확장할 수 있다(5장 심화문제 8 참고). 실제로 이와 같이 더 정교한 방법을 이용하면 $ab \ge 1$일 때 바이어슈트라스 함수 W가 모든 점에서 미분불가능함도 보일 수 있다.

4 원 위에서의 열 방정식

마지막으로 다룰 내용은 푸리에가 생각했던 원래의 열 확산 문제다.

$t = 0$일 때 어떤 링의 초기 온도 분포가 주어지고 시각 $t > 0$에서 링 위의 점에서 온도가 어떻게 되는지 설명하라는 요청을 받았다고 가정하자.

여기서 링을 단위원으로 모델화 할 수 있다. 이 원 위의 점은 각 $\theta = 2\pi x$로 나타낼 수 있다(단, 변수 x는 0과 1 사이의 값). 시각 t에서 각 θ로 표현된 점의 온도를 $u(x,t)$로 나타내면, 1장과 비슷한 논증을 통해 u가 미분방정식

$$\frac{\partial u}{\partial t} = c\frac{\partial^2 u}{\partial x^2} \tag{4.7}$$

을 만족함을 보일 수 있다. 상수 c는 물리적 의미를 지닌 양의 상수이며 링을 구성하는 물질에 따라 값이 달라진다(1장 2.1절 참고). 시간 변수를 변환하면 $c = 1$이라고 가정할 수 있다. f가 초기 온도 분포라면

$$u(x,0) = f(x)$$

라고 둘 수 있다. 문제를 해결하기 위해 변수를 분리하여

$$u(x,t) = A(x)B(t)$$

와 같은 꼴의 특수해를 찾는다.

그런 다음 u에 대한 식을 열 방정식에 대입하면

$$\frac{B'(t)}{B(t)} = \frac{A''(x)}{A(x)}$$

를 얻는다. 그러므로 양변이 모두 상수이며, 이를 λ라고 하자. A는 주기가 1인 주기함수여야 하므로 유일한 가능성은 $\lambda = -4\pi^2 n^2$ (단, $n \in \mathbb{Z}$)임을 알 수 있다. 그러면 A는 지수함수 $e^{2\pi inx}$과 $e^{-2\pi inx}$의 일차결합이고, $B(t)$는 $e^{-4\pi^2 n^2 t}$의 배수다. 이러한 해를 중첩하면

$$u(x,t) = \sum_{n=-\infty}^{\infty} a_n e^{-4\pi^2 n^2 t} e^{2\pi inx} \tag{4.8}$$

을 얻는다. 여기서 $t = 0$으로 두면 $\{a_n\}$은 f의 푸리에 계수임을 알 수 있다.

f가 리만 적분가능하면 계수 a_n은 유계이며, 인수 $e^{-4\pi^2 n^2 t}$은 매우 빠르게 0으로 수렴하므로 급수 (4.8)은 수렴한다. 실제로 u는 두 번 미분가능하며 방정식 (4.7)의 해다.

경계조건과 관련하여 자연스럽게 다음 질문을 던질 수 있다. t가 0으로 다가감에 따라 $u(x,t) \to f(x)$인가? 만약 그렇다면 어떤 의미에서 수렴하는가? 파세발 항등식을 간단히 적용하면 평균제곱수렴의 의미에서 이 극한이 수렴함을 보일 수 있다(연습문제 11 참고). 해 (4.8)의 성질을 더 잘 이해하기 위해

$$u(x,t) = (f * H_t)(x)$$

와 같이 쓰자. 여기서 H_t는 **원에 대한 열 핵(heat kernel for the circle)**이며

$$H_t(x) = \sum_{n=-\infty}^{\infty} e^{-4\pi^2 n^2 t} e^{2\pi inx} \tag{4.9}$$

과 같이 주어진다. 또한 주기가 1인 함수의 합성곱은

$$(f * g)(x) = \int_0^1 f(x-y)g(y)\,dy$$

와 같이 정의된다.

열 핵과 (2장의) 푸아송 핵 사이의 유사성은 연습문제 12에 제시했다. 그러나 푸아송 핵과 달리 열 핵에 대한 기본 공식은 없다. 그럼에도 (2장의 의미에서) 열 핵은 좋은 핵이다. 이 증명은 자명하지 않고, 5장에서 다룰 유명한 푸아송 합 공식을 사용해야 한다. 그 따름정리로 H_t가 모든 점에서 양수인 것도 알 수 있는데, 이는 식 (4.9)에서는 자명하지 않다. 그러나 H_t의 양의 부호에 관해서는 체험적 지식에 기반하여 다음과 같이 논증할 수 있다. 모든 점에서 0보다 작거나 같은 초기 온도 분포 f로

시작한다고 가정하자. 그러면 열은 고온에서 저온으로 전도되므로 모든 t에 대해 $u(x,t) \leq 0$이라고 기대해야 물리적으로 타당하다. 이제 u를

$$u(x,t) = \int_0^1 f(x-y)H_t(y)\,dy$$

와 같이 나타내자. H_t가 어떤 x_0에서 음의 함숫값을 가지면, x_0 근방에서 음수이고 나머지 영역에서는 0인 $f \leq 0$을 택할 수 있다. 이는 $u(x_0,t) > 0$임을 의미하므로 모순이다.

연습문제

1. $\gamma : [a, b] \to \mathbb{R}^2$ 를 폐곡선 Γ 에 대한 매개화라고 하자. 다음 물음에 답하라.

(a) γ 가 호의 길이로의 매개화이기 위한 필요충분조건은 $\gamma(a)$ 에서 $\gamma(s)$ 까지의 곡선의 길이가 정확히 $s - a$ 인 것임을, 즉

$$\int_a^s |\gamma'(t)|\, dt = s - a$$

임을 증명하라.

(b) 임의의 곡선 Γ 는 호의 길이로 매개화할 수 있음을 증명하라.

힌트 η 가 임의의 매개화일 때, $h(s) = \int_a^s |\eta'(t)|\, dt$ 라 두고 $\gamma = \eta \circ h^{-1}$ 를 생각한다.

2. $\gamma : [a, b] \to \mathbb{R}^2$ 는 폐곡선 Γ 의 매개화이며 $\gamma(t) = (x(t), y(t))$ 라고 가정하자. 다음 물음에 답하라.

(a) $\frac{1}{2}\int_a^b (x(s)y'(s) - y(s)x'(s))\, ds = \int_a^b x(s)y'(s)\, ds = -\int_a^b y(s)x'(s)\, ds$ 가 성립함을 보여라.

(b) γ 의 **역매개화(reverse parametrization)**를 $\gamma^- : [a, b] \to \mathbb{R}^2$ 이고 $\gamma^-(t) = \gamma(b + a - t)$ 로 정의하자. γ^- 의 상은 정확히 Γ 이며 점 $\gamma^-(t)$ 와 $\gamma(t)$ 의 진행 방향이 서로 반대라는 점만 다르다. 따라서 γ^- 는 곡선의 방향을 **뒤바꾼다.**

$$\int_\gamma (x\, dy - y\, dx) = -\int_{\gamma^-} (x\, dy - y\, dx)$$

를 증명하라.

특히 (필요하다면 방향을 바꾼 후에)

$$\mathcal{A} = \frac{1}{2}\int_a^b (x(s)y'(s) - y(s)x'(s))\, ds = \int_a^b x(s)y'(s)\, ds$$

를 가정할 수 있다.

3. Γ는 평면의 곡선이라고 가정하자. 그리고 x축이 곡선을 두 연속함수 $y = f(x)$, $y = g(x)$ (단, $0 \le x \le 1$이며 $f(x) \ge g(x)$) 그래프의 합집합으로 나눈다고 가정하자(그림 6 참고). 이러한 두 함수의 그래프 사이의 영역을 Ω로 나타낸다.

$$\Omega = \{(x, y) : 0 \le x \le 1 \text{ 이고 } g(x) \le y \le f(x)\}$$

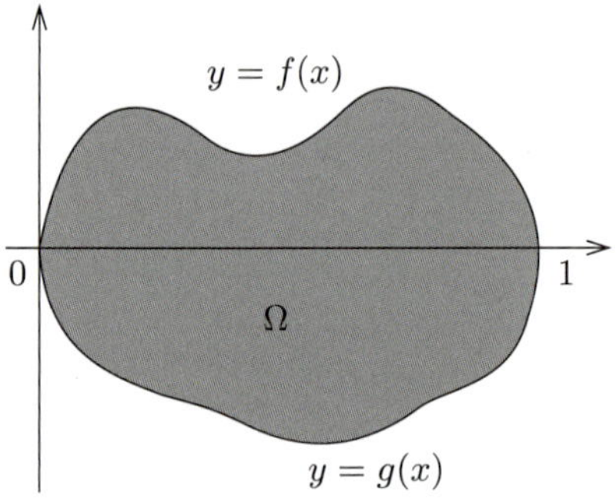

[그림 6] 간단하게 표현한 면적 공식

$\displaystyle\int h(x)\,dx$는 함수 h의 그래프 아래 면적으로 해석할 수 있으므로 Ω의 면적은 $\displaystyle\int_0^1 f(x)\,dx - \int_0^1 g(x)\,dx$이다. 이 정의가 본문에 주어진 $\mathcal{A}$의 면적 공식과 같음을 보여라. 다시 말해

$$\int_0^1 f(x)\,dx - \int_0^1 g(x)\,dx = \left| - \int_\Gamma y\,dx \right| = \mathcal{A}$$

를 보여라. 또한 Ω가 Γ의 **왼편에 놓이도록** 곡선의 방향을 택하면 위 식은 절댓값 기호 없이 성립한다. 이 공식은 위의 Ω처럼 영역의 유한 합집합으로 표현될 수 있는 모든 집합으로 일반화할 수 있다.

4. 본문에 주어진 ℓ과 $\mathcal{A}$의 정의로부터 등주부등식은 Γ가 단순곡선이 아니더라도 (동일한 증명에 의해) 여전히 성립함을 관찰하자. 위에서 말한 더 강한 조건의 등주부등식이 비르팅거 부등식(Wirtinger's inequality)과 동치임을 보여라.

> **비르팅거 부등식** f는 주기가 2π인 함수이며 C^1 함수이고 $\displaystyle\int_0^{2\pi} f(t)\,dt = 0$을 만족하면
>
> $$\int_0^{2\pi} |f(t)|^2\,dt \le \int_0^{2\pi} |f'(t)|^2\,dt$$
>
> 가 성립한다. 등호가 성립할 필요충분조건은 $f(t) = A\sin t + B\cos t$이다(3장 연습문제 11 참고).

힌트 한쪽 방향의 증명에서 곡선의 길이가 2π이며 γ가 적절한 호의 길이의 매개화이면

$$2(\pi - \mathcal{A}) = \int_0^{2\pi} [x'(s) + y(s)]^2\, ds + \int_0^{2\pi} (y'(s)^2 - y(s)^2)\, ds$$

가 성립함을 명심하자. 변수변환을 하면 $\int_0^{2\pi} y(s)\, ds = 0$임을 보일 수 있다. 반대 방향을 증명할 때, 비르팅거 부등식의 모든 가정을 만족하는 실함수 f로 시작하여 위의 괄호 안의 항이 0이 되도록 하는, 주기가 2π인 함수 g를 구성한다.

5. γ_n이 $\left(\frac{1+\sqrt{5}}{2}\right)^n$의 소수부분일 때, 수열 $\{\gamma_n\}_{n=1}^{\infty}$은 $[0, 1]$에서 등분포되어 있지 않음을 증명하라.

힌트 $U_n = \left(\frac{1+\sqrt{5}}{2}\right)^n + \left(\frac{1-\sqrt{5}}{2}\right)^n$이 차분방정식 $U_{r+1} = U_r + U_{r-1}$ (단, $U_0 = 2, U_1 = 1$)의 해임을 보여라. U_n은 피보나치 수와 같은 차분방정식을 만족한다.

6. $\theta = \frac{p}{q}$는 p와 q가 서로소인 유리수라고 하자(즉, θ는 기약분수). 일반성을 잃지 않고 $q > 0$이라고 가정한다. $[0, 1)$에서의 수열을 $\xi_n = \langle n\theta \rangle$로 정의한다. 여기서 $\langle \cdot \rangle$은 소수부분을 의미한다. 여기서 수열 $\{\xi_1, \xi_2, \cdots\}$가

$$0,\ \frac{1}{q},\ \frac{2}{q},\ \ldots,\ \frac{q-1}{q}$$

과 같은 꼴의 점 위에서 등분포되어 있음을 보여라. 실제로 임의의 $0 \le a < q$에 대해

$$\frac{\#\{n : 1 \le n \le N,\ \langle n\theta \rangle = a/q\}}{N} = \frac{1}{q} + O\left(\frac{1}{N}\right)$$

이 성립함을 증명하라.

힌트 각 정수 $k \ge 0$에 대해 $kq \le n < (k+1)q$를 만족하는 유일한 정수 n이 존재하여 $\langle n\theta \rangle = \frac{a}{q}$이다. $k = 0$이라고 가정할 수 있는 이유는 무엇인가? p와 q가 서로소이면 $xp + yq = 1$을 만족하는 정수 x, y가 존재한다는 사실[2]을 이용하여 n의 존재성을 증명하라. 다음으로, N을 q로 나누어 $N = \ell q + r$ (단, $0 \le \ell$이며 $0 \le r < q$)과 같이 쓴다. 부등식

$$\ell \le \#\{n : 1 \le n \le N,\ \langle n\theta \rangle = a/q\} \le \ell + 1$$

이 성립함을 확인하라.

2 이 연습문제에서 사용한 정수론의 기본 결과는 8장 도입부에서 찾을 수 있다.

7. 바일 판정법의 두 번째 부분을 증명하라. 즉 수열 $\xi_1, \xi_2, \cdots$ 가 $[0,1)$ 에서 등분포되어 있을 때, 모든 $k \in \mathbb{Z} - \{0\}$ 에 대해 $N \to \infty$ 이면

$$\frac{1}{N}\sum_{n=1}^{N} e^{2\pi i k \xi_n} \to 0$$

임을 증명하라.

힌트 모든 연속함수 f 에 대해 $\frac{1}{N}\sum_{n=1}^{N} f(\xi_n) \to \int_0^1 f(x)\,dx$ 임을 보이면 충분하다. 먼저 f 가 구간에서의 특성함수인 경우에 이 사실을 증명하라.

8. 임의의 $a \neq 0$ 과 $0 < \sigma < 1$ 인 σ 에 대해 수열 $\langle an^\sigma \rangle$ 은 $[0,1)$ 에서 등분포되어 있음을 보여라.

힌트 $b \neq 0$ 이면 $\sum_{n=1}^{N} e^{2\pi i b n^\sigma} = O(N^\sigma) + O(N^{1-\sigma})$ 임을 증명하라. 사실, 다음이 성립한다.

$$\sum_{n=1}^{N} e^{2\pi i b n^\sigma} - \int_1^N e^{2\pi i b x^\sigma}\,dx = O\left(\sum_{n=1}^{N} n^{-1+\sigma}\right)$$

9. 연습문제 8의 결과와 대조적으로 $\langle a \log n \rangle$ 은 모든 a 에 대해 등분포되어 있지 않음을 증명하라.

힌트 급수 $\sum_{n=1}^{N} e^{2\pi i b \log n}$ 을 이에 대응하는 적분과 비교하라.

10. f 가 $\mathbb{R}$ 에서 주기가 1 인 주기함수라고 가정하고, $\{\xi_n\}$ 이 $[0,1)$ 에서 등분포되어 있는 수열이라고 가정하자. 다음을 증명하라.

(a) f 가 연속함수이고 $\int_0^1 f(x)\,dx = 0$ 을 만족하면 x 에 균등하게 다음이 성립한다.

$$\lim_{N\to\infty} \frac{1}{N}\sum_{n=1}^{N} f(x+\xi_n) = 0$$

힌트 이 결과를 먼저 삼각다항식에 대해 보여라.

(b) f 가 단지 $[0,1]$ 에서 적분가능하고 $\int_0^1 f(x)\,dx = 0$ 을 만족하면

$$\lim_{N\to\infty} \int_0^1 \left| \frac{1}{N}\sum_{n=1}^{N} f(x+\xi_n) \right|^2 dx = 0$$

이 성립한다.

11. $u(x,t) = (f * H_t)(x)$ (단, H_t 는 열 핵)이고 f 가 리만 적분가능하면 $t \to 0$ 일 때

$$\int_0^1 |u(x,t) - f(x)|^2 \, dx \to 0$$

이 성립함을 보여라.

12. 식 (4.8)에서 변수변환하여 경계조건이 $u(\theta, 0) = f(\theta) \sim \sum a_n e^{in\theta}$ 인 방정식

$$\frac{\partial u}{\partial \tau} = \frac{\partial^2 u}{\partial \theta^2} \quad (\text{단, } 0 \leq \theta \leq 2\pi \text{ 이고 } \tau > 0)$$

의 해가

$$u(\theta, \tau) = \sum a_n e^{-n^2 \tau} e^{in\theta} = (f * h_\tau)(\theta)$$

임을 보여라. 여기서 $h_\tau(\theta) = \sum_{n=-\infty}^{\infty} e^{-n^2 \tau} e^{in\theta}$ 이다.

이러한 형태를 보이는 $[0, 2\pi]$ 에서의 열 핵은 푸아송 핵과 유사한데, 푸아송 핵은 $r = e^{-\tau}$ 으로 두면 $P_r(\theta) = \sum_{n=\infty}^{\infty} e^{-|n|\tau} e^{in\theta}$ 과 같이 쓸 수 있다(따라서 $0 < r < 1$은 $\tau > 0$에 대응한다).

13. 열 핵 $H_t(x)$가 좋은 핵이고, 그러므로 f가 연속인 점에서 $u(x,t) \to f(x)$라는 사실은 증명하기 쉽지 않다. 이는 5장에서 보일 것이다. 그러나 $H_t(x)$가 다음 의미에서 $t \to 0$일 때 $x = 0$에서 **정점**(peak)에 도달한다는 것은 직접 증명할 수 있다.

(a) $\int_{-1/2}^{1/2} |H_t(x)|^2 \, dx$는 $t \to 0$일 때 크기가 $t^{-1/2}$ 정도임을 보여라. 더 정확하게는, $t \to 0$일 때 $t^{1/2} \int_{-1/2}^{1/2} |H_t(x)|^2 \, dx$가 0이 아닌 극한값으로 수렴함을 증명하라.

힌트 $c > 0$에 대해 급수 $\sum_{-\infty}^{\infty} e^{-cn^2 t}$과 적분 $\int_{-\infty}^{\infty} e^{-cx^2 t} \, dx$를 비교하라.

(b) $t \to 0$일 때 $\int_{-1/2}^{1/2} x^2 |H_t(x)|^2 \, dx = O(t^{1/2})$임을 증명하라.

힌트 $-\frac{1}{2} \leq x \leq \frac{1}{2}$에 대해 $x^2 \leq C(\sin \pi x)^2$임을 이용하고, $e^{-cx^2 t}$에 대해 평균값정리를 적용한다.

심화문제

*1. 이 문제를 통해 곡선의 기하학과 푸리에 급수 사이에 있는 또 다른 관계를 탐구한다. $[-\pi, \pi]$에서 $\gamma(t) = (x(t), y(t))$로 매개화된 폐곡선 Γ의 지름은

$$d = \sup_{P,Q\in\Gamma} |P - Q| = \sup_{t_1,t_2\in[-\pi,\pi]} |\gamma(t_1) - \gamma(t_2)|$$

와 같이 정의한다. a_n이 $\gamma(t) = x(t) + iy(t)$의 n번째 푸리에 계수이며 Γ의 길이를 ℓ로 나타내면 다음이 성립함을 보여라.

(a) 모든 $n \neq 0$에 대해 $2|a_n| \leq d$이다.

(b) Γ가 볼록 곡선이면 $\ell \leq \pi d$이다.

성질 (a)는 $2a_n = \dfrac{1}{2\pi}\displaystyle\int_{-\pi}^{\pi} [\gamma(t) - \gamma(t + \pi/n)]e^{-int}\,dt$라는 사실에서 따라 나온다. Γ가 원일 때 등호 $\ell = \pi d$가 성립하지만, 놀랍게도 이 경우가 유일한 건 아니다. 실제로 $\ell = \pi d$는 $2|a_1| = d$와 동치임을 알 수 있다. γ를 재매개화하여 $[-\pi, \pi]$의 각 t마다 곡선의 접선이 y축과 이루는 각이 t가 되도록 한다. 이때 $a_1 = 1$이면

$$\gamma'(t) = ie^{it}(1 + r(t))$$

를 얻는다. 여기서 r은 $r(t) + r(t + \pi) = 0$과 $|r(t)| \leq 1$을 만족하는 실함수다. 그림 7(a)는 $r(t) = \cos 5t$일 때의 곡선이고 그림 7(b)는 $r(t) = h(3t)$일 때의 곡선이다. 이때 $-\pi \leq s \leq 0$이면 $h(s) = -1$이며 $0 < s < \pi$이면 $h(s) = 1$이다. 이러한 (그저 조각마다 C^1일 뿐인) 곡선은 뢸로 삼각형(Reuleaux triangle)으로 알려져 있으며, 일정한 너비를 갖는 원이 아닌 볼록곡선의 고전적인 예다.

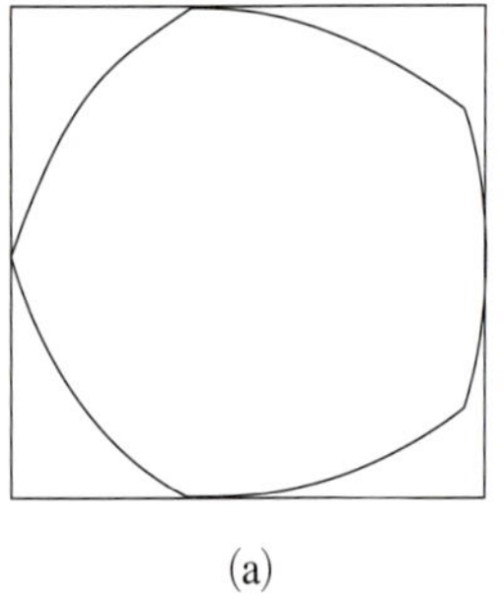
(a)

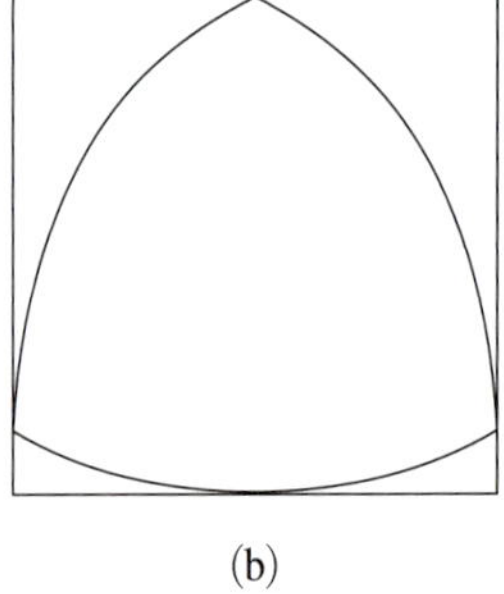
(b)

[그림 7] 주어진 지름에 대해 길이가 최대인 몇몇 곡선의 예

*2. 이 연습문제에서는 몇 가지 흥미로운 결과로 이어지는 바일의 추정(estimate of Weyl)을 소개한다.

(a) $S_N = \sum_{n=1}^{N} e^{2\pi i f(n)}$ 이라 하자. $H \le N$에 대해

$$|S_N|^2 \le c\frac{N}{H}\sum_{h=0}^{H}\left|\sum_{n=1}^{N-h} e^{2\pi i(f(n+h)-f(n))}\right|$$

이 성립함을 보여라. 여기서 $c > 0$은 N, H 및 f에 무관하며 적당한 상수다.

힌트 $1 \le n \le N$일 때 $a_n = e^{2\pi i f(n)}$이며 그 외에는 a_n이 0이라고 하자. 그런 다음 $H\sum_n a_n = \sum_{k=1}^{H}\sum_n a_{n+k}$라고 쓰고 코시-슈바르츠 부등식을 적용한다.

(b) 이 추정을 이용하여 γ가 무리수일 때 수열 $\langle n^2\gamma\rangle$가 $[0,1)$에서 등분포되어 있음을 보여라.

힌트 $(n+h)^2\gamma - n^2\gamma = 2nh\gamma + h^2\gamma$임에 유의하여 각 정수 h에 대해 수열 $\langle 2nh\gamma\rangle$가 등분포되어 있다는 사실을 이용한다.

(c) 더 일반적으로 $\{\xi_n\}$이 모든 양의 정수 h에 대해 $\langle \xi_{n+h} - \xi_n\rangle$이 $[0,1)$에서 등분포되어 있다는 조건을 만족하는 실수열이면, $\langle \xi_n\rangle$ 또한 $[0,1)$에서 등분포되어 있음을 보여라.

(d) $P(x) = c_n x^n + \cdots + c_0$는 계수가 실수이며 $c_1, \cdots, c_n$ 중 적어도 하나는 무리수인 다항함수라고 가정하자. 그러면 수열 $\langle P(n)\rangle$은 $[0,1)$에서 등분포되어 있다.

힌트 먼저 $P(x) = Q(x) + c_1x + c_0$ (단, c_1은 무리수)라고 가정하고 지수합 $\sum_{n=1}^{N} e^{2\pi i k P(n)}$을 추정한다. 그런 다음 계수가 무리수이며 가장 높은 차수의 항에 대해 귀납법을 적용하고 (c)를 이용한다.

*3. $\sigma > 0$이 정수가 아니며 $a \ne 0$이면 $\langle an^\sigma\rangle$은 $[0,1)$에서 등분포되어 있음을 보여라. 연습문제 8도 확인해 보라.

4. 연속이지만 모든 점에서 미분불가능한 함수를 구성하는 기초적인 방법으로 다음과 같이 **특이점을 쌓아올리는** 방식이 있다.

> $[-1,1]$에서 함수 $\varphi(x) = |x|$를 생각하고 φ를 주기가 2인 주기함수가 되도록 $\mathbb{R}$로 확장한다. 분명하게 φ는 $\mathbb{R}$에서 연속이며 모든 x에 대해 $|\varphi(x)| \le 1$이므로
>
> $$f(x) = \sum_{n=0}^{\infty}\left(\frac{3}{4}\right)^n \varphi(4^n x)$$
>
> 와 같이 정의된 함수 f는 $\mathbb{R}$에서 연속이다.

(a) $x_0 \in \mathbb{R}$을 고정한다. 모든 양의 정수 m에 대해 $\delta_m = \pm\frac{1}{2}4^{-m}$이라 하자. 여기서 부호는 $4^m x_0$와 $4^m(x_0+\delta_m)$ 사이에 아무 정수가 없도록 택한다. 평균변화율

$$\gamma_n = \frac{\varphi(4^n(x_0+\delta_m)) - \varphi(4^n x_0)}{\delta_m}$$

를 생각하자. $n > m$이면 $\gamma_n = 0$이며 $0 \le n \le m$에 대해 $|\gamma_n| \le 4^n$ 및 $|\gamma_m| = 4^m$ 임을 증명하라.

(b) 앞선 관찰로부터 추정

$$\left|\frac{f(x_0+\delta_m) - f(x_0)}{\delta_m}\right| \ge \frac{1}{2}(3^m + 1)$$

을 증명하라. 그리고 f가 x_0에서 미분가능하지 않다는 결론을 내려라.

5. f가 구간 $[-\pi, \pi]$에서 리만 적분가능한 함수라고 하자. f의 푸리에 급수에 대해 더 일반적인 지연된 평균을

$$\sigma_{N,K} = \frac{S_N + \cdots + S_{N+K-1}}{K}$$

이라 정의하자. 특히 3절에서 사용한 구체적인 지연된 평균 $\triangle_N$에 대해 $\sigma_{0,N} = \sigma_N$, $\sigma_{N,1} = S_N$, $\sigma_{N,N} = \triangle_N$이 성립한다.

(a) $\sigma_{N,K}$에 대해 두 사실

$$\sigma_{N,K} = \frac{1}{K}((N+K)\sigma_{N+K} - N\sigma_N)$$

$$\sigma_{N,K} = S_N + \sum_{N+1 \le |\nu| \le N+K-1} \left(1 - \frac{|\nu| - N}{K}\right) \hat{f}(\nu) e^{i\nu\theta}$$

을 보여라.

$\sigma_{N,K}$에 대한 마지막 식에서 모든 $N \le M < N+K$에 대해

$$|\sigma_{N,K} - S_M| \le \sum_{N+1 \le |\nu| \le N+K-1} |\hat{f}(\nu)|$$

를 보여라.

(b) 위의 식 중 하나와 페제르 정리를 이용하여 $N = kn$이고 $K = n$이면 f가 θ에서 연속일 때

$$n \to \infty \text{ 일 때} \quad \sigma_{kn,n}(f)(\theta) \to f(\theta)$$

가 성립함을 보여라. 또한 비약 불연속점에서 $n \to \infty$일 때

$$\sigma_{kn,n}(f)(\theta) \to \frac{f(\theta^+) + f(\theta^-)}{2}$$

를 보여라(비약 불연속점의 정의와 결과는 2장 연습문제 17과 3장 연습문제 20 참고). f가 $[-\pi, \pi]$에서 연속인 경우 $n \to \infty$일 때 $\sigma_{kn,n}(f)$가 f로 균등 수렴함을 보여라.

(c) (a)를 이용하여 $\hat{f}(\nu) = O(1/|\nu|)$이고 $kn \le m < (k+1)n$이면 적당한 상수 $C > 0$에 대해

$$|\sigma_{kn,n} - S_m| \le \frac{C}{k}$$

가 성립함을 보여라.

(d) $\hat{f}(\nu) = O(1/|\nu|)$라고 가정하자. f가 θ에서 연속이면 $N \to \infty$일 때

$$S_N(f)(\theta) \to f(\theta)$$

가 성립함을 증명하라. 그리고 f가 θ에서 비약 불연속점을 가지면 $N \to \infty$일 때

$$S_N(f)(\theta) \to \frac{f(\theta^+) + f(\theta^-)}{2}$$

가 성립함을 증명하라. 또한 f가 $[-\pi, \pi]$에서 연속이면 $S_N(f)$는 f로 균등 수렴함을 보여라.

(e) 위의 논증을 통해 $\sum c_n$이 s로 체사로 합 가능하며 $c_n = O(1/n)$이면 $\sum c_n$은 s로 수렴함을 보여라. 이는 리틀우드 정리(Littlewood's theorem)를 약하게 서술한 형태다(2장 심화문제 3 참고).

6. 디리클레 정리에 따르면 연속이고 주기함수인 실함수 f가 극댓값과 극솟값이 유한개일 때 f의 푸리에 급수는 모든 점에서 f로 (균등) 수렴한다.

그러한 함수 f가 $\hat{f}(n) = O(1/|n|)$을 만족함을 보여서 이 정리를 증명하라.

힌트 3장 연습문제 17과 같이 논증한다. 그런 다음 심화문제 5(d)를 이용한다.

5

$\mathbb{R}$에서의 푸리에 변환
The Fourier Transform on $\mathbb{R}$

> 푸리에 급수 및 푸리에 적분 이론에서는 항상 큰 어려움들이 있어 왔는데, 특히 수렴성 문제를 다루기 위해 많은 수학적 도구가 필요했다. 비록 이를 통해 문제들을 완전히 만족스럽게 해결할 수는 없었지만, 더하는 방법에 관한 발전이 이루어졌다. …… 푸리에 변환을 다룰 때, 초함수[1](그리고 따라서 공간 $\mathcal{S}$)의 도입은 불가피하다. …… 결과적으로 푸리에 변환의 연속성과 역변환에 관하여 필요했던 모든 것을 얻을 수 있다.
>
> *L.* 슈바르츠(*L. Schwartz*), 1950

푸리에 급수 이론은 원 위의 함수, 또는 이와 동등한 $\mathbb{R}$에서의 주기함수에 적용할 수 있다. 이 장에서는 주기함수가 아니라 실수 전체에서의 함수에 대해 이와 유사한 이론을 다룬다. 우리가 주로 다룰 함수는 무한대에서 적절하게 **작은** 함수다. **작다**(smallness)는 개념을 적절히 정의하는 몇몇 방법이 있긴 하지만, 무엇보다도 무한대에서 영이 됨을 어느 정도 가정하는 게 필수적이다.

한편, 주기함수의 푸리에 급수는 푸리에 계수라고 일컫는 수열과 함수를 연관짓는다는 점을 기억하자. 반면에 $\mathbb{R}$에서 정의된 적절한 함수 f가 주어지면 f와 연관되는 유사한 대상은, 사실 f의 푸리에 변환이라고 하는 $\mathbb{R}$ 위의 또 다른 함수 $\hat{f}$이다. $\mathbb{R}$ 위의 함수의 푸리에 변환은 다시 $\mathbb{R}$ 위의 함수이므로 함수와 푸리에 변환 사이에서 일종의 대칭성을 관찰할 수 있다. 푸리에 급수에서는 이러한 대칭성이 명확하게 드러나지 않는다.

간단히 말해 푸리에 변환은 푸리에 계수를 연속으로 표현한 형태다. 원 위에서 정의된 함수 f의 푸리에 계수는

$$a_n = \int_0^1 f(x)e^{-2\pi inx}\,dx \tag{5.1}$$

와 같이 주어졌음을 기억하자. 또한 적절한 의미에서

$$f(x) = \sum_{n=-\infty}^{\infty} a_n e^{2\pi inx} \tag{5.2}$$

이 성립한다. 여기서 이전과 같이 θ를 $2\pi x$로 바꾸었다.

이제 다음과 같이 푸리에 급수에 나오는 모든 이산 기호(예를 들어 정수와 급수)를 이에 대응하는 연속 기호(예를 들어 실수와 적분)로 바꾸어서 푸리에 변환에 대한 내용을 유추해 보자. 다시 말해 $\mathbb{R}$에서의 함수 f가 주어지면 적분 영역을 원에서 $\mathbb{R}$ 전체로 바꾸고, 계수 (5.1)의 $n \in \mathbb{Z}$를 $\xi \in \mathbb{R}$으로 바꾸어 푸리에 변환을 정의한다.

1 **(감수자)** 여기에서 distribution은 함수를 일반화한 초함수를 의미한다.

즉,

$$\hat{f}(\xi) = \int_{-\infty}^{\infty} f(x)e^{-2\pi ix\xi}\, dx \tag{5.3}$$

와 같이 둔다. 이러한 유추에서 더 나아가 다음과 같이 식 (5.2)를 연속으로 표현한 형태를 생각한다. 급수를 적분으로 바꾸고 a_n을 $\hat{f}(\xi)$로 바꾸면 푸리에 역변환 공식

$$f(x) = \int_{-\infty}^{\infty} \hat{f}(\xi)e^{2\pi ix\xi}\, d\xi \tag{5.4}$$

가 나온다. f에 적절한 가정을 부여하면 실제로 식 (5.4)가 성립한다. 이 장에서 다루는 이론의 대부분은 관계식 (5.4)를 증명하고 활용하는 것을 목표로 한다. 푸리에 역변환 공식이 실제로 타당한지는 다음과 같은 간단한 내용을 관찰해 보면 알 수 있다. f가 $I = [-L/2, L/2]$에 포함된 유한 구간에서 받침(support)[2]을 가진다고 가정하고, f를 I에서의 푸리에 급수로 전개한다. 그런 다음 L을 무한대로 보내면 식 (5.4)로 이어진다(연습문제 5.1 참고).

푸리에 변환의 특별한 성질은 편미분방정식을 연구할 때 중요하게 이용된다. 예를 들어 푸리에 역변환 공식을 이용하면 실수에서 모델링된 방정식을 어떻게 분석할 수 있는지 알 수 있다. 특히, 원 위에서 정의된 함수에 사용한 아이디어를 따라 무한히 긴 막대에서의 시간 종속 열 방정식과 상반평면에서의 안정상태 열 방정식을 풀 수 있다.

이번 장 말미에서 추가적으로 푸아송 합 공식

$$\sum_{n\in\mathbb{Z}} f(n) = \sum_{n\in\mathbb{Z}} \hat{f}(n)$$

과 관련된 주제를 다룬다. 이는 주기함수(및 푸리에 급수)와 실수 위의 주기함수가 아닌 함수(및 그 푸리에 변환) 사이에 또 다른 놀라운 연결 고리를 만든다. 이 항등식을 통해 4장에서 다룬 '열 핵 $H_t(x)$가 좋은 핵의 성질을 만족한다'는 주장을 증명할 수 있다. 또한 푸아송 합 공식은 『STEIN 복소해석학』에서 알 수 있듯이 여러 다른 상황에서 나타나는데, 특히 정수론 곳곳에서 등장한다.

마지막으로 우리가 택한 접근 방식에 대해 한 가지만 더 언급하고자 한다. 푸리에 급수에 대한 학습으로부터, 우리는 원 위에서 리만 적분가능한 함수를 고려하는 것이 유용함을 알게 되었다. 특히 이러한 일반성을 이용하면 몇몇 불연속점이 존재하는 함수일지라도 같은 이론으로 다룰 수 있음을 알 수 있었다. 이와 대조적으로 푸리에 변환에 대한 기초 성질을 설명하려면 시험함수로 이루어진 슈바르츠 공간 $\mathcal{S}$를 이용해야 한다. 이 공간의 함수는 무한 번 미분가능하며, 이러한 함수 및 모든 계수의 도함수가 모두 무한대에서 급감소(rapidly decreasing)한다. 이러한 함수 공간을 이용하면

2 (옮긴이) support는 받침 또는 지지집합이라 표현한다.

직접적이고 명백하게 표현된 주요 결론에 빠르게 도달할 수 있다. 이를 보인 뒤에는 더 일반적인 상황으로 쉽게 확장할 수 있는 부분을 짚고 넘어가겠다.

푸리에 변환에 대한 더 일반적인 이론[3]은 『Real Analysis : Measure Theory, Integration, and Hilbert Spaces』에서 다룰 것이다.

1 푸리에 변환에 대한 기초 이론

적분 개념을 실수 전체에서 정의되는 함수로 확장하며 시작한다.

1.1 실수에서 정의된 함수의 적분

닫힌 유계구간에서 정의된 함수의 적분을 $\mathbb{R}$ 위의 연속함수로 가장 자연스럽게 확장하려면

$$\int_{-\infty}^{\infty} f(x)\,dx = \lim_{N\to\infty}\int_{-N}^{N} f(x)\,dx$$

와 같이 정의하면 된다. 물론, 이 극한값은 존재하지 않을 수 있다. 예를 들어 $f(x) = 1$이거나 $f(x) = \dfrac{1}{1+|x|}$이더라도 위의 극한은 자명하게 무한대가 된다. 잠시 생각해 보면 $|x| \to \infty$일 때 f가 충분히 빠르게 감쇄하면 위의 극한값이 존재함을 유추할 수 있다. 이와 관련된 유용한 조건을 아래에 소개한다.

$\mathbb{R}$에서 정의된 함수 f가 연속이며 모든 $x \in \mathbb{R}$에 대해

$$|f(x)| \le \frac{A}{1+x^2}$$

를 만족하는 상수 $A > 0$이 존재하면 f는 **적절히 감소(moderate decrease)**한다고 한다. 이 부등식에 따르면 f는 (예를 들어 A에 의해) 유계이며, $\dfrac{A}{1+x^2} \le \dfrac{A}{x^2}$이므로 무한대에서 적어도 $\dfrac{1}{x^2}$만큼 빠르게 감쇄한다.

예를 들어 함수 $f(x) = \dfrac{1}{1+|x|^n}$은 $n \ge 2$일 때 적절히 감소한다. 또 다른 예로는 함수 $e^{-a|x|}$ (단, $a > 0$)이 있다.

3 반드시 르베그 적분을 기반으로 해야 한다.

$\mathbb{R}$에서 적절히 감소하는 함수의 집합을 $\mathcal{M}(\mathbb{R})$로 나타낼 것이다. 함수의 일반적인 덧셈과 스칼라 곱 연산 하에서 $\mathcal{M}(\mathbb{R})$이 $\mathbb{C}$ 위의 벡터공간임을 확인하는 것은 여러분의 몫으로 남긴다.

다음으로, f가 $\mathcal{M}(\mathbb{R})$에 속하면

$$\int_{-\infty}^{\infty} f(x)\,dx = \lim_{N\to\infty} \int_{-N}^{N} f(x)\,dx \tag{5.5}$$

를 정의할 수 있음을 확인할 것이다. 이제는 위의 극한값이 존재한다. 실제로 f가 연속이므로 각 N에 대해 적분 $I_N = \displaystyle\int_{-N}^{N} f(x)\,dx$는 잘 정의된다. $\{I_N\}$이 코시 수열임을 보이기만 하면 되는데, 이는 $M > N$으로 두고 $N \to \infty$일 때

$$\begin{aligned} |I_M - I_N| &\le \left| \int_{N\le|x|\le M} f(x)\,dx \right| \\ &\le A \int_{N\le|x|\le M} \frac{dx}{x^2} \\ &\le \frac{2A}{N} \to 0 \end{aligned}$$

이 성립하는 것으로부터 알 수 있다.

또한 위 내용으로부터 $N \to \infty$일 때 $\displaystyle\int_{|x|>N} f(x)\,dx \to 0$도 증명된다는 것을 기억하자. 이때, '적절히 감소'의 정의에서 지수 2를 $1+\epsilon$ (단, $\epsilon > 0$)으로 바꿀 수 있다는 점에 주목한다. 다시 말해 모든 $x \in \mathbb{R}$에 대해

$$|f(x)| \le \frac{A}{1+|x|^{1+\epsilon}}$$

를 만족한다고 가정할 수도 있다.

이렇게 정의하여도 이 장에서 다룰 이론의 목적에 잘 부합할 것이다. $\epsilon = 1$은 단지 편의를 위해 택했다.

다음 명제에 $\mathbb{R}$에서의 적분의 기초 성질을 몇가지 요약했다.

명제 1.1 적절히 감소하는 함수의 적분을 (5.5)와 같이 정의하면 성질 (1)~(4)를 만족한다.

(1) 선형성 : $f, g \in \mathcal{M}(\mathbb{R})$이고 $a, b \in \mathbb{C}$이면

$$\int_{-\infty}^{\infty} (af(x) + bg(x))\,dx = a\int_{-\infty}^{\infty} f(x)\,dx + b\int_{-\infty}^{\infty} g(x)\,dx$$

(2) 평행이동에 대한 불변성 : 모든 $h \in \mathbb{R}$에 대해

$$\int_{-\infty}^{\infty} f(x-h)\,dx = \int_{-\infty}^{\infty} f(x)\,dx$$

(3) 확대에 의한 척도 변환 : $\delta > 0$이면

$$\delta \int_{-\infty}^{\infty} f(\delta x)\,dx = \int_{-\infty}^{\infty} f(x)\,dx$$

(4) 연속성 : $f \in \mathcal{M}(\mathbb{R})$이면 $h \to 0$일 때

$$\int_{-\infty}^{\infty} |f(x-h) - f(x)|\,dx \to 0$$

증명

증명은 간단히 언급하고 넘어가겠다.

(1) 바로 알 수 있다.

(2) 이는 $N \to \infty$일 때

$$\int_{-N}^{N} f(x-h)\,dx - \int_{-N}^{N} f(x)\,dx \to 0$$

을 확인하면 충분하다. $\displaystyle\int_{-N}^{N} f(x-h)\,dx = \int_{-N-h}^{N-h} f(x)\,dx$이므로 큰 N에 대해 위의 차이는

$$\left|\int_{-N-h}^{-N} f(x)\,dx\right| + \left|\int_{N-h}^{N} f(x)\,dx\right| \le \frac{A'}{1+N^2}$$

을 넘지 못한다. 그리고 우변의 값은 N이 무한대로 갈 때 0으로 수렴한다.

(3) $\displaystyle\delta \int_{-N}^{N} f(\delta x)\,dx = \int_{-\delta N}^{\delta N} f(x)\,dx$임을 관찰하면 방금의 증명과 유사하다.

(4) $|h| \le 1$로 가정해도 된다. 주어진 $\epsilon > 0$에 대해 먼저 충분히 큰 N을 택하여

$$\int_{|x| \ge N} |f(x)|\,dx \le \frac{\epsilon}{4}, \quad \int_{|x| \ge N} |f(x-h)|\,dx \le \frac{\epsilon}{4}$$

을 만족하도록 한다.

이제 N을 고정하고, f가 연속이므로 구간 $[-N-1, N+1]$에서 균등 연속이라는 사실을 이용한다. 따라서 $h \to 0$일 때 $\sup_{|x| \le N} |f(x-h) - f(x)| \to 0$이다. 따라서 h를 충분히 작게 택하여 이 상한이

$\dfrac{\epsilon}{4N}$ 보다 작게 할 수 있다.

이를 모두 종합하면

$$\begin{aligned}\int_{-\infty}^{\infty}|f(x-h)-f(x)|\,dx &\le \int_{-N}^{N}|f(x-h)-f(x)|\,dx+\int_{|x|\ge N}|f(x-h)|\,dx\\ &\quad+\int_{|x|\ge N}|f(x)|\,dx\\ &\le \frac{\epsilon}{2}+\frac{\epsilon}{4}+\frac{\epsilon}{4}=\epsilon\end{aligned}$$

이 성립한다. 따라서 (4)가 증명되었다. ◀

1.2 푸리에 변환의 정의

$f\in\mathcal{M}(\mathbb{R})$ 이면 $\xi\in\mathbb{R}$ 에 대해 f 의 **푸리에 변환(Fourier transform)**을

$$\hat{f}(\xi)=\int_{-\infty}^{\infty}f(x)e^{-2\pi ix\xi}\,dx$$

와 같이 정의한다. 당연하게도 $|e^{-2\pi ix\xi}|=1$ 이므로 위의 피적분 함수는 적절히 감소하며, 따라서 적분은 잘 정의된다.

실제로 방금 관찰한 바를 통해 $\hat{f}$ 이 유계임을 알 수 있다. 또한 $\hat{f}$ 은 연속이며 $|\xi|\to\infty$ 일 때 0 으로 수렴함을 어렵지 않게 보일 수 있다(연습문제 5 참고). 그러나 위의 정의만으로는 $\hat{f}$ 이 적절히 감소하거나 특정 감쇄를 가지는지를 보장할 수 없다. 특히, 이러한 맥락에서 어떻게 적분 $\int_{-\infty}^{\infty}\hat{f}(\xi)e^{2\pi ix\xi}\,d\xi$ 에 의미를 부여하고 푸리에 역변환 공식이 실제로 성립하게 할 수 있는지는 명확하지 않다. 이를 해결하기 위해, 슈바르츠가 고안한 더 정제된 함수 공간을 소개한다. 이 공간은 푸리에 변환의 기본 성질을 확립하는 데 매우 유용하다.

슈바르츠 공간을 선택하는 방법은 $\hat{f}$ 의 감쇄와 f 의 연속성 및 미분가능성을 연관시키는 중요한 원리에서 비롯한다. $|\xi|\to\infty$ 일 때 $\hat{f}(\xi)$ 가 더 급감소할수록 f 는 **더 매끄러워야** 한다. 연습문제 3에서 이 원리를 반영하는 예를 확인할 수 있다. 또한 f 와 $\hat{f}$ 사이의 관계는 원 위 함수의 매끄러움과 푸리에 계수의 감쇄 사이에 유사하게 존재하는 관계를 연상시킨다는 점을 주목하자. 2장 따름정리 2.4에 대한 설명을 참고하면 좋다.

1.3 슈바르츠 공간

$\mathbb{R}$ 에서 **슈바르츠 공간(Schwartz space)**에 속하는 모든 원소 f는 무한 번 미분가능하며, f 및 f의 모든 도함수 $f', f'', \cdots, f^{(\ell)}, \cdots$ 은

$$\text{모든 } k, \ell \geq 0 \text{ 에 대해,} \quad \sup_{x\in\mathbb{R}} |x|^k |f^{(\ell)}(x)| < \infty$$

인 의미에서 **급감소(rapidly decreasing)**한다. 이러한 함수들로 이루어진 공간을 $\mathcal{S} = \mathcal{S}(\mathbb{R})$로 나타내며, $\mathcal{S}(\mathbb{R})$이 $\mathbb{C}$ 에서의 벡터공간임을 확인하는 것도 여러분의 몫으로 남긴다. 또한 $f \in \mathcal{S}(\mathbb{R})$이면

$$f'(x) = \frac{df}{dx} \in \mathcal{S}(\mathbb{R}), \quad xf(x) \in \mathcal{S}(\mathbb{R})$$

이 성립한다. 이는 슈바르츠 공간이 다항함수의 곱과 미분에 대해 닫혀있다는 중요한 사실을 나타낸다.

$\mathcal{S}(\mathbb{R})$의 함수의 간단한 예로

$$f(x) = e^{-x^2}$$

으로 정의되는 **가우스 함수(Gaussian)**가 있다. 이 함수는 푸리에 변환 이론을 비롯해 (확률론이나 물리와 같은) 다른 분야에서도 중요한 역할을 한다. 우리는 f의 모든 도함수가 $P(x)e^{-x^2}$ (단, P는 다항함수) 꼴임을 직접 확인할 수 있는데, 이는 바로 $f \in \mathcal{S}(\mathbb{R})$임을 보여 준다. 실제로 $a > 0$이면 e^{-ax^2}은 $\mathcal{S}(\mathbb{R})$에 속한다. 추후에 $a = \pi$를 택하여 가우스 함수를 정규화할 것이다.

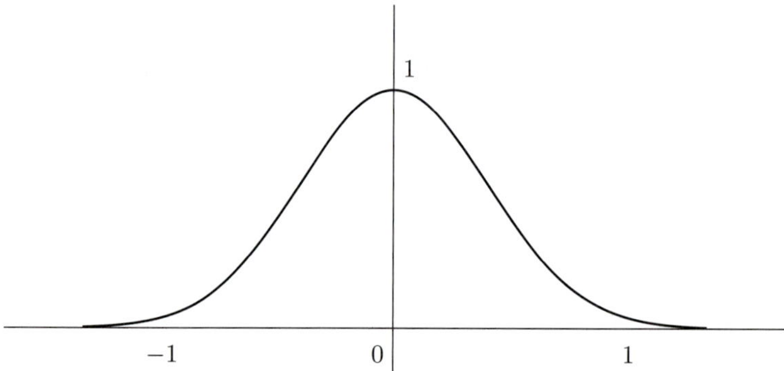

[그림 1] 가우스 함수 $e^{-\pi x^2}$

유계구간 바깥에서 영인 **범프 함수**(bump function)도 $\mathcal{S}(\mathbb{R})$에 속하는 또 다른 중요한 예다(연습문제 4 참고).

마지막으로 $e^{-|x|}$은 무한대에서 급감소하지만 0에서 미분가능하지 않기 때문에 $\mathcal{S}(\mathbb{R})$에 속하지 않는다는 점을 명심하자.

1.4 $\mathcal{S}$ 에서의 푸리에 변환

함수 $f \in \mathcal{S}(\mathbb{R})$ 의 **푸리에 변환**은

$$\hat{f}(\xi) = \int_{-\infty}^{\infty} f(x) e^{-2\pi i x \xi}\, dx$$

와 같이 정의한다. 다음 명제에 푸리에 변환의 몇몇 간단한 성질을 모아두었다. f 의 푸리에 변환이 $\hat{f}$ 이라는 의미로

$$f(x) \longrightarrow \hat{f}(\xi)$$

와 같은 표기법을 사용한다.

명제 1.2 $f \in \mathcal{S}(\mathbb{R})$ 이면 다음이 성립한다.

(1) $f(x+h) \longrightarrow \hat{f}(\xi) e^{2\pi i h \xi}$ (단, $h \in \mathbb{R}$)

(2) $f(x) e^{-2\pi i x h} \longrightarrow \hat{f}(\xi + h)$ (단, $h \in \mathbb{R}$)

(3) $f(\delta x) \longrightarrow \delta^{-1} \hat{f}(\delta^{-1} \xi)$ (단, $\delta > 0$)

(4) $f'(x) \longrightarrow 2\pi i \xi \hat{f}(\xi)$

(5) $-2\pi i x f(x) \longrightarrow \dfrac{d}{d\xi} \hat{f}(\xi)$

특히, 인수 $2\pi i$ 를 제외하면 푸리에 변환은 미분하는 것을 x 만큼 곱하는 것과 서로 맞바꾼다. 이 성질로 인해 미분방정식 이론에서 푸리에 변환이 중요한 역할을 한다. 이 점에 대해서는 추후에 다시 다루겠다.

증명

(1) 평행이동에 의한 적분의 불변성으로부터 바로 알 수 있다.

(2) 정의로부터 확인할 수 있다.

(3) 명제 1.1의 성질 (3)으로부터 알 수 있다.

(4) 부분적분하면

$$\int_{-N}^{N} f'(x) e^{-2\pi i x \xi}\, dx = \Big[f(x) e^{-2\pi i x \xi} \Big]_{-N}^{N} + 2\pi i \xi \int_{-N}^{N} f(x) e^{-2\pi i x \xi}\, dx$$

를 얻고 따라서 N 을 무한대로 보내면 (4)를 얻는다.

(5) 이를 증명하려면 $\hat{f}$이 미분가능함을 보여야 하며 그 도함수를 구해야 한다. $\epsilon > 0$이라 하고

$$\frac{\hat{f}(\xi+h)-\hat{f}(\xi)}{h} - (\widehat{-2\pi i x f})(\xi) = \int_{-\infty}^{\infty} f(x)e^{-2\pi i x\xi}\left[\frac{e^{-2\pi i x h}-1}{h} + 2\pi i x\right] dx$$

를 생각하자. $f(x)$와 $xf(x)$가 급감소하므로 $\int_{|x|\geq N} |f(x)|\, dx \leq \epsilon$과 $\int_{|x|\geq N} |x|\,|f(x)|\, dx \leq \epsilon$을 만족시키는 정수 N이 존재한다. 또한 $|x| \leq N$에 대해 h_0가 존재하여 $|h| < h_0$이면

$$\left|\frac{e^{-2\pi i x h}-1}{h} + 2\pi i x\right| \leq \frac{\epsilon}{N}$$

이 성립한다. 따라서 $|h| < h_0$에 대해

$$\begin{aligned}
&\left|\frac{\hat{f}(\xi+h)-\hat{f}(\xi)}{h} - (\widehat{-2\pi i x f})(\xi)\right| \\
&\qquad \leq \int_{-N}^{N} \left|f(x)e^{-2\pi i x\xi}\left[\frac{e^{-2\pi i x h}-1}{h} + 2\pi i x\right]\right| dx + C\epsilon \\
&\qquad \leq C'\epsilon
\end{aligned}$$

을 얻는다. ◀

정리 1.3 $f \in \mathcal{S}(\mathbb{R})$이면 $\hat{f} \in \mathcal{S}(\mathbb{R})$이다.

증명

푸리에 변환이 미분과 곱셈하는 것을 서로 맞바꾼다는 사실을 이용하면 쉽게 증명할 수 있다. 실제로 $f \in \mathcal{S}(\mathbb{R})$이면 f의 푸리에 변환 $\hat{f}$은 유계다. 또한 모든 음이 아닌 정수 ℓ과 k에 대해 식

$$\xi^k \left(\frac{d}{d\xi}\right)^{\ell} \hat{f}(\xi)$$

는 유계다. 왜냐하면 위 함수는 명제 1.2에 의해 함수 $\dfrac{1}{(2\pi i)^k}\left(\dfrac{d}{dx}\right)^k \left[(-2\pi i x)^{\ell} f(x)\right]$의 푸리에 변환이기 때문이다. ◀

$f \in \mathcal{S}(\mathbb{R})$에 대한 역변환 공식 $f(x) = \int_{-\infty}^{\infty} \hat{f}(\xi)e^{2\pi i x\xi}\, d\xi$의 증명은 다음 절에서 다룬다. 이 증명은 앞서 소개한 함수 e^{-ax^2}이 $a > 0$이면 $\mathcal{S}(\mathbb{R})$에 속한다는 사실을 기반으로 한다.

좋은 핵으로서의 가우스 함수

$a = \pi$인 경우, 즉

$$\int_{-\infty}^{\infty} e^{-\pi x^2}\,dx = 1 \tag{5.6}$$

로 정규화된 경우에서 시작한다. 식 (5.6)이 참인지를 확인하기 위해 지수함수의 곱에 대한 성질을 이용하여 계산을 2차원 적분으로 바꾼다. 더 정확하게는

$$\begin{aligned}\left(\int_{-\infty}^{\infty} e^{-\pi x^2}\,dx\right)^2 &= \int_{-\infty}^{\infty}\int_{-\infty}^{\infty} e^{-\pi(x^2+y^2)}\,dx\,dy \\ &= \int_0^{2\pi}\int_0^{\infty} e^{-\pi r^2}\,r\,dr\,d\theta \\ &= \int_0^{\infty} 2\pi r e^{-\pi r^2}\,dr \\ &= \left[-e^{-\pi r^2}\right]_0^{\infty} \\ &= 1\end{aligned}$$

처럼 논증할 수 있다. 여기서 극좌표계를 이용하여 2차원 적분을 계산했다.

"$e^{-\pi x^2}$의 푸리에 변환은 자기 자신이다."라는 가우스 함수의 기본 성질이 우리에게 중요하다. 이 성질은 실제로 식 (5.6)으로부터 얻는다. 이 결과를 다음 정리에서 따로 다룬다.

정리 1.4 $f(x) = e^{-\pi x^2}$이면 $\hat{f}(\xi) = f(\xi)$이다.

증명

함수 F를

$$F(\xi) = \hat{f}(\xi) = \int_{-\infty}^{\infty} e^{-\pi x^2} e^{-2\pi i x\xi}\,dx$$

와 같이 정의하고 식 (5.6)에 의해 $F(0) = 1$임을 관찰한다. 명제 1.2의 성질 (5)와 $f'(x) = -2\pi x f(x)$라는 사실에 의해

$$F'(\xi) = \int_{-\infty}^{\infty} f(x)(-2\pi i x)e^{-2\pi i x\xi}\,dx = i\int_{-\infty}^{\infty} f'(x)e^{-2\pi i x\xi}\,dx$$

를 얻는다. 명제 1.2의 성질 (4)를 이용하면

$$F'(\xi) = i(2\pi i\xi)\hat{f}(\xi) = -2\pi\xi F(\xi)$$

를 알 수 있다. $G(\xi) = F(\xi)e^{\pi\xi^2}$이라고 정의하면 위에서 보인 바를 통해 $G'(\xi) = 0$임을 알 수 있고, 따라서 G는 상수함수다. $F(0) = 1$이므로 G는 항등적으로 1과 같고, 따라서 보이고자 한대로 $F(\xi) = e^{-\pi\xi^2}$이다. ◀

확대에 의한 척도 변환에 관련된 푸리에 변환의 성질로부터 다음처럼 중요한 변환법칙을 얻는다. 이는 (δ를 $\delta^{-1/2}$으로 바꾸면) 명제 1.2의 (3)으로부터 알 수 있다.

따름정리 1.5 $\delta > 0$이고 $K_\delta(x) = \delta^{-1/2}e^{-\pi x^2/\delta}$이면 $\widehat{K_\delta}(\xi) = e^{-\pi\delta\xi^2}$이다.

잠시 멈춰서 한 가지 중요한 점을 관찰하자. $\delta \to 0$일 때, 함수 K_δ는 원점에서 가장 높은 점(peak)을 이루는 반면에 K_δ의 푸리에 변환 $\widehat{K_\delta}$은 더 평평해진다. 따라서 지금의 예에서 K_δ와 $\widehat{K_\delta}$은 동시에 원점에서 국소화할 수 없음(즉, 집중시킬 수 없음)을 알 수 있다. 이 현상은 하이젠베르크 불확정성 원리(Heisenberg uncertainty principle)의 한 가지 예이며, 이번 장 말미에서 다룰 것이다.

이제 2장에서 다룬 원에서의 좋은 핵과 비슷하게 실수에서의 좋은 핵을 구성할 수 있다. 실제로 K_δ를

$$K_\delta(x) = \delta^{-1/2}e^{-\pi x^2/\delta}$$

처럼 두면 다음이 성립한다.

(1) $\displaystyle\int_{-\infty}^{\infty} K_\delta(x)\,dx = 1$

(2) $\displaystyle\int_{-\infty}^{\infty} |K_\delta(x)|\,dx \le M$

(3) 모든 $\eta > 0$에 대하여 $\delta \to 0$일 때 $\displaystyle\int_{|x|>\eta} |K_\delta(x)|\,dx \to 0$이다.

(1)을 증명하기 위해 변수변환하여 식 (5.6)을 이용할 수 있다. 또는 이 적분은 $\widehat{K_\delta}(0)$과 같으며, 따름정리 1.5에 의해 1이다. $K_\delta \ge 0$이므로 (2)도 분명히 참이다. 마지막으로 다시 변수변환하여 $\delta \to 0$일 때

$$\int_{|x|>\eta} |K_\delta(x)|\,dx = \int_{|y|>\eta/\delta^{1/2}} e^{-\pi y^2}\,dy \to 0$$

임을 알 수 있다. (3)까지 성립하므로 우리는 정리 1.6을 증명했다.

정리 1.6 집합 $\{K_\delta\}_{\delta>0}$는 $\delta \to 0$일 때 좋은 핵이다.

다음으로 아래에 주어진 합성곱을 통해 좋은 핵을 적용한다. $f, g \in \mathcal{S}(\mathbb{R})$이면 f와 g의 **합성곱 (convolution)**을

$$(f * g)(x) = \int_{-\infty}^{\infty} f(x-t)g(t)\,dt \tag{5.7}$$

와 같이 정의한다. 고정된 x에 대해 함수 $f(x-t)g(t)$는 t에 대해 급감소하는 함수이므로 적분 (5.7)은 수렴한다.

(약간 수정한) 2장 4절의 논증에 의해 다음 따름정리를 얻는다.

따름정리 1.7 $f \in \mathcal{S}(\mathbb{R})$이면 $\delta \to 0$일 때 x에 균등하게

$$(f * K_\delta)(x) \to f(x)$$

가 성립한다.

증명

먼저 f가 $\mathbb{R}$에서 균등 연속임을 보인다. 실제로 $\epsilon > 0$이 주어지면 $R > 0$이 존재하여 $|x| \geq R$일 때 $|f(x)| < \dfrac{\epsilon}{4}$이다. 또한 f는 연속함수이므로 콤팩트 구간 $[-R, R]$에서 균등 연속이다. 이를 종합하면 $|x-y| < \eta$일 때 $|f(x) - f(y)| < \epsilon$이 되게 하는 $\eta > 0$을 찾을 수 있다. 이제 늘 하던 방법으로 논증한다. 좋은 핵의 첫 번째 성질을 이용하면

$$(f * K_\delta)(x) - f(x) = \int_{-\infty}^{\infty} K_\delta(t)\,[f(x-t) - f(x)]\,dt$$

와 같이 쓸 수 있다. 그리고 $K_\delta \geq 0$이므로

$$|(f * K_\delta)(x) - f(x)| \leq \int_{|t|>\eta} + \int_{|t|\leq\eta} K_\delta(t)\,|f(x-t) - f(x)|\,dt$$

를 알 수 있다. 좋은 핵의 세 번째 성질과 f가 유계라는 사실을 이용하면 우변의 첫 번째 적분은 크기가 작음을 보일 수 있다. 한편 f가 균등 연속이며 $\int K_\delta = 1$이므로 두 번째 적분의 크기 또한 작음을 알 수 있다. 이로써 따름정리를 증명했다. ◀

1.5 푸리에 역변환

다음 결과는 곱셈공식이라고도 하는 항등식이다.

> **명제 1.8** $f, g \in \mathcal{S}(\mathbb{R})$이면 $\displaystyle\int_{-\infty}^{\infty} f(x)\hat{g}(x)\,dx = \int_{-\infty}^{\infty} \hat{f}(y)g(y)\,dy$가 성립한다.

명제를 증명하기 위해 이중적분에서 적분 순서를 바꾸는 것에 대해 잠시 언급할 필요가 있다. $F(x, y)$가 평면 $(x, y) \in \mathbb{R}^2$에서 연속이라고 가정하자. F가 감쇄 조건

$$|F(x, y)| \le A/(1 + x^2)(1 + y^2)$$

을 가진다고 가정하자. 그러면 각 x에 대해 함수 $F(x, y)$는 y에 대해 적절히 감소하며, 비슷하게 고정된 각 y마다 함수 $F(x, y)$는 x에 대해 적절히 감소한다. 또한 함수 $F_1(x) = \displaystyle\int_{-\infty}^{\infty} F(x, y)dy$는 연속이며 적절히 감소한다. 함수 $F_2(y) = \displaystyle\int_{-\infty}^{\infty} F(x, y)dx$도 마찬가지다. 마지막으로

$$\int_{-\infty}^{\infty} F_1(x)\,dx = \int_{-\infty}^{\infty} F_2(y)\,dy$$

가 성립한다. 위의 사실들에 대한 증명은 [부록]에서 확인할 수 있다.

이제 이러한 사실을 $F(x, y) = f(x)g(y)e^{-2\pi ixy}$에 적용하자. 그러면 $F_1(x) = f(x)\hat{g}(x)$이며 $F_2(y) = \hat{f}(y)g(y)$이므로

$$\int_{-\infty}^{\infty} f(x)\hat{g}(x)\,dx = \int_{-\infty}^{\infty} \hat{f}(y)g(y)\,dy$$

가 성립하며 이는 명제에서 주장하는 바와 같다. 이로써 증명이 마무리되었다.

곱셈공식과 가우스 함수의 푸리에 변환이 자기 자신이라는 사실을 이용하면 첫 번째 주요 정리의 증명을 얻을 수 있다.

> **정리 1.9 푸리에 역변환(Fourier inversion)**
> $f \in \mathcal{S}(\mathbb{R})$이면 $f(x) = \displaystyle\int_{-\infty}^{\infty} \hat{f}(\xi)e^{2\pi ix\xi}\,d\xi$가 성립한다.

증명

먼저 $f(0) = \displaystyle\int_{-\infty}^{\infty} \hat{f}(\xi)\,d\xi$임을 보인다. $G_\delta(x) = e^{-\pi\delta x^2}$이라 하면 $\widehat{G_\delta}(\xi) = K_\delta(\xi)$이다.

곱셈공식에 의해

$$\int_{-\infty}^{\infty} f(x)K_\delta(x)\,dx = \int_{-\infty}^{\infty} \hat{f}(\xi)G_\delta(\xi)\,d\xi$$

가 성립한다. K_δ는 좋은 핵이므로 좌변의 적분은 $\delta \to 0$일 때 $f(0)$으로 수렴한다. $\delta \to 0$일 때 우변의 적분이 $\int_{-\infty}^{\infty} \hat{f}(\xi)\,d\xi$로 수렴함은 자명하므로 주장이 증명되었다. 일반적으로 $F(y) = f(y+x)$라 하면

$$f(x) = F(0) = \int_{-\infty}^{\infty} \hat{F}(\xi)\,d\xi = \int_{-\infty}^{\infty} \hat{f}(\xi)e^{2\pi ix\xi}\,d\xi$$

가 성립한다. ◀

정리 1.9의 이름에서 알 수 있듯이 푸리에 역변환 공식은 푸리에 변환을 원래대로 되돌린다. 실제로 x가 $-x$로 바뀌는 것을 제외하면 푸리에 변환의 역변환은 자기 자신임을 알 수 있다. 더 정확하게, 두 사상 $\mathcal{F} : \mathcal{S}(\mathbb{R}) \to \mathcal{S}(\mathbb{R})$과 $\mathcal{F}^* : \mathcal{S}(\mathbb{R}) \to \mathcal{S}(\mathbb{R})$을

$$\mathcal{F}(f)(\xi) = \int_{-\infty}^{\infty} f(x)e^{-2\pi ix\xi}\,dx, \quad \mathcal{F}^*(g)(x) = \int_{-\infty}^{\infty} g(\xi)e^{2\pi ix\xi}\,d\xi$$

와 같이 정의할 수 있다. 따라서 $\mathcal{F}$는 푸리에 변환이며 정리 1.9에 의해 $\mathcal{S}(\mathbb{R})$에서 $\mathcal{F}^* \circ \mathcal{F} = I$임을 보장할 수 있다(단, I는 항등사상). 또한 $\mathcal{F}$와 $\mathcal{F}^*$는 지수함수 내의 부호만큼만 다르므로 $\mathcal{F}(f)(y) = \mathcal{F}^*(f)(-y)$임을 알 수 있고 따라서 $\mathcal{F} \circ \mathcal{F}^* = I$이다. 결과적으로 $\mathcal{F}^*$는 $\mathcal{S}(\mathbb{R})$에서 푸리에 변환의 역변환이며, 다음 결과를 얻는다.

따름정리 1.10 푸리에 변환은 슈바르츠 공간에서 일대일 대응사상이다.

1.6 프란셰렐 공식

슈바르츠 함수의 합성곱과 관련하여 몇 가지 결과가 추가로 필요하다. 중요한 사실 중 하나는 푸리에 변환이 합성곱과 함수를 점별로 곱하는 것을 서로 맞바꾸어 준다는 건데, 이 결과는 푸리에 급수의 경우와 유사하다.

명제 1.11 $f, g \in \mathcal{S}(\mathbb{R})$ 이면 다음이 성립한다.

(1) $f * g \in \mathcal{S}(\mathbb{R})$

(2) $f * g = g * f$

(3) $\widehat{(f * g)}(\xi) = \hat{f}(\xi)\hat{g}(\xi)$

증명

$f*g$가 급감소함을 증명하기 위해, 먼저 g가 급감소하므로 임의의 $\ell \geq 0$에 대해 $\sup_x |x|^\ell |g(x-y)| \leq A_\ell(1+|y|)^\ell$을 얻을 수 있다(이를 확인하려면 $|x| \leq 2|y|$ 및 $|x| \geq 2|y|$의 두 경우를 따로 생각한다). 이로부터

$$\sup_x |x^\ell (f * g)(x)| \leq A_\ell \int_{-\infty}^{\infty} |f(y)|(1 + |y|)^\ell \, dy$$

임을 알 수 있다. 따라서 $x^\ell (f * g)(x)$는 모든 $\ell \geq 0$에 대해 유계함수다. 이러한 추정은 $f * g$의 도함수에 대한 추정에도 적용할 수 있으며

$$\left(\frac{d}{dx}\right)^k (f * g)(x) = (f * \left(\frac{d}{dx}\right)^k g)(x) \quad (k = 1, 2, \cdots)$$

가 성립하기 때문에 $f * g \in \mathcal{S}(\mathbb{R})$ 임이 증명된다.

이 항등식은 $k = 1$일 때 $f * g$를 정의하는 적분을 미분하여 증명한다. 이 경우 $\frac{d}{dx}g$가 급감소하므로 미분과 적분의 순서를 바꿀 수 있다. 그러면 귀납법에 의해 모든 k에 대해 위 항등식을 증명할 수 있다.

고정된 x에 대해 $x - y = u$로 변수변환하면

$$(f * g)(x) = \int_{-\infty}^{\infty} f(x - u)g(u) \, du = (g * f)(x)$$

를 알 수 있다. 이러한 변수변환은 두 개의 변수변환 $y \mapsto -y$와 $y \mapsto y - h$ (여기서 $h = x$)를 합성한 것이다. 첫 번째 변수변환은 임의의 슈바르츠 함수 F에 대해 $\int_{-\infty}^{\infty} F(x) \, dx = \int_{-\infty}^{\infty} F(-x) \, dx$ 임을 이용한다. 두 번째 변수변환은 명제 1.1의 (2)를 적용한다.

마지막으로 $F(x, y) = f(y)g(x - y)e^{-2\pi i x \xi}$을 생각한다. f와 g는 급감소하므로 $|x| \leq 2|y|$와 $|x| \geq 2|y|$의 두 경우를 별도로 생각하면 명제 1.8의 증명에서 다룬, 적분 순서를 바꾸는 논의를 F에

적용할 수 있다. 이 경우 $F_1(x) = (f * g)(x)e^{-2\pi ix\xi}$ 이며 $F_2(y) = f(y)e^{-2\pi iy\xi}\hat{g}(\xi)$ 이다. 따라서 $\int_{-\infty}^{\infty} F_1(x)\,dx = \int_{-\infty}^{\infty} F_2(y)\,dy$ 이며 이는 (3)을 의미한다. 따라서 명제가 증명되었다. ◀

이제 이 절의 주요 결과를 증명하기 위해 슈바르츠 함수들의 합성곱에 대한 성질을 이용한다. 우리가 기대하는 결과는 푸리에 급수에 대한 파세발 항등식과 유사한 $\mathbb{R}$ 위의 함수에 대한 항등식이다.

슈바르츠 공간에 $(f, g) = \int_{-\infty}^{\infty} f(x)\overline{g(x)}\,dx$ 와 같이 에르미트 내적을 줄 수 있다. 이 내적과 관련된 노름은 $\|f\| = \left(\int_{-\infty}^{\infty} |f(x)|^2\,dx\right)^{1/2}$ 과 같다. 두 번째 주요 정리에 따르면 푸리에 변환은 $\mathcal{S}(\mathbb{R})$ 에서 유니타리 변환이다.

정리 1.12 프란셰렐 공식(Plancherel formula)
$f \in \mathcal{S}(\mathbb{R})$ 이면 $\|\hat{f}\| = \|f\|$ 이다.

증명

$f \in \mathcal{S}(\mathbb{R})$ 에 대해 $f^\flat(x) = \overline{f(-x)}$ 라고 정의하자. 그러면 $\widehat{f^\flat}(\xi) = \overline{\hat{f}(\xi)}$ 이다. 이제 $h = f * f^\flat$ 이라 하자. 어렵지 않게

$$\hat{h}(\xi) = |\hat{f}(\xi)|^2, \quad h(0) = \int_{-\infty}^{\infty} |f(x)|^2\,dx$$

를 얻는다. 이제 푸리에 역변환을 적용하여 $x = 0$ 으로 두면, 다시 말해

$$\int_{-\infty}^{\infty} \hat{h}(\xi)\,d\xi = h(0)$$

을 이끌어 낼 수 있다. ◀

1.7 적절히 감소하는 함수로의 확장

이전 절에서는 푸리에 역변환과 프란셰렐 공식을 다룰 때 함수가 슈바르츠 공간에 속하는 경우로 제한했다. 일단 적절히 감소하는 함수의 푸리에 변환이 적절히 감소한다고 추가로 가정하면, 이러한 결과를 적절히 감소하는 함수로 확장하는 데에는 추가적인 아이디어가 필요하지는 않다. 실제로, 적절히 감소하는 두 함수 f 와 g 의 합성곱 $f * g$ 도 적절히 감소하는 함수라는 점과(연습문제 7 참고) $\widehat{f * g} = \hat{f}\hat{g}$ 이 성립한다는 점은 증명하기 쉬우면서도 중요한 내용이다. 게다가 곱셈공식도 여전히 성립하며, f 와 $\hat{f}$ 이 모두 적절히 감소할 때 푸리에 역변환과 프란셰렐 공식도 유도할 수 있다.

이러한 일반화는 그렇게 대단한 건 아니지만 상황에 따라 유용하게 쓰일 수 있다.

1.8 바이어슈트라스 근사 정리

이제 잠시 다른 주제로 넘어가서 좋은 핵을 활용하여 바이어슈트라스 근사 정리를 증명하고자 한다. 이 결과는 2장에서 이미 언급했다.

정리 1.13 f는 닫힌 유계구간 $[a,b] \subset \mathbb{R}$에서 연속함수라고 하자. 그러면 임의의 $\epsilon > 0$에 대해

$$\sup_{x \in [a,b]} |f(x) - P(x)| < \epsilon$$

을 만족하는 다항함수 P가 존재한다. 다시 말해 f는 다항함수에 의해 균등하게 근사될 수 있다.

증명

$[a,b]$를 그 내부에 포함하는 구간 $[-M,M]$을 생각하자. 그리고 $[-M,M]$ 바깥에서 0과 같고, $[a,b]$에서는 f와 같은 함숫값을 가지는 $\mathbb{R}$에서의 연속함수를 g라고 두자. 예를 들어 f를 다음과 같이 확장한다. b에서 M까지 g를 $f(b)$와 0을 잇는 선분으로 정의하고, a에서 $-M$까지 g를 $f(a)$와 0을 잇는 선분으로 정의한다. 모든 x에 대해 $|g(x)| \leq B$라고 하자. 그러면 $\{K_\delta\}$는 좋은 핵 집합이고 g는 콤팩트 받침을 가지는 연속함수이므로, 따름정리 1.7의 증명에서와 같이 논증하여 $\delta \to 0$일 때 $g * K_\delta$가 g로 균등하게 수렴함을 보일 수 있다. 실제로 모든 $x \in \mathbb{R}$에 대해

$$|g(x) - (g * K_{\delta_0})(x)| < \frac{\epsilon}{2}$$

을 만족하도록 δ_0를 택하자. 이제 e^x은 멱급수 전개 $e^x = \sum_{n=0}^{\infty} \frac{x^n}{n!}$을 가지며, 이 멱급수는 $\mathbb{R}$의 모든 콤팩트 구간에서 균등하게 수렴함을 기억하자. 그러므로 정수 N이 존재하여 모든 $x \in [-2M, 2M]$에 대해

$$|K_{\delta_0}(x) - R(x)| \leq \frac{\epsilon}{4MB}$$

이 성립한다. 여기서 $R(x) = \delta_0^{-1/2} \sum_{n=0}^{N} \frac{(-\pi x^2/\delta_0)^n}{n!}$이다. 그러면, g가 구간 $[-M,M]$ 바깥에서 0임을 상기하면 모든 $x \in [-M,M]$에 대해

$$\begin{aligned} |(g * K_{\delta_0})(x) - (g * R)(x)| &= \left| \int_{-M}^{M} g(t)[K_{\delta_0}(x-t) - R(x-t)]\, dt \right| \\ &\leq \int_{-M}^{M} |g(t)|\,|K_{\delta_0}(x-t) - R(x-t)|\, dt \\ &\leq 2MB \sup_{z \in [-2M,2M]} |K_{\delta_0}(z) - R(z)| < \frac{\epsilon}{2} \end{aligned}$$

을 얻는다. 삼각부등식에 의해 $x \in [-M, M]$이면 $|g(x) - (g * R)(x)| < \epsilon$이 성립하므로 $x \in [a, b]$일 때 $|f(x) - (g * R)(x)| < \epsilon$이다.

마지막으로 $g * R$은 변수 x에 대한 다항함수임을 기억하자. 실제로 정의에 의해 $(g * R)(x) = \int_{-M}^{M} g(t)R(x-t)\,dt$이다. 또한 $R(x-t)$는 항을 몇 번 전개한 후에 $R(x-t) = \sum_n a_n(t)x^n$과 같은 유한합으로 표현할 수 있으므로 x에 대해 다항함수다. 이로써 정리를 증명했다. ◀

2 편미분방정식에서의 응용

푸리에 변환의 중요한 성질 중 하나는 미분과 다항함수만큼 곱하는 것을 서로 맞바꾼다는 것이다. 이 중요한 사실을 푸리에 역변환 공식과 함께 이용하여 몇몇 편미분방정식을 푸는 법을 알아본다.

2.1 실수에서의 시간 종속 열 방정식

4장에서는 원 위에서의 열 방정식을 생각했다. 여기서는 실수 위에서 유사한 문제를 학습한다.

무한히 긴 막대를 생각하자. 이 막대는 수직선으로 모델링되며, 시각 $t = 0$에서 막대의 초기 온도 분포 $f(x)$가 주어졌다고 가정하자. 이제 시각 $t > 0$에서 점 x의 온도 $u(x, t)$를 결정하려고 한다. 1장과 유사하게 생각하여 u를 적절히 정규화하면 u는 편미분방정식

$$\frac{\partial u}{\partial t} = \frac{\partial^2 u}{\partial x^2} \tag{5.8}$$

의 해가 됨을 보일 수 있다. 이 방정식을 **열 방정식(heat equation)**이라고 한다. 초기 조건은 $u(x, 0) = f(x)$로 주어져 있다.

원에서의 경우와 마찬가지로 방정식의 해는 합성곱으로 표현된다. 실제로 실수에서의 **열 핵(heat kernel)**을

$$\mathcal{H}_t(x) = K_\delta(x) \quad (\text{단, } \delta = 4\pi t)$$

와 같이 정의하자. 그러면

$$\mathcal{H}_t(x) = \frac{1}{(4\pi t)^{1/2}} e^{-x^2/4t}, \quad \hat{\mathcal{H}}_t(\xi) = e^{-4\pi^2 t\xi^2}$$

이 성립한다. 등식 (5.8)에서 변수 x에 대해 (형식적으로) 푸리에 변환을 취하면

$$\frac{\partial \hat{u}}{\partial t}(\xi, t) = -4\pi^2\xi^2\hat{u}(\xi, t)$$

을 얻는다. ξ를 고정하면 이 방정식은 변수 t에 대한 상미분방정식이므로

$$\hat{u}(\xi, t) = A(\xi)e^{-4\pi^2\xi^2 t}$$

을 만족하는 상수 $A(\xi)$가 존재한다. 초기 조건에 푸리에 변환을 취하여 $\hat{u}(\xi, 0) = \hat{f}(\xi)$임을 얻을 수 있으므로 $A(\xi) = \hat{f}(\xi)$이다. 이로부터 다음 정리를 얻는다.

정리 2.1 $f \in \mathcal{S}(\mathbb{R})$이 주어질 때, $t > 0$에 대해 u를

$$u(x, t) = (f * \mathcal{H}_t)(x)$$

와 같이 정의하자. 여기서 $\mathcal{H}_t$는 열 핵이다. 이때 다음이 성립한다.

(1) $x \in \mathbb{R}$이고 $t > 0$일 때 함수 u는 C^2 함수이며, u는 열 방정식의 해다.

(2) $t \to 0$일 때 $u(x, t)$는 x에 균등하게 $f(x)$로 수렴한다. 따라서 $u(x, 0) = f(x)$라고 두면, u는 상반평면의 폐포 $\overline{\mathbb{R}^2_+} = \{(x, t) : x \in \mathbb{R},\ t \geq 0\}$에서 연속이다.

(3) $t \to 0$일 때, $\displaystyle\int_{-\infty}^{\infty} |u(x, t) - f(x)|^2\, dx \to 0$이다.

증명

(1) $u = f * \mathcal{H}_t$이므로 변수 x에 대해 푸리에 변환을 취하면 $\hat{u} = \hat{f}\hat{\mathcal{H}}_t$이며, 따라서 $\hat{u}(\xi, t) = \hat{f}(\xi)e^{-4\pi^2\xi^2 t}$이다. 푸리에 역변환 공식에 의해

$$u(x, t) = \int_{-\infty}^{\infty} \hat{f}(\xi)e^{-4\pi^2 t\xi^2} e^{2\pi i\xi x}\, d\xi$$

가 성립한다. 적분 기호 속에서 미분하여 (1)을 확인할 수 있다. 실제로 u는 무한 번 미분가능함을 관찰할 수 있다.

(2) 따름정리 1.7로부터 바로 알 수 있다.

(3) 프란셰렐 공식을 이용하면

$$\int_{-\infty}^{\infty} |u(x,t)-f(x)|^2\,dx = \int_{-\infty}^{\infty} |\hat{u}(\xi,t)-\hat{f}(\xi)|^2\,d\xi$$
$$= \int_{-\infty}^{\infty} |\hat{f}(\xi)|^2\,|e^{-4\pi^2 t\xi^2}-1|\,d\xi$$

를 얻는다. $t \to 0$일 때 마지막 적분이 0으로 수렴함을 보이기 위해 다음과 같이 논증한다. $|e^{-4\pi^2 t\xi^2}-1| \le 2$이며 $f \in \mathcal{S}(\mathbb{R})$이므로

$$\int_{|\xi|\ge N} |\hat{f}(\xi)|^2 |e^{-4\pi^2 t\xi^2}-1|\,d\xi < \epsilon$$

을 만족하는 N을 찾을 수 있다. 또한 $\hat{f}$는 유계이므로 충분히 작은 모든 t에 대해 $\sup_{|\xi|\le N} |\hat{f}(\xi)|^2|e^{-4\pi^2 t\xi^2} - 1| < \dfrac{\epsilon}{2N}$이다. 따라서 충분히 작은 모든 t에 대해

$$\int_{|\xi|\le N} |\hat{f}(\xi)|^2|e^{-4\pi^2 t\xi^2}-1|\,d\xi < \epsilon$$

이 성립한다. 이로써 정리를 증명했다. ◀

정리 2.1은 초기 조건이 f인 열 방정식의 해의 존재성을 보장한다. 유일성 개념을 적절히 정립하면 이 해 또한 유일함을 알 수 있다. 이와 관련하여 $u = f * \mathcal{H}_t$ (단, $f \in \mathcal{S}(\mathbb{R})$)가 다음의 추가 성질을 만족함에 주목한다.

따름정리 2.2 $u(\cdot,t)$는 임의의 $T>0$과 모든 $k,\ell \ge 0$에 대해

$$\sup_{\substack{x\in\mathbb{R}\\0<t<T}} |x|^k \left|\frac{\partial^\ell}{\partial x^\ell}u(x,t)\right| < \infty \tag{5.9}$$

가 성립한다.

이때 $u(\cdot,t)$가 균등하게 $\mathcal{S}(\mathbb{R})$에 속한다.

증명

이는 계측

$$|u(x,t)| \le \int_{|y|\le|x|/2} |f(x-y)|\mathcal{H}_t(y)\,dy + \int_{|y|\ge|x|/2} |f(x-y)|\mathcal{H}_t(y)\,dy$$
$$\le \frac{C_N}{(1+|x|)^N} + \frac{C}{\sqrt{t}}e^{-cx^2/t}$$

에 따른 결과다. 실제로 f는 급감소하므로 $|y| \le |x|/2$일 때 $|f(x-y)| \le C_N/(1+|x|)^N$이 성립한다. 또한 $|y| \ge |x|/2$이면 $\mathcal{H}_t(y) \le Ct^{-1/2}e^{-cx^2/t}$이고, 따라서 앞의 부등식을 얻는다. 그러므로 $u(x,t)$는 $0 < t < T$에 균등하게 빨리 감소함을 알 수 있다.

적분 기호 안에서 미분하고 f를 f'으로 바꾸어 앞선 계측을 적용할 수 있으므로 변수 x에 대한 u의 편도함수에 대해서도 같은 논증을 적용할 수 있다. ◀

이는 유일성 정리로 이어진다.

정리 2.3 $u(x,t)$가 다음 조건을 만족한다고 가정하자.

(1) u는 상반평면의 폐포에서 연속이다.

(2) $t > 0$일 때 u는 열 방정식의 해다.

(3) u는 경계조건 $u(x,0) = 0$을 만족한다.

(4) (5.9)와 같이 t에 균등하게 $u(\cdot, t) \in \mathcal{S}(\mathbb{R})$이다.

그러면 $u = 0$이다.

이제부터 $\frac{\partial^\ell u}{\partial x^\ell}$과 $\frac{\partial u}{\partial t}$를 줄여서 각각 $\partial_x^\ell u$와 $\partial_t u$로 나타낸다.

증명

시각 t에서 해 $u(x,t)$의 에너지를

$$E(t) = \int_{\mathbb{R}} |u(x,t)|^2 \, dx$$

와 같이 정의한다. $E(t) \ge 0$임은 분명하다. $E(0) = 0$이므로 E가 감소함수임을 보이면 충분하고, 이는 $\frac{dE}{dt} \le 0$임을 증명하여 보일 수 있다. u에 대한 가정으로부터 $E(t)$를

$$\frac{dE}{dt} = \int_{\mathbb{R}} [\partial_t u(x,t)\overline{u}(x,t) + u(x,t)\partial_t \overline{u}(x,t)] \, dx$$

와 같이 적분 기호 안에서 미분할 수 있다. 그런데 u는 열 방정식을 만족하므로 $\partial_t u = \partial_x^2 u$이고 $\partial_t \overline{u} = \partial_x^2 \overline{u}$이다. 따라서 부분적분하고 u와 u의 x에 대한 미분들이 $|x| \to \infty$일 때 급감소한다는 사실을 이용하여

$$\begin{aligned}\frac{dE}{dt} &= \int_{\mathbb{R}} [\partial_x^2 u(x,t)\overline{u}(x,t) + u(x,t)\partial_x^2 \overline{u}(x,t)] \, dx \\ &= -\int_{\mathbb{R}} [\partial_x u(x,t)\partial_x \overline{u}(x,t) + \partial_x u(x,t)\partial_x \overline{u}(x,t)] \, dx\end{aligned}$$

$$= -2 \int_{\mathbb{R}} |\partial_x u(x,t)|^2 \, dx$$
$$\leq 0$$

을 알 수 있다. 따라서 모든 t에 대해 $E(t) = 0$이므로 $u = 0$이다. ◀

열 방정식에 대한 또 다른 유일성 정리는 심화문제 6에서 확인할 수 있다. 이때 가정은 관계식 (5.9)보다 덜 제한적이다. 유일성이 성립하지 않는 예는 연습문제 12와 심화문제 4에 나와 있다.

2.2 상반평면에서의 안정상태 열 방정식

이번에 다루고자 하는 방정식은 상반평면 $\mathbb{R}^2_+ = \{(x,y) : x \in \mathbb{R},\ y > 0\}$에서 정의된 방정식

$$\triangle u = \frac{\partial^2 u}{\partial x^2} + \frac{\partial^2 u}{\partial y^2} = 0 \tag{5.10}$$

이다. 경계조건은 $u(x,0) = f(x)$로 주어진다. $\triangle$은 라플라스 작용소이며 편미분방정식 (5.10)은 경계에서 $u = f$인 $\mathbb{R}^2_+$에서의 안정상태 열 분포를 설명한다. 이 문제를 푸는 핵을 상반평면에 대한 **푸아송 핵**이라고 하며,

$$\mathcal{P}_y(x) = \frac{1}{\pi} \frac{y}{x^2 + y^2} \quad (\text{단},\ \ x \in \mathbb{R},\ y > 0)$$

와 같이 주어진다. 이는 2장 5.4절에서 설명한 원판에 대한 푸아송 핵과 유사하다.

각각의 고정된 y에 대해 핵 $\mathcal{P}_y$는 단지 x에 대해 적절히 감소하는 함수일 뿐이므로, 이러한 유형의 함수에 적합한 푸리에 변환 이론을 사용할 것이다(1.7절 참고).

시간 종속 열 방정식일 때와 같이, 식 (5.10)에서 변수 x에 대해 (형식적으로) 푸리에 변환을 취하면

$$-4\pi^2\xi^2 \hat{u}(\xi,y) + \frac{\partial^2 \hat{u}}{\partial y^2}(\xi,y) = 0$$

을 얻는다. 경계조건은 $\hat{u}(\xi,0) = \hat{f}(\xi)$이다. ($\xi$를 고정한 채) 변수 y에 대한 이 상미분방정식의 일반해는

$$\hat{u}(\xi,y) = A(\xi)e^{-2\pi|\xi|y} + B(\xi)e^{2\pi|\xi|y}$$

과 같은 꼴이다. 우변의 두 번째 항에 있는 지수함수는 빠르게 증가하므로 이 항을 무시하고, $y = 0$일 때는 $A(\xi) = \hat{f}(\xi)$이므로

$$\hat{u}(\xi, y) = \hat{f}(\xi)e^{-2\pi|\xi|y}$$

을 얻는다. 따라서 u는 푸리에 변환이 $e^{-2\pi|\xi|y}$인 핵과 f의 합성곱으로 주어진다. 보조정리 2.4에서 증명하듯이 앞에 주어진 푸아송 핵이 정확히 찾고자 하는 핵이다.

> **보조정리 2.4**
>
> (1) $\displaystyle\int_{-\infty}^{\infty} e^{-2\pi|\xi|y}e^{2\pi i\xi x}\,d\xi = \mathcal{P}_y(x)$
>
> (2) $\displaystyle\int_{-\infty}^{\infty} \mathcal{P}_y(x)e^{-2\pi ix\xi}\,dx = e^{-2\pi|\xi|y}$

증명

(1) 이 항등식은 적분을 $-\infty$부터 0까지와 0부터 ∞까지의 적분으로 나눌 수 있기 때문에 상당히 간단히 보일 수 있다. 그러면 $y > 0$이므로

$$\int_0^{\infty} e^{-2\pi\xi y}e^{2\pi i\xi x}\,d\xi = \int_0^{\infty} e^{2\pi i(x+iy)\xi}\,d\xi = \left[\frac{e^{2\pi i(x+iy)\xi}}{2\pi i(x+iy)}\right]_0^{\infty} = -\frac{1}{2\pi i(x+iy)}$$

이 성립한다. 또한 유사하게

$$\int_{-\infty}^{0} e^{2\pi\xi y}e^{2\pi i\xi x}\,d\xi = \frac{1}{2\pi i(x-iy)}$$

이 성립한다. 따라서

$$\int_{-\infty}^{\infty} e^{-2\pi|\xi|y}e^{2\pi i\xi x}\,d\xi = \frac{1}{2\pi i(x-iy)} - \frac{1}{2\pi i(x+iy)} = \frac{y}{\pi(x^2+y^2)}$$

가 성립한다.

(2) 이 항등식은 이제 f와 $\hat{f}$이 적절히 감소할 때 푸리에 역변환 공식을 적용한 결과다. ◀

> **보조정리 2.5** $y \to 0$일 때 푸아송 핵은 $\mathbb{R}$에서 좋은 핵이다.

증명

보조정리 2.4의 식 (2)에 $\xi = 0$을 대입하면 $\displaystyle\int_{-\infty}^{\infty} \mathcal{P}_y(x)\,dx = 1$임을 알 수 있다. 또한 $\mathcal{P}_y(x) \geq 0$은 분명하므로 좋은 핵의 마지막 성질을 확인하는 것만 남았다. 고정된 $\delta > 0$이 주어지면 $u = \dfrac{x}{y}$로 변수변환하여

$$\int_\delta^\infty \frac{y}{x^2+y^2}\,dx = \int_{\delta/y}^\infty \frac{du}{1+u^2} = \big[\arctan u\big]_{\delta/y}^\infty = \pi/2 - \arctan(\delta/y)$$

를 보일 수 있다. 그리고 이 값은 $y \to 0$일 때 0으로 수렴한다. $\mathcal{P}_y(x)$는 짝함수이므로 증명이 마무리된다. ◀

다음 정리는 지금 다루고 있는 방정식의 해의 존재성을 확립한다.

정리 2.6 $f \in \mathcal{S}(\mathbb{R})$이 주어질 때, $u(x,y) = (f * \mathcal{P}_y)(x)$라 하자. 그러면 다음이 성립한다.

(1) $u(x,y)$는 $\mathbb{R}^2_+$에서 C^2 함수이며 $\triangle u = 0$이다.

(2) $y \to 0$일 때 $u(x,y)$는 $f(x)$로 균등 수렴한다.

(3) $y \to 0$일 때 $\displaystyle\int_{-\infty}^\infty |u(x,y) - f(x)|^2\,dx \to 0$이다.

(4) $u(x,0) = f(x)$이면 u는 상반평면의 폐포 $\overline{\mathbb{R}^2_+}$에서 연속이며,

$$|x| + y \to \infty \text{ 일 때,} \quad u(x,y) \to 0$$

이라는 의미로 무한대에서 0이 된다.

증명

(1), (2), (3) 증명은 열 방정식의 경우와 유사하므로, 여러분의 몫으로 남긴다.

(4) f가 적절히 감소할 때 성립하는 두 가지 간단한 추정을 이용하면 된다. 먼저

$$|(f * \mathcal{P}_y)(x)| \le C\left(\frac{1}{(1+x^2)} + \frac{y}{x^2+y^2}\right)$$

가 성립한다. 이는 (열 방정식의 경우와 같이) 적분 $\displaystyle\int_{-\infty}^\infty f(x-t)\mathcal{P}_y(t)\,dt$를 $|t| \le \dfrac{|x|}{2}$인 부분과 $|t| \ge \dfrac{|x|}{2}$인 부분으로 나누면 증명할 수 있다. 또한 $\sup_x \mathcal{P}_y(x) \le \dfrac{c}{y}$이므로 $|(f * \mathcal{P}_y)(x)| \le \dfrac{C}{y}$가 성립한다.

$|x| \ge |y|$일 때는 첫 번째 추정을 이용하고 $|x| \le |y|$일 때는 두 번째 추정을 이용하여 우리가 기대한 만큼 무한대에서의 감소를 얻는다. ◀

다음으로 이러한 해가 본질적으로 유일함을 보인다.

정리 2.7 u가 상반평면의 폐포 $\overline{\mathbb{R}^2_+}$에서 연속이라고 가정하자. 또한 $(x,y)\in\mathbb{R}^2_+$에 대해 $\triangle u=0$이고 $u(x,0)=0$이며 $u(x,y)$는 무한대에서 0이라고 하자. 그러면 $u=0$이다.

무한대에서 u의 감쇄를 고려하는 조건이 필요하다는 사실은 간단한 예를 통해 확인할 수 있다. $u(x,y)=y$라고 하자. 분명히 u는 안정상태 열 방정식을 만족하며 실수축에서의 함숫값이 0이지만 u는 항등적으로 0인 함수는 아니다.

정리 2.7은 $\triangle u=0$을 만족하는 함수인 조화함수에 대한 간단한 사실로부터 증명할 수 있다. 바로 한 점에서 조화함수의 함숫값이 그 점을 중심으로 하는 임의의 원 주변의 평균값과 같다는 사실을 이용하면 된다.

보조정리 2.8 평균값 성질(mean-value property)

Ω가 $\mathbb{R}^2$에서 열린 집합이라고 가정하고 u는 Ω에서 $\triangle u=0$인 C^2 함수라고 하자. (x,y)를 중심으로 하고 반지름 길이가 R인 원판의 폐포가 Ω에 포함되면, 모든 $0\le r\le R$에 대해

$$u(x,y)=\frac{1}{2\pi}\int_0^{2\pi}u(x+r\cos\theta,y+r\sin\theta)\,d\theta$$

가 성립한다.

증명

$U(r,\theta)=u(x+r\cos\theta,y+r\sin\theta)$라고 하자. 라플라스 작용소를 극좌표로 나타내면 방정식 $\triangle u=0$은

$$0=\frac{\partial^2U}{\partial\theta^2}+r\frac{\partial}{\partial r}\left(r\frac{\partial U}{\partial r}\right)$$

와 같다. $F(r)=\dfrac{1}{2\pi}\displaystyle\int_0^{2\pi}U(r,\theta)\,d\theta$라고 정의하면 위의 식에서

$$r\frac{\partial}{\partial r}\left(r\frac{\partial F}{\partial r}\right)=\frac{1}{2\pi}\int_0^{2\pi}-\frac{\partial^2U}{\partial\theta^2}(r,\theta)\,d\theta$$

가 성립한다. $\dfrac{\partial U}{\partial\theta}$는 주기함수이므로 원 위에서 $\dfrac{\partial^2U}{\partial\theta^2}$을 적분하면 0이다. 따라서 $r\dfrac{\partial}{\partial r}\left(r\dfrac{\partial F}{\partial r}\right)=0$이며 $r\dfrac{\partial F}{\partial r}$은 상수함수여야 한다. $r=0$을 대입하면 $\dfrac{\partial F}{\partial r}=0$이므로 F는 상수함수다. 그런데 $F(0)=u(x,y)$이므로 마침내 모든 $0\le r\le R$에 대해 $F(r)=u(x,y)$임을 알 수 있고, 이는 곧 평균값 성질이다.

마지막으로 앞의 논증은 2장 정리 5.7의 증명에 함축되어 있음을 명심하자. ◀

정리 2.7의 증명

정리 2.7을 증명하기 위해 귀류법을 사용한다. u가 영함수가 아니라고 하자. 그러면 u의 실수부와 허수부를 따로 생각하여 u가 실함수라고 가정할 수 있다. 또한 어디선가 양의 함숫값을 가진다고 가정해도 되므로, 어떤 $x_0 \in \mathbb{R}$과 $y_0 > 0$에 대해 $u(x_0, y_0) > 0$이라고 하자. 이것이 모순으로 이어지는 상황을 보게 될 것이다. 먼저 u는 무한대에서 0이 되므로, 반지름 길이가 R인 큰 반원 $D_R^+ = \{(x,y) : x^2 + y^2 \leq R,\ y \geq 0\}$ 외부에서 $u(x,y) \leq \frac{1}{2} u(x_0, y_0)$임을 알 수 있다. 다음으로 u는 D_R^+에서 연속이므로 D_R^+에서 최댓값 M을 가진다. 따라서 $u(x_1, y_1) = M$인 점 $(x_1, y_1) \in D_R^+$가 존재하며 이 반원 내부에서 $u(x,y) \leq M$이다. 또한 반원 외부에서 $u(x,y) \leq \frac{1}{2} u(x_0, y_0) \leq \frac{M}{2}$이므로 상반평면 전체에서 $u(x,y) \leq M$임을 알 수 있다. 이제 조화함수에 대한 평균값 성질에 의해

$$u(x_1, y_1) = \frac{1}{2\pi} \int_0^{2\pi} u(x_1 + \rho\cos\theta, y_1 + \rho\sin\theta)\, d\theta$$

가 성립한다. 여기서 적분하는 원은 상반평면에 놓여 있다. 특히, 이 식은 $0 < \rho < y_1$이면 성립한다. $u(x_1, y_1)$은 최댓값 M과 같으며 $u(x_1 + \rho\cos\theta, y_1 + \rho\sin\theta) \leq M$이므로 연속성에 의해 원 전체에서 $u(x_1 + \rho\cos\theta, y_1 + \rho\sin\theta) = M$이다. 그렇지 않다면 원 위의 길이가 $\delta > 0$인 호에서 $u(x,y) \leq M - \epsilon$이므로

$$\frac{1}{2\pi} \int_0^{2\pi} u(x_1 + \rho\cos\theta, y_1 + \rho\sin\theta)\, d\theta \leq M - \frac{\epsilon\delta}{2\pi} < M$$

을 얻는다. 이는 $u(x_1, y_1) = M$이라는 사실에 모순된다. 이제 $\rho \to y_1$의 극한을 취하고 u의 연속성을 다시 이용하여 $u(x_1, 0) = M > 0$임을 알 수 있다. 이는 모든 x에 대해 $u(x, 0) = 0$이라는 사실에 모순된다. ◀

3 푸아송 합 공식

푸리에 변환의 정의는 푸리에 급수의 연속 버전을 찾아 실수에서 정의된 함수에 적용하려는 데에서 비롯한다. 이제 원 위의 함수와 이와 관련된 $\mathbb{R}$ 위의 함수를 해석하는 것 사이에 더 놀라운 연결 고리가 있음을 보일 것이다.

실수에서 함수 $f \in \mathcal{S}(\mathbb{R})$이 주어지면

$$F_1(x) = \sum_{n=-\infty}^{\infty} f(x+n)$$

과 같은 방법으로 원 위의 새로운 함수를 구성할 수 있다. f는 급감소하므로 위의 급수는 절대수렴하며 $\mathbb{R}$의 모든 콤팩트 부분집합에서 항상 균등하게 수렴하므로 F_1은 연속이다. 위의 급수에서 n을 $n+1$로 옮기는 작업은 단순히 각 항을 이동시키는 데 불과하므로 $F_1(x+1) = F_1(x)$이다. 따라서 F_1은 주기가 1인 주기함수다. 함수 F_1을 f의 **주기화(periodization)**라고 한다.

이번에는 푸리에 해석학 내용을 이용하여 f의 **주기함수 버전**에 도달하는 또 다른 방법을 생각해 본다. 항등식

$$f(x) = \int_{-\infty}^{\infty} \hat{f}(\xi) e^{2\pi i \xi x}\, d\xi$$

에서 시작하자. 그리고 이 항등식을 이산화한 식과 유사한 식을 생각한다. 즉, 적분을 급수로 대체한다.

$$F_2(x) = \sum_{n=-\infty}^{\infty} \hat{f}(n) e^{2\pi i n x}$$

또 $\hat{f}$이 슈바르츠 공간에 속하므로 위의 급수는 절대수렴하며 균등하게 수렴하고, F_2는 연속이다. 게다가 지수함수 $e^{2\pi i n x}$ 각각은 주기가 1이므로 F_2 또한 주기가 1인 주기함수다.

여기서 F_1과 F_2를 생성하는 이러한 두 방법의 결과가 실제로 같은 함수라는 사실이 아주 중요하다.

정리 3.1 푸아송 합 공식(Poisson summation formula)

$f \in \mathcal{S}(\mathbb{R})$이면 다음이 성립한다.

- $\displaystyle\sum_{n=-\infty}^{\infty} f(x+n) = \sum_{n=-\infty}^{\infty} \hat{f}(n) e^{2\pi i n x}$
- 특히 $x = 0$으로 두면 $\displaystyle\sum_{n=-\infty}^{\infty} f(n) = \sum_{n=-\infty}^{\infty} \hat{f}(n)$

다시 말해 f를 주기화한 것의 푸리에 계수는 정확히 정수에서 f의 푸리에 변환의 함숫값에 의해 주어진다.

증명

첫 번째 식을 확인하려면 2장 정리 2.1에 의해 (연속함수인) 양변의 함수가 (원 위의 함수로 보았을

때) 같은 푸리에 계수를 가짐을 보이면 충분하다. 분명히 우변의 m번째 푸리에 계수는 $\hat{f}(m)$이다. 좌변은

$$\begin{aligned}\int_0^1 \left(\sum_{n=-\infty}^{\infty} f(x+n)\right) e^{-2\pi imx}\,dx &= \sum_{n=-\infty}^{\infty} \int_0^1 f(x+n)e^{-2\pi imx}\,dx \\ &= \sum_{n=-\infty}^{\infty} \int_n^{n+1} f(y)e^{-2\pi imy}\,dy \\ &= \int_{-\infty}^{\infty} f(y)e^{-2\pi imy}\,dy \\ &= \hat{f}(m)\end{aligned}$$

과 같다. 여기서 f가 급감소하기 때문에 적분과 급수의 순서를 바꿀 수 있다. 이로써 정리의 증명이 끝났다. ◀

정리 3.1은 f와 $\hat{f}$ 모두 적절히 감소하는 경우까지 확장할 수 있다는 점을 기억하자. 그 증명은 사실 거의 동일하다.

푸아송 합 공식이 적용되지 않더라도 여러 문제에서 주기화하는 연산이 중요하다는 사실을 알 수 있다. 초등함수 $f(x) = \frac{1}{x}$ $(x \neq 0)$을 생각하여 한 가지 예를 소개한다. 이 함수를 주기화한 결과는

$$\sum_{n=-\infty}^{\infty} \frac{1}{x+n}$$

이며, 이를 대칭적으로 합하면 코탄젠트 함수의 부분분수 분해를 얻는다. 사실 이 급수는 x가 정수가 아닐 때 $\pi \cot \pi x$와 같다. 유사하게 $f(x) = \frac{1}{x^2}$이면 $x \notin \mathbb{Z}$일 때

$$\sum_{n=-\infty}^{\infty} \frac{1}{(x+n)^2} = \frac{\pi^2}{(\sin \pi x)^2}$$

을 얻는다(연습문제 15 참고).

3.1 세타함수와 제타함수

$s > 0$에 대해 **세타함수(theta function)**를

$$\vartheta(s) = \sum_{n=-\infty}^{\infty} e^{-\pi n^2 s}$$

으로 정의한다. s에 대한 조건으로 인해 급수는 절대수렴한다. 이 특수함수는 다음의 함수방정식을 만족한다는 중요한 특징을 지닌다.

정리 3.2 $s > 0$이면 $s^{-1/2}\,\vartheta(1/s) = \vartheta(s)$이다.

이 항등식은 아래 한 쌍의 함수에 푸아송 합 공식을 간단히 적용하여 증명한다.

$$f(x) = e^{-\pi s x^2}, \quad \hat{f}(\xi) = s^{-1/2} e^{-\pi \xi^2 / s}$$

세타함수 $\vartheta(s)$는 $\mathrm{Re}(s) > 0$인 복소수 s로도 확장되며, 이때 위의 함수방정식은 여전히 성립한다. 세타함수는 정수론에서 중요한 함수인 **제타함수**와 밀접하게 연결되어 있다. 제타함수 $\zeta(s)$는 $\mathrm{Re}(s) > 1$에 대해

$$\zeta(s) = \sum_{n=1}^{\infty} \frac{1}{n^s}$$

과 같이 정의한다. 추후에 이 함수가 소수에 대한 본질적인 정보를 가지고 있음을 알게 될 것이다(8장 참고).

또한 ζ, ϑ와 또 다른 중요한 함수 Γ가 항등식

$$\pi^{-s/2}\Gamma(s/2)\zeta(s) = \frac{1}{2}\int_0^{\infty} t^{s/2-1}(\vartheta(t) - 1)\, dt$$

에 의해 연관되어 있음이 알려져 있다. 위 식은 $s > 1$일 때 성립한다. 연습문제 17과 연습문제 18 참고하라.

함수 ϑ로 돌아와서, $\mathrm{Im}(\tau) > 0$이고 $z \in \mathbb{C}$일 때 일반화된 세타함수 $\Theta(z|\tau)$를

$$\Theta(z|\tau) = \sum_{n=-\infty}^{\infty} e^{i\pi n^2 \tau} e^{2\pi i n z}$$

과 같이 정의한다. $z = 0$ 및 $\tau = is$로 두면 $\Theta(z|\tau) = \vartheta(s)$를 얻는다.

3.2 열 핵

원에서의 시간 종속 열 방정식에도 푸아송 합 공식 및 세타함수와 관련된 내용을 응용할 수 있다. $u(x,0)=f(x)$ (단, f는 주기가 1인 주기함수)인 방정식

$$\frac{\partial u}{\partial t}=\frac{\partial^2 u}{\partial x^2}$$

의 해는 4장에서 $u(x,t)=(f*H_t)(x)$와 같이 주어졌다. 여기서 $H_t(x)$는 원에서의 열 핵으로

$$H_t(x)=\sum_{n=-\infty}^{\infty} e^{-4\pi^2 n^2 t}e^{2\pi i n x}$$

과 같다. 특히 3.1절의 일반화된 세타함수의 정의에 따라 $\Theta(x|4\pi i t)=H_t(x)$이다. 또한, $\mathbb{R}$에서의 열 방정식에서 열 핵

$$\mathcal{H}_t(x)=\frac{1}{(4\pi t)^{1/2}}e^{-x^2/4t}$$

이 등장했음을 기억하자. 이때 $\hat{\mathcal{H}}_t(\xi)=e^{-4\pi^2\xi^2 t}$이다. 푸아송 합 공식을 사용하면 이 두 핵 사이의 중요한 관계식을 얻을 수 있다.

정리 3.3 원에서의 열 핵은 실수에서의 열 핵의 주기화다.

$$H_t(x)=\sum_{n=-\infty}^{\infty}\mathcal{H}_t(x+n)$$

$\mathcal{H}_t$가 $\mathbb{R}$에서 좋은 핵이라는 증명은 매우 간단했지만, H_t가 원에서 좋은 핵임을 보이는 더 어려운 문제는 미해결 상태로 두었다. 위의 결과를 통해 이 문제를 해결할 수 있다.

따름정리 3.4 $t\to 0$일 때 열 핵 $H_t(x)$는 좋은 핵이다.

증명

$\int_{|x|\le 1/2} H_t(x)\,dx=1$임은 이미 관찰했다. 이제 $\mathcal{H}_t\ge 0$이므로 위의 식에서 바로 $H_t\ge 0$임을 알 수 있다. 마지막으로 $|x|\le \frac{1}{2}$일 때

$$H_t(x) = \mathcal{H}_t(x) + \mathcal{E}_t(x)$$

가 성립함을 보인다. 여기서 오차항 $\mathcal{E}$는 $|\mathcal{E}_t(x)| \le c_1 e^{-c_2/t}$을 만족한다(단, $c_1, c_2 > 0$이고 $0 < t \le 1$). 이를 보이기 위해 다시 정리 3.3의 식에 의해

$$H_t(x) = \mathcal{H}_t(x) + \sum_{|n|\ge 1} \mathcal{H}_t(x+n)$$

이 성립함에 주목한다. $|x| \le \dfrac{1}{2}$이므로

$$\mathcal{E}_t(x) = \frac{1}{\sqrt{4\pi t}} \sum_{|n|\ge 1} e^{-(x+n)^2/4t} \le Ct^{-1/2} \sum_{n\ge 1} e^{-cn^2/t}$$

이 성립한다. $0 < t \le 1$일 때 $n^2/t \ge n^2$이고 $n^2/t \ge 1/t$이므로 $e^{-cn^2/t} \le e^{-cn^2/2} e^{-c/2t}$이다. 따라서

$$|\mathcal{E}_t(x)| \le Ct^{-1/2} e^{-c/2t} \sum_{n\ge 1} e^{-cn^2/2} \le c_1 e^{-c_2/t}$$

이 성립한다. 이로써 보이고자 한 내용이 증명되었고, 따라서 $t \to 0$일 때 $\displaystyle\int_{|x|\le 1/2} |\mathcal{E}_t(x)|\, dx \to 0$이다. 이제 $\mathcal{H}_t$가 그러했기 때문에 $t \to 0$일 때 H_t는 분명히

$$\int_{\eta < |x| \le 1/2} |H_t(x)|\, dx \to 0$$

을 만족한다. ◀

3.3 푸아송 핵

열 핵에 대한 위의 설명과 유사한 방법으로 원판에 대한 푸아송 핵과 상반평면에 대한 푸아송 핵 사이의 관계를 설명한다. 각 영역에서의 푸아송 핵은

$$P_r(\theta) = \frac{1 - r^2}{1 - 2r\cos\theta + r^2}, \quad \mathcal{P}_y(x) = \frac{1}{\pi}\frac{y}{y^2 + x^2}$$

와 같다.

정리 3.5 $r = e^{-2\pi y}$에 대해 $P_r(2\pi x) = \sum_{n\in\mathbb{Z}} \mathcal{P}_y(x+n)$이다.

이는 다시 $f(x) = \mathcal{P}_y(x)$와 $\hat{f}(\xi) = e^{-2\pi|\xi|y}$에 푸아송 합 공식을 적용하여 바로 알 수 있다. 물론 여기서는 f와 $\hat{f}$이 적절히 감소한다는 가정하에 푸아송 합 공식을 이용한다.

4 하이젠베르크 불확정성 원리

이 원리의 수학적 요지는 함수와 푸리에 변환 사이의 관계로 기술할 수 있다. 저변에 깔린 기본 법칙을 가장 모호하고 일반적인 형태로 표현하면, 함수와 그 푸리에 변환은 둘 다 본질적으로 국소화할 수 없다고 할 수 있다. 좀 더 정확하게는 함수의 질량의 **편중**이 길이가 L인 구간에 집중된다면 푸리에 변환의 질량은 본질적으로 L^{-1}보다 작은 길이의 구간에 편중될 수 없다는 말이다. 정확한 설명은 다음과 같다.

정리 4.1 ψ는 정규화 조건 $\int_{-\infty}^{\infty} |\psi(x)|^2\,dx = 1$을 만족하는 $\mathcal{S}(\mathbb{R})$의 함수라고 가정하자. 그러면

$$\left(\int_{-\infty}^{\infty} x^2|\psi(x)|^2\,dx\right)\left(\int_{-\infty}^{\infty} \xi^2|\hat{\psi}(\xi)|^2\,d\xi\right) \geq \frac{1}{16\pi^2}$$

이 성립한다. 등호가 성립할 필요충분조건은 $\psi(x) = Ae^{-Bx^2}$ (단, $B > 0$이고 $|A|^2 = \sqrt{2B/\pi}$) 이다.

실제로 모든 $x_0, \xi_0 \in \mathbb{R}$에 대해

$$\left(\int_{-\infty}^{\infty} (x-x_0)^2|\psi(x)|^2\,dx\right)\left(\int_{-\infty}^{\infty} (\xi-\xi_0)^2|\hat{\psi}(\xi)|^2\,d\xi\right) \geq \frac{1}{16\pi^2}$$

이 성립한다.

증명

두 번째 부등식은 첫 번째 부등식에서 $\psi(x)$를 $e^{-2\pi ix\xi_0}\psi(x+x_0)$로 바꾸고 치환적분하여 알 수 있다.

첫 번째 부등식을 증명하기 위해 다음과 같이 논증한다. 정규화 가정 $\int |\psi|^2 = 1$에서 시작하여 ψ와 ψ'이 급감소한다는 점을 상기하면 부분적분을 이용하여

$$1 = \int_{-\infty}^{\infty} |\psi(x)|^2\,dx$$

$$= -\int_{-\infty}^{\infty} x \frac{d}{dx}|\psi(x)|^2\,dx$$

$$= -\int_{-\infty}^{\infty} \left(x\psi'(x)\overline{\psi(x)} + x\overline{\psi'(x)}\psi(x)\right)\,dx$$

를 얻을 수 있다. 마지막 등식은 $|\psi|^2 = \psi\overline{\psi}$이기 때문에 성립한다. 따라서

$$1 \le 2\int_{-\infty}^{\infty} |x|\,|\psi(x)|\,|\psi'(x)|\,dx$$

$$\le 2\left(\int_{-\infty}^{\infty} x^2|\psi(x)|^2\,dx\right)^{1/2}\left(\int_{-\infty}^{\infty} |\psi'(x)|^2\,dx\right)^{1/2}$$

이 성립한다. 여기서는 코시–슈바르츠 부등식을 이용했다. 푸리에 변환의 성질과 프란셰렐 공식에 의해 항등식

$$\int_{-\infty}^{\infty} |\psi'(x)|^2\,dx = 4\pi^2\int_{-\infty}^{\infty} \xi^2|\hat{\psi}(\xi)|^2\,d\xi$$

가 성립한다. 이로써 정리의 부등식을 증명했다.

등호가 성립한다면 증명에서 사용한 코시–슈바르츠 부등식에서도 등호가 성립해야 하고, 따라서 적당한 상수 β에 대해 $\psi'(x) = \beta x\psi(x)$임을 알 수 있다. 이 방정식의 해는 $\psi(x) = Ae^{\beta x^2/2}$ (단, A는 상수)이다. ψ가 슈바르츠 함수이길 바라므로 $\beta = -2B < 0$을 취해야 한다. 또한 $\int_{-\infty}^{\infty} |\psi(x)|^2\,dx = 1$이라는 조건을 부여했으므로 바라던 대로 $|A|^2 = \sqrt{2B/\pi}$임을 알 수 있다. ◀

정리 4.1에 포함된 내용은 양자역학을 연구하는 과정에서 처음으로 드러났다. 이는 입자의 위치와 운동량을 동시에 찾을 수 있는 범위를 고려하면서 발생했다. 실수축을 따라 이동하는 전자를 다루고 있다고 가정하면, 물리 법칙에 따라 전자는 **상태함수**(state function) ψ의 지배를 받는다. 이때 ψ는 $\mathcal{S}(\mathbb{R})$에 있다고 가정할 수 있으며,

$$\int_{-\infty}^{\infty} |\psi(x)|^2\,dx = 1 \tag{5.11}$$

과 같이 정규화된다. 그러면 입자의 위치는 명확한 점 x로 결정되는 것이 아니라 양자역학 법칙에 의해 다음과 같이 주어진다.

입자가 구간 (a, b)에 위치할 확률은 $\int_a^b |\psi(x)|^2\,dx$이다.

이 법칙에 의하면 입자가 있을 수 있는 위치를 ψ의 도움을 받아 계산할 수 있다. 실제로, 입자가 주어진 구간 (a', b')에 위치할 확률은 작을 수 있지만 $\int_{-\infty}^{\infty} |\psi(x)|^2\, dx = 1$이므로 실수축 위의 어딘가에 있다.

확률밀도(probability density) $|\psi(x)|^2 dx$뿐만 아니라 입자가 있을 수 있는 위치에 대한 **기댓값(expectation)**이 있다. $|\psi(x)|^2 dx$에 의해 결정되는 확률분포를 생각할 때, 이 기댓값은 입자의 위치에 대한 최선의 추측이며 이는

$$\overline{x} = \int_{-\infty}^{\infty} x|\psi(x)|^2\, dx \tag{5.12}$$

와 같이 정의된다. 이것이 왜 최선의 추측일까? 입자가 실수축 위에서 유한개의 다른 점 x_1, x_2, $\cdots$, x_N에서만 발견될 수 있으며, 입자가 x_i에 있을 확률은 p_i이고 $p_1 + p_2 + \cdots + p_N = 1$인 (이상적인) 단순한 상황을 생각해 보자. 우리가 다른 것은 모른 채 입자의 위치에 대해 한 가지 선택을 해야 한다면, 가능한 위치의 적절한 가중평균인 $\overline{x} = \sum_{i=1}^{N} x_i p_i$를 자연스럽게 취할 것이다. 식 (5.12)는 분명히 가중평균의 일반적인 (적분) 버전이다.

다음으로 **분산(variance)** 개념을 소개하는데, 우리 용어로는 기댓값에 수반되는 **불확실성(uncertainty)**이다. 입자의 예상 위치가 (식 (5.12)에 의해 주어진) $\overline{x}$로 결정되면 그에 따른 불확실성은

$$\int_{-\infty}^{\infty} (x - \overline{x})^2 |\psi(x)|^2\, dx \tag{5.13}$$

와 같다. ψ가 $\overline{x}$ 근방에 매우 집중되어 있다면, 이는 x가 $\overline{x}$ 근방에 있을 확률이 높음을 의미하므로 (5.13)은 작아진다. 왜냐하면 적분에 대한 기여가 대부분 $\overline{x}$ 근방의 x 값에 대해 발생하기 때문이다. 이렇게 되면 불확실성이 작아진다. 반면에 $\psi(x)$가 다소 평평하다면(즉, 확률분포 $|\psi(x)|^2 dx$가 그다지 집중되지 않은 경우) $(x - \overline{x})^2$의 큰 값이 작용하기 때문에 적분 (5.13)은 다소 커진다. 그 결과 불확실성은 상대적으로 커진다.

또한 기댓값 $\overline{x}$는 불확실성 $\int_{-\infty}^{\infty} (x - \overline{x})^2 |\psi(x)|^2\, dx$가 가장 작게 되는 선택임을 기억할 필요가 있다. 실제로 $\overline{x}$에 대해 미분한 값이 0이 되도록 하여 이 값을 최소화하려고 하면 $2\int_{-\infty}^{\infty} (x - \overline{x})|\psi(x)|^2\, dx = 0$임을 알 수 있고, 따라서 식 (5.12)를 얻는다.

지금까지 입자의 위치와 관련된 **기댓값**과 **불확실성**에 대해 알아보았다. 입자의 운동량에 대한 상응하는 개념도 이러한 관련성이 있다. 이에 해당하는 양자역학 법칙은 다음과 같다.

입자의 운동량 ξ가 구간 (a, b)에 속할 확률은 $\int_a^b |\hat{\psi}(\xi)|^2 \, d\xi$이다.
(단, $\hat{\psi}$은 ψ의 푸리에 변환)

이 두 법칙을 정리 4.1과 결합하면 입자의 위치의 불확실성과 운동량의 불확실성의 곱이 적어도 $1/16\pi^2$보다 크다는 것을 알 수 있다. 따라서 입자의 위치를 더 확실하게 알 수록 운동량을 덜 확실하게 알 수 있으며, 그 반대의 경우도 마찬가지다. 그런데 우리는 크기를 재조정함으로써 측정 단위를 변경하여 두 법칙을 단순하게 서술했다. 실제로는 플랑크 상수(Planck's constant)라고 하는 중요하지만 작은 물리량 $\hbar$가 들어간다. 이를 적절히 고려하면 물리적 결론은

$$(\text{위치의 불확실성}) \times (\text{운동량의 불확실성}) \geq \frac{\hbar}{16\pi^2}$$

와 같다.

연습문제

1. 2장 따름정리 2.3은 다음의 단순화된 형태의 푸리에 역변환 공식으로 이어진다. f는 구간 $[-M, M]$에서 받침을 가지는 연속함수이며 푸리에 변환 $\hat{f}$이 적절히 감소한다고 가정하자. 다음 물음에 답하라.

(a) $\dfrac{L}{2} > M$인 L을 고정하고, $f(x) = \sum a_n(L) e^{2\pi i n x/L}$임을 보여라. 여기서 $a_n(L)$은

$$a_n(L) = \frac{1}{L} \int_{-L/2}^{L/2} f(x) e^{-2\pi i n x/L} \, dx = \frac{1}{L} \hat{f}(n/L)$$

과 같다. 또는 $\delta = \dfrac{1}{L}$에 대해 $f(x) = \delta \sum_{n=-\infty}^{\infty} \hat{f}(n\delta) e^{2\pi i n \delta x}$이라고 쓸 수 있다.

힌트 $[-L/2, L/2]$에서 f의 푸리에 급수는 절대수렴함에 유의한다.

(b) F가 연속함수이며 적절히 감소하면

$$\int_{-\infty}^{\infty} F(\xi) \, d\xi = \lim_{\substack{\delta \to 0 \\ \delta > 0}} \delta \sum_{n=-\infty}^{\infty} F(\delta n)$$

이 성립함을 증명하라.

힌트 먼저 적분을 $\int_{-N}^{N} F$로 근사하고 급수는 $\delta \sum_{|n| \leq N/\delta} F(n\delta)$로 근사한다. 그런 다음 두 번째 적분을 리만 합으로 근사한다.

(c) $f(x) = \int_{-\infty}^{\infty} \hat{f}(\xi) e^{2\pi i x\xi}\, d\xi$라는 결론을 내려라.

2. 함수 f와 g는

$$f(x) = \chi_{[-1,1]}(x) = \begin{cases} 1 & (|x| \leq 1) \\ 0 & (\text{그 외의 경우}) \end{cases}, \quad g(x) = \begin{cases} 1 - |x| & (|x| \leq 1) \\ 0 & (\text{그 외의 경우}) \end{cases}$$

과 같이 정의되었다고 하자. f는 연속함수가 아니지만, 푸리에 변환을 정의하는 적분은 여전히 잘 정의된다. $\hat{f}(0) = 2$ 및 $\hat{g}(0) = 1$이라는 점을 받아들이면서

$$\hat{f}(\xi) = \frac{\sin 2\pi\xi}{\pi\xi}, \quad \hat{g}(\xi) = \left(\frac{\sin \pi\xi}{\pi\xi}\right)^2$$

을 보여라.

3. 다음 연습문제는 $\hat{f}$의 감쇄가 f의 연속성과 관련 있다는 원리를 설명한다.

(a) f는 $\mathbb{R}$에서 적절히 감소하며 그 푸리에 변환 $\hat{f}$은 연속이고, 어떤 $0 < \alpha < 1$에 대해 $|\xi| \to \infty$일 때

$$\hat{f}(\xi) = O\left(\frac{1}{|\xi|^{1+\alpha}}\right)$$

을 만족한다고 가정하자. f가 α–횔더임을 증명하라. 다시 말해 어떤 $M > 0$과 모든 $x, h \in \mathbb{R}$에 대해

$$|f(x+h) - f(x)| \leq M|h|^{\alpha}$$

이 성립함을 보여라.

힌트 푸리에 역변환 공식을 이용하여 $f(x+h) - f(x)$를 $\hat{f}$이 포함된 적분으로 나타내라. 그리고 이 적분을 ξ에 대해 $|\xi| \leq 1/|h|$와 $|\xi| \geq 1/|h|$의 두 범위로 나누어서 계측하라.

(b) f는 $\mathbb{R}$ 위의 연속함수로 $|x| \geq 1$일 때 0이며 $f(0) = 0$이고 원점 근방의 모든 x에서의 함숫값이 $1/\log(1/|x|)$와 같다고 하자. $\hat{f}$은 적절히 감소하는 함수가 아님을 증명하라. 실제로 $|\xi| \to \infty$일 때 $\hat{f}(\xi) = O(1/|\xi|^{1+\epsilon})$이 되게 하는 $\epsilon > 0$은 존재하지 않는다.

4. [범프 함수(bump function)] $\mathcal{S}(\mathbb{R})$에서 콤팩트한 받침을 가지는 함수의 예는 해석학의 여러 응용에서 매우 유용하게 사용된다. 이에 대한 몇 가지 예는 다음과 같다.

(a) $a < b$라 두고 f는 $x \le a$이거나 $x \ge b$일 때 $f(x) = 0$이고 $a < x < b$이면

$$f(x) = e^{-1/(x-a)}e^{-1/(b-x)}$$

이라고 가정하자. f는 $\mathbb{R}$에서 무한 번 미분가능함을 보여라.

(b) 다음을 만족하고 $\mathbb{R}$에서 무한 번 미분가능한 함수 F가 존재함을 증명하라.

> 함수 F는 $x \le a$이면 $F(x) = 0$이고 $x \ge b$이면 $F(x) = 1$이며, $[a, b]$에서 F는 순증가한다.

힌트 적절한 상수 c에 대해 $F(x) = c\int_{-\infty}^{x} f(t)\,dt$를 생각한다.

(c) $a + \delta < b - \delta$가 되도록 $\delta > 0$을 작게 하자. 다음을 만족하고 무한 번 미분가능한 함수 g가 존재함을 보여라.

> 함수 g는 $x \le a$이거나 $x \ge b$이면 0이고 $[a+\delta, b-\delta]$에서 g는 1이며 $[a, a+\delta]$ 및 $[b-\delta, b]$에서 g는 순단조함수다.

5. f는 적절히 감소하는 연속함수라고 가정하자. 다음 물음에 답하라.

(a) $\hat{f}$은 연속이고 $|\xi| \to \infty$일 때 $\hat{f}(\xi) \to 0$임을 증명하라.

힌트 $\hat{f}(\xi) = \dfrac{1}{2}\displaystyle\int_{-\infty}^{\infty} [f(x) - f(x - 1/(2\xi))]e^{-2\pi i x\xi}\,dx$임을 보여라.

(b) 모든 ξ에 대해 $\hat{f}(\xi) = 0$이면 f는 항등적으로 0임을 보여라.

힌트 $g \in \mathcal{S}(\mathbb{R})$이기만 하면 곱셈공식 $\int f(x)\hat{g}(x)\,dx = \int \hat{f}(y)g(y)\,dy$가 여전히 성립함을 확인하라.

6. 함수 $e^{-\pi x^2}$의 푸리에 변환은 자기 자신이다. 함수의 푸리에 변환이 자기 자신과 (상수배만큼만 차이 나면서) 같은 함수를 만들어라. 상수배만큼 차이 난다면 이 상수는 어떤 값이어야 하는가? 이를 결정하기 위해 $\mathcal{F}^4 = I$임을 증명하라. 여기서 $\mathcal{F}(f) = \hat{f}$은 푸리에 변환이며, $\mathcal{F}^4 = \mathcal{F} \circ \mathcal{F} \circ \mathcal{F} \circ \mathcal{F}$이고 I는 항등연산자 $(If)(x) = f(x)$이다. 심화문제 7도 참고하라.

7. 적절히 감소하는 두 함수의 합성곱은 적절히 감소하는 함수임을 증명하라.

힌트 합성곱을 $\int f(x-y)g(y)\,dy = \int_{|y| \le |x|/2} + \int_{|y| \ge |x|/2}$와 같이 쓴다. 첫 번째 적분에서 $f(x-y) = O(1/(1+x^2))$이며 두 번째 적분에서는 $g(y) = O(1/(1+x^2))$이다.

8. f가 적절히 감소하는 연속함수이고, 모든 $x \in \mathbb{R}$에 대해 $\int_{-\infty}^{\infty} f(y)e^{-y^2}e^{2xy}\,dy = 0$이면 $f = 0$임을 증명하라.

힌트 $f * e^{-x^2}$ 을 생각한다.

9. f가 적절히 감소하는 함수이면

$$\int_{-R}^{R} \left(1 - \frac{|\xi|}{R}\right) \hat{f}(\xi) e^{2\pi i x \xi}\, d\xi = (f * \mathcal{F}_R)(x) \tag{5.14}$$

가 성립한다. 여기서 실수 위의 페제르 핵은

$$\mathcal{F}_R(t) = \begin{cases} R\left(\dfrac{\sin \pi t R}{\pi t R}\right)^2 & (t \neq 0) \\ R & (t = 0) \end{cases}$$

과 같이 정의된다. $R \to \infty$일 때 $\{\mathcal{F}_R\}$은 좋은 핵임을 보이고, 따라서 $R \to \infty$일 때 (5.14)는 $f(x)$로 균등하게 수렴함을 보여라. 이는 푸리에 급수에 대한 페제르 정리의 푸리에 변환 버전이다.

10. 다음은 바이어슈트라스 근사 정리의 다른 증명을 개괄적으로 제시한다.

란다우 핵(Landau kernel)을

$$L_n(x) = \begin{cases} \dfrac{(1 - x^2)^n}{c_n} & (-1 \leq x \leq 1) \\ 0 & (|x| \geq 1) \end{cases}$$

과 같이 정의한다. 여기서 c_n은 $\displaystyle\int_{-\infty}^{\infty} L_n(x)\, dx = 1$이 되도록 택했다. $n \to \infty$일 때 $\{L_n\}_{n \geq 0}$은 좋은 핵임을 증명하라. 그에 따른 결과로 f가 $[-1/2, 1/2]$에서 받침을 가지는 연속함수이면 $(f * L_n)(x)$는 $[-1/2, 1/2]$에서 다항함수열이며 f로 균등하게 수렴함을 보여라.

힌트 먼저 $c_n \geq 2/(n+1)$임을 보여라.

11. u가 $u = f * \mathcal{H}_t$ (단, $f \in \mathcal{S}(\mathbb{R})$)로 주어진 열 방정식의 해라고 가정하자. 또한 $u(x, 0) = f(x)$로 두면 u는 상반평면의 폐포에서 연속이며 무한대에서 0이 됨을 증명하라. 여기서 무한대에서 0이 된다는 것은

$$|x| + t \to \infty \text{ 일 때,} \quad u(x, t) \to 0$$

을 의미한다.

힌트 u가 무한대에서 0이 됨을 증명하기 위해 다음을 보인다.

(i) $|u(x, t)| \leq C/\sqrt{t}$

(ii) $|u(x,t)| \le C/(1+|x|^2) + Ct^{-1/2}e^{-cx^2/t}$

$|x| \le t$ 이면 (i)을 이용하고 $|x| > t$ 이면 (ii)를 이용한다.

12. u를 식

$$u(x,t) = \frac{x}{t}\mathcal{H}_t(x)$$

와 같이 정의하자. u는 $t > 0$일 때 열 방정식을 만족하며 모든 x에 대해 $\lim_{t\to 0} u(x,t) = 0$이지만, u는 원점에서 연속이 **아님**을 보여라.

힌트 포물선 $\frac{x^2}{4t} = c$ (단, c는 상수)를 따라 (x,t)가 원점에 가까이 가도록 한다.

13. 띠 $\{(x,y) : 0 < y < 1,\ -\infty < x < \infty\}$에서의 조화함수에 대한 다음 유일성 정리를 증명하라.

> u가 띠에서 조화함수이고 띠의 폐포에서 연속이며 모든 $x \in \mathbb{R}$에서 $u(x,0) = u(x,1) = 0$이고 u는 무한대에서 0이 되면 $u = 0$이다.

14. 실수 위의 페제르 핵 $\mathcal{F}_N$(연습문제 9 참고)의 주기화는 주기가 1인 주기함수에 대한 페제르 핵과 같음을 증명하라. 다시 말해 $N \ge 1$이 정수일 때,

$$\sum_{n=-\infty}^{\infty} \mathcal{F}_N(x+n) = F_N(x)$$

가 성립함을 보여라. 여기서 F_N은

$$F_N(x) = \sum_{n=-N}^{N}\left(1 - \frac{|n|}{N}\right)e^{2\pi inx} = \frac{1}{N}\frac{\sin^2(N\pi x)}{\sin^2(\pi x)}$$

와 같다.

15. 이 연습문제에서는 주기화의 또 다른 예를 다룬다.

(a) 연습문제 2의 함수 g에 푸아송 합 공식을 적용하여

$$\sum_{n=-\infty}^{\infty}\frac{1}{(n+\alpha)^2} = \frac{\pi^2}{(\sin\pi\alpha)^2}$$

을 보여라. 여기서 α는 정수가 아닌 실수다.

(b) (a)의 결과를 이용하여 α가 정수가 아닌 실수일 때,

$$\sum_{n=-\infty}^{\infty} \frac{1}{(n+\alpha)} = \frac{\pi}{\tan \pi\alpha} \tag{5.15}$$

가 성립함을 증명하라.

힌트 먼저 $0 < \alpha < 1$일 때 증명한다. 이를 증명하기 위해 (b)의 식을 적분한다. 식 (5.15)의 좌변의 급수는 정확히 무엇을 의미하는가? $\alpha = \frac{1}{2}$일 때 값을 계산하라.

16. 실수에서의 디리클레 핵은

$$\int_{-R}^{R} \hat{f}(\xi) e^{2\pi i x\xi}\, d\xi = (f * \mathcal{D}_R)(x), \text{ 즉 } \mathcal{D}_R(x) = \widehat{\chi_{[-R,R]}}(x) = \frac{\sin(2\pi Rx)}{\pi x}$$

와 같이 정의된다. 또한 주기가 1인 주기함수에 대한 **변형된 디리클레 핵(modified Dirichlet kernel)**은

$$D_N^*(x) = \sum_{|n|\le N-1} e^{2\pi i n x} + \frac{1}{2}(e^{-2\pi i N x} + e^{2\pi i N x})$$

과 같이 정의된다. 연습문제 15의 결과에 의해

$$\sum_{n=-\infty}^{\infty} \mathcal{D}_N(x+n) = D_N^*(x)$$

가 성립함을 보여라. 여기서 $N \ge 1$은 정수이며, 무한급수는 대칭적으로 합한다. 다시 말해 $\mathcal{D}_N$의 주기화는 변형된 디리클레 핵 D_N^*이다.

17. $s > 0$에 대해 **감마함수(gamma function)**는

$$\Gamma(s) = \int_0^{\infty} e^{-x} x^{s-1}\, dx$$

와 같이 정의된다. 다음 물음에 답하라.

(a) $s > 0$에 대해 위의 적분은 잘 정의됨을 보여라. 다시 말해 두 극한값

$$\lim_{\substack{\delta\to 0\\ \delta>0}} \int_{\delta}^{1} e^{-x} x^{s-1}\, dx, \quad \lim_{A\to\infty} \int_{1}^{A} e^{-x} x^{s-1}\, dx$$

가 존재함을 보여라.

(b) $s > 0$이면 $\Gamma(s+1) = s\Gamma(s)$임을 증명하라. 또한 모든 정수 $n \ge 1$에 대해 $\Gamma(n+1) = n!$임을 보여라.

(c) $\Gamma\left(\frac{1}{2}\right) = \sqrt{\pi}$, $\Gamma\left(\frac{3}{2}\right) = \frac{\sqrt{\pi}}{2}$가 성립함을 보여라.

힌트 $\int_{-\infty}^{\infty} e^{-\pi x^2}\, dx = 1$을 이용한다.

18. $s > 1$에 대해 **제타함수**는 $\zeta(s) = \sum_{n=1}^{\infty} \frac{1}{n^s}$과 같이 정의된다. $s > 1$일 때 항등식

$$\pi^{-s/2}\Gamma(s/2)\zeta(s) = \frac{1}{2}\int_0^{\infty} t^{\frac{s}{2}-1}(\vartheta(t) - 1)\, dt$$

가 성립함을 확인하라. 여기서 Γ와 ϑ는 각각 감마함수와 세타함수로,

$$\Gamma(s) = \int_0^{\infty} e^{-t}t^{s-1}\, dt, \quad \vartheta(s) = \sum_{n=-\infty}^{\infty} e^{-\pi n^2 s}$$

과 같이 나타낸다. 제타함수와 소수정리와의 관계에 대한 더 자세한 내용은 『STEIN 복소해석학』에서 찾을 수 있다.

19. 여기에서는 3장 심화문제 4에서 확인한 $\zeta(2m) = \sum_{n=1}^{\infty} 1/n^{2m}$을 계산하는 또 다른 방식을 다룬다.

(a) $f(x) = t/(\pi(x^2 + t^2))$과 $\hat{f}(\xi) = e^{-2\pi t|\xi|}$ (단, $t > 0$)에 푸아송 합 공식을 적용하여

$$\frac{1}{\pi}\sum_{n=-\infty}^{\infty} \frac{t}{t^2 + n^2} = \sum_{n=-\infty}^{\infty} e^{-2\pi t|n|}$$

임을 보여라.

(b) $0 < t < 1$에 대해 두 항등식

$$\frac{1}{\pi}\sum_{n=-\infty}^{\infty} \frac{t}{t^2 + n^2} = \frac{1}{\pi t} + \frac{2}{\pi}\sum_{m=1}^{\infty}(-1)^{m+1}\zeta(2m)t^{2m-1}$$

$$\sum_{n=-\infty}^{\infty} e^{-2\pi t|n|} = \frac{2}{1 - e^{-2\pi t}} - 1$$

이 성립함을 증명하라.

(c) B_k를 $\frac{z}{e^z - 1} = 1 - \frac{z}{2} + \sum_{m=1}^{\infty} \frac{B_{2m}}{(2m)!}z^{2m}$을 만족하는 베르누이 수라고 하자. 이를 이용하여 (b)의 식에서

$$2\zeta(2m) = (-1)^{m+1}\frac{(2\pi)^{2m}}{(2m)!}B_{2m}$$

을 유도하라.

20. 다음 결과는 정보 이론에서 표본으로부터 신호를 복구하는 방법과 관련 있다.

f가 적절히 감소하며 f의 푸리에 변환 $\hat{f}$이 $I = [-1/2, 1/2]$에서 받침을 가진다고 가정하자. 그러면 f는 f를 $\mathbb{Z}$로 제한시킨 것에 의해 완전히 결정된다. 이는 g가 또 다른 적절히 감소하는 함수이고, g의 푸리에 변환이 I에서 받침을 가지며 모든 $n \in \mathbb{Z}$에 대해 $f(n) = g(n)$이면 $f = g$임을 의미한다. 더 정확하게 이야기하면 다음과 같다.

(a) 함수를 재구성하는 식

$$f(x) = \sum_{n=-\infty}^{\infty} f(n)K(x-n) \quad (\text{단, } K(y) = \frac{\sin \pi y}{\pi y})$$

이 성립함을 증명하라. 이때 $|y| \to \infty$이면 $K(y) = O(1/|y|)$이다.

힌트 χ를 I에서의 특성함수라고 하면 $\hat{f}(\xi) = \chi(\xi) \sum_{n=-\infty}^{\infty} f(n)e^{-2\pi i n\xi}$임을 보인다.

(b) $\lambda > 1$이면

$$f(x) = \sum_{n=-\infty}^{\infty} \frac{1}{\lambda} f\left(\frac{n}{\lambda}\right) K_\lambda\left(x - \frac{n}{\lambda}\right) \quad (\text{단, } K_\lambda(y) = \frac{\cos \pi y - \cos \pi\lambda y}{\pi^2(\lambda-1)y^2})$$

이 성립한다. 따라서 f에 대한 표본을 **더 자주** 추출하면 $|y| \to \infty$일 때 $K_\lambda(y) = O(1/|y|^2)$이므로 재구성 공식의 급수는 더 빠르게 수렴한다. $\lambda \to 1$일 때 $K_\lambda(y) \to K(y)$임에 유의한다.

힌트 $\chi(\xi)$ 대신 그림 2의 함수를 이용한다.

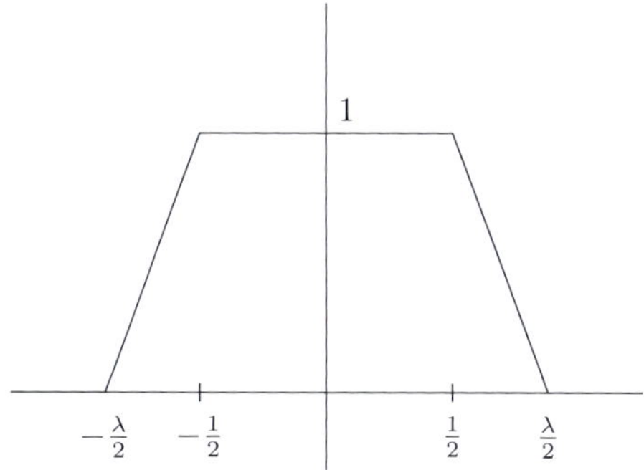

[그림 2] 연습문제 20의 함수

(c) $\int_{-\infty}^{\infty} |f(x)|^2\, dx = \sum_{n=-\infty}^{\infty} |f(n)|^2$임을 증명하라.

21. f는 $\mathbb{R}$에서 연속이라고 가정하자. f와 $\hat{f}$은 $f = 0$이 아니면 모두 콤팩트한 받침을 가질 수 없음을 보여라. 이는 불확정성 원리와 동일한 맥락으로 볼 수 있다.

힌트 f가 $[0, 1/2]$에서 받침을 가진다고 가정하자. f를 구간 $[0, 1]$에서 푸리에 급수로 전개하고, 결과적으로 f는 삼각다항식임에 주목한다.

22. 정리 4.1에 앞서 설명했던 발견적 주장을 정확히 기술하면 다음과 같다. F가 $\mathbb{R}$ 위의 함수일 때,

$$\int_I x^2 |F(x)|^2 \, dx \geq \frac{1}{2} \int_{\mathbb{R}} x^2 |F(x)|^2 \, dx \tag{5.16}$$

가 성립하면 F의 질량은 (원점을 중심으로 하는) 구간 I에 편중되어 있다고 한다.

이제 $f \in \mathcal{S}$라고 가정하고 $F = f$, $I = I_1$에 대해 부등식 (5.16)이 성립한다고 가정하자. 또한 $F = \hat{f}$과 $I = I_2$에 대해서도 부등식 (5.16)이 성립한다고 가정하자. I_j의 길이를 L_j라고 하면

$$L_1 L_2 \geq \frac{1}{2\pi}$$

이 성립한다. 구간이 반드시 원점을 중심으로 하지 않더라도 비슷한 결론이 성립한다.

23. 하이젠베르크 불확정성 원리는 연산자 $L = -\dfrac{d^2}{dx^2} + x^2$의 관점에서 서술할 수 있다. L은 슈바르츠 함수에

$$L(f) = -\frac{d^2 f}{dx^2} + x^2 f$$

와 같이 작용한다. 이 연산자는 때때로 **에르미트 연산자(Hermite operator)**라고 하며, 조화진동자의 양자 버전이다. $\mathcal{S}$에서

$$(f, g) = \int_{-\infty}^{\infty} f(x)\overline{g(x)} \, dx \quad (\text{단,} \quad f, g \in \mathcal{S})$$

와 같이 주어지는 일반적인 내적을 생각하자. 다음 물음에 답하라.

(a) 하이젠베르크 불확정성 원리에 의해 모든 $f \in \mathcal{S}$에 대해 $(Lf, f) \geq (f, f)$가 성립함을 증명하라. 이를 보통 $L \geq I$로 나타낸다.

힌트 부분적분하라.

(b) $\mathcal{S}$에서 연산자 A와 A^*를

$$A(f) = \frac{df}{dx} + xf, \quad A^*(f) = -\frac{df}{dx} + xf$$

와 같이 정의하자. 연산자 A와 A^*를 때때로 각각 **소멸연산자(annihilation operator)**와 **생성연산자(creation operator)**라고 한다. 모든 $f, g \in \mathcal{S}$에 대해 다음이 성립함을 증명하라.

(i) $(Af, g) = (f, A^*g)$

(ii) $(Af, Af) = (A^*Af, f) \geq 0$

(iii) $A^*A = L - I$

특히, 이는 다시금 $L \geq I$임을 보여 준다.

(c) 이제 $t \in \mathbb{R}$에 대해

$$A_t(f) = \frac{df}{dx} + txf, \quad A_t^*(f) = -\frac{df}{dx} + txf$$

를 정의하자. $(A_t^* A_t f, f) \geq 0$이라는 사실을 이용하여 하이젠베르크 불확정성 원리의 다른 증명을 제시하라. 다시 말해 $\int_{-\infty}^{\infty} |f(x)|^2\, dx = 1$일 때,

$$\left(\int_{-\infty}^{\infty} x^2 |f(x)|^2\, dx \right) \left(\int_{-\infty}^{\infty} \left| \frac{df}{dx} \right|^2 dx \right) \geq \frac{1}{4}$$

이 성립함을 증명하라.

힌트 $(A_t^* A_t f, f)$를 t에 대한 이차식으로 생각한다.

심화문제

1. $0 < x < \infty$ 및 $t > 0$에 대해 $u(x,0) = f(x)$인 방정식

$$x^2 \frac{\partial^2 u}{\partial x^2} + ax\frac{\partial u}{\partial x} = \frac{\partial u}{\partial t} \tag{5.17}$$

는 열 방정식을 변형한 것이며, 여러 응용에서 등장한다. 방정식 (5.17)을 풀기 위해 $x = e^{-y}$으로 변수변환하여 $-\infty < y < \infty$가 되도록 한다. $U(y,t) = u(e^{-y}, t)$ 및 $F(y) = f(e^{-y})$라고 두자. 그러면 위의 문제는 $U(y,0) = F(y)$인 방정식

$$\frac{\partial^2 U}{\partial y^2} + (1-a)\frac{\partial U}{\partial y} = \frac{\partial U}{\partial t}$$

로 바뀐다. 이 방정식은 일반적인 열 방정식($a = 1$인 경우)과 같이 변수 y에 대해 푸리에 변환을 취하여 풀 수 있다. 그러면 적분 $\displaystyle\int_{-\infty}^{\infty} e^{(-4\pi^2\xi^2 + (1-a)2\pi i\xi)t} e^{2\pi i \xi v}\, d\xi$를 계산해야 한다. 이때 원래 방정식의 해는

$$u(x,t) = \frac{1}{(4\pi t)^{1/2}} \int_0^\infty e^{-(\log(v/x) + (1-a)t)^2/(4t)} f(v)\, \frac{dv}{v}$$

와 같이 주어짐을 보여라.

2. 금융이론에서 비롯된 **블랙-숄즈 방정식(Black-Scholes equatoin)**

$$\frac{\partial V}{\partial t} + rs\frac{\partial V}{\partial s} + \frac{\sigma^2 s^2}{2}\frac{\partial^2 V}{\partial s^2} - rV = 0 \quad (0 < t < T) \tag{5.18}$$

에는 **마지막** 경계조건 $V(s,T) = F(s)$가 주어져 있다. 적절히 변수변환하면 이 방정식은 심화문제 1의 방정식으로 바뀐다. 또는 $V(s,t) = e^{ax+b\tau}U(x,\tau)$ (단, $x = \log s$, $\tau = \dfrac{\sigma^2}{2}(T-t)$, $a = \dfrac{1}{2} - \dfrac{r}{\sigma^2}$, $b = -\left(\dfrac{1}{2} + \dfrac{r}{\sigma^2}\right)^2$)를 대입하면 방정식 (5.18)은 초기 조건이 $U(x,0) = e^{-ax}F(e^x)$인 1차원 열 방정식으로 바뀐다. 따라서 블랙-숄즈 방정식의 해는

$$V(s,t) = \frac{e^{-r(T-t)}}{\sqrt{2\pi\sigma^2(T-t)}} \int_0^\infty e^{-\frac{(\log(s/s^*) + (r - \sigma^2/2)(T-t))^2}{2\sigma^2(T-t)}} F(s^*)\, ds^*$$

와 같다.

***3. [띠에서의 디리클레 문제]** 수평띠

$$\{(x,y): 0<y<1, \ -\infty<x<\infty\}$$

에서 경계조건이 $u(x,0)=f_0(x)$ 및 $u(x,1)=f_1(x)$ (단, f_0와 f_1은 모두 슈바르츠 공간의 함수)인 방정식 $\triangle u=0$을 생각하자.

(a) u가 이 방정식의 해일 때,

$$\hat{u}(\xi,y)=A(\xi)e^{2\pi\xi y}+B(\xi)e^{-2\pi\xi y}$$

을 (형식적으로) 보여라. A와 B를 $\widehat{f_0}$과 $\widehat{f_1}$을 이용하여 나타내고,

$$\hat{u}(\xi,y)=\frac{\sinh(2\pi(1-y)\xi)}{\sinh(2\pi\xi)}\widehat{f_0}(\xi)+\frac{\sinh(2\pi y\xi)}{\sinh(2\pi\xi)}\widehat{f_0}(\xi)$$

를 보여라.

(b) (a)에 따른 결과로 $y\to 0$일 때

$$\int_{-\infty}^{\infty}|u(x,y)-f_0(x)|^2\,dx\to 0$$

임을 증명하라. 또한 $y\to 1$일 때

$$\int_{-\infty}^{\infty}|u(x,y)-f_1(x)|^2\,dx\to 0$$

임을 증명하라.

(c) $\Phi(\xi)=(\sinh 2\pi a\xi)/(\sinh 2\pi\xi)$ (단, $0\le a<1$)이면, Φ는 함수

$$\varphi(x)=\frac{\sin\pi a}{2}\cdot\frac{1}{\cosh\pi x+\cos\pi a}$$

의 푸리에 변환이다. 이는 예를 들어 복소해석학에서의 경로적분과 유수 공식을 이용하여 보일 수 있다(『STEIN 복소해석학』 3장 참고).

(d) (c)의 결과를 이용하여 u를 f_0와 f_1을 포함하는 푸아송 적분꼴

$$u(x,y)=\frac{\sin\pi y}{2}\left(\int_{-\infty}^{\infty}\frac{f_0(x-t)}{\cosh\pi t-\cos\pi y}\,dt+\int_{-\infty}^{\infty}\frac{f_1(x-t)}{\cosh\pi t+\cos\pi y}\,dt\right)$$

로 나타내라.

(e) 마지막으로 (d)의 식과 같이 정의된 함수 $u(x,y)$는 수평띠에서 조화함수임을 확인할 수 있다. 또한 $u(x,y)$는 $y\to 0$일 때 $f_0(x)$로 균등하게 수렴하며 $y\to 1$일 때 $f_1(x)$로 균등하게 수렴함을 확인할 수 있다. 또한 $u(x,y)$는 무한대에서 0이 됨을 알 수 있다. 다시 말해 y에 균등하게 $\lim_{|x|\to\infty}u(x,y)=0$이다.

연습문제 12에서는 경계에서의 값이 0인 상반평면에서의 열 방정식을 만족하지만 항등적으로 0이 아닌 함수의 예를 확인했다. 이 경우 u는 실제로 경계까지 연속은 아님을 관찰했다.

심화문제 4에서는 해가 유일하지 않은 경우에 대한 예를 설명하지만, 이번에는 경계 $t = 0$까지 연속인 예를 다룬다. 이러한 예는 무한대에서의 증가 조건을 만족한다. 다시 말해 임의의 $\epsilon > 0$에 대해 $|u(x,t)| \le Ce^{cx^{2+\epsilon}}$ 이다. 심화문제 5와 심화문제 6에서는 더 제한적인 증가 조건 $|u(x,t)| \le Ce^{cx^2}$ 하에서는 유일성이 성립함을 보인다.

***4.** g가 $\mathbb{R}$ 위의 매끄러운 함수이면, 형식적인 멱급수를

$$u(x,t) = \sum_{n=0}^{\infty} g^{(n)}(t)\frac{x^{2n}}{(2n!)} \tag{5.19}$$

과 같이 정의하자.

(a) u가 열 방정식의 해임을 형식적으로 확인하라.

(b) $a > 0$에 대해 함수

$$g(t) = \begin{cases} e^{-t^{-a}} & (t > 0) \\ 0 & (t \le 0) \end{cases}$$

을 생각하자. $t > 0$일 때, a에 의존하는 $0 < \theta < 1$이 존재하여

$$|g^{(k)}(t)| \le \frac{k!}{(\theta t)^k} e^{-\frac{1}{2}t^{-a}}$$

을 만족함을 보일 수 있다.

(c) 따라서 각 x와 t에 대해 급수 (5.19)는 수렴한다. 그리고 u는 열 방정식의 해이며, $t = 0$에서 0이다. 또한 u는 적당한 상수 $C, c > 0$에 대해 $|u(x,t)| \le Ce^{c|x|^{2a/(a-1)}}$ 의 추정을 만족한다.

(d) 모든 $\epsilon > 0$에 대해 $x \in \mathbb{R}$ 및 $t \ge 0$일 때 연속이고 $u(x,0) = 0$과 $|u(x,t)| \le Ce^{c|x|^{2+\epsilon}}$ 을 만족하는 영함수가 아닌 열 방정식의 해가 존재한다고 결론내린다.

*5. 열 방정식의 해가 만족하는 아래의 **최댓값원리**는 다음 문제에서 쓰일 것이다.

> **정리** $u(x,t)$는 실함숫값을 가지는 상반평면에서의 열 방정식의 해이며 상반평면의 폐포에서 연속이라고 가정하자. 여기서 R을
>
> $$R = \{(x,y) \in \mathbb{R}^2 : a \le x \le b,\ 0 \le t \le c\}$$
>
> 와 같이 주어진 직사각형이라 하자. 또한 두 개의 수직인 변과 직선 $t=0$에 놓인 밑변으로 이루어진 R의 경계의 일부를 $\partial' R$이라 하자(그림 3 참고). 그러면
>
> $$\min_{(x,t)\in\partial' R} u(x,t) = \min_{(x,t)\in R} u(x,t), \qquad \max_{(x,t)\in\partial' R} u(x,t) = \max_{(x,t)\in R} u(x,t)$$
>
> 가 성립한다.

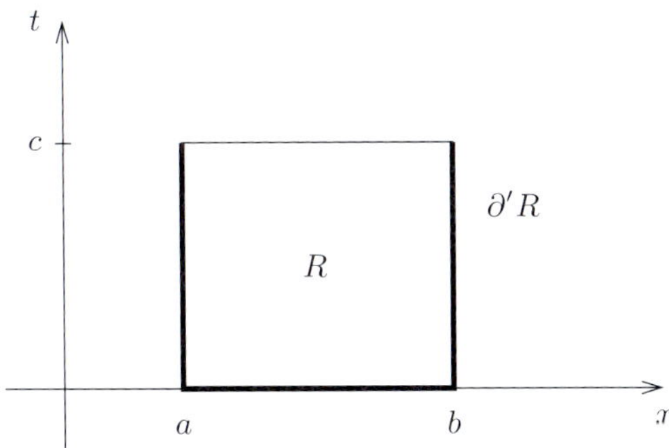

[그림 3] 직사각형 R 및 직사각형의 경계의 일부인 $\partial' R$

아래의 단계를 밟으면 이 결과의 증명으로 이어진다.

(a) $\partial' R$에서 $u \ge 0$일 때 R에서 $u \ge 0$임을 증명하면 충분함을 보여라.

(b) $\epsilon > 0$에 대해 v를

$$v(x,t) = u(x,t) + \epsilon t$$

와 같이 정의하자. 그러면 v는 R에서 최솟값을 가지는데, (x_1, t_1)에서 최솟값을 가진다고 하자. $x_1 = a$ 또는 $x_1 = b$이거나 $t_1 = 0$임을 보여라. 이를 보이기 위해 반대로 $a < x_1 < b$이고 $0 < t_1 \le c$라고 가정하고, $v_{xx}(x_1,t_1) - v_t(x_1,t_1) \le -\epsilon$임을 증명하라. 또한 좌변의 식은 반드시 음수가 아니어야 함을 보여라.

(c) (b)로부터 임의의 $(x,t) \in R$에 대해 $u(x,t) \ge \epsilon(t_1 - t)$임을 유도하고 $\epsilon \to 0$의 극한을 취한다.

***6.** 심화문제 4의 예는 다음처럼 티코노프가 보인 유일성 정리의 관점에서 최적이다.

> **정리** $u(x,t)$가 다음 조건을 만족한다고 가정하자.
>
> (1) $u(x,t)$는 모든 $x \in \mathbb{R}$과 모든 $t > 0$에 대해 열 방정식의 해다.
>
> (2) $u(x,t)$는 모든 $x \in \mathbb{R}$과 $0 \le t \le c$에 대해 연속이다.
>
> (3) $u(x,0) = 0$
>
> (4) 적당한 M, a와 모든 $x \in \mathbb{R}$, $0 \le t < c$에 대해 $|u(x,t)| \le Me^{ax^2}$이다.
>
> 그러면 u는 항등적으로 0과 같다.

***7.** **에르미트 함수(Hermite function)** $h_k(x)$는 생성 항등식

$$\sum_{k=0}^{\infty} h_k(x)\frac{t^k}{k!} = e^{-(x^2/2-2tx+t^2)}$$

에 의해 정의된다.

(a) 에르미트 함수를 $h_k(x) = (-1)^k e^{x^2/2}\left(\frac{d}{dx}\right)^k e^{-x^2}$과 같이 정의하여도 원래 정의와 같음을 보여라.

힌트 $e^{-(x^2/2-2tx+t^2)} = e^{x^2/2}e^{-(x-t)^2}$이라고 쓰고 테일러 급수를 사용한다.

에르미트 함수의 정의에서 각 $h_k(x)$는 $P_k(x)e^{-x^2/2}$ (단, P_k는 차수가 k인 다항함수) 꼴이다. 특히 에르미트 함수는 슈바르츠 공간에 속하며 $h_0(x) = e^{-x^2/2}$, $h_1(x) = 2xe^{-x^2/2}$이다.

(b) f가 슈바르츠 함수일 때, 모든 $k \ge 0$에 대해

$$(f, h_k) = \int_{-\infty}^{\infty} f(x)h_k(x)\,dx = 0$$

이면 $f = 0$이라는 점에서 집합 $\{h_k\}_{k=0}^{\infty}$는 완비임을 증명하라.

힌트 연습문제 8을 이용한다.

(c) $h_k^*(x) = h_k((2\pi)^{1/2}x)$를 정의하자. 그러면

$$\widehat{h_k^*}(\xi) = (-i)^k h_k^*(\xi)$$

가 성립한다. 따라서 각 h_k^*는 푸리에 변환의 고유함수다.

(d) h_k는 연습문제 23에서 정의한 연산자에 대한 고유함수임을 보여라. 또한 실제로

$$Lh_k = (2k+1)h_k$$

가 성립함을 증명하라. 특히 함수 h_k는 슈바르츠 공간에서 L^2 내적에 대해 서로 직교한다.

(e) 마지막으로 $\displaystyle\int_{-\infty}^{\infty} [h_k(x)]^2\, dx = \pi^{1/2} 2^k k!$ 임을 보여라.

힌트 생성함수에 대한 항등식의 양변을 제곱한다.

*8. 4장의 결과를 개선하고 $\alpha = 1$인 경우에도

$$f_\alpha(x) = \sum_{n=0}^{\infty} 2^{-n\alpha} e^{2\pi i 2^n x}$$

이 어디에서도 미분가능하지 않음을 증명하려면, 지연된 평균 $\triangle_N$의 변형을 생각해야 한다. 이 변형에 대해 푸아송 합 공식을 적용할 것이다.

(a) 무한 번 미분가능한 함수

$$\Phi(\xi) = \begin{cases} 1 & (|\xi| \le 1) \\ 0 & (|\xi| \ge 2) \end{cases}$$

을 고정한다. 푸리에 역변환 공식에 의해 $\hat{\varphi}(\xi) = \Phi(\xi)$인 $\varphi \in \mathcal{S}$가 존재한다. $\widehat{\varphi_N}(\xi) = \Phi(\xi/N)$이 되도록 $\varphi_N(x) = N\varphi(Nx)$라 하자. 마지막으로 $\tilde{\triangle}_N$을

$$\tilde{\triangle}_N(x) = \sum_{n=-\infty}^{\infty} \varphi_N(x+n)$$

과 같이 둔다. 푸아송 합 공식에 의해 $\tilde{\triangle}_N(x) = \displaystyle\sum_{n=-\infty}^{\infty} \Phi(n/N) e^{2\pi i n x}$이다. 따라서 $\tilde{\triangle}_N$은 차수가 $2N$ 이하이며, $|n| \le N$일 때 항의 계수는 1인 삼각다항식이다. $\tilde{\triangle}_N(f)$가 $\tilde{\triangle}_N(f) = f * \tilde{\triangle}_N$과 같다고 하자. N'이 $N' \le N$인 2^k 꼴의 가장 큰 정수일 때

$$S_N(f_\alpha) = \tilde{\triangle}_{N'}(f_\alpha)$$

가 성립한다.

(b) E_N이

$$E_N(x) = \sum_{|n| \ge 1} \varphi_N(x+n)$$

과 같을 때 $\tilde{\triangle}_N(x) = \varphi_N(x) + E_N(x)$로 두면 (i)~(iii)을 알 수 있다.

(i) $N \to \infty$일 때, $\sup_{|x| \le 1/2} |E'_N(x)| \to 0$이다.

(ii) $|\tilde{\triangle}'_N(x)| \le cN^2$

(iii) $|x| \le 1/2$에 대해 $|\tilde{\triangle}'_N(x)| \le c/(N|x|^3)$이다.

또한 $\int_{|x|\le 1/2} \tilde{\triangle}'_N(x)\,dx = 0$이며 $N \to \infty$일 때 $-\int_{|x|\le 1/2} x\tilde{\triangle}'_N(x)\,dx \to 1$이다.

(c) 앞선 추정들에 의해 $f'(x_0)$가 존재할 경우 $|h_N| \le C/N$이면 $N \to \infty$일 때

$$(f * \tilde{\triangle}'_N)(x_0 + h_N) \to f'(x_0)$$

가 성립한다. 그러면 4장 3절의 증명에서와 같이 f_1의 실수부와 허수부가 모두 어디에서도 미분가능하지 않다.

$\mathbb{R}^d$에서의 푸리에 변환

The Fourier Transform on $\mathbb{R}^d$

치료 계획을 개선하려면 체내 조직의 감쇠 계수 분포를 알아야 한다는 생각이 들었다. 이 정보는 진단 시 유용하게 쓰일 것이며 하나 또는 여러 개의 엑스선 단층 사진들로 구성된다.

이 문제가 수학 문제라는 게 곧바로 분명해졌다. 강도 I_0의 미세한 감마선이 인체를 투과한 후의 밀도를 I라고 하면

$$\log \frac{I_0}{I} = \int_L f\, ds$$

로 주어지는 측정가능한 양 g를 얻는다. 여기서 f는 직선 L 위에서의 가변 흡수 계수다. 따라서 f가 2차원 상의 함수이고 g가 신체와 교차하는 모든 직선에 대해 알려져 있다면, g를 알고 있을 때 f를 결정할 수 있는가?

14년이 지난 후 라돈이 이 문제를 1917년에 해결했다는 사실을 알게 되었다.

A. M. 코맥(*A. M. Cormack*), 1979

5장에서는 $\mathbb{R}$에서의 푸리에 변환 이론을 소개하고 편미분방정식에 적용되는 몇 가지 예를 설명했다. 이번 장에서는 다변수함수에 관하여 이와 유사한 이론을 다루고자 한다.

이와 관련해 $\mathbb{R}^d$에서의 개념을 간단히 복습하고 난 뒤, 슈바르츠 공간 $\mathcal{S}(\mathbb{R}^d)$에서의 푸리에 변환에 대한 몇 가지 일반적인 사실을 다루며 시작한다. 다행히 주요 아이디어와 기법들은 이미 1차원에서 고려한 바 있다. 사실 적절한 표기법을 쓰면 푸리에 역변환 공식이나 프란셰렐 공식과 같은 주요 정리의 서술(및 증명)은 이전과 크게 다르지 않다.

다음으로 수리 물리학에서 일부 고차원 문제들과의 연관성을 강조하고 특히 d차원 파동 방정식을 살펴보려 한다. 이 중 $d = 3$과 $d = 2$인 경우를 상세히 분석할 것이다. 이 단계에서 $d \geq 2$인 $\mathbb{R}^d$에서만 나타나는 푸리에 변환과 회전 대칭 사이의 여러 상호작용을 확인한다.

마지막으로 라돈 변환에 대해 논의하며 이번 장을 마무리한다. 이 주제는 그 자체로도 상당히 흥미롭지만 수학의 다른 분야뿐만 아니라 엑스선 스캔의 응용과도 밀접하게 관련 있다.

1 기초 지식

$\mathbb{R}^d$는 $x_i \in \mathbb{R}$인 모든 d개의 순서쌍 $(x_1, \cdots, x_d)$로 이루어진 벡터공간[1]이다. 벡터의 합은 성분별로 하며, 실수 스칼라 곱도 마찬가지다. $x = (x_1, \cdots, x_d) \in \mathbb{R}^d$가 주어지면

$$|x| = (x_1^2 + \cdots + x_d^2)^{1/2}$$

과 같이 정의한다. 따라서 $|x|$는 일반적인 유클리드 노름에 대한 벡터 x의 길이를 나타낸다. 사실 $\mathbb{R}^d$에는 표준 내적

$$x \cdot y = x_1 y_1 + \cdots + x_d y_d$$

가 갖춰져 있다. 따라서 $|x|^2 = x \cdot x$이다. 3장의 표기법인 (x, y) 대신 $x \cdot y$를 사용한다.

d개의 음이 아닌 정수의 순서쌍 $(\alpha_1, \cdots, \alpha_d)$[2]가 주어지면 단항식 x^α을

$$x^\alpha = x_1^{\alpha_1} x_2^{\alpha_2} \cdots x_d^{\alpha_d}$$

과 같이 정의한다. 비슷하게 미분연산자(differential operator) $\left(\frac{\partial}{\partial x}\right)^\alpha$을

$$\left(\frac{\partial}{\partial x}\right)^\alpha = \left(\frac{\partial}{\partial x_1}\right)^{\alpha_1} \left(\frac{\partial}{\partial x_2}\right)^{\alpha_2} \cdots \left(\frac{\partial}{\partial x_d}\right)^{\alpha_d} = \frac{\partial^{|\alpha|}}{\partial x_1^{\alpha_1} \cdots \partial x_d^{\alpha_d}}$$

과 같이 정의한다. 여기서 $|\alpha| = \alpha_1 + \cdots + \alpha_d$는 다중지표 α의 차수다.

1.1 대칭성

$\mathbb{R}^d$에서의 해석학, 특히 푸리에 변환 이론은 주어진 기본 공간에서 중요한 세 가지 대칭성에 의해 정립된다.

(1) 평행이동
(2) 확대
(3) 회전

1 벡터공간과 내적을 3장을 참고하여 간단히 복습해 보자. 여기서 (X가 아니라) x와 같이 소문자를 써서 $\mathbb{R}^d$의 점을 나타내면 편리하다. 또한 유클리드 노름은 $\|\cdot\|$ 대신 $|\cdot|$를 써서 나타낸다.

2 이를 종종 **다중지표(multi-index)**라고 한다.

고정된 $h \in \mathbb{R}^d$에 대한 평행이동 $x \mapsto x+h$와 $\delta > 0$에 대한 확대변환 $x \mapsto \delta x$가 1차원 이론에서 중요한 역할을 했음을 확인했다. $\mathbb{R}$에서의 회전변환은 오직 항등변환과 -1을 곱하는 변환 두 가지만 있다. 그러나 $d \geq 2$인 $\mathbb{R}^d$에는 더 많은 회전변환이 있으며, 푸리에 변환과 회전변환 사이의 상호 작용을 이해하면 구면 대칭과 관련된 유익한 통찰을 얻을 수 있다.

$\mathbb{R}^d$에서의 회전변환은 내적을 보존하는 일차변환 $R : \mathbb{R}^d \to \mathbb{R}^d$이다. 다시 말해 R은 다음을 만족한다.

- 모든 $x, y \in \mathbb{R}^d$ 및 $a, b \in \mathbb{R}$에 대해 $R(ax+by) = aR(x) + bR(y)$이다.
- 모든 $x, y \in \mathbb{R}^d$에 대해 $R(x) \cdot R(y) = x \cdot y$이다.

마지막 조건은 모든 $x \in \mathbb{R}^d$에 대해 $|R(x)| = |x|$로, 또는 $R^t = R^{-1}$로 동치적으로 대체할 수 있다. 여기서 R^t는 R의 전치를, R^{-1}는 R의 역을 나타낸다.[3] 특히, $\det(R) = \pm 1$인데 여기서 $\det(R)$은 R의 행렬식이다. $\det(R) = 1$이면 R은 **단순 회전(proper rotation)**이라고 하고, $\det(R) = -1$이면 R은 **반사 회전(improper rotation)**이라고 한다.

예제 1 실수 $\mathbb{R}$에는 두 가지 회전변환이 있다. 단순 회전인 항등변환과 -1을 곱하는 반사 회전이 그렇다.

예제 2 평면 $\mathbb{R}^2$에서의 회전변환은 복소수를 이용해 설명할 수 있다. 점 (x, y)를 복소수 $z = x + iy$에 대응시켜 $\mathbb{R}^2$를 $\mathbb{C}$와 동일시하자. 이렇게 일치시키면 모든 단순 회전은 적당한 $\varphi \in \mathbb{R}$에 대해 $z \mapsto ze^{i\varphi}$ 꼴이며, 모든 반사 회전은 적당한 $\varphi \in \mathbb{R}$에 대해 $z \mapsto \overline{z}e^{i\varphi}$ 꼴이다. 여기서 $\overline{z} = x - iy$는 z의 켤레복소수다. 연습문제 1에서 어떻게 이러한 결과에 도달하는지 확인하라.

예제 3 오일러는 $\mathbb{R}^3$에서의 회전변환에 대해 다음과 같이 매우 단순하게 기하학적으로 설명했다. 단순 회전 R이 주어지면 (1), (2)를 만족하는 단위벡터 γ가 존재한다.

(1) R은 γ를 고정한다. 즉, $R(\gamma) = \gamma$이다.

(2) 원점을 지나고 γ에 수직인 평면을 $\mathcal{P}$로 나타내면 $R : \mathcal{P} \to \mathcal{P}$이며, $\mathcal{P}$로 R의 제한은 $\mathbb{R}^2$

3 선형작용소 $A : \mathbb{R}^d \to \mathbb{R}^d$의 전치는 모든 $x, y \in \mathbb{R}^d$에 대해 $A(x) \cdot y = x \cdot B(y)$를 만족하는 선형작용소 $B : \mathbb{R}^d \to \mathbb{R}^d$이다. 이때 $B = A^t$라고 쓴다. A의 역은 (존재한다면) $A \circ C = C \circ A = I$ (단, I는 항등작용소)를 만족하는 선형작용소 $C : \mathbb{R}^d \to \mathbb{R}^d$이며, $C = A^{-1}$와 같이 쓴다.

에서의 회전변환이다.

기하학적으로 벡터 γ는 회전축의 방향을 제시한다. 이러한 사실에 대한 증명은 연습문제 2에서 확인할 수 있다. 마지막으로 R이 반사 회전이면 ($\mathbb{R}^3$에서 $\det(-R) = -\det(R)$이므로) $-R$은 단순 회전이고, 따라서 R은 단순 회전과 원점에 대한 대칭변환의 합성이다.

예제 4 $\mathbb{R}^d$에서의 두 **정규직교(orthonormal)**기저 $\{e_1, \cdots, e_d\}$ 및 $\{e'_1, \cdots, e'_d\}$이 주어지면 $i = 1, \cdots, d$에 대해 $R(e_i) = e'_i$으로 두어 회전변환 R을 정의할 수 있다. 역으로 R이 회전변환이고 $\{e_1, \cdots, e_d\}$가 정규직교기저라면 $e'_j = R(e_j)$라 둘 때 $\{e'_1, \cdots, e'_d\}$은 또 다른 정규직교기저다.

1.2 $\mathbb{R}^d$에서의 적분

$\mathbb{R}^d$에서의 함수를 다룰 예정이므로 $\mathbb{R}^d$에서 함수의 적분에 대해 몇 가지를 논의해야 한다. [부록]에 이를 더 자세히 정리해두었다.

$\mathbb{R}^d$에서 연속인 복소함수 f가 **급감소**한다는 것은 모든 다중지표 α에 대해 함수 $|x^\alpha f(x)|$가 유계임을 의미한다. 다시 말해 연속함수 f가 모든 $k = 0, 1, 2, \cdots$에 대해

$$\sup_{x\in\mathbb{R}^d} |x|^k \, |f(x)| < \infty$$

를 만족하면 급감소 함수다. 급감소 함수 f가 주어지면 $\mathbb{R}^d$에서 적분을

$$\int_{\mathbb{R}^d} f(x)\,dx = \lim_{N\to\infty} \int_{Q_N} f(x)\,dx$$

와 같이 정의한다. 여기서 Q_N은 원점을 중심으로 하고 각 변이 좌표축에 평행하며 길이가 N인 닫힌 입방체를 나타낸다. 즉,

$$Q_N = \{x \in \mathbb{R}^d : |x_i| \le N/2 \quad (i = 1, \cdots, d)\}$$

이다. Q_N에서의 적분은 일반 리만 적분에서는 중적분에 해당한다. $N \to \infty$일 때 $I_N = \int_{Q_N} f(x)\,dx$가 코시 수열을 형성하므로 위 극한값이 존재한다.

두 가지를 차례대로 관찰하자. 첫 번째로 정의에서 다른 것은 그대로 놔두고 입방체 Q_N을 공 $B_N = \{x \in \mathbb{R}^d : |x| \leq N\}$으로 바꾸어도 된다. 두 번째로 앞의 극한값이 존재함을 보일 때 함수가 급감소하는 함수일 필요는 없다. 사실 f가 연속이며 어떤 $\epsilon > 0$에 대해

$$\sup_{x \in \mathbb{R}^d} |x|^{d+\epsilon} |f(x)| < \infty$$

를 만족한다고 가정하면 충분하다. 예를 들어 $\mathbb{R}$에서 적절히 감소하는 함수는 $\epsilon = 1$일 때에 해당한다. 이를 염두에 두고 연속이며 $\epsilon = 1$에 대해 위 부등식을 만족하는 $\mathbb{R}^d$에서의 함수를 $\mathbb{R}^d$에서 **적절히 감소(moderate decrease)**하는 함수라고 정의한다.

앞서 말한 중요한 세 가지 대칭성과 관련하여 다음과 같은 적분 성질을 확인할 수 있다. f가 적절히 감소하는 함수라면 다음이 성립한다.

(1) 모든 $h \in \mathbb{R}^d$에 대해

$$\int_{\mathbb{R}^d} f(x+h)\,dx = \int_{\mathbb{R}^d} f(x)\,dx$$

(2) 모든 $\delta > 0$에 대해

$$\delta^d \int_{\mathbb{R}^d} f(\delta x)\,dx = \int_{\mathbb{R}^d} f(x)\,dx$$

(3) 모든 회전변환 R에 대해

$$\int_{\mathbb{R}^d} f(R(x))\,dx = \int_{\mathbb{R}^d} f(x)\,dx$$

극좌표

$\mathbb{R}^d$에서의 극좌표를 도입하고 이에 해당하는 적분식을 찾으면 편리할 때가 있다. $d = 2$와 $d = 3$에 해당하는 두 가지 예로 시작한다.[4]

예제 1 $\mathbb{R}^2$에서 극좌표는 $r \geq 0$ 및 $0 \leq \theta < 2\pi$인 (r, θ)로 주어진다. 치환적분에서 야코비 행렬식은 r이므로

$$\int_{\mathbb{R}^2} f(x)\,dx = \int_0^{2\pi} \int_0^{\infty} f(r\cos\theta, r\sin\theta) r\,dr\,d\theta$$

가 성립한다. 이제 단위원 S^1 위의 점을 $\gamma = (\cos\theta, \sin\theta)$와 같이 쓴다. 그리고 원 위에서 함수 g가 주어지면 S^1 위에서 g의 적분을

4 [부록]에서 모든 d에 대해 적용되는 식에 관하여 보다 정교하게 논의한다.

$$\int_{S^1} g(\gamma)\, d\sigma(\gamma) = \int_0^{2\pi} g(\cos\theta, \sin\theta)\, d\theta$$

와 같이 정의한다. 이 표기법을 이용하면

$$\int_{\mathbb{R}^2} f(x)\, dx = \int_{S^1} \int_0^{\infty} f(r\gamma) r\, dr\, d\sigma(\gamma)$$

와 같이 쓸 수 있다.

예제 2 $\mathbb{R}^3$ 에서는 구면좌표계

$$\begin{cases} x_1 &= r\sin\theta\cos\varphi \\ x_2 &= r\sin\theta\sin\varphi \\ x_3 &= r\cos\theta \end{cases}$$

를 이용한다. 여기서 $0 < r$, $0 \le \theta \le \pi$ 이며 $0 \le \varphi \le 2\pi$ 이다. 치환적분에서 야코비 행렬식은 $r^2 \sin\theta$ 이므로

$$\int_{\mathbb{R}^3} f(x)\, dx = \int_0^{2\pi} \int_0^{\pi} \int_0^{\infty} f(r\sin\theta\cos\varphi, r\sin\theta\sin\varphi, r\cos\theta) r^2\, dr \sin\theta\, d\theta\, d\varphi$$

가 성립한다.

g 가 단위구 $S^2 = \{x \in \mathbb{R}^3 : |x| = 1\}$ 위에서의 함수이고 $\gamma = (\sin\theta\cos\varphi, \sin\theta\sin\varphi, \cos\theta)$ 일 때, 면적소 $d\sigma(\gamma)$ 를

$$\int_{S^2} g(\gamma)\, d\sigma(\gamma) = \int_0^{2\pi} \int_0^{\pi} g(\gamma) \sin\theta\, d\theta\, d\varphi$$

와 같이 정의한다. 그 결과

$$\int_{\mathbb{R}^3} f(x)\, dx = \int_{S^2} \int_0^{\infty} f(r\gamma) r^2\, dr\, d\sigma(\gamma)$$

가 성립한다. 일반적으로 $\mathbb{R}^d - \{0\}$ 의 임의의 점을

$$x = r\gamma$$

와 같이 유일하게 쓸 수 있다. 여기서 γ는 단위구 $S^{d-1} \subset \mathbb{R}^d$ 위에 놓여 있으며 $r > 0$이다. 실제로 $r = |x|$, $\gamma = x/|x|$를 취하면 된다. 따라서 $d = 2$ 또는 $d = 3$일 때처럼 진행하여 구면좌표를 정의할 수 있다. f가 적절히 감소하는 함수라면

$$\int_{\mathbb{R}^d} f(x)\,dx = \int_{S^{d-1}} \int_0^\infty f(r\gamma) r^{d-1}\,dr\,d\sigma(\gamma)$$

와 같은 식을 이용한다. 여기서 $d\sigma(\gamma)$는 구면좌표계에서 얻은 구 S^{d-1}에서의 면적소를 나타낸다.

2 푸리에 변환의 기초 이론

슈바르츠 공간(Schwartz space) $\mathcal{S}(\mathbb{R}^d)$은 (종종 $\mathcal{S}$로 줄여서 쓰며) $\mathbb{R}^d$에서 무한 번 미분가능하고 모든 다중지표 α 및 β에 대해

$$\sup_{x \in \mathbb{R}^d} \left| x^\alpha \left(\frac{\partial}{\partial x} \right)^\beta f(x) \right| < \infty$$

를 만족하는 함수 f들로 이루어진 공간이다. 다시 말해 f와 f의 모든 도함수는 급감소 함수여야 한다.

예제 1 $\mathcal{S}(\mathbb{R}^d)$의 함수의 예로 d차원 가우스 함수 $e^{-\pi|x|^2}$이 있다. 이미 5장에서 이 함수가 $d = 1$이면 중심적인 역할을 한다는 점을 분명히 언급했다.

슈바르츠 함수 f의 **푸리에 변환(Fourier transform)**은 $\xi \in \mathbb{R}^d$에 대해

$$\hat{f}(\xi) = \int_{\mathbb{R}^d} f(x) e^{-2\pi i x \cdot \xi}\,dx$$

로 정의된다. 위 식은 1차원 식과 매우 유사하며, $\mathbb{R}^d$에서 적분하고 x와 ξ의 곱이 두 벡터의 내적으로 바뀌었다는 점만 다르다.

이제 푸리에 변환의 몇 가지 간단한 성질을 소개한다. 다음 명제에서 화살표는 푸리에 변환을 취했음을 나타낸다. 따라서 $F(x) \longrightarrow G(\xi)$는 $G(\xi) = \hat{F}(\xi)$ 임을 의미한다.

명제 2.1 $f \in \mathcal{S}(\mathbb{R}^d)$라고 하면 다음이 성립한다.

(1) $h \in \mathbb{R}^d$일 때, $f(x+h) \longrightarrow \hat{f}(\xi)e^{2\pi i\xi\cdot h}$

(2) $h \in \mathbb{R}^d$일 때, $f(x)e^{-2\pi ixh} \longrightarrow \hat{f}(\xi+h)$

(3) $\delta > 0$일 때, $f(\delta x) \longrightarrow \delta^{-d}\hat{f}(\delta^{-1}\xi)$

(4) $\left(\dfrac{\partial}{\partial x}\right)^\alpha f(x) \longrightarrow (2\pi i\xi)^\alpha \hat{f}(\xi)$

(5) $(-2\pi ix)^\alpha f(x) \longrightarrow \left(\dfrac{\partial}{\partial \xi}\right)^\alpha \hat{f}(\xi)$

(6) R이 회전변환일 때, $f(Rx) \longrightarrow \hat{f}(R\xi)$

성질 (1)~(5)는 1차원과 같은 방법으로 증명한다. 성질 (6)을 증명하려면 적분식에서 간단히 $y = Rx$로 치환한다. 그런 다음 R이 회전변환이므로 $|\det(R)| = 1$이며 $R^{-1}y \cdot \xi = y \cdot R\xi$ 임을 상기하면 증명을 마무리할 수 있다.

성질 (4), (5)는 $2\pi i$ 만큼의 인수들을 무시하면 푸리에 변환은 미분과 단항식을 곱하는 것을 서로 맞바꾸는 것임을 보여 준다. 이는 슈바르츠 공간을 정의하는 이유가 되며 다음 따름정리로 이어진다.

따름정리 2.2 푸리에 변환은 $\mathcal{S}(\mathbb{R}^d)$를 자기 자신으로 옮긴다.

이 시점에서 푸리에 변환과 회전변환 사이의 상호 작용에 대한 간단한 사실을 확인하기 위해 잠시 주제에서 벗어나겠다. 함수 f가 $|x|$에만 의존하면 **방사형(radial)**이라고 한다. 다시 말해 $u \geq 0$을 변수로 하는 함수 $f_0(u)$가 존재하여 $f(x) = f_0(|x|)$이면 f는 방사형이다. f가 방사형이기 위한 필요충분조건은 모든 회전변환 R에 대해 $f(Rx) = f(x)$인 것이다. $|Rx| = |x|$이므로 한쪽 방향은 자명하다. 역으로 모든 회전변환 R에 대해 $f(Rx) = f(x)$라고 가정하자. 이제 f_0를

$$f_0(u) = \begin{cases} f(0) & (u = 0) \\ f(x) & (|x| = u) \end{cases}$$

와 같이 정의한다. x와 x'이 $|x| = |x'|$인 점이면 항상 $x' = Rx$인 회전변환 R이 존재하기 때문에 위의 f_0는 잘 정의된다.

따름정리 2.3 방사형 함수의 푸리에 변환은 방사형이다.

이는 명제 2.1의 성질 (6)으로부터 바로 알 수 있다. 실제로 모든 R에 대해 $f(Rx) = f(x)$라는 조건은 모든 R에 대해 $\hat{f}(R\xi) = \hat{f}(\xi)$임을 의미하므로, f가 방사형이면 $\hat{f}$은 방사형이다.

$\mathbb{R}^d$에서 방사형 함수의 예로 가우스 함수 $e^{-\pi|x|^2}$이 있다. 또한 $d = 1$일 때 방사형 함수는 바로 짝함수로, $f(x) = f(-x)$를 만족한다.

이제 기초 내용을 마치고 $\mathbb{R}^d$에서의 푸리에 역변환 공식과 프란셰렐 정리를 얻기 위해 5장에서 다룬 내용을 단계별로 되짚어 가자.

정리 2.4 $f \in \mathcal{S}(\mathbb{R}^d)$라고 가정하자. 그러면

$$f(x) = \int_{\mathbb{R}^d} \hat{f}(\xi) e^{2\pi i x\cdot\xi}\, d\xi$$

가 성립한다. 또한

$$\int_{\mathbb{R}^d} |\hat{f}(\xi)|^2\, d\xi = \int_{\mathbb{R}^d} |f(x)|^2\, dx$$

가 성립한다.

증명

다음 단계에 따라 증명한다.

단계 1 $e^{-\pi|x|^2}$의 푸리에 변환은 $e^{-\pi|\xi|^2}$이다. 이를 증명하기 위해 지수함수의 성질로부터

$$e^{-\pi|x|^2} = e^{-\pi x_1^2}\cdots e^{-\pi x_d^2}, \quad e^{-2\pi i x\cdot\xi} = e^{-2\pi i x_1\cdot\xi_1}\cdots e^{-2\pi i x_d\cdot\xi_d}$$

이 성립함을 주목한다. 따라서 푸리에 변환에서 피적분함수는 함수 d개의 곱이며, 각각의 함수는 변수 x_j $(1 \le j \le d)$에만 의존한다. 따라서 $\mathbb{R}^d$에서의 적분을 일련의 반복된 $\mathbb{R}$에서의 적분으로 나타냄으로써 주장한 바가 성립함을 확인할 수 있다. 예를 들어 $d = 2$이면

$$\begin{aligned}\int_{\mathbb{R}^2} e^{-\pi|x|^2} e^{-2\pi i x\cdot\xi}\, dx &= \int_{\mathbb{R}} e^{-\pi x_2^2} e^{-2\pi i x_2\cdot\xi_2} \left(\int_{\mathbb{R}} e^{-\pi x_1^2} e^{-2\pi i x_1\cdot\xi_1}\, dx_1 \right) dx_2 \\ &= \int_{\mathbb{R}} e^{-\pi x_2^2} e^{-2\pi i x_2\cdot\xi_2} e^{-\pi\xi_1^2}\, dx_2 \\ &= e^{-\pi\xi_1^2} e^{-\pi\xi_2^2} \\ &= e^{-\pi|\xi|^2}\end{aligned}$$

이 성립한다. 명제 2.1의 결과로 δ 대신 $\delta^{1/2}$에 대해 적용하면 $(\widehat{e^{-\pi\delta|x|^2}}) = \delta^{-d/2}e^{-\pi|\xi|^2/\delta}$ 임을 알 수 있다.

단계 2 $K_\delta(x) = \delta^{-d/2}e^{-\pi|x|^2/\delta}$은 $\mathbb{R}^d$에서의 좋은 핵이다. 이는 다음이 성립함을 의미한다.

(i) $\int_{\mathbb{R}^d} K_\delta(x)\,dx = 1$

(ii) $\int_{\mathbb{R}^d} |K_\delta(x)|\,dx \le M$ (실제로 $K_\delta(x) \ge 0$)

(iii) 모든 $\eta > 0$에 대해 $\delta \to 0$일 때, $\int_{|x|\ge\eta} |K_\delta(x)|\,dx \to 0$이다.

이러한 내용에 대한 증명은 $d = 1$일 때의 증명과 거의 동일하다. 그 결과 F가 슈바르츠 함수이거나, 혹은 더 일반적으로 F가 유계이고 원점에서 연속이면 $\delta \to 0$일 때

$$\int_{\mathbb{R}^d} K_\delta(x)F(x)\,dx \to F(0)$$

이 성립한다.

단계 3 f와 g가 $\mathcal{S}$에 속하면 곱셈공식

$$\int_{\mathbb{R}^d} f(x)\hat{g}(x)\,dx = \int_{\mathbb{R}^d} \hat{f}(y)g(y)\,dy$$

가 성립한다. 증명을 위해서 $(x, y) \in \mathbb{R}^{2d} = \mathbb{R}^d \times \mathbb{R}^d$에 대해 함수 $f(x)g(y)e^{-2\pi i x\cdot y}$의 반복적분값을 구한다. 이때 각각 나누어진 적분은 $\mathbb{R}^d$에서 취한다. 이를 보이는 것은 5장 명제 1.8의 증명과 유사하다([부록] 참고).

그러면 푸리에 역변환은 5장처럼 좋은 핵 K_δ와 곱셈공식을 이용하면 쉽게 얻을 수 있다. 또한 푸리에 변환 $\mathcal{F}$는 $\mathcal{S}(\mathbb{R}^d)$에서 자기 자신으로의 일대일 대응이며, 그 역변환은

$$\mathcal{F}^*(g)(x) = \int_{\mathbb{R}^d} g(\xi)e^{2\pi i x\cdot\xi}\,d\xi$$

와 같다는 사실도 알 수 있다.

단계 4 다음으로 $f, g \in \mathcal{S}$에 대해

$$(f * g)(x) = \int_{\mathbb{R}^d} f(y)g(x - y)\,dy$$

로 정의되는 합성곱을 고려한다. 이때 $f * g \in \mathcal{S}(\mathbb{R}^d)$, $f * g = g * f$, $(\widehat{f * g})(\xi) = \hat{f}(\xi)\hat{g}(\xi)$가 성립한다. 이는 1차원과 유사한 방식으로 이를 보일 수 있다. $f * g$의 푸리에 변환을 계산할 때는 반복적분으로 표현되는 ($\mathbb{R}^{2d} = \mathbb{R}^d \times \mathbb{R}^d$에서) $f(y)g(x-y)e^{-2\pi i x\cdot\xi}$의 적분이 포함된다.

그런 다음 5장 논증을 그대로 따르면 d차원에서의 프란셰렐 공식을 얻으며, 이로써 정리 2.4의 증명이 마무리된다. ◀

3 $\mathbb{R}^d \times \mathbb{R}$에서의 파동 방정식

이제 푸리에 변환에 대해 배운 내용을 파동 방정식 학습에 적용하고자 한다. 다시 문제를 단순화하여 슈바르츠 공간 $\mathcal{S}$에서의 함수만 생각한다. 파동 방정식을 더 상세히 다루려면 함수가 더 일반적인 성질을 갖도록 해야 하는데, 특히 불연속일 수도 있어야 한다. 그러나 슈바르츠 함수만 다룸으로써 일반성이 일부 소실되는 대신 내용을 명료하게 이해할 수 있다. 이렇게 제한된 맥락하에서 살펴보는 것이 기본 아이디어를 가장 단순하게 설명할 수 있게 한다.

3.1 푸리에 변환 관점에서의 해

진동하는 현의 운동은 방정식

$$\frac{\partial^2 u}{\partial x^2} = \frac{1}{c^2}\frac{\partial^2 u}{\partial t^2}$$

을 만족한다. 이를 1차원 파동 방정식이라고 한다.

이 방정식을 공간 변수가 d차원인 경우로 자연스럽게 일반화하면

$$\frac{\partial^2 u}{\partial x_1^2} + \cdots + \frac{\partial^2 u}{\partial x_d^2} = \frac{1}{c^2}\frac{\partial^2 u}{\partial t^2} \tag{6.1}$$

과 같다. 여기서 $d = 3$인 경우 이 방정식은 진공에서 전자파의 움직임을 결정한다고 알려져 있다(이때 c는 광속).

또한 이 방정식은 음파가 전파되는 것을 설명한다. 따라서 방정식 (6.1)을 **d차원 파동 방정식(*d*−dimensional wave equation)**이라고 한다.

먼저 필요한 경우 변수 t를 재설정할 수 있으므로 $c = 1$로 가정할 수 있음을 확인할 수 있다. 또한 d차원에서의 **라플라스 작용소(Laplacian)**를

$$\triangle = \frac{\partial^2}{\partial x_1^2} + \cdots + \frac{\partial^2}{\partial x_d^2}$$

과 같이 정의하면 파동 방정식을

$$\triangle u = \frac{\partial^2 u}{\partial t^2} \tag{6.2}$$

처럼 다시 쓸 수 있다. 이번 절의 목표는 초기 조건이

$$u(x,0)=f(x), \quad \frac{\partial u}{\partial t}(x,0)=g(x)$$

와 같이 주어진 경우 방정식 (6.2)의 해를 찾는 것이다. 여기서 $f, g \in \mathcal{S}(\mathbb{R}^d)$이다. 이를 파동 방정식에 대한 **코시 문제(Cauchy problem)**라고 한다.

이 문제를 풀기 전에 변수 t를 시간으로 생각하지만 $t>0$으로 제한하지 않음에 유의한다. 앞으로 알게 되겠지만 우리가 찾는 해는 모든 $t \in \mathbb{R}$에 대해 유의미하다. 이는 (열 방정식과는 달리) 파동 방정식이 시간에 따라 역전될 수 있다는 사실을 보여 준다.

이 문제의 해에 대한 식은 다음 정리에 주어져 있다. 이전에도 그랬듯이 이 식으로 이어지는 발견적인 논증은 다른 경계값 문제에도 적용되기 때문에 중요하다.

u가 파동 방정식에 대한 코시 문제의 해라고 가정하자. 이때 공간 변수 $x_1, \cdots, x_d$에 대하여 방정식과 초기 조건에 대해 푸리에 변환을 취하는 기법을 사용한다. 이를 통해 문제를 시간 변수에 대한 상미분방정식으로 단순하게 만든다. 실제로 x_j에 대한 미분은 $2\pi i\xi_j$만큼 곱한 것이 되고, t에 대한 미분은 공간 변수에 대한 푸리에 변환과 순서를 바꿀 수 있으므로 방정식 (6.2)는

$$-4\pi^2|\xi|^2\hat{u}(\xi,t)=\frac{\partial^2\hat{u}}{\partial t^2}(\xi,t)$$

와 같음을 알 수 있다. 각각의 고정된 $\xi \in \mathbb{R}^d$에 대해 이는 t에 대한 상미분방정식이며 그 해는

$$\hat{u}(\xi,t)=A(\xi)\cos(2\pi|\xi|t)+B(\xi)\sin(2\pi|\xi|t)$$

와 같이 주어진다. 여기서 각 ξ에 대해 $A(\xi)$와 $B(\xi)$는 초기 조건에 의해 결정되는 미지의 상수다. 실제로 초기 조건에 대해 (x에 대한) 푸리에 변환을 취하면

$$\hat{u}(\xi,0)=\hat{f}(\xi), \quad \frac{\partial\hat{u}}{\partial t}(\xi,0)=\hat{g}(\xi)$$

를 얻는다. 이제 $A(\xi)$와 $B(\xi)$에 대해 풀면

$$A(\xi)=\hat{f}(\xi), \quad 2\pi|\xi|B(\xi)=\hat{g}(\xi)$$

를 얻을 수 있다. 따라서

$$\hat{u}(\xi,t)=\hat{f}(\xi)\cos(2\pi|\xi|t)+\hat{g}(\xi)\frac{\sin(2\pi|\xi|t)}{2\pi|\xi|}$$

임을 알 수 있고, 변수 ξ에 대해 푸리에 역변환을 취하여 해 u를 얻는다. 이렇게 형식적으로 유도한 식을 이용하여 문제에 대한 정확한 존재성 정리를 이끌어낸다.

정리 3.1 파동 방정식에 대한 코시 문제의 해는

$$u(x,t) = \int_{\mathbb{R}^d} \left[\hat{f}(\xi)\cos(2\pi|\xi|t) + \hat{g}(\xi)\frac{\sin(2\pi|\xi|t)}{2\pi|\xi|} \right] e^{2\pi i x\cdot\xi}\, d\xi \tag{6.3}$$

와 같다.

증명

먼저 u가 파동 방정식의 해임을 확인한다. 이는 (f와 g가 모두 슈바르츠 함수이므로) 적분기호 속에서 x와 t에 대해 미분할 수 있기 때문에 바로 알 수 있고, 따라서 u는 적어도 C^2 함수다. 한편 지수함수를 변수 x에 대하여 미분하면

$$\triangle u(x,t) = \int_{\mathbb{R}^d} \left[\hat{f}(\xi)\cos(2\pi|\xi|t) + \hat{g}(\xi)\frac{\sin(2\pi|\xi|t)}{2\pi|\xi|} \right] (-4\pi^2|\xi|^2) e^{2\pi i x\cdot\xi}\, d\xi$$

를 얻는다. 대괄호 안의 항을 t에 대해 두 번 미분하면

$$\frac{\partial^2 u}{\partial t^2}(x,t) = \int_{\mathbb{R}^d} \left[-4\pi^2|\xi|^2\hat{f}(\xi)\cos(2\pi|\xi|t) - 4\pi^2|\xi|^2\hat{g}(\xi)\frac{\sin(2\pi|\xi|t)}{2\pi|\xi|} \right] e^{2\pi i x\cdot\xi}\, d\xi$$

를 얻는다. 이는 u가 방정식 (6.2)의 해임을 보여 준다. $t=0$으로 두면 푸리에 역변환 정리에 의해

$$u(x,0) = \int_{\mathbb{R}^d} \hat{f}(\xi) e^{2\pi i x\cdot\xi}\, d\xi = f(x)$$

를 얻는다. 마지막으로 t에 대해 한 번 미분하고 $t=0$으로 둔 후, 푸리에 역변환을 이용하면

$$\frac{\partial u}{\partial t}(x,0) = g(x)$$

를 보일 수 있다. 따라서 u는 초기 조건도 만족하며 정리의 증명이 마무리된다. ◀

여러분도 알게 되겠지만, 두 함수 f와 g가 $\mathcal{S}$에 포함되었다고 가정하면 두 함수 $\hat{f}(\xi)\cos(2\pi|\xi|t)$와 $\hat{g}(\xi)\frac{\sin(2\pi|\xi|t)}{2\pi|\xi|}$는 모두 $\mathcal{S}$에 포함된다. 이는 $\cos u$와 $\frac{\sin u}{u}$가 모두 무한 번 미분가능한 짝함수이기 때문이다.

파동 방정식에 대한 코시 문제의 해의 존재성을 증명했으므로 유일성에 대한 질문을 제기한다. 초기 조건이 $u(x,0)=f(x)$, $\frac{\partial u}{\partial t}(x,0)=g(x)$와 같이 주어진 방정식

$$\triangle u = \frac{\partial^2 u}{\partial t^2}$$

에 대하여 정리 3.1의 식으로 주어지는 해 말고도 또 다른 형태의 해가 존재하는가? 사실 그 답은 예상했듯이 **아니오**다. 이 사실에 대한 증명은 여기서 소개하지는 않겠지만(심화문제 3 참고) 에너지 보존에 대한 논증을 이용하면 보일 수 있다. 이는 이제 소개할 대역적 에너지 보존 명제에 대응하는 국소적인 명제다.

3장 연습문제 10에서 1차원일 때 진동하는 현의 전체 에너지는 시간에 따라 보존됨을 관찰했다. 이와 유사한 사실이 고차원에서도 성립한다. 해의 **에너지**를

$$E(t) = \int_{\mathbb{R}^d} \left|\frac{\partial u}{\partial t}\right|^2 + \left|\frac{\partial u}{\partial x_1}\right|^2 + \cdots + \left|\frac{\partial u}{\partial x_d}\right|^2 dx$$

와 같이 정의하자.

정리 3.2 u가 식 (6.3)에 주어진 파동 방정식의 해라면 $E(t)$는 보존된다. 다시 말해 모든 $t \in \mathbb{R}$에 대해

$$E(t) = E(0)$$

이 성립한다.

이 정리를 증명하려면 다음 보소정리가 필요하다.

보조정리 3.3 a와 b가 복소수이고 α가 실수라고 가정하자. 그러면

$$|a\cos\alpha + b\sin\alpha|^2 + |-a\sin\alpha + b\cos\alpha|^2 = |a|^2 + |b|^2$$

이 성립한다.

이는 $e_1 = (\cos\alpha, \sin\alpha)$, $e_2 = (-\sin\alpha, \cos\alpha)$가 한 쌍의 정규직교인 벡터이므로 $Z = (a,b) \in \mathbb{C}^2$에 대해

$$|Z|^2 = |Z \cdot e_1|^2 + |Z \cdot e_2|^2$$

이 성립하는 것으로부터 바로 알 수 있다. 여기서 $\cdot$는 $\mathbb{C}^2$에서의 내적을 나타낸다. 이제 프란셰렐 정리에 의해

$$\int_{\mathbb{R}^d} \left|\frac{\partial u}{\partial t}\right|^2 dx = \int_{\mathbb{R}^d} \left|-2\pi|\xi|\hat{f}(\xi)\sin(2\pi|\xi|t) + \hat{g}(\xi)\cos(2\pi|\xi|t)\right|^2 d\xi$$

이다. 비슷하게

$$\int_{\mathbb{R}^d} \sum_{j=1}^{d} \left|\frac{\partial u}{\partial x_j}\right|^2 dx = \int_{\mathbb{R}^d} \left|2\pi|\xi|\hat{f}(\xi)\cos(2\pi|\xi|t) + \hat{g}(\xi)\sin(2\pi|\xi|t)\right|^2 d\xi$$

가 성립한다. 이제 $a = 2\pi|\xi|\hat{f}(\xi)$, $b = \hat{g}(\xi)$, $\alpha = 2\pi|\xi|t$에 대해 보조정리 3.3을 적용한다. 그러면 결과는

$$\begin{aligned} E(t) &= \int_{\mathbb{R}^d} \left|\frac{\partial u}{\partial t}\right|^2 + \left|\frac{\partial u}{\partial x_1}\right|^2 + \cdots + \left|\frac{\partial u}{\partial x_d}\right|^2 dx \\ &= \int_{\mathbb{R}^d} (4\pi^2|\xi|^2|\hat{f}(\xi)|^2 + |\hat{g}(\xi)|^2)\, d\xi \end{aligned}$$

와 같다. 이는 분명히 t에 무관하다. 따라서 정리 3.2를 증명했다.

파동 방정식의 해를 표현하는 식 (6.3)은 해를 상당히 간접적으로 제시한다는 단점이 있는데, f와 g의 푸리에 변환을 계산하고 더 나아가 푸리에 역변환을 계산해야 하기 때문이다. 그런데 모든 차원 d에 대해 해를 더 명시적으로 나타내는 식이 있다. 이 식은 $d = 1$일 때는 매우 간단하고 $d = 3$일 때는 살짝 덜 간단하긴 하다. 더 일반적으로 이 식은 d가 홀수이면 **단순**하지만 d가 짝수일 때는 더 복잡하다(심화문제 4, 심화문제 5 참고).

이어지는 내용에서는 $d = 1$, $d = 3$인 경우와 $d = 2$인 경우를 생각한다. 이를 종합하면 일반적으로 해가 어떻게 나오는지 감을 잡을 수 있다. 1장에서 구간 $[0, L]$에서의 파동 방정식을 다룰 때, 해를 달랑베르 공식

$$u(x,t) = \frac{f(x+t) + f(x-t)}{2} + \frac{1}{2}\int_{x-t}^{x+t} g(y)\, dy \tag{6.4}$$

를 이용하여 나타낼 수 있음을 발견했다. 이때 f와 g는 모두 $[-L, L]$에서 **홀함수**이며 실수 전체에서 주기가 $2L$인 주기함수가 되도록 $[0, L]$ 바깥으로 확장된다고 생각한다. $d = 1$이고 초기 조건이 $\mathcal{S}(\mathbb{R})$의 함수일 때의 파동 방정식의 해에 대해서도 같은 식 (6.4)가 성립한다. 사실 식 (6.4)는

$$\cos(2\pi|\xi|t) = \frac{1}{2}(e^{2\pi i|\xi|t} + e^{-2\pi i|\xi|t}), \qquad \frac{\sin(2\pi|\xi|t)}{2\pi|\xi|} = \frac{1}{4\pi i|\xi|}(e^{2\pi i|\xi|t} - e^{-2\pi i|\xi|t})$$

을 이용하면 식 (6.3)으로부터 바로 알 수 있다.

마지막으로 달랑베르 공식 (6.4)에 등장하는 두 항은 적절히 평균을 취한 값들로 이루어진다는 점을 기억하자. 실제로 첫 번째 항은 구간 $[x-t, x+t]$의 경계인 두 점에서의 평균이다. 그리고 두 번째

항은 t만큼의 인수를 제외하면 이 구간에서 g의 평균값인 $\frac{1}{2t}\int_{x-t}^{x+t} g(y)\,dy$이다. 이는 고차원으로 일반화할 수 있음을 암시하고, 이를 통해 문제의 해를 초기 조건에 평균을 취한 값들로 나타낼 수 있다고 예상 가능하다. 이 예상은 참이며, 이제 $d = 3$인 특정한 경우를 자세히 다루도록 하겠다.

3.2 $\mathbb{R}^3 \times \mathbb{R}$에서의 파동 방정식

$\mathbb{R}^3$에서의 단위구를 S^2로 나타내면 x를 중심으로 하고 반지름 길이가 t인 구 위에서의 함수 f의 **구면평균(spherical mean)**을

$$M_t(f)(x) = \frac{1}{4\pi}\int_{S^2} f(x - t\gamma)\,d\sigma(\gamma) \tag{6.5}$$

와 같이 정의한다. 여기서 $d\sigma(\gamma)$는 S^2에 대한 면적소다. 단위구의 면적이 4π이므로 $M_t(f)$를 x를 중심으로 하고 반지름 길이가 t인 구 위에서 f의 평균값으로 해석할 수 있다.

보조정리 3.4 $f \in \mathcal{S}(\mathbb{R}^3)$이고 t가 고정된 값이면 $M_t(f) \in \mathcal{S}(\mathbb{R}^3)$이다. 또한 $M_t(f)$는 t에 대해 무한 번 미분가능하며, 변수 t에 대한 각각의 도함수들도 $\mathcal{S}(\mathbb{R}^3)$에 속한다.

증명

$F(x) = M_t(f)(x)$라고 하자. F가 급감소함을 보이기 위해 부등식 $|f(x)| \le A_N/(1 + |x|^N)$에서 시작한다. 이 부등식은 모든 고정된 $N \ge 0$에 대해 성립한다. t를 고정했을 때, 모든 $\gamma \in \mathcal{S}^2$에 대해

$$|f(x - \gamma t)| \le A'_N/(1 + |x|^N)$$

이 성립함을 쉽게 알 수 있다. 이를 보일 때 $|x| \le 2|t|$인 경우와 $|x| > 2|t|$인 경우로 나누어 생각하면 된다. 따라서 양변을 적분하면

$$|F(x)| \le A'_N/(1 + |x|^N)$$

을 얻는다. 그리고 모든 N에 대해 위 부등식이 성립하므로 함수 F는 급감소 함수다. 다음으로 F는 무한 번 미분가능하며

$$\left(\frac{\partial}{\partial x}\right)^{\alpha} F(x) = M_t(f^{(\alpha)})(x) \tag{6.6}$$

가 성립함을 알 수 있다. 여기서 $f^{(\alpha)}(x) = \left(\frac{\partial}{\partial x}\right)^{\alpha} f$이다. $\left(\frac{\partial}{\partial x}\right)^{\alpha} = \frac{\partial}{\partial x_k}$인 경우에 대해서만 증명해도 충분하며, 그런 다음 귀납법을 사용하여 일반적인 경우에 대해 보인다. 또한, $k = 1$인

경우만 보여도 충분하다. 이제

$$\frac{F(x_1+h,x_2,x_3)-F(x_1,x_2,x_3)}{h}=\frac{1}{4\pi}\int_{S^2} g_h(\gamma)\,d\sigma(\gamma)$$

가 성립한다. 여기서 g_h는

$$g_h(\gamma)=\frac{f(x+e_1h-\gamma t)-f(x-\gamma t)}{h}$$

와 같으며 $e_1=(1,0,0)$이다. 이제 $h\to 0$일 때 γ에 균등하게 $g_h\to \frac{\partial}{\partial x_1}f(x-\gamma t)$임을 확인하기만 하면 된다. 그 결과 식 (6.6)이 성립함을 알 수 있고, 처음 논증에 따라 $\left(\frac{\partial}{\partial x}\right)^\alpha F(x)$도 마찬가지로 급감소 함수임을 알 수 있다. 따라서 $F\in\mathcal{S}$이다. $M_t(f)$의 변수 t에 대한 각각의 도함수에도 같은 논증을 적용한다. ◀

다음의 푸리에 변환 공식은 구 위에서의 적분과 관련된 간단한 사실로, 나중에 사용할 것이다.

보조정리 3.5 $\frac{1}{4\pi}\int_{S^2} e^{-2\pi i\xi\cdot\gamma}\,d\sigma(\gamma)=\frac{\sin(2\pi|\xi|)}{2\pi|\xi|}$

이 공식은 다음 절에서 알 수 있듯이 방사형 함수의 푸리에 변환이 방사형이라는 사실과 연관이 있다.

증명

좌변의 적분식은 ξ에 대해 방사형이다. 실제로 R을 회전변환이라고 하면 $\gamma\to R^{-1}(\gamma)$와 같이 치환적분하여

$$\int_{S^2} e^{-2\pi iR(\xi)\cdot\gamma}\,d\sigma(\gamma)=\int_{S^2} e^{-2\pi i\xi\cdot R^{-1}(\gamma)}\,d\sigma(\gamma)=\int_{S^2} e^{-2\pi i\xi\cdot\gamma}\,d\sigma(\gamma)$$

임을 알 수 있다. 이에 대해서는 [부록]의 식 (A.4)를 참고하라. 따라서 $|\xi|=\rho$일 때, $\xi=(0,0,\rho)$에 대해 보조정리를 증명하면 충분하다. $\rho=0$이면 보조정리는 자명하게 성립한다. $\rho>0$이면 구면좌표를 이용하여 좌변은

$$\frac{1}{4\pi}\int_0^{2\pi}\int_0^{\pi} e^{-2\pi i\rho\cos\theta}\sin\theta\,d\theta\,d\varphi$$

와 같음을 알 수 있다. $u=-\cos\theta$로 변수변환하면

$$\frac{1}{4\pi}\int_0^{2\pi}\int_0^{\pi} e^{-2\pi i\rho\cos\theta}\sin\theta\,d\theta\,d\varphi=\frac{1}{2}\int_0^{\pi} e^{-2\pi i\rho\cos\theta}\sin\theta\,d\theta$$

$$
\begin{aligned}
&= \frac{1}{2}\int_{-1}^{1} e^{2\pi i\rho u}\,du \\
&= \frac{1}{4\pi i\rho}\left[e^{2\pi i\rho u}\right]_{-1}^{1} = \frac{\sin(2\pi\rho)}{2\pi\rho}
\end{aligned}
$$

를 얻는다. 따라서 보조정리를 증명했다. ◀

식 (6.5)에 의해 $M_t(f)$를 함수 f와 면적소 $d\sigma$의 합성곱으로 해석할 수 있다. 그리고 푸리에 변환은 합성곱과 곱셈을 맞바꾸어 주므로 $\widehat{M_t(f)}$을 f와 $d\sigma$의 푸리에 변환을 곱한 것이라고 할 수 있다. 실제로 항등식

$$
\widehat{M_t(f)}(\xi) = \hat{f}(\xi)\frac{\sin(2\pi|\xi|t)}{2\pi|\xi|t} \tag{6.7}
$$

가 성립한다. 이를 확인하기 위해

$$
\widehat{M_t(f)}(\xi) = \int_{\mathbb{R}^3} e^{-2\pi i x\cdot\xi}\left(\frac{1}{4\pi}\int_{S^2} f(x-\gamma t)\,d\sigma(\gamma)\right)dx
$$

와 같이 쓴다. 그리고 적분 순서를 바꿀 수 있다는 점에 유의하며 간단히 변수변환하면 원하는 항등식을 얻는다.

위의 결과로 우리가 다루는 문제의 해를 초기 조건에 대한 구면평균을 이용하여 나타낼 수 있음을 알 수 있다.

정리 3.6 $d=3$일 때 파동 방정식

$$
\triangle u = \frac{\partial^2 u}{\partial t^2} \quad \left(\text{단, } u(x,0)=f(x), \quad \frac{\partial u}{\partial t}(x,0) = g(x)\right)
$$

에 대한 코시 문제의 해는 $u(x,t) = \dfrac{\partial}{\partial t}(tM_t(f)(x)) + tM_t(g)(x)$이다.

증명

먼저 문제 $\triangle u = \dfrac{\partial^2 u}{\partial t^2}$ $\left(\text{단, } u(x,0)=0, \quad \dfrac{\partial u}{\partial t}(x,0) = g(x)\right)$을 생각하자. 그러면 정리 3.1에 의해 위 문제의 해 u_1은

$$
\begin{aligned}
u_1(x,t) &= \int_{\mathbb{R}^3}\left[\hat{g}(\xi)\frac{\sin(2\pi|\xi|t)}{2\pi|\xi|}\right]e^{2\pi i x\cdot\xi}\,d\xi \\
&= t\int_{\mathbb{R}^3}\left[\hat{g}(\xi)\frac{\sin(2\pi|\xi|t)}{2\pi|\xi|t}\right]e^{2\pi i x\cdot\xi}\,d\xi \\
&= tM_t(g)(x)
\end{aligned}
$$

와 같이 주어짐을 알고 있다. 여기서 g에 대해 식 (6.7)을 적용하고 푸리에 역변환 공식을 이용했다.

다시 정리 3.1에 따르면 문제 $\triangle u = \frac{\partial^2 u}{\partial t^2}$ $\left(단,\ \ u(x,0) = f(x), \quad \frac{\partial u}{\partial t}(x,0) = 0\right)$ 의 해는

$$\begin{aligned} u_2(x,t) &= \int_{\mathbb{R}^3} \left[\hat{f}(\xi)\cos(2\pi|\xi|t)\right] e^{2\pi i x\cdot\xi}\, d\xi \\ &= \frac{\partial}{\partial t}\left(t\int_{\mathbb{R}^3}\left[\hat{f}(\xi)\frac{\sin(2\pi|\xi|t)}{2\pi|\xi|t}\right] e^{2\pi i x\cdot\xi}\, d\xi\right) \\ &= \frac{\partial}{\partial t}(tM_t(f)(x)) \end{aligned}$$

와 같이 주어진다. 이제 이 두 해를 중첩하여 원래 문제에 대한 해 $u = u_1 + u_2$를 얻을 수 있다. ◀

하위헌스 원리

1차원과 3차원에서 파동 방정식의 해는 각각 다음과 같이 주어진다.

- 1차원 : $u(x,t) = \dfrac{f(x+t)+f(x-t)}{2} + \dfrac{1}{2}\displaystyle\int_{x-t}^{x+t} g(y)\, dy$
- 3차원 : $u(x,t) = \dfrac{\partial}{\partial t}(tM_t(f)(x)) + tM_t(g)(x)$

1차원 문제에서 (x,t)일 때 해의 함숫값은 그림 1과 같이 x를 중심으로 하고 길이가 $2t$인 구간에서 f와 g의 함숫값에만 의존함을 확인했다.

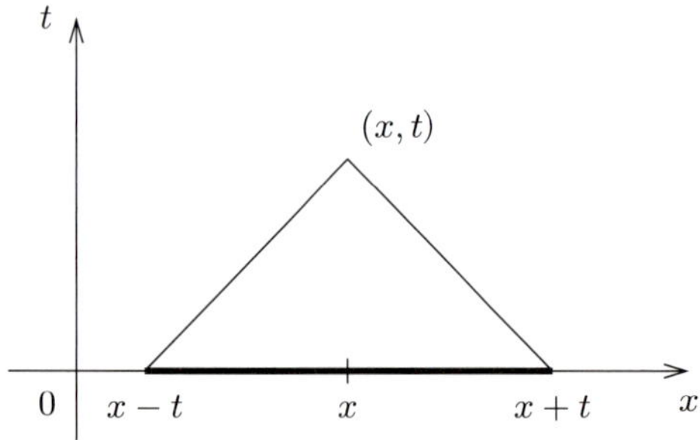

[그림 1] $d = 1$일 때 하위헌스 원리

추가로 $g = 0$일 때, 해는 이 구간의 경계인 두 점에서의 정보에만 의존한다. 3차원에서는 해가 항상 경계에서의 값에 의존한다. 더 정확하게 말하면 해 $u(x,t)$는 x를 중심으로 하고 반지름 길이가 t인 구에서 f와 g의 함숫값에만 의존한다. 이 상황은 그림 2에 묘사되어 있다. 여기서 그려진 원뿔은 꼭짓점이 (x,t)이고, 밑면은 x를 중심으로 하고 반지름 길이가 t인 공이다. 이 원뿔을 (x,t)에서 시작하는 **역방향 광원뿔(backward light cone)**이라고 한다.

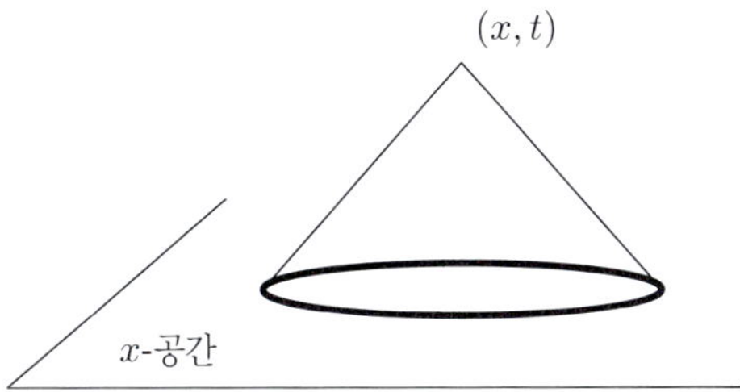

[그림 2] (x, t)에서 시작하는 역방향 광원뿔

평면 $t = 0$에 있는 점 x_0에서의 정보는 x_0에서 시작하는 원뿔의 경계에서만 해에 영향을 주는데, 이러한 원뿔을 **순방향 광원뿔(forward light cone)**이라 한다. 그림 3에 순방향 광원뿔이 묘사되어 있다.

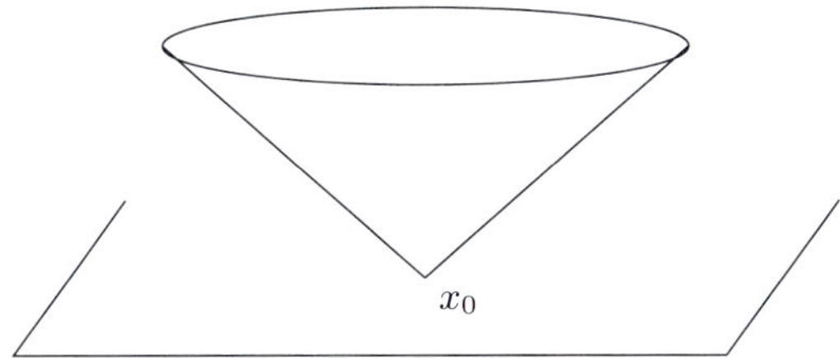

[그림 3] x_0에서 시작하는 순방향 광원뿔

하위헌스 원리(Huygens principle)로 알려진 이 현상은 앞서 주어진 u에 대한 식에서 바로 알 수 있다.

이와 관련된 파동 방정식의 또 다른 중요한 성질은 **유한 전파 속도(finite speed of propagation)**다 ($c = 1$인 경우, 속도는 1이다). 이는 $x = x_0$에 국한된 초기 간섭이 있는 경우, 유한 시간 t 이후에는 x_0를 중심으로 하고 반지름 길이가 $|t|$인 내부에서만 간섭 효과가 전파됨을 의미한다. 이를 정확히 설명해 보겠다. 초기 조건인 f와 g가 x_0를 중심으로 하고 반지름 길이가 δ인(δ는 작다고 생각하자) 공에서 받침을 가진다고 가정하자. 그러면 $u(x, t)$는 x_0를 중심으로 하고 반지름 길이가 $|t| + \delta$인 공에서 받침을 가진다. 위의 논의로부터 이 주장이 명확히 참임을 알 수 있다.

3.3 $\mathbb{R}^2 \times \mathbb{R}$에서의 파동 방정식 : 강하법

여기서 놀라운 사실은 3차원 파동 방정식의 해를 이용해 2차원 파동 방정식의 해를 유도할 수 있다는 것이다. 2차원 경우에 해당하는 평균을

$$\widetilde{M}_t(F)(x) = \frac{1}{2\pi} \int_{|y| \leq 1} F(x - ty)(1 - |y|^2)^{-1/2}\, dy$$

와 같이 정의하자.

정리 3.7 초기 조건이 $f, g \in \mathcal{S}(\mathbb{R}^2)$인 2차원 파동 방정식에 대한 코시 문제의 해는

$$u(x,t) = \frac{\partial}{\partial t}\left(t\widetilde{M}_t(f)(x)\right) + t\widetilde{M}_t(g)(x) \tag{6.8}$$

와 같이 주어진다.

이 경우와 $d = 3$인 경우의 차이점에 주목하자. 여기서 (x,t)에서 u 값은 원판의 경계 근방에서 초기 조건의 값뿐만 아니라 (x를 중심으로 하고 반지름 길이가 $|t|$인) 원판 전체에서 f와 g 값에 의존한다.

증명

형식적으로 이 정리의 항등식은 다음 논증을 통해 얻는다. $\mathcal{S}(\mathbb{R}^2)$의 함수 f, g가 초기 조건으로 주어지면 변수 x_3에 대해 상수함수로 두어 f, g를 단순하게 각각 $\mathbb{R}^3$에서의 함수 $\tilde{f}$, $\tilde{g}$로 확장할 수 있다. 여기서 $\tilde{f}$, $\tilde{g}$는

$$\tilde{f}(x_1,x_2,x_3) = f(x_1,x_2), \quad \tilde{g}(x_1,x_2,x_3) = g(x_1,x_2)$$

와 같다. 이제 $\tilde{u}$를 (3.2절에 주어진) 초기 조건이 $\tilde{f}$, $\tilde{g}$인 3차원 파동 방정식의 해라고 하면, $\tilde{u}$도 변수 x_3에 대해 상수함수이므로 $\tilde{u}$가 2차원 파동 방정식을 만족할 거라 예상할 수 있다. 이러한 논증에서는 $\tilde{f}$, $\tilde{g}$가 x_3에 대해 상수함수이므로 급감소 함수가 아니기 때문에 이전 방법이 적용되지 않는다는 점이 어렵다. 하지만 논증을 간단히 수정하면 정리 3.7을 증명할 수 있다.

$T > 0$을 고정하고 $|x_3| \leq 3T$이면 $\eta(x_3) = 1$인 $\mathcal{S}(\mathbb{R})$의 함수 $\eta(x_3)$를 생각하자. 이때 $\tilde{f}$, $\tilde{g}$에서 변수 x_3를 상수로 두는 대신 함수

$$\tilde{f}^\flat(x_1,x_2,x_3) = f(x_1,x_2)\eta(x_3), \quad \tilde{g}^\flat(x_1,x_2,x_3) = g(x_1,x_2)\eta(x_3)$$

를 생각하는 묘책을 쓸 것이다. 이제 $\tilde{f}^\flat$, $\tilde{g}^\flat$은 모두 $\mathcal{S}(\mathbb{R}^3)$의 함수이므로 정리 3.6에 의해 초기 조건이 $\tilde{f}^\flat$, $\tilde{g}^\flat$인 파동 방정식의 해 $\tilde{u}^\flat$을 얻는다. 정리 3.6의 식으로부터 $|x_3| \leq T$이고 $|t| \leq T$일 때 $\tilde{u}^\flat(x,t)$가 x_3에 무관함을 쉽게 확인할 수 있다. 특히, $u(x_1,x_2,t) = \tilde{u}^\flat(x_1,x_2,0,t)$라고 정의하면 u는 $|t| \leq T$일 때 2차원 파동 방정식을 만족한다. T는 임의의 실수이므로 u가 문제의 해가 된다. 이제 왜 u가 원하는 꼴의 함수인지 확인하는 일이 남았다.

구면좌표계의 정의에 따라 구 S^2에서 함수 H의 적분은

$$\frac{1}{4\pi}\int_{S^2} H(\gamma)\, d\sigma(\gamma) = \frac{1}{4\pi}\int_0^{2\pi}\int_0^{\pi} H(\sin\theta\cos\varphi, \sin\theta\sin\varphi, \cos\theta)\sin\theta\, d\theta\, d\varphi$$

와 같이 주어진다. H가 세 번째 변수와 무관하다면, 다시 말해 적당한 이변수함수 h에 대해 $H(x_1, x_2, x_3) = h(x_1, x_2)$이면

$$M_t(H)(x_1, x_2, 0) = \frac{1}{4\pi}\int_0^{2\pi}\int_0^{\pi} h(x_1 - t\sin\theta\cos\varphi, x_2 - t\sin\theta\sin\varphi)\sin\theta\, d\theta\, d\varphi$$

가 성립한다. 이 마지막 적분을 계산하기 위해 θ에 대한 적분을 0부터 $\frac{\pi}{2}$까지의 적분과 $\frac{\pi}{2}$부터 π까지의 적분으로 나눈다. $r = \sin\theta$로 변수변환하면 마지막에 극좌표로 바꾼 후에

$$\begin{aligned} M_t(H)(x_1, x_2, 0) &= \frac{1}{2\pi}\int_{|y|\le 1} h(x - ty)(1 - |y|^2)^{-1/2}\, dy \\ &= \widetilde{M_t}(h)(x_1, x_2) \end{aligned}$$

가 성립함을 알 수 있다. 이를 $H = \tilde{f}^\flat$, $h = f$와 $H = \tilde{g}^\flat$, $h = g$에 대해 적용하면 u가 식 (6.8)에 의해 주어짐을 알 수 있다. 이로써 정리 3.7의 증명이 마무리된다. ◀

비고 일반적인 d의 경우, 파동 방정식의 해는 앞서 특별하게 다룬 $d = 1, 2, 3$일 때의 해가 보이는 여러 성질을 공통적으로 보여 준다.

- 주어신 시각 t에서 점 x에서의 초기 조건은 특정 영역의 해 u에만 영향을 미친다. $d > 1$이 홀수라면 조건은 x에서 시작하는 순방향 광원뿔의 경계에 놓인 점에만 영향을 미친다. 한편, d가 1이거나 짝수라면 순방향 광원뿔의 모든 점에 영향을 미친다. 다르게 말하면 점 (x, t)에서의 해는 (x, t)에서 시작하는 역방향 광원뿔 밑면에서의 초기 조건값에만 의존한다. 실제로 $d > 1$이 홀수이면 초기 조건의 값 중에서 밑면 경계의 바로 근방에 있는 값만 $u(x, t)$에 영향을 준다.
- 파동은 유한 속도로 전파된다. 초기 조건이 유계 집합에서 받침을 가진다면 해 u의 받침은 속도 1로(또는, 파동 방정식을 정규화하지 않았다면 c의 속도로) 확산된다.

파동이 3차원과 2차원에서 각각 다르게 전파되는 것을 다음과 같이 관찰하여 위의 사실 중 일부를 설명할 수 있다. 빛의 전파는 3차원 파동 방정식에 의해 좌우되기 때문에 $t = 0$에서 빛이 원점에서 번쩍이면 이제 이런 일이 일어난다. 모든 관찰자는 (유한 시간이 지난 후에) 순간적으로 번쩍임을 본다. 이와 대조하여 2차원에서 생기는 일을 생각하자. 호수에 돌을 떨어뜨리면 (시간이 지난 후에) 표면의 모든 지점에 파형이 생기기 시작할 것이다. 진동의 진폭은 시간이 지남에 따라 줄어들겠지만, (원칙적으로) 파형 모양은 무한히 계속될 것이다.

$d = 1, 3$일 때 파동 방정식의 해와 $d = 2$일 때 파동 방정식의 해를 나타내는 식이 보여주는 특성 차이는 d차원 푸리에 해석학에서의 한 가지 일반 원리를 보여 준다. 비슷한 상황에서 등장하는

상당수의 식은 짝수 차원에 비해 홀수 차원이 더 간단하다. 앞으로 이에 관한 몇 가지 예를 추가로 확인할 것이다.

4 방사형 대칭성과 베셀 함수

앞서 $\mathbb{R}^d$에서 방사형 함수의 푸리에 변환도 방사형임을 확인했다. 다시 말해 적당한 f_0에 대해 $f(x) = f_0(|x|)$이면 적당한 F_0에 대해 $\hat{f}(\xi) = F_0(|\xi|)$이다. 여기서 자연스럽게 f_0와 F_0 사이의 관계를 결정하는 문제를 생각해 볼 수 있다.

1차원과 3차원에서 이 문제의 답은 간단하다. $d = 1$이면 우리가 찾는 관계는

$$F_0(\rho) = 2\int_0^\infty \cos(2\pi\rho r) f_0(r)\, dr \tag{6.9}$$

과 같다. $\mathbb{R}$에는 오직 두 개의 회전변환인 항등변환과 -1을 곱하는 변환만 있음을 기억하면, 정확히 짝함수일 때 함수가 방사형임을 알 수 있다. 이 관찰을 통해 f가 방사형이고 $|\xi| = \rho$이면

$$\begin{aligned}
F_0(\rho) = \hat{f}(|\xi|) &= \int_{-\infty}^\infty f(x) e^{-2\pi i x|\xi|}\, dx \\
&= \int_0^\infty f_0(r)(e^{-2\pi i r|\xi|} + e^{2\pi i r|\xi|})\, dr \\
&= 2\int_0^\infty \cos(2\pi\rho r) f_0(r)\, dr
\end{aligned}$$

이 성립함을 쉽게 알 수 있다. $d = 3$일 때에도 f_0와 F_0 사이의 관계는 식

$$F_0(\rho) = 2\rho^{-1}\int_0^\infty \sin(2\pi\rho r) f_0(r) r\, dr \tag{6.10}$$

에 의해 상당히 간단하게 주어진다. 이 항등식은 보조정리 3.5에 주어진 면적소 $d\sigma$의 푸리에 변환 식에 기반하여

$$\begin{aligned}
F_0(\rho) = \hat{f}(\xi) &= \int_{\mathbb{R}^3} f(x) e^{-2\pi i x\cdot\xi}\, dx \\
&= \int_0^\infty f_0(r) \int_{S^2} e^{-2\pi i r\gamma\cdot\xi}\, d\sigma(\gamma) r^2\, dr \\
&= \int_0^\infty f_0(r) \frac{2\sin(2\pi\rho r)}{\rho r} r^2\, dr
\end{aligned}$$

$$= 2\rho^{-1}\int_0^\infty \sin(2\pi\rho r)f_0(r)r\,dr$$

과 같이 증명한다. 더 일반적으로 방사형 대칭을 나타내는 문제에서 자연스럽게 등장하는 특별한 함수를 이용하면 f_0와 F_0 사이의 관계를 잘 나타낼 수 있다.

차수가 $n \in \mathbb{Z}$인 **베셀 함수(Bessel function)**는 $J_n(\rho)$로 나타내며, 함수 $e^{i\rho\sin\theta}$의 n번째 푸리에 계수로 정의된다. 즉,

$$J_n(\rho) = \frac{1}{2\pi}\int_0^{2\pi} e^{i\rho\sin\theta}e^{-in\theta}\,d\theta$$

와 같다. 따라서

$$e^{i\rho\sin\theta} = \sum_{n=-\infty}^{\infty} J_n(\rho)e^{in\theta}$$

이 성립한다. 이렇게 정의하고 나면 $d = 2$일 때 f_0와 F_0 사이의 관계는

$$F_0(\rho) = 2\pi\int_0^\infty J_0(2\pi r\rho)f_0(r)r\,dr \tag{6.11}$$

과 같음을 알 수 있다. 실제로 $\hat{f}(\xi)$가 방사형이므로 $\xi = (0, -\rho)$를 취하여 바라던 대로

$$\begin{aligned}\hat{f}(\xi) &= \int_{\mathbb{R}^2} f(x)e^{2\pi i x\cdot(0,\rho)}\,dx \\ &= \int_0^{2\pi}\int_0^\infty f_0(r)e^{2\pi i r\rho\sin\theta}r\,dr\,d\theta \\ &= 2\pi\int_0^\infty J_0(2\pi r\rho)f_0(r)r\,dr\end{aligned}$$

이 성립하게 할 수 있다.

일반적으로 $\mathbb{R}^d$의 함수 f_0와 F_0의 관계는 차수가 $\dfrac{d}{2} - 1$인 베셀 함수를 이용하여 나타낼 수 있다(심화문제 2 참고). 짝수 차원이라면 앞에서 정의한 베셀 함수를 이용하면 된다. 홀수 차원이라면 차수가 정수의 절반인 경우를 포함하기 위해 더 일반적으로 베셀 함수를 정의할 필요가 있다. 방사형 함수의 푸리에 변환은 홀수 차원과 짝수 차원의 차이점을 보여 주는 또 다른 예다. 푸리에 변환 식은 $d = 1$ 또는 $d = 3$ (또한 $d > 3$이며 d는 홀수)일 때 초등함수를 이용해 나타낼 수 있지만, d가 짝수일 때에는 불가능하다.

5 라돈 변환과 몇 가지 응용

지금부터 다룰 적분변환은 1917년 요한 라돈(Johann Radon)이 발명했다. 이 변환은 수학 및 다른 과학 분야에서 여러 방면으로 응용할 수 있으며, 특히 의학 분야에서 아주 큰 성취를 보여주었다. 관련된 정의와 재구성 문제에 대한 동기를 부여하기 위해, 먼저 라돈 변환과 의료 영상 이론에서의 엑스선 스캔(또는 컴퓨터 단층 촬영) 기술의 발전이 밀접하게 연관되어 있음을 살펴보자. 컴퓨터 단층 촬영은 재구성 문제의 해를 비롯하여 새로운 알고리즘과 더 빠른 컴퓨터가 도입되며 급속히 발전했다. 실제로 엑스선 스캔은 내부 장기의 **사진**을 제공하여 여러 유형의 이상을 감지하고 찾는 데 도움을 준다.

2차원에서 엑스선 스캔을 간단히 설명한 뒤, 엑스선 변환을 정의하고 이 변환의 역변환을 찾는 기초 문제를 공식화한다. $\mathbb{R}^2$에서는 이 문제에 대한 명시적인 해가 존재하지만 3차원 문제보다 더 복잡하므로 $\mathbb{R}^3$에 대해서만 재구성 문제의 완전한 해답을 제시한다. 이는 짝수 차원의 상황보다 홀수 차원의 상황에서 결과가 더 간단한 또 다른 예다.

5.1 $\mathbb{R}^2$에서의 엑스선 변환

평면 $\mathbb{R}^2$에 놓여 있는 2차원 물체 $\mathcal{O}$를 생각하자. 이 물체를 장기 조직을 평면으로 자른 단면으로 생각할 수도 있다.

먼저 $\mathcal{O}$는 성분이 균질하며 엑스선 광자로 된 매우 가느다란 빛줄기가 물체 $\mathcal{O}$를 가로지른다고 가정하자.

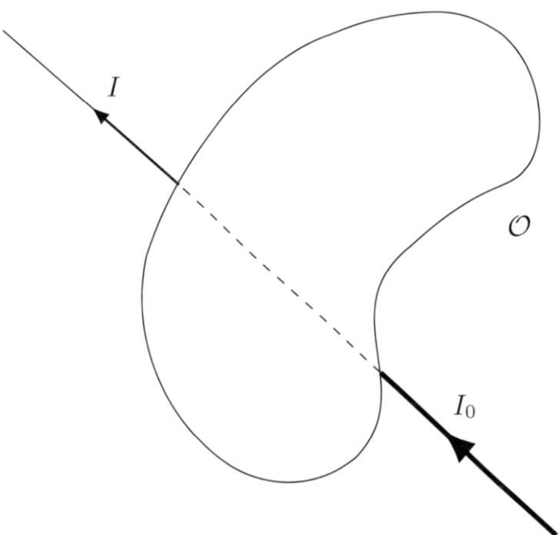

[그림 4] 엑스선 빔의 감쇠

$\mathcal{O}$를 통과하기 전과 후의 빛줄기 세기를 각각 I_0와 I라고 하면 관계식

$$I = I_0 e^{-d\rho}$$

이 성립한다. 여기서 d는 물체 내부에서 빛줄기가 이동한 거리이고, ρ는 $\mathcal{O}$의 밀도 또는 다른 물리적 특성에 따라 달라지는 **감쇠(attenuation)** 계수를 나타낸다.[5] 물체의 성분이 균질하지 않지만 감쇠 계수가 ρ_1, ρ_2인 두 개의 물질로 이루어졌다면, 관찰되는 빛줄기 세기의 감소는

$$I = I_0 e^{-d_1\rho_1 - d_2\rho_2}$$

과 같이 주어진다. 여기서 d_1과 d_2는 빛줄기가 각각의 물질을 이동한 거리다. 밀도와 물리적 특성이 점마다 다른 임의의 물체라면, 감쇠 계수는 $\mathbb{R}^2$의 함수 ρ이며 위의 관계식은

$$I = I_0 e^{\int_L \rho}$$

과 같아진다. 여기서 L은 빛줄기가 지나가는 $\mathbb{R}^2$에서의 직선이며, $\int_L \rho$는 L 위에서 ρ의 선적분을 나타낸다. I와 I_0는 우리가 관찰할 수 있는 값이므로 직선 L을 따라 엑스선을 물체에 투과시킨 후에 얻는 정보는

$$\int_L \rho$$

의 값이다. 처음에 주어진 어떠한 방향으로도 빛줄기를 보낼 수 있으므로 $\mathbb{R}^2$의 모든 직선에 대해 위의 선적분을 계산할 수 있다. ρ의 **엑스선 변환(X–ray transform)** (또는 $\mathbb{R}^2$에서의 **라돈 변환(Radon transform)**)을

$$X(\rho)(L) = \int_L \rho$$

와 같이 정의한다. 이 변환은 $\mathbb{R}^2$의 적절한 함수 ρ (예를 들면 $\rho \in \mathcal{S}(\mathbb{R}^2)$) 각각을 $\mathbb{R}^2$에서 직선 L의 집합을 정의역으로 하는 또 다른 함수 $X(\rho)$에 대응시킨다.

우리가 알지 못하는 값은 ρ이고 원래 관심은 정확히 물체를 구성하는 데 있으므로, 이제 문제는 수집된 정보인 엑스선 변환으로부터 함수 ρ를 재구성하는 게 된다. 따라서 "ρ를 $X(\rho)$에 대해 나타내는 식을 찾아라."라는 **재구성** 문제를 제기한다.

수학적으로 이러한 문제는 X의 역변환을 나타내는 식을 찾는 것이다. 그런 역변환이 존재하는지도 분명하지 않다. 첫 번째 단계로 다음과 같은 더 간단한 **유일성** 문제를 고려하자. 즉, $X(\rho) = X(\rho')$

5 또는 흡수 계수라고도 한다.

이면 $\rho = \rho'$ 이라고 할 수 있는가?

관련된 차원수(또는 자유도)를 세어보면 알 수 있듯이 **연역적**으로 $X(\rho)$가 ρ를 실제로 결정한다고 예상할 수 있다. $\mathbb{R}^2$에서의 함수 ρ는 (예를 들면 x_1, x_2의 좌표처럼) 두 매개변수에 의존한다. 비슷하게 함수 $X(\rho)$는 직선 L에 대한 함수이며, 역시 (예를 들면 L의 기울기와 x_2절편처럼) 두 매개변수에 의해 결정된다. 이런 의미에서 ρ와 $X(\rho)$는 동일한 양의 정보를 전달하므로 $X(\rho)$가 ρ를 결정한다고 무리없이 추측할 수 있다.

재구성 문제에 대한 만족스러운 해답과 $\mathbb{R}^2$에서 유일성 문제에 대한 확실한 답이 있지만 여기서는 이를 생략한다. 이 부분에 관심이 있다면 연습문제 13과 심화문제 8을 참고하라. 대신에 $\mathbb{R}^3$에서 유사하지만 더 간단한 상황을 다룰 것이다.

실제로는 유한개 직선에 대해서만 엑스선 변환값을 추출하고 $X(\rho)(L)$을 결정할 수 있다는 점을 마지막으로 언급하겠다. 따라서 실제로 구현되는 재구성 방법은 일반적인 이론뿐만 아니라 추출 방법, 수치적 근사, 컴퓨터 알고리즘을 기반으로 한다. 이와 관련하여 고속 푸리에 변환이라는 방법을 이용하면 효과적인 알고리즘을 개발할 수 있다는 것이 밝혀졌다. 이에 대해서는 다음 장에서 부수적으로 다룬다.

5.2 $\mathbb{R}^3$에서의 라돈 변환

5.1절에서 설명한 실험은 3차원에도 적용된다. $\mathbb{R}^3$의 물체 $\mathcal{O}$에 대하여 $\mathcal{O}$가 밀도와 물리적 특성을 설명하는 함수 ρ에 의해 결정될 때, 엑스선이 $\mathcal{O}$를 통과하면 $\mathbb{R}^3$의 모든 직선에 대해

$$\int_L \rho$$

가 결정된다. $\mathbb{R}^2$에서 이 값을 안다면 충분히 ρ를 유일하게 결정할 수 있지만, $\mathbb{R}^3$에서는 그만큼 많은 정보가 필요하지 않다. 앞서 이용한 발견적 논증처럼 자유도를 세어보면 $\mathbb{R}^3$에서의 함수 ρ는 매개변수 세 개로 결정되는 반면에 $\mathbb{R}^3$의 직선 L을 결정하는 매개변수는 네 개임을 알 수 있다. 예를 들면 (x_1, x_2) 평면의 절편을 결정하는 데 두 개, 그리고 직선의 방향을 결정하는 데 두 개가 더 필요하다. 따라서 이러한 의미에서 문제는 과잉 결정(over–determined)되어 있다.

대신 2차원 문제를 자연스럽게 수학적으로 일반화하는 데로 시선을 돌린다. 이 경우 $\mathbb{R}^3$의 모든 **평면**[6] 위에서 적분값을 알게 됨으로써 $\mathbb{R}^3$의 함수를 결정하고자 한다. 여기서 확실히 해둘 것이, 평면이라고 말할 때 평면은 반드시 원점을 지날 필요는 없다. 그러한 평면을 $\mathcal{P}$라고 할 때, 라돈 변환 $\mathcal{R}(f)$를

6 $\mathbb{R}^3$에서의 점과 관련된 차원성과 $\mathbb{R}^3$의 평면에 대한 차원성은 모두 3으로 같다. **(옮긴이)** 평면의 법선벡터를 생각하라.

$$\mathcal{R}(f)(\mathcal{P}) = \int_{\mathcal{P}} f$$

와 같이 정의한다. 간단하게 설명하기 위해 관행에 따라 $\mathcal{S}(\mathbb{R}^3)$의 함수를 다룬다고 가정하겠다. 하지만 앞으로 얻는 많은 결과들이 훨씬 더 넓은 범위의 함수에 대해서도 성립함을 보일 수 있다.

먼저 평면에서 f의 적분이 어떻게 정의되는지를 설명한다. $\mathbb{R}^3$의 평면을 다음과 같이 나타내려 한다. 단위벡터 $\gamma \in S^2$와 $t \in \mathbb{R}$이 주어지면, 평면 $\mathcal{P}_{t,\gamma}$를

$$\mathcal{P}_{t,\gamma} = \{x \in \mathbb{R}^3 : x \cdot \gamma = t\}$$

와 같이 정의한다. 따라서 평면에 수직인 단위벡터 γ와 원점까지의 **거리**인 t로 평면을 매개화한다 (그림 5 참고). $\mathcal{P}_{t,\gamma} = \mathcal{P}_{-t,-\gamma}$이므로 t는 음수를 취할 수 있다.

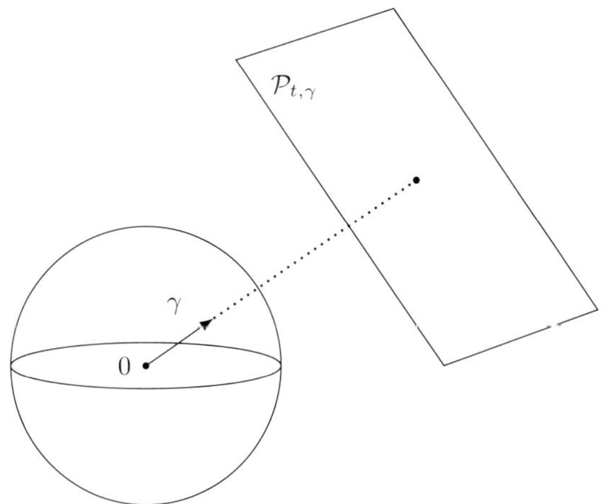

[그림 5] $\mathbb{R}^3$의 평면에 대한 설명

함수 $f \in \mathcal{S}(\mathbb{R}^d)$가 주어졌을 때 $\mathcal{P}_{t,\gamma}$에서 f의 적분을 정의해야 한다. 단위벡터 e_1, e_2를 택하여 e_1, e_2, γ가 $\mathbb{R}^3$의 정규직교기저가 되도록 하자. 그러면 모든 $x \in \mathcal{P}_{t,\gamma}$는 유일하게

$$x = t\gamma + u \quad (\text{단, } u = u_1e_1 + u_2e_2 \text{이며} \quad u_1, u_2 \in \mathbb{R})$$

와 같이 나타낼 수 있다. $f \in \mathcal{S}(\mathbb{R}^3)$일 때

$$\int_{\mathcal{P}_{t,\gamma}} f = \int_{\mathbb{R}^2} f(t\gamma + u_1e_1 + u_2e_2)\, du_1\, du_2 \tag{6.12}$$

를 정의한다. 이 정의가 잘 정의되었음을 보이려면, 이 정의는 벡터 e_1, e_2의 선택에 무관함을 확인해야 한다.

명제 5.1 $f \in \mathcal{S}(\mathbb{R}^3)$일 때, 모든 γ에 대해 $\int_{\mathcal{P}_{t,\gamma}} f$의 정의는 e_1 및 e_2의 선택에 무관하다. 또한

$$\int_{-\infty}^{\infty} \left(\int_{\mathcal{P}_{t,\gamma}} f \right) dt = \int_{\mathbb{R}^3} f(x)\, dx$$

가 성립한다.

증명

e_1', e_2'이 γ, e_1', e_2'을 정규직교기저가 되도록 하는 또 다른 기저 벡터라고 할 때, e_1을 e_1'으로 옮기고 e_2를 e_2'으로 옮기는 $\mathbb{R}^2$의 회전변환 R을 생각하자. 적분에서 $u' = R(u)$와 같이 치환적분하면 정의 (6.12)는 기저 선택에 무관함을 증명할 수 있다.

명제의 식을 증명하기 위해 $\mathbb{R}^3$의 표준단위기저[7]를 γ, e_1, e_2로 옮기는 회전변환을 R이라고 하자. 그러면

$$\begin{aligned}
\int_{\mathbb{R}^3} f(x)\, dx &= \int_{\mathbb{R}^3} f(Rx)\, dx \\
&= \int_{\mathbb{R}^3} f(x_1\gamma + x_2 e_1 + x_3 e_2)\, dx_1\, dx_2\, dx_3 \\
&= \int_{-\infty}^{\infty} \left(\int_{\mathcal{P}_{t,\gamma}} f \right) dt
\end{aligned}$$

가 성립한다. ◀

비고 잠시 본론에서 벗어나서, 2차원 적분은 1차원 적분의 반복적분으로 나타낼 수 있으므로 엑스선 변환이 라돈 변환을 결정한다는 점을 짚고 넘어가자. 즉, 모든 직선에서 함수의 적분을 안다면 임의의 평면에서 함수의 적분을 결정할 수 있다.

이와 같은 기본 문제를 해결했으니 이제 원래 문제로 돌아간다. 함수 $f \in \mathcal{S}(\mathbb{R}^3)$의 **라돈 변환(Radon transform)**을

$$\mathcal{R}(f)(t,\gamma) = \int_{\mathcal{P}_{t,\gamma}} f$$

와 같이 정의한다.

특히 라돈 변환은 $\mathbb{R}^3$의 평면을 모은 집합에서 정의된 함수임을 알 수 있다. 평면에 대해 주어진 매개화로부터 $\mathcal{R}(f)$를 $\mathbb{R} \times S^2 = \{(t,\gamma) : t \in \mathbb{R},\ \gamma \in S^2\}$에서의 함수로 생각할 수 있다. 여기서

7 벡터 $(1,0,0), (0,1,0), (0,0,1)$을 의미한다.

S^2는 $\mathbb{R}^3$에서의 단위구를 나타낸다. 이 문제와 관련해 $\mathbb{R} \times S^2$에서 정의되고 γ에 균등하게 t에 대해 슈바르츠 조건을 만족하는 함수들로 이루어진 함수 공간을 고려한다. 다시 말해 $\mathcal{S}(\mathbb{R} \times S^2)$라는 함수 공간을 정의하는데, 이는 t에 대해 무한 번 미분가능하며 모든 정수 $k, \ell \geq 0$에 대해

$$\sup_{t \in \mathbb{R},\ \gamma \in S^2} |t|^k \left| \frac{\partial^\ell F}{\partial t^\ell}(t, \gamma) \right| < \infty$$

를 만족하는 모든 연속함수 $F(t, \gamma)$로 이루어진 공간이다.

목표는 다음 두 가지 문제를 해결하는 것이다.

- **유일성 문제 :** $\mathcal{R}(f) = \mathcal{R}(g)$이면 $f = g$이다.
- **재구성 문제 :** f를 $\mathcal{R}(f)$에 대해 나타내라.

푸리에 변환을 사용하면 두 가지 문제에 대한 해답을 얻을 수 있다. 사실 여기서 핵심은 라돈 변환과 푸리에 변환 사이에 존재하는, 우아하면서도 핵심인 관계식으로 다음 보조정리에서 확인할 수 있다.

보조정리 5.2 $f \in \mathcal{S}(\mathbb{R}^3)$이면 고정된 각 γ에 대해 $\mathcal{R}(f)(t, \gamma) \in \mathcal{S}(\mathbb{R})$이다. 또한,

$$\widehat{\mathcal{R}}(f)(s, \gamma) = \hat{f}(s\gamma)$$

가 성립한다.

정확히 해두자면 $\hat{f}$은 f의 (3차원) 푸리에 변환을 나타내며, $\widehat{\mathcal{R}}(f)(s, \gamma)$는 γ를 고정시키고 t에 대한 함수인 $\mathcal{R}(f)(t, \gamma)$의 1차원 푸리에 변환을 나타낸다.

증명

$f \in \mathcal{S}(\mathbb{R}^3)$이므로 모든 양의 정수 N에 대해

$$(1 + |t|)^N (1 + |u|)^N |f(t\gamma + u)| \leq A_N$$

을 만족하는 상수 $A_N < \infty$가 존재한다. 여기서 $x = t\gamma + u$ (단, γ는 u에 수직)와 같이 쓸 수 있음을 상기하자. 따라서 $N \geq 3$일 때

$$(1 + |t|)^N \mathcal{R}(f)(t, \gamma) \leq A_N \int_{\mathbb{R}^2} \frac{du}{(1 + |u|)^N} < \infty$$

가 성립함을 알 수 있다. 도함수에 대해서도 비슷한 논증을 통해 고정된 각 γ에 대해 $\mathcal{R}(f)(t, \gamma) \in \mathcal{S}(\mathbb{R})$임을 보일 수 있다. 보조정리의 항등식을 보이기 위해 먼저

$$\begin{aligned}\widehat{\mathcal{R}}(f)(s,\gamma) &= \int_{-\infty}^{\infty}\left(\int_{\mathcal{P}_{t,\gamma}} f\right) e^{-2\pi i s t}\,dt \\ &= \int_{-\infty}^{\infty}\int_{\mathbb{R}^2} f(t\gamma + u_1 e_1 + u_2 e_2)\,du_1\,du_2 e^{-2\pi i s t}\,dt\end{aligned}$$

가 성립함에 주목한다. 그런데 $\gamma \cdot u = 0$이며 $|\gamma| = 1$이므로 $e^{-2\pi i s t} = e^{-2\pi i s \gamma\cdot(t\gamma+u)}$과 같이 쓸 수 있다. 따라서

$$\begin{aligned}\widehat{\mathcal{R}}(f)(s,\gamma) &= \int_{-\infty}^{\infty}\int_{\mathbb{R}^2} f(t\gamma + u_1 e_1 + u_2 e_2) e^{-2\pi i s\gamma\cdot(t\gamma+u)}\,du_1\,du_2\,dt \\ &= \int_{-\infty}^{\infty}\int_{\mathbb{R}^2} f(t\gamma + u) e^{-2\pi i s\gamma\cdot(t\gamma+u)}\,du\,dt\end{aligned}$$

가 성립함을 알 수 있다. 마지막으로 γ, e_1, e_2를 $\mathbb{R}^3$의 표준기저로 옮기는 회전변환을 취하면 바라던 대로 $\widehat{\mathcal{R}}(f)(s,\gamma) = \hat{f}(s\gamma)$임을 증명한다. ◀

이 항등식에 따른 결과로 $\mathbb{R}^3$의 라돈 변환에 대한 유일성 문제에 대해 답을 내릴 수 있다.

따름정리 5.3 $f, g \in \mathcal{S}(\mathbb{R}^3)$이고 $\mathcal{R}(f) = \mathcal{R}(g)$이면 $f = g$이다.

$f - g$에 대해 보조정리 5.2를 적용하고 푸리에 역변환 공식을 이용하면 따름정리가 증명된다.

마지막으로 f의 라돈 변환으로부터 f를 재구성할 수 있는 식을 찾는 일이 남았다. $\mathcal{R}(f)$는 $\mathbb{R}^3$의 평면을 모은 집합에서의 함수이며 f는 공간 변수 $x \in \mathbb{R}^3$에 대한 함수이므로, f를 재구성하기 위해 쌍대 라돈 변환을 소개한다. 이는 평면에서 정의된 함수를 $\mathbb{R}^3$에서의 함수로 보낸다.

$\mathbb{R} \times S^2$에서의 함수 F가 주어질 때, F의 **쌍대 라돈 변환(dual Radon transform)**을

$$\mathcal{R}^*(F)(x) = \int_{S^2} F(x\cdot\gamma, \gamma)\,d\sigma(\gamma) \tag{6.13}$$

와 같이 정의한다. 점 x가 $\mathcal{P}_{t,\gamma}$에 속하기 위한 필요충분조건은 $x \cdot \gamma = t$임을 관찰한다. 그러므로 여기서의 아이디어는 $x \in \mathbb{R}^3$가 주어지면 x를 지나는 모든 평면들로 이루어진 집합에서 F를 적분하여 $\mathcal{R}^*(F)(x)$를 얻는 것이다. 즉,

$$\mathcal{R}^*(F)(x) = \int_{\{x \,\in\, \mathcal{P}_{t,\gamma}\text{인 } \mathcal{P}_{t,\gamma}\}} F$$

를 통해 $\mathcal{R}^*(F)(x)$를 얻는다. 여기서 우변의 적분의 정확한 의미는 식 (6.13)과 같다. 다음과 같은 관찰 때문에 **쌍대**라는 용어를 사용한다. $V_1 = \mathcal{S}(\mathbb{R}^3)$에 일반 에르미트 내적

$$(f,g)_1 = \int_{\mathbb{R}^3} f(x)\overline{g(x)}\,dx$$

가 주어지고 $V_2 = \mathcal{S}(\mathbb{R} \times S^2)$에 에르미트 내적

$$(F,G)_2 = \int_{\mathbb{R}} \int_{S^2} F(t,\gamma)\overline{G(t,\gamma)}\,d\sigma(\gamma)\,dt$$

가 주어졌다고 하자. 그러면 $\mathcal{R}: V_1 \to V_2$, $\mathcal{R}^*: V_2 \to V_1$이며

$$(\mathcal{R}f, F)_2 = (f, \mathcal{R}^*F)_1 \tag{6.14}$$

이 성립한다. 이 항등식이 성립하는지 여부는 이제 보여줄 논증에서 필요하진 않다. 이를 확인하는 일은 여러분에게 과제로 남긴다.

이제 재구성 정리를 기술할 수 있다.

정리 5.4 $f \in \mathcal{S}(\mathbb{R}^3)$이면 $\triangle(\mathcal{R}^*\mathcal{R}(f)) = -8\pi^2 f$가 성립한다.

$\triangle = \dfrac{\partial^2}{\partial x_1^2} + \dfrac{\partial^2}{\partial x_2^2} + \dfrac{\partial^2}{\partial x_3^2}$은 라플라스 작용소임을 기억하자.

증명

보조정리 5.2에 의해

$$\mathcal{R}(f)(t,\gamma) = \int_{-\infty}^{\infty} \hat{f}(s\gamma)e^{2\pi its}\,ds$$

가 성립한다. 그러므로

$$\mathcal{R}^*\mathcal{R}(f)(x) = \int_{S^2}\int_{-\infty}^{\infty} \hat{f}(s\gamma)e^{2\pi ix\cdot\gamma s}\,ds\,d\sigma(\gamma)$$

가 성립하며, 따라서

$$\begin{aligned}
\triangle(\mathcal{R}^*\mathcal{R}(f))(x) &= \int_{S^2}\int_{-\infty}^{\infty} \hat{f}(s\gamma)(-4\pi^2 s^2)e^{2\pi ix\cdot\gamma s}\,ds\,d\sigma(\gamma) \\
&= -4\pi^2 \int_{S^2}\int_{-\infty}^{\infty} \hat{f}(s\gamma)e^{2\pi ix\cdot\gamma s}s^2\,ds\,d\sigma(\gamma) \\
&= -4\pi^2 \int_{S^2}\int_{-\infty}^{0} \hat{f}(s\gamma)e^{2\pi ix\cdot\gamma s}s^2\,ds\,d\sigma(\gamma) \\
&\qquad - 4\pi^2 \int_{S^2}\int_{0}^{\infty} \hat{f}(s\gamma)e^{2\pi ix\cdot\gamma s}s^2\,ds\,d\sigma(\gamma)
\end{aligned}$$

$$= -8\pi^2 \int_{S^2} \int_0^\infty \hat{f}(s\gamma) e^{2\pi i x \cdot \gamma s} s^2 \, ds \, d\sigma(\gamma)$$
$$= -8\pi^2 f(x)$$

를 얻는다. 첫 번째 줄에서는 적분기호 속에서 미분하고 $|\gamma| = 1$이므로

$$\triangle(e^{2\pi i x \cdot \gamma s}) = (-4\pi^2 s^2) e^{2\pi i x \cdot \gamma s}$$

이라는 사실을 이용했다. 마지막 줄은 $\mathbb{R}^3$에서의 극좌표를 이용한 식과 푸리에 역변환 공식으로부터 알 수 있다. ◀

5.3 평면파에 대한 참고사항

라돈 변환과 파동 방정식의 해 사이에 존재하는 근사한 연결 고리를 짧게 언급하면서 이 장을 마무리한다. $d = 1$일 때 파동 방정식의 해는 진행파의 합으로 나타낼 수 있음을 기억하자(1장 참고). 따라서 고차원에서도 이러한 진행파와 유사한 것이 존재하는지 자연스럽게 질문할 수 있다. 그에 대한 답을 소개한다. F를 단일 변수함수이며, 충분히 매끄러운 함수라고(가령, C^2 함수라고) 가정하자. 그리고 함수

$$u(x, t) = F((x \cdot \gamma) - t)$$

를 정의하자. 여기서 $x \in \mathbb{R}^d$이며 γ는 $\mathbb{R}^d$에서의 단위벡터다. u가 ($c = 1$인) $\mathbb{R}^d$에서의 파동 방정식의 해임을 직접 쉽게 확인할 수 있다. 이러한 해를 **평면파(plane wave)**라고 한다. 실제로 u는 γ 방향에 수직인 모든 평면에서 함숫값이 상수이며, 시간 t가 증가함에 따라 파동은 γ 방향으로 이동한다. γ에 수직인 방향에 대해 u의 함숫값은 상수이므로 $d > 1$일 때 평면파는 절대 $\mathcal{S}(\mathbb{R}^d)$의 함수가 될 수 없다는 점에 유의하라.[8]

기본적으로 $d > 1$일 때, 파동 방정식의 해를 ($d = 1$일 때는 합으로 나타냈던 것과 달리) 평면파의 적분으로 나타낼 수 있음을 알 수 있다. 실제로 초기 조건 f, g에 대한 라돈 변환을 통해 이를 알 수 있다. $d = 3$일 때의 관련 식은 심화문제 6을 참고하라.

8 이러한 관찰을 통해 파동 방정식을 온전히 다루고자 한다면, $\mathcal{S}(\mathbb{R}^d)$에 속한 함수만으로 제한하여 다루면 안된다는 사실을 추가로 알 수 있다.

연습문제

1. R이 평면 $\mathbb{R}^2$에서의 회전변환이라고 가정하자. 그리고

$$R = \begin{pmatrix} a & b \\ c & d \end{pmatrix}$$

를 표준기저벡터 $e_1 = (1, 0)$, $e_2 = (0, 1)$에 대한 R의 행렬이라고 하자. 다음 물음에 답하라.

(a) 조건 $R^t = R^{-1}$와 $\det(R) = \pm 1$을 a, b, c, d에 대한 식으로 나타내라.

(b) $a + ib = e^{i\varphi}$을 만족하는 $\varphi \in \mathbb{R}$이 존재함을 보여라.

(c) R이 단순 회전이면 이를 $z \mapsto ze^{i\varphi}$으로 나타낼 수 있으며, R이 반사 회전이면 $z \mapsto \overline{z}e^{i\varphi}$ 꼴을 취함을 보여라(단, $\overline{z} = x - iy$).

2. $R : \mathbb{R}^3 \to \mathbb{R}^3$를 단순 회전이라고 가정하자. 다음 물음에 답하라.

(a) $p(t) = \det(R - tI)$는 차수가 3인 다항식임을 보이고,

$$R(\gamma) = \gamma$$

를 만족하는 $\gamma \in S^2$가 존재함을 증명하라(단, S^2는 $\mathbb{R}^3$에서의 단위구).

힌트 $p(0) > 0$이란 사실을 이용하여 $p(\lambda) = 0$이 되는 $\lambda > 0$이 존재함을 보여라. 그러면 $R - \lambda I$는 특이작용소이므로 그 영공간은 $\{0\}$이 아니다.

(b) 원점을 지나며 γ에 수직인 평면을 $\mathcal{P}$라고 할 때

$$R : \mathcal{P} \to \mathcal{P}$$

이며 이 선형사상은 회전변환임을 보여라.

3. 식 $\int_{\mathbb{R}^d} F(x)\, dx = \int_{S^{d-1}} \int_0^\infty F(r\gamma) r^{d-1}\, dr\, d\sigma(\gamma)$를 특수한 경우인 $F(x) = g(r)f(\gamma)$ (단, $x = r\gamma$)에 적용하여 모든 회전변환 R에 대해 f가 구 S^{d-1}에서 연속함수이면

$$\int_{S^{d-1}} f(R(\gamma))\, d\sigma(\gamma) = \int_{S^{d-1}} f(\gamma)\, d\sigma(\gamma)$$

가 성립함을 증명하라.

4. $\mathbb{R}^d$에서 단위구의 면적을 A_d, 단위공의 부피를 V_d라고 하자. 다음 물음에 답하라.

(a) 식 $A_d = \dfrac{2\pi^{d/2}}{\Gamma(d/2)}$을 증명하라. 따라서 $A_2 = 2\pi$, $A_3 = 4\pi$, $A_4 = 2\pi^2$, $\cdots$ 이다. 여기서 $\Gamma(x) = \displaystyle\int_0^\infty e^{-t}t^{x-1}\,dt$는 감마함수다.

힌트 극좌표와 $\displaystyle\int_{\mathbb{R}^d} e^{-\pi|x|^2}\,dx = 1$이라는 사실을 이용한다.

(b) $dV_d = A_d$임을 보여라. 따라서 V_d는

$$V_d = \frac{\pi^{d/2}}{\Gamma(d/2+1)}$$

과 같다. 특히 $V_2 = \pi$, $V_3 = \dfrac{4\pi}{3}$, $\cdots$ 이다.

5. A를 양의 정부호를 가진 $d \times d$ 대칭 실수행렬이라고 하자.

$$\int_{\mathbb{R}^d} e^{-\pi(x,A(x))}\,dx = (\det(A))^{-1/2}$$

을 보여라. 이는 $\displaystyle\int_{\mathbb{R}^d} e^{-\pi|x|^2}\,dx = 1$이라는 사실($A$가 항등행렬인 경우에 해당함)의 일반화다.

힌트 스펙트럼 정리를 적용하여 $A = RDR^{-1}$와 같이 쓴다. 여기서 R은 회전변환이며 D는 대각성분이 λ_1, $\cdots$, λ_d인 대각행렬이고 $\{\lambda_i\}$는 A의 고윳값이다.

6. $\psi \in \mathcal{S}(\mathbb{R}^d)$가 $\displaystyle\int |\psi(x)|^2\,dx = 1$을 만족한다고 가정하자. 식

$$\left(\int_{\mathbb{R}^d} |x|^2|\psi(x)|^2\,dx\right)\left(\int_{\mathbb{R}^d} |\xi|^2|\hat{\psi}(\xi)|^2\,d\xi\right) \geq \frac{d^2}{16\pi^2}$$

이 성립함을 보여라. 이는 d차원 하이젠베르크 불확정성 원리다.

7. $\mathbb{R}^d$에서 시간 종속 열 방정식

$$\frac{\partial u}{\partial t} = \frac{\partial^2 u}{\partial x_1^2} + \cdots + \frac{\partial^2 u}{\partial x_d^2}, \quad (\text{단}, \ t > 0) \tag{6.15}$$

을 생각하자. 이때 경곗값은 $u(x,0) = f(x) \in \mathcal{S}(\mathbb{R}^d)$이다.

$$\mathcal{H}_t^{(d)}(x) = \frac{1}{(4\pi t)^{d/2}}e^{-|x|^2/4t} = \int_{\mathbb{R}^d} e^{-4\pi^2 t|\xi|^2}e^{2\pi i x\cdot\xi}\,d\xi$$

를 d차원 **열 핵(heat kernel)**이라고 하면 $x \in \mathbb{R}^d$이고 $t > 0$일 때 합성곱

$$u(x,t) = (f * \mathcal{H}_t^{(d)})(x)$$

가 무한 번 미분가능함을 보여라. 또한 u는 방정식 (6.15)의 해이며, 경계 $t = 0$까지 연속이며 $u(x,0) = f(x)$이다.

5장 정리 2.1과 정리 2.3을 모두 d차원 형태로 직접 기술할 수도 있다.

8. 5장에서 경곗값이 f인 상반평면에서의 안정상태 열 방정식의 해가 합성곱 $u = f * \mathcal{P}_y$로 주어짐을 확인했다. 여기서 푸아송 핵은 $x \in \mathbb{R}$과 $y > 0$에 대해

$$\mathcal{P}_y(x) = \frac{1}{\pi}\frac{y}{x^2 + y^2}$$

와 같다. 더 일반적으로 푸리에 변환을 이용하여 d차원 푸아송 핵을 계산할 수 있다. 다음 물음에 답하라.

(a) **종속 원리(subordination principle)**를 사용하면 함수 e^{-x}을 포함하는 식을 함수 e^{-x^2}을 포함하는 식으로 나타낼 수 있다. 이러한 식 중 하나는 $\beta \geq 0$일 때의 항등식

$$e^{-\beta} = \int_0^\infty \frac{e^{-u}}{\sqrt{\pi u}} e^{-\beta^2/4u}\, du$$

이다. 양변에 푸리에 변환을 취하여 $\beta = 2\pi|x|$일 때 이 항등식을 증명하라.

(b) 상반평면 $\{(x,y) : x \in \mathbb{R}^d,\ y > 0\}$에서 안정상태 열 방정식

$$\sum_{j=1}^{d} \frac{\partial^2 u}{\partial x_j^2} + \frac{\partial^2 u}{\partial y^2} = 0$$

을 생각하자. 이때 디리클레 경계조건은 $u(x,0) = f(x)$이다. 이 문제의 해는 합성곱 $u(x,y) = (f * \mathcal{P}_y^{(d)})(x)$로 주어진다. 여기서 $\mathcal{P}_y^{(d)}(x)$는

$$\mathcal{P}_y^{(d)}(x) = \int_{\mathbb{R}^d} e^{2\pi i x\cdot\xi} e^{-2\pi|\xi|y}\, d\xi$$

와 같은 d차원 푸아송 핵이다. 종속 원리와 d차원 열 핵을 이용하여 $\mathcal{P}_y^{(d)}(x)$를 계산하라 (연습문제 7 참고). 즉,

$$\mathcal{P}_y^{(d)}(x) = \frac{\Gamma((d+1)/2)}{\pi^{(d+1)/2}} \frac{y}{(|x|^2 + y^2)^{(d+1)/2}}$$

를 보여라.

9. $\mathbb{R}^d$ 에서 파동 방정식에 대한 코시 문제의 해 $u(x,t)$가 x에 대해 방사형이면 이를 **구면파(spherical wave)**라고 한다. u가 구면파이기 위한 필요충분조건은 초기 조건 $f,\, g \in \mathcal{S}$ 모두 방사형임을 증명하라.

10. $u(x,t)$를 파동 방정식의 해라고 하면, 이 파동의 에너지는

$$E(t) = \int_{\mathbb{R}^d} \left| \frac{\partial u}{\partial t}(x,t) \right|^2 + \sum_{j=1}^{d} \int_{\mathbb{R}^d} \left| \frac{\partial u}{\partial x_j}(x,t) \right|^2 dx$$

이다. 프란셰렐 정리를 이용하여 $E(t)$가 상수함수임은 이미 확인했다. 이 사실을 적분을 t에 대해 미분하고

$$\frac{dE}{dt} = 0$$

임을 보여 다른 방법으로 증명하라.

힌트 부분적분법을 이용한다.

11. $u(x,0) = f(x)$와 $\dfrac{\partial u}{\partial t}(x,0) = g(x)$에 대하여 파동 방정식

$$\frac{\partial^2 u}{\partial t^2} = \frac{\partial^2 u}{\partial x_1^2} + \frac{\partial^2 u}{\partial x_2^2} + \frac{\partial^2 u}{\partial x_3^2}$$

의 해는

$$u(x,t) = \frac{1}{|S(x,t)|} \int_{S(x,t)} [tg(y) + f(y) + \nabla f(y) \cdot (y - x)]\, d\sigma(y)$$

와 같이 주어짐을 보여라(단, $f, g \in \mathcal{S}(\mathbb{R}^3)$). 여기서 $S(x,t)$는 x를 중심으로 하고 반지름 길이가 t인 구이며, 구의 면적은 $|S(x,t)|$이다. 이는 정리 3.6에 주어진 파동 방정식의 해를 다르게 표현한 것이다. 이를 종종 **키르히호프 공식(Kirchhoff's formula)**이라고 한다.

12. 본문에 주어진 쌍대 변환에 대한 항등식 (6.14)를 검증하라. 다시 말해

$$\int_{\mathbb{R}} \int_{S^2} \mathcal{R}(f)(t,\gamma) \overline{F(t,\gamma)}\, d\sigma(\gamma)\, dt = \int_{\mathbb{R}^3} f(x) \overline{\mathcal{R}^*(F)(x)}\, dx \qquad (6.16)$$

를 증명하라. 여기서 $f \in \mathcal{S}(\mathbb{R}^3), F \in \mathcal{S}(\mathbb{R} \times S^2)$이며 $\mathcal{R}$과 $\mathcal{R}^*$는 각각

$$\mathcal{R}(f)=\int_{\mathcal{P}_{t,\gamma}} f, \quad \mathcal{R}^*(F)(x)=\int_{S^2} F(x\cdot\gamma,\gamma)\,d\sigma(\gamma)$$

와 같다.

힌트 적분 $\iiint f(t\gamma+u_1e_1+u_2e_2)\overline{F(t,\gamma)}\,dt\,d\sigma(\gamma)\,du_1\,du_2$를 생각한다. 먼저 u에 대해 적분하면 식 (6.16)의 좌변을 얻고, $x=t\gamma+u_1e_1+u_2e_2$로 두어 u와 t에 대해 적분하면 우변을 얻는다.

13. $t\in\mathbb{R}$이고 $|\theta|\le\pi$인 각 (t,θ)에 대해 $L=L_{t,\theta}$를

$$x\cos\theta+y\sin\theta=t$$

와 같이 주어진 xy 평면의 직선이라고 하자. 이 직선은 벡터 $(\cos\theta,\sin\theta)$에 수직이며 원점으로부터 **거리** t만큼 떨어져 있다(t는 음수일 수 있다). $f\in\mathcal{S}(\mathbb{R}^2)$에 대해 f의 엑스선 변환 또는 2차원 라돈 변환을

$$X(f)(t,\theta)=\int_{L_{t,\theta}} f=\int_{-\infty}^{\infty} f(t\cos\theta+u\sin\theta, t\sin\theta-u\cos\theta)\,du$$

와 같이 정의한다. 함수 $f(x,y)=e^{-\pi(x^2+y^2)}$의 엑스선 변환을 계산하라.

14. X를 엑스선 변환이라고 하자. 변수 하나에 대해 푸리에 변환을 취하여 $f\in\mathcal{S}$이고 $X(f)=0$이면 $f=0$임을 보여라.

15. $F\in\mathcal{S}(\mathbb{R}\times S^1)$에 대하여 점 (x,y)를 지나는 모든 직선(즉, $x\cos\theta+y\sin\theta=t$인 직선 $L_{t,\theta}$) 위에서 F를 적분하는 것을 **쌍대 엑스선 변환(dual X-ray transform)** $X^*(F)$로 정의하자. 다시 말해 $X^*(F)$는

$$X^*(F)(x,y)=\int F(x\cos\theta+y\sin\theta,\theta)\,d\theta$$

와 같다. 이때 $f\in\mathcal{S}(\mathbb{R}^2)$이고 $F\in\mathcal{S}(\mathbb{R}\times S^1)$이면

$$\iint X(f)(t,\theta)\overline{F(t,\theta)}\,dt\,d\theta=\iint f(x,y)\overline{X^*(F)(x,y)}\,dx\,dy$$

가 성립함을 보여라.

심화문제

1. $n \in \mathbb{Z}$에 대하여 n차 베셀 함수를 J_n이라고 하자. 다음을 증명하라.

(a) 모든 실수 ρ에 대하여 $J_n(\rho)$는 실수다.

(b) $J_{-n}(\rho) = (-1)^n J_n(\rho)$

(c) $2J_n'(\rho) = J_{n-1}(\rho) - J_{n+1}(\rho)$

(d) $\left(\dfrac{2n}{\rho}\right) J_n(\rho) = J_{n-1}(\rho) + J_{n+1}(\rho)$

(e) $(\rho^{-n} J_n(\rho))' = -\rho^{-n} J_{n+1}(\rho)$

(f) $(\rho^n J_n(\rho))' = \rho^n J_{n-1}(\rho)$

(g) $J_n(\rho)$는 이계미분방정식 $J_n''(\rho) + \rho^{-1} J_n'(\rho) + \left(1 - \dfrac{n^2}{\rho^2}\right) J_n(\rho) = 0$을 만족한다.

(h) $J_n(\rho) = \left(\dfrac{\rho}{2}\right)^n \displaystyle\sum_{m=0}^{\infty} (-1)^m \frac{\rho^{2m}}{2^{2m} m!(n+m)!}$

(i) 모든 정수 n과 실수 a, b에 대하여

$$J_n(a+b) = \sum_{\ell \in \mathbb{Z}} J_\ell(a) J_{n-\ell}(b)$$

이다.

2. 정수가 아닌 n (단, $n > -1/2$)에 대해서도 베셀 함수 $J_n(\rho)$를 정의할 수 있으며, 그 공식은

$$J_n(\rho) = \frac{(\rho/2)^n}{\Gamma(n+1/2)\sqrt{\pi}} \int_{-1}^{1} e^{i\rho t}(1-t^2)^{n-(1/2)}\, dt$$

와 같다. 다음 물음에 답하라.

(a) 이 공식이 정수 $n \geq 0$에 대한 $J_n(\rho)$의 정의와 같음을 확인하라.

힌트 $n = 0$에 대해 같음을 확인하고, 두 식이 모두 심화문제 1의 점화식 (e)를 만족함을 확인한다.

(b) $J_{1/2}(\rho) = \sqrt{\dfrac{2}{\pi}} \rho^{-1/2} \sin \rho$임을 확인하라.

(c) 극한

$$\lim_{n \to -1/2} J_n(\rho) = \sqrt{\frac{2}{\pi}} \rho^{-1/2} \cos \rho$$

가 성립함을 증명하라.

(d) $d = 1,\ 2,\ 3$이라 하고 $J_{-1/2}(\rho) = \lim_{n \to -1/2} J_n(\rho)$라고 이해하자. 심화문제 2(a)~(c)의 식들을 이용하면 본문에서 증명한 (방사형 함수의 푸리에 변환을 설명할 때 등장한) F_0와 f_0 사이의 관계식이

$$F_0(\rho) = 2\pi\rho^{-(d/2)+1} \int_0^\infty J_{(d/2)-1}(2\pi\rho r) f_0(r) r^{d/2}\, dr \tag{6.17}$$

과 같음을 확인하라. 식 (6.17)에 주어진 F_0와 f_0 사이의 관계식은 모든 d차원에 대해 성립함이 알려져 있다.

3. 식 (6.3)과 같이 주어진 파동 방정식에 대한 코시 문제의 해 $u(x,t)$는 초기 조건의 역방향 광원뿔 밑면에서의 값에만 의존함을 확인했다. 당연히 파동 방정식의 **모든** 해가 이 성질을 공유하는지 물어보게 된다. 이에 대한 긍정적인 답은 해의 유일성을 의미할 것이다.

초평면 $t = 0$에 놓여 있으며 x_0를 중심으로 하고 반지름 길이가 r_0인 닫힌 공을 $B(x_0, r_0)$라고 하자. 밑면이 $B(x_0, r_0)$인 **역방향 광원뿔**을

$$\mathcal{L}_{B(x_0,r_0)} = \{(x,t) \in \mathbb{R}^d \times \mathbb{R} : |x - x_0| \le r_0 - t,\ 0 \le t \le r_0\}$$

와 같이 정의한다.

정리 $u(x,t)$는 닫힌 상반평면 $\{(x,t) : x \in \mathbb{R}^d, t \ge 0\}$에서 C^2 함수이며 파동 방정식

$$\frac{\partial^2 u}{\partial t^2} = \triangle u$$

의 해라고 가정하자. 모든 $x \in B(x_0, r_0)$에 대해 $u(x,0) = \dfrac{\partial u}{\partial t}(x,0) = 0$이면, 모든 $(x,t) \in \mathcal{L}_{B(x_0,r_0)}$에 대해 $u(x,t) = 0$이다.

다시 말해 파동 방정식에 대한 코시 문제의 초기 조건이 공 B에서 0이면, 문제의 **모든** 해 u는 밑면이 B인 역방향 광원뿔 전체에서 0이다. 다음 단계를 따라 정리의 증명을 간략히 설명한다.

(a) u가 실수라고 가정하자. $0 \le t \le r_0$에 대하여 $B_t(x_0, r_0) = \{x : |x - x_0| \le r_0 - t\}$라고 하고

$$\nabla u(x,t) = \left(\frac{\partial u}{\partial x_1}, \cdots, \frac{\partial u}{\partial x_d}, \frac{\partial u}{\partial t}\right)$$

를 정의한다. 이제 에너지 적분

$$E(t) = \frac{1}{2}\int_{B_t(x_0,r_0)} |\nabla u|^2\,dx$$
$$= \frac{1}{2}\int_{B_t(x_0,r_0)} \left(\frac{\partial u}{\partial t}\right)^2 + \sum_{j=1}^{d}\left(\frac{\partial u}{\partial x_j}\right)^2 dx$$

를 생각하자. $E(t) \geq 0$이며 $E(0) = 0$임을 관찰한다. 관계식

$$E'(t) = \int_{B_t(x_0,r_0)} \frac{\partial u}{\partial t}\frac{\partial^2 u}{\partial t^2} + \sum_{j=1}^{d} \frac{\partial u}{\partial x_j}\frac{\partial^2 u}{\partial x_j \partial t}\,dx - \frac{1}{2}\int_{\partial B_t(x_0,r_0)} |\nabla u|^2\,d\sigma(\gamma)$$

를 증명하라.

(b) 관계식 $\dfrac{\partial}{\partial x_j}\left[\dfrac{\partial u}{\partial x_j}\dfrac{\partial u}{\partial t}\right] = \dfrac{\partial u}{\partial x_j}\dfrac{\partial^2 u}{\partial x_j \partial t} + \dfrac{\partial^2 u}{\partial x_j^2}\dfrac{\partial u}{\partial t}$를 보여라.

(c) (b)의 항등식과 발산정리, 그리고 u가 파동 방정식의 해라는 사실을 이용하여

$$E'(t) = \int_{\partial B_t(x_0,r_0)} \sum_{j=1}^{d} \frac{\partial u}{\partial x_j}\frac{\partial u}{\partial t}\nu_j\,d\sigma(\gamma) - \frac{1}{2}\int_{\partial B_t(x_0,r_0)} |\nabla u|^2\,d\sigma(\gamma)$$

를 증명하라. 여기서 ν_j는 $B_t(x_0, r_0)$에 대한 외향법선벡터의 j번째 성분이다.

(d) 코시–슈바르츠 부등식을 이용하여

$$\sum_{j=1}^{d} \frac{\partial u}{\partial x_j}\frac{\partial u}{\partial t}\nu_j \leq \frac{1}{2}|\nabla u|^2$$

을 보여라. 따라서 $E'(t) \leq 0$이다. 이로부터 $E(t) = 0$과 $u = 0$을 유도하라.

*4. $\mathbb{R}^d \times \mathbb{R}$에서 파동 방정식에 대한 코시 문제

$$\frac{\partial^2 u}{\partial t^2} = \frac{\partial^2 u}{\partial x_1^2} + \cdots + \frac{\partial^2 u}{\partial x_d^2} \quad \left(\text{단, } u(x,0) = f(x) \text{ 이며 } \frac{\partial u}{\partial t}(x,0) = g(x)\right)$$

의 해를 구면평균에 대해 나타낸 식이 있다. 이는 본문에 주어진 식이 $d = 3$일 때의 일반화다. 사실 짝수 차원의 해는 홀수 차원의 해에서 유도하므로 홀수 차원을 먼저 다룬다.

$d > 1$은 홀수라고 가정하고 $h \in \mathcal{S}(\mathbb{R}^d)$라고 하자. x를 중심으로 하고 반지름 길이가 t인 공에서 h의 구면평균은

$$M_r h(x) = Mh(x,r) = \frac{1}{A_d}\int_{S^{d-1}} h(x - r\gamma)\,d\sigma(\gamma)$$

와 같이 정의한다. 여기서 A_d는 $\mathbb{R}^d$에서의 단위구 S^{d-1}의 면적을 나타낸다.

(a) 관계식

$$\triangle_x Mh(x,r) = \left[\partial_r^2 + \frac{d-1}{r}\right] Mh(x,r)$$

이 성립함을 보여라. 여기서 $\triangle_x$는 공간 변수 x에 대한 라플라스 작용소를 나타내며 $\partial_r = \dfrac{\partial}{\partial r}$이다.

(b) 두 번 미분가능한 함수 $u(x,t)$가 파동 방정식의 해가 되기 위한 필요충분조건은

$$\left[\partial_r^2 + \frac{d-1}{r}\right] Mu(x,r,t) = \partial_t^2 Mu(x,r,t)$$

가 성립하는 것임을 보여라. 여기서 $Mu(x,r,t)$는 함수 $u(x,t)$의 구면평균을 나타낸다.

(c) $d = 2k+1$일 때, $T\varphi(r) = (r^{-1}\partial_r)^{k-1}[r^{2k-1}\varphi(r)]$를 정의하고 $\tilde{u} = TMu$라고 하자. 그러면 이 함수는 고정된 각각의 x에 대해

$$\partial_t^2 \tilde{u}(x,r,t) = \partial_r^2 \tilde{u}(x,r,t)$$

와 같이 1차원 파동 방정식의 해가 된다. 그런 다음 달랑베르 식을 이용하여 초기 조건들로 표현되는 이 문제의 해 $\tilde{u}(x,r,t)$를 구할 수 있다.

(d) 이제 식

$$u(x,t) = Mu(x,0,t) = \lim_{r\to 0} \frac{\tilde{u}(x,r,t)}{\alpha r}$$

가 성립함을 보여라. 여기서 $\alpha = 1\cdot 3\cdots(d-2)$이다.

(e) $d>1$이 홀수일 때, d차원 파동 방정식에 대한 코시 문제의 해는

$$u(x,t) = \frac{1}{1\cdot 3\cdots(d-2)}\left[\partial_t(t^{-1}\partial_t)^{(d-3)/2}(t^{d-2}M_t f(x)) + (t^{-1}\partial_t)^{(d-3)/2}(t^{d-2}M_t g(x))\right]$$

와 같음을 보여라.

*5. 강하법(method of descent)을 이용하면 d가 짝수일 때 파동 방정식에 대한 코시 문제의 해는

$$u(x,t) = \frac{1}{1\cdot 3\cdots(d-2)}\left[\partial_t(t^{-1}\partial_t)^{(d-3)/2}\left(t^{d-2}\widetilde{M}_t f(x)\right) + (t^{-1}\partial_t)^{(d-3)/2}\left(t^{d-2}\widetilde{M}_t g(x)\right)\right]$$

와 같이 주어짐을 증명할 수 있다. 여기서 $\widetilde{M}_t$는 변형된 구면평균

$$\widetilde{M}_t h(x) = \frac{2}{A_{d+1}} \int_{B^d} \frac{f(x+ty)}{\sqrt{1-|y|^2}}\, dy$$

이다.

*6. 초기 조건이 $f(x) = F(x \cdot \gamma)$, $g(x) = G(x \cdot \gamma)$로 주어질 때, 평면파

$$u(x,t) = \frac{F(x \cdot \gamma + t) + F(x \cdot \gamma - t)}{2} + \frac{1}{2}\int_{x\cdot\gamma-t}^{x\cdot\gamma+t} G(s)\,ds$$

는 d차원 파동 방정식에 대한 코시 문제의 해임을 확인하라.

일반적으로 해는 평면파의 중첩으로 주어진다. $d = 3$일 때, 이를 다음과 같이 라돈 변환에 대해 표현할 수 있다. $\tilde{\mathcal{R}}$를

$$\tilde{\mathcal{R}}(f)(t,\gamma) = -\frac{1}{8\pi^2}\left(\frac{d}{dt}\right)^2 R(f)(t,\gamma)$$

와 같이 정의하자. 그러면

$$u(x,t) = \frac{1}{2}\int_{S^2}\left[\tilde{\mathcal{R}}(f)(x\cdot\gamma - t,\gamma) + \tilde{\mathcal{R}}(f)(x\cdot\gamma + t,\gamma) + \int_{x\cdot\gamma-t}^{x\cdot\gamma+t}\tilde{\mathcal{R}}(g)(s,\gamma)\,ds\right]d\sigma(\gamma)$$

가 성립한다.

7. 모든 실수 $a > 0$에 대하여 $f \in \mathcal{S}(\mathbb{R}^d)$일 때, 작용소 $(-\triangle)^a$을

$$(-\triangle)^a f(x) = \int_{\mathbb{R}^d}(2\pi|\xi|)^{2a}\hat{f}(\xi)e^{2\pi i\xi\cdot x}\,d\xi$$

와 같이 정의하자. 다음 물음에 답하라.

(a) a가 양의 정수이면 $(-\triangle)^a$은 $-\triangle$를 a번 합성한 것과 같음을 확인하라.

(b) $(-\triangle)^a(f)$는 무한 번 미분가능함을 보여라.

(c) a가 정수가 아닐 때, 일반적으로 $(-\triangle)^a(f)$는 급감소 함수가 아님을 증명하라.

(d) $u(x,y)$는 f와 푸아송 핵을 합성곱하여 주어지는 안정상태 열 방정식

$$\frac{\partial^2 u}{\partial y^2} + \sum_{j=1}^{d}\frac{\partial^2 u}{\partial x_j^2} = 0 \quad (\text{단,}\ \ u(x,0) = f(x))$$

의 해라고 하자(연습문제 8 참고).

$$(-\triangle)^{1/2}f(x) = -\lim_{y\to 0}\frac{\partial u}{\partial y}(x,y)$$

가 성립함을 확인하라. 또한 더 일반적으로 모든 양의 정수 k에 대해

$$(-\triangle)^{k/2}f(x) = (-1)^k\lim_{y\to 0}\frac{\partial^k u}{\partial y^k}(x,y)$$

가 성립함을 확인하라.

*__8.__ $\mathbb{R}^d$에서의 라돈 변환에 대한 재구성 공식은 다음과 같다.

(a) $d = 2$일 때,

$$\frac{(-\triangle)^{1/2}}{4\pi}\mathcal{R}^*(\mathcal{R}(f)) = f$$

가 성립한다. 여기서 $(-\triangle)^{1/2}$은 심화문제 7에서 정의했다.

(b) $d = 2$, $d = 3$일 때와 유사하게 라돈 변환과 그 쌍대 변환을 정의하면, 일반적인 d에 대해

$$\frac{(2\pi)^{1-d}}{2}(-\triangle)^{(d-1)/2}\mathcal{R}^*(\mathcal{R}(f)) = f$$

가 성립한다.

7

유한 푸리에 해석
Finite Fourier Analysis

> 지난해 우리는 푸리에 변환을 계산하는 데에 있어 흥미롭고 혁신적인 방법의 탄생, 아니 어쩌면 부활을 목격했다. 고속 푸리에 변환(fast Fourier transform) 또는 FFT로 알려진 알고리즘으로 인해, 주파수 분석뿐만 아니라 푸리에 변환과 합성곱이 이용된 여러 가지 계산 방법을 완전히 재검토하게 되었다.
>
> *C.* 빙햄(*C. Bingham*)과 *J. W.* 튜키(*J. W. Tukey*), 1966

지금까지는 원 위에서 정의된 함수의 푸리에 급수와 유클리드 공간 $\mathbb{R}^d$에서 정의된 함수의 푸리에 변환을 학습했다. 이번 장의 목표는 유한 집합에서 정의된 함수, 더 정확히는 유한 아벨 군에서 정의된 함수에 대해 또 다른 형태의 푸리에 해석을 접목시키는 것이다. 이 이론에서는 무한합과 적분이 유한합으로 대체되어 수렴성 문제가 사라지기 때문에 내용이 아주 명쾌하면서도 간단하다.

유한 푸리에 해석으로 주제를 전환하면서 제일 먼저 가장 간단한 예인 $\mathbb{Z}(N)$을 다루어 보겠다. 여기서 기본 공간은 원 위에서 1의 N제곱근으로 이루어진 (곱셈)군이다. 이 군은 법 N에 대한 정수의 동치류인 $\mathbb{Z}/N\mathbb{Z}$로서 덧셈군이라 둘 수도 있다. 그림 1(252쪽)에서 볼 수 있듯이 $\mathbb{Z}(N)$의 점이 원 위에 균등하게 분포된 N개의 점에 대응하기 때문에 군 $\mathbb{Z}(N)$은 ($N \to \infty$일 때) 자연스럽게 원을 근사한다. 이러한 이유로 실제 문제를 해결할 때 군 $\mathbb{Z}(N)$은 자연스럽게 원 위의 함수의 정보를 담고 있을 가능성이 높고, 푸리에 급수를 포함하는 수치적 계산 기법에서도 나타난다. 특히 N이 크고 $N = 2^n$ 꼴일 때 아주 좋은 결과를 얻을 수 있다. 푸리에 계수를 계산하는 과정에서 **고속 푸리에 변환**이 등장하는데, 고속 푸리에 변환은 n에 대한 귀납법이 $N = 1$에서 $N = 2^n$까지 가는 데 대략 $\log N$ 정도의 단계만 필요하다는 사실을 이용한다. 이로 인해 실제 문제를 해결할 때 상당한 시간을 절약할 수 있다.

2절에서는 유한 아벨 군에서의 푸리에 해석과 관련된 더 일반적인 이론을 다룬다. 여기서 가장 중요한 예로 곱셈군 $\mathbb{Z}^*(q)$가 등장한다. 이 $\mathbb{Z}^*(q)$에 대한 푸리에 역변환 공식이 등차수열 속 소수에 대한 내용인 디리클레 정리를 증명할 때 중요한 개념임을 알게 될 것이다. 디리클레 정리의 증명은 8장에서 다룬다.

1 $\mathbb{Z}(N)$ 에서의 푸리에 해석

1의 N 제곱근으로 이루어진 군을 고려하자. 이 군은 자연스럽게 등장하는 가장 간단한 유한 아벨 군이다. 또한 이 군은 원을 균등하게 분할하므로 원 위의 적절한 함수를 몇몇 함숫값을 이용해 조사할 때 유용하게 사용할 수 있다. 게다가 이 분할은 N 이 무한대에 가까워질수록 더 세분되기에 여기서 다루는 이산 푸리에 이론이 원 위의 푸리에 급수에 대한 연속 버전 이론으로 이어지리라 기대할 수 있다. 이 장에서 이러한 내용을 다루지는 않지만, 이는 넓은 의미에서 사실이다.

1.1 군 $\mathbb{Z}(N)$

양의 정수 N 에 대하여 $z^N = 1$ 인 복소수 z 를 **1의 N 제곱근(N^{th} root of unity)**이라고 한다. 1의 N 제곱근 집합은 정확히

$$\left\{1,\, e^{2\pi i/N},\, e^{2\pi i 2/N},\, \cdots,\, e^{2\pi i(N-1)/N}\right\}$$

과 같다. 실제로 $z = re^{i\theta}$ 에 대해 $z^N = 1$ 이라고 가정하자. 그러면 $r^N e^{iN\theta} = 1$ 이어야 하고, 양변에 절댓값을 취하면 $r = 1$ 이다. 따라서 $e^{iN\theta} = 1$ 이고, 이는 $k \in \mathbb{Z}$ 에 대해 $N\theta = 2\pi k$ 임을 의미한다. 따라서 $\zeta = e^{2\pi i/N}$ 이면 ζ^k 은 모든 1의 N 제곱근을 나타낸다. 그런데 $\zeta^N = 1$ 이므로 n 과 m 이 N 의 정수배만큼 차이가 나면 $\zeta^n = \zeta^m$ 이다. 이를 정리하면 다음과 같다.

$\zeta^n = \zeta^m$ 이기 위한 필요충분조건은 $n - m$ 이 N 으로 나누어떨어지는 것이다.

1의 모든 N 제곱근 집합을 $\mathbb{Z}(N)$ 으로 나타낸다. 정의에 따르면 이 집합은 원을 균등하게 분할한다. 집합 $\mathbb{Z}(N)$ 이 다음 성질을 만족함에 주목하자.

(1) $z, w \in \mathbb{Z}(N)$ 이면 $zw \in \mathbb{Z}(N)$ 이고 $zw = wz$ 이다.

(2) $1 \in \mathbb{Z}(N)$

(3) $z \in \mathbb{Z}(N)$ 이면 $z^{-1} = 1/z \in \mathbb{Z}(N)$ 이고 물론 $zz^{-1} = 1$ 이다.

따라서 $\mathbb{Z}(N)$ 은 복소수 곱셈 하에서 아벨 군이라고 할 수 있다. 차후 2.1절에서 이와 관련된 적절한 정의를 상세히 다룰 것이다.

군 $\mathbb{Z}(N)$ 을 시각화하는 또 다른 방법이 있다. 이 방법에서는 각각의 1의 거듭제곱근을 결정하는 ζ 의 정수 거듭제곱을 택한다. 앞서 n 과 m 이 N 의 정수배만큼 차이가 나면 $\zeta^n = \zeta^m$ 이기 때문에 이러한 정수는 유일하지 않음을 관찰했다. 이때 자연스럽게 $0 \leq n \leq N-1$ 인 정수를 택할 수 있다.

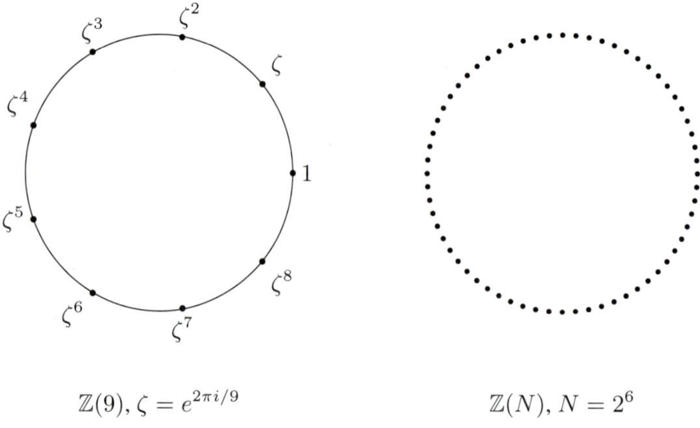

[그림 1] $N = 9$ 및 $N = 2^6 = 64$일 때 1의 N제곱근의 군

이렇게 두면 **집합**의 관점에서는 완벽히 합리적이나, 1의 거듭제곱끼리 곱하면 어떻게 되는지 생각해 볼 필요가 있다. 분명히 $\zeta^n \zeta^m = \zeta^{n+m}$이므로 대응하는 정수를 추가해야 하지만 그렇게 추가한 정수가 $0 \le n+m \le N-1$을 만족한다는 보장은 없다. 실제로 $0 \le k \le N-1$에 대해 $\zeta^n \zeta^m = \zeta^k$이면 $n+m$과 k는 N의 정수배만큼 차이가 난다. 따라서 $[0, N-1]$에서 1의 거듭제곱근 $\zeta^n \zeta^m$에 대응하는 정수를 찾으려면 정수 n과 m을 더한 뒤에 법 N에 대하여 합동인 정수로 바꿔야 함을 알 수 있다. 즉, $(n+m) - k$가 N의 정수배가 되도록 하는 유일한 정수 $0 \le k \le N-1$을 찾아야 한다.

이와 동치로 각각의 1의 거듭제곱근 ω를 $\zeta^n = \omega$인 정수 n의 집합과 연관 짓는 식으로 접근할 수도 있다. 이렇게 하면 정수를 N개의 서로 다른 무한집합으로 나누는 분할을 얻는다. 이러한 두 집합의 합을 정의할 필요가 있는데, 이를 각각의 집합에서 아무 정수나 택하고(각각 n과 m이라 하자) 정수 $n+m$을 포함하는 집합으로 정의한다.

이제 이 개념을 형식화한다. 두 정수 x, y는 $x - y$가 N으로 나누어떨어질 때 **법 N에 대하여 합동(congruent modulo N)**이라 하고, $x \equiv y \mod N$이라 쓴다. 다시 말해 이는 x, y가 N의 정수배만큼 차이난다는 뜻이다. 다음 세 가지 성질은 여러분이 각자 간단하게 확인할 수 있다.

- 모든 정수 x에 대하여 $x \equiv x \mod N$이다.
- $x \equiv y \mod N$이면 $y \equiv x \mod N$이다.
- $x \equiv y \mod N$이고 $y \equiv z \mod N$이면 $x \equiv z \mod N$이다.

이 세 가지 성질로부터 $\mathbb{Z}$ 위의 동치관계를 정의할 수 있다. 정수 x의 동치류(equivalence class), 또는 잉여류(residue class)를 $R(x)$로 나타내자. $x + kN$ (단, $k \in \mathbb{Z}$) 꼴의 모든 정수는 $R(x)$의 원소(또는 **대표원소**)다. 사실 동치류는 정확히 N개가 있으며, 각각의 동치류에는 0과 $N-1$ 사이에 대표원소가 유일하게 존재한다.

이제 동치류의 덧셈을

$$R(x) + R(y) = R(x + y)$$

와 같이 정의할 수 있다. 물론 이 정의는 대표원소 x, y와 무관하다. $x' \in R(x)$, $y' \in R(y)$이면 $x' + y' \in R(x + y)$임을 쉽게 확인할 수 있기 때문이다. 이는 동치류 집합을 **법 N에 대한 정수군 (group of integers modulo N)**이라 불리는 아벨 군으로 바꾸며, 이 군을 종종 $\mathbb{Z}/N\mathbb{Z}$로 표시한다. 이러한 연관관계

$$R(k) \longleftrightarrow e^{2\pi ik/N}$$

을 통해 두 아벨 군 $\mathbb{Z}/N\mathbb{Z}$와 $\mathbb{Z}(N)$은 서로 일대일 대응이 된다. 법 N에 대한 정수의 덧셈이 복소수의 곱셈이 된다는 의미에서 연산이 보존되므로 법 N에 대한 정수군도 $\mathbb{Z}(N)$으로 나타낸다. $0 \in \mathbb{Z}/N\mathbb{Z}$는 단위원 위의 1에 대응함을 기억하자.

V와 W를 각각 법 N에 대한 정수군과 1의 N제곱근에서의 복소함수로 이루어진 벡터공간이라고 하자. 그러면 위에 주어진 일대일 대응은 V와 W 간의 일대일 대응

$$F(k) \longleftrightarrow f(e^{2\pi ik/N})$$

으로 이어진다. 여기서 F는 법 N에 대한 정수군에서의 함수이며 f는 1의 N제곱근에서의 함수다.

이제부터 두 대상을 모두 $\mathbb{Z}(N)$으로 통일하여 표기하지만, 이를 법 N에 대한 정수군으로 생각하기도 하고 1의 N제곱근의 군으로 생각하기도 한다.

1.2 $\mathbb{Z}(N)$에서의 푸리에 역변환 정리와 프란셰렐 항등식

$\mathbb{Z}(N)$에서의 푸리에 해석 관련 내용을 전개할 때 제일 먼저 다루어야 하면서도 가장 중요한 단계는 원에서의 지수함수 $e_n(x) = e^{2\pi inx}$에 해당하는 함수를 찾는 것이다. 이러한 지수함수의 주요 성질은 다음과 같다.

(1) $\{e_n\}_{n\in\mathbb{Z}}$은 원 위에서 리만 적분가능한 함수를 모은 공간에서 (3장에서 정의된) 내적 (3.1)에 대해 정규직교집합이다.

(2) e_n의 유한 일차결합(삼각다항식)은 원 위의 연속함수공간에서 조밀하다.

(3) $e_n(x + y) = e_n(x)e_n(y)$

$\mathbb{Z}(N)$ 에서 이와 유사한 역할을 하는 적절한 함수를 찾아보면

$$e_\ell(k) = \zeta^{\ell k} = e^{2\pi i \ell k/N} \quad (\text{단, } \ell = 0, \cdots, N-1\text{이고 } k = 0, \cdots, N-1)$$

과 같이 정의되는 N 개의 함수 $e_0, \cdots, e_{N-1}$ 이다. 여기서 $\zeta = e^{2\pi i/N}$ 이다. 지수함수의 성질 (1)과 (2)를 만족하는지 알아보기 위해, $\mathbb{Z}(N)$ 에서의 복소함수를 에르미트 내적

$$(F, G) = \sum_{k=0}^{N-1} F(k)\overline{G(k)}$$

가 주어진 벡터공간 V 로 생각할 수 있다. 이때 연관된 노름은

$$\|F\|^2 = \sum_{k=0}^{N-1} |F(k)|^2$$

이다.

보조정리 1.1 집합 $\{e_0, \cdots, e_{N-1}\}$은 직교집합이다. 실제로

$$(e_m, e_\ell) = \begin{cases} N & (m = \ell) \\ 0 & (m \neq \ell) \end{cases}$$

이 성립한다.

증명

$(e_m, e_\ell) = \sum_{k=0}^{N-1} \zeta^{mk}\zeta^{-\ell k} = \sum_{k=0}^{N-1} \zeta^{(m-\ell)k}$ 이 성립한다. $m = \ell$ 이면 급수의 각 항은 1과 같으므로 그 합은 N 이다. $m \neq \ell$ 이면 $q = \zeta^{m-\ell}$ 은 1이 아니다. 따라서 $q^N = 1$ 이므로 익히 알고 있는 등비급수의 합 공식

$$1 + q + q^2 + \cdots + q^{N-1} = \frac{1 - q^N}{1 - q}$$

으로부터 $(e_m, e_\ell) = 0$ 임을 보일 수 있다. ◀

N 개의 함수 $e_0, \cdots, e_{N-1}$ 은 직교하므로 일차독립이어야 한다. 그리고 벡터공간 V 는 N 차원이므로 $\{e_0, \cdots, e_{N-1}\}$ 은 V 에 대한 직교기저임을 알 수 있다. 지수함수의 성질 (3)도 명백하게 성립한다. 다시 말해 모든 ℓ 과 모든 $k, m \in \mathbb{Z}(N)$ 에 대해 $e_\ell(k+m) = e_\ell(k)e_\ell(m)$ 이다.

보조정리 1.1에 의해 모든 벡터 e_ℓ 은 노름이 $\sqrt{N}$ 이므로

$$e_\ell^* = \frac{1}{\sqrt{N}} e_\ell$$

과 같이 정의하면 $\{e_0^*, \cdots, e_{N-1}^*\}$은 V에 대한 정규직교기저다. 따라서 임의의 $F \in V$에 대해

$$F = \sum_{n=0}^{N-1} (F, e_n^*) e_n^*, \quad \|F\|^2 = \sum_{n=0}^{N-1} |(F, e_n^*)|^2 \tag{7.1}$$

이 성립한다. F의 n번째 **푸리에 계수**를

$$a_n = \frac{1}{N} \sum_{k=0}^{N-1} F(k) e^{-2\pi ikn/N}$$

과 같이 정의하면 앞의 관찰로부터 아래의 기본 정리를 얻는다. 이는 $\mathbb{Z}(N)$에서 정의된 함수에 대한 푸리에 역변환 공식과 파세발–프란셰렐 공식이다.

정리 1.2 F가 $\mathbb{Z}(N)$에서의 함수이면

$$F(k) = \sum_{n=0}^{N-1} a_n e^{2\pi ink/N}$$

이 성립한다. 또한

$$\sum_{n=0}^{N-1} |a_n|^2 = \frac{1}{N} \sum_{n=0}^{N-1} |F(k)|^2$$

이 성립한다.

여기서 $a_n = \frac{1}{N}(F, e_n) = \frac{1}{\sqrt{N}}(F, e_n^*)$임을 확인하면 (7.1)로부터 바로 증명할 수 있다.

비고 유한 모델인 $\mathbb{Z}(N)$에서 극한 $N \to \infty$를 취하여 (C^2 함수처럼) 충분히 매끄러운 함수에 대해 원 위에서의 푸리에 역변환 공식을 복구할 수 있다(연습문제 3 참고).

1.3 고속 푸리에 변환

고속 푸리에 변환은 $\mathbb{Z}(N)$에서 함수 F의 푸리에 계수를 효율적으로 계산하기 위해 개발된 방법이다.

수치해석학에서는 $\mathbb{Z}(N)$에서 주어진 함수의 푸리에 계수를 계산할 때 걸리는 시간을 최소화하는 알고리즘을 결정하는 문제가 자연스럽게 등장한다. 이 계산 시간은 대략 컴퓨터가 수행해야 하는 연산 수에 비례하므로, $\mathbb{Z}(N)$에서 F 값이 주어질 때 모든 푸리에 계수 $\{a_n\}$을 얻는 데 필요한 연산 수를 최소화하는 문제를 해결해야 한다. 여기서 연산은 복소수 간의 덧셈이나 곱셈을 의미한다.

우선 이 문제를 대략적으로 살펴보자. N을 고정하고 $F(0)$, $\cdots$, $F(N-1)$과 $\omega_N = e^{-2\pi i/N}$이 주어졌다고 가정하자. $\mathbb{Z}(N)$에서 함수 F의 k번째 푸리에 계수를 $a_k^N(F)$로 표현하면 정의에 따라

$$a_k^N(F) = \frac{1}{N}\sum_{r=0}^{N-1} F(r)\omega_N^{kr}$$

이 성립한다. 여기서 대략 추정해 보면 필요한 푸리에 계수를 모두 계산할 때 필요한 연산 수는 $2N^2 + N$ 이하다. 실제로 ω_N^2, $\cdots$, ω_N^{N-1}을 결정하는 데 곱셈이 최대 $N-2$번 필요하며, 각각의 계수 a_k^N을 결정하려면 곱셈이 $N+1$번, 덧셈이 $N-1$번 필요하다.

이제 앞에서 얻은 $O(N^2)$을 개선하는 알고리즘인 **고속 푸리에 변환(fast Fourier transform)**을 소개한다. 예를 들어 원을 이원적(dyadic)으로 분할할 때, $N = 2^n$으로 제한하면 연산 횟수를 개선할 수 있다. 연습문제 9도 참고하라.

정리 1.3 $N = 2^n$인 $\omega_N = e^{-2\pi i/N}$이 주어지면 $\mathbb{Z}(N)$에서의 함수의 푸리에 계수를

$$4 \cdot 2^n n = 4N\log_2(N) = O(N\log N)$$

번 이하로 연산하여 구할 수 있다.

이 정리는 원을 M개로 분할할 때의 푸리에 계수 계산을 이용하여 $2M$개로 분할할 때 푸리에 계수를 계산하는 방식으로 증명한다. $N = 2^n$으로 택했기 때문에 이 방식을 $n = O(\log N)$번 반복하여 원하는 식을 얻는다.

$\mathbb{Z}(M)$에서 정의된 임의의 함수의 모든 푸리에 계수를 계산하는 데 필요한 연산 수의 최솟값을 $\#(M)$이라 하자. 정리를 증명할 때 가장 핵심은 다음 점화식이다.

보조정리 1.4 $\omega_{2M} = e^{-2\pi i/(2M)}$이 주어지면 부등식

$$\#(2M) \le 2\#(M) + 8M$$

이 성립한다.

증명

ω_{2M}, $\cdots$, ω_{2M}^{2M} 등을 계산하는 데 연산이 최대 $2M$번 필요하다. 특히 $\omega_M = e^{-2\pi i/M} = \omega_{2M}^2$임을 알 수 있다. 이때 핵심 아이디어는 $\mathbb{Z}(2M)$에서 임의로 주어진 함수 F에 대해

$$F_0(r) = F(2r), \quad F_1(r) = F(2r+1)$$

로 정의된 $\mathbb{Z}(M)$에서의 두 함수 F_0, F_1을 생각하는 것이다. F_0과 F_1의 푸리에 계수를 각각 #(M) 번 이내의 연산으로 계산할 수 있다고 가정하자. 군 $\mathbb{Z}(2M)$과 $\mathbb{Z}(M)$에 대응하는 푸리에 계수를 각각 a_k^{2M}, a_k^M이라고 하면

$$a_k^{2M}(F) = \frac{1}{2}\left(a_k^M(F_0) + a_k^M(F_1)\omega_{2M}^k\right)$$

을 얻는다. 이를 증명하기 위해 푸리에 계수 $a_k^{2M}(F)$의 정의에서 홀수인 정수와 짝수인 정수에 대해 각각 나누어서 더한다. 그러면

$$\begin{aligned}
a_k^{2M}(F) &= \frac{1}{2M}\sum_{r=0}^{2M-1} F(r)\omega_{2M}^{kr} \\
&= \frac{1}{2}\left(\frac{1}{M}\sum_{\ell=0}^{M-1} F(2\ell)\omega_{2M}^{k(2\ell)} + \frac{1}{M}\sum_{m=0}^{M-1} F(2m+1)\omega_{2M}^{k(2m+1)}\right) \\
&= \frac{1}{2}\left(\frac{1}{M}\sum_{\ell=0}^{M-1} F_0(\ell)\omega_M^{k\ell} + \frac{1}{M}\sum_{m=0}^{M-1} F_1(m)\omega_M^{km}\omega_{2M}^k\right)
\end{aligned}$$

을 알 수 있다. 이로써 위의 식이 성립함을 증명했다.

따라서 $a_k^M(F_0)$, $a_k^M(F_1)$, ω_{2M}^k을 알면 각각의 $a_k^{2M}(F)$는 3번 이내의 연산(덧셈 한 번과 곱셈 두 번)으로 계산할 수 있음을 알 수 있다. 따라서

$$\#(2M) \leq 2M + 2\#(M) + 3 \times 2M = 2\#(M) + 8M$$

이 성립한다. 이로써 보조정리의 증명을 마친다. ◀

$N = 2^n$일 때 n에 대한 귀납법을 이용하여 정리 1.3의 증명을 마무리한다. 첫 번째 단계인 $n = 1$은 간단한데, 이때 $N = 2$이며 두 푸리에 계수는 각각

$$a_0^N(F) = \frac{1}{2}(F(1) + F(-1)), \quad a_1^N(F) = \frac{1}{2}(F(1) + (-1)F(-1))$$

과 같기 때문이다. 이 푸리에 계수를 계산하려면 연산이 5번 이내로 필요한데, 이는 $4 \times 2 = 8$번보다 적다. $N = 2^{n-1}$까지 정리가 참이어서 $\#(N) \leq 4 \cdot 2^{n-1}(n-1)$이라고 가정하자. 보조정리 1.4에 의해

$$\#(2N) \le 2 \cdot 4 \cdot 2^{n-1}(n-1) + 8 \cdot 2^{n-1} = 4 \cdot 2^n n$$

이 반드시 성립한다. 이로써 귀납법 논증을 완성하고 정리 1.3의 증명을 마친다.

2 유한 아벨 군에서의 푸리에 해석

이번 장의 나머지 부분에서는 $\mathbb{Z}(N)$이란 특수한 경우에서 얻은 푸리에 급수 전개에 대한 결과를 일반화하고자 한다.

유한 아벨 군과 관련된 개념을 몇 가지 간략히 소개한 후에, 지표라는 중요한 개념으로 넘어간다. 앞으로 다룰 내용에서 지표는 군 $\mathbb{Z}(N)$에서 지수함수 $e_0, \cdots, e_{N-1}$과 같은 역할을 하며, 따라서 임의의 유한 아벨 군에 대한 이론을 전개할 때 핵심적인 요소다. 사실 유한 아벨 군이 **충분한** 지표를 가지고 있음을 증명하면 충분하다. 그리고 이를 이용해 우리가 기대한 푸리에 이론을 자동으로 이끌어낼 수 있다.

2.1 아벨 군

아벨 군(abelian group)(또는 가환군)은 G의 원소쌍에 대한 이항연산 $(a, b) \mapsto a \cdot b$가 주어진 집합 G이다. 이때 이항연산은 다음 조건을 만족한다.

(1) **결합법칙(associativity)** : 모든 a, b, $c \in G$에 대해 $a \cdot (b \cdot c) = (a \cdot b) \cdot c$이다.

(2) **항등원(identity)** : 모든 $a \in G$에 대해 $a \cdot u = u \cdot a = a$인 원소 $u \in G$가 존재한다. 이 성질을 만족하는 원소 u를 종종 1 또는 0이라 쓴다.

(3) **역원(inverse)** : 모든 $a \in G$에 대해 $a \cdot a^{-1} = a^{-1} \cdot a = u$인 원소 $a^{-1} \in G$가 존재한다.

(4) **교환법칙(commutativity)** : 모든 a, $b \in G$에 대해 $a \cdot b = b \cdot a$이다.

항등원과 역원이 유일하다는 사실은 간단한 숙제로 남겨둔다.

비고 아벨 군의 정의에서 G의 연산에 대해 곱셈 표기법을 이용했다. 종종 $a \cdot b$와 a^{-1} 대신에 덧셈 표기법인 $a + b$와 $-a$를 이용한다. 어느 한 표기법이 다른 표기법보다 더 적합한 경우가 있으며, 다음 예에서 이를 확인할 수 있다. 같은 군에 대해 다른 방식으로 표현하는 경우가 있다. 군에 정의된 연산을 곱셈으로 둘 때 그럴듯한 경우가 있고, 덧셈으로 두어야 자연스러운 경우도 있다.

아벨 군의 예

- 일반적인 덧셈이 주어진 실수 집합 $\mathbb{R}$은 아벨 군이다. 항등원은 0이며 x의 역원은 $-x$이다. 또한, 일반적인 곱셈이 주어진 $\mathbb{R}-\{0\}$과 $\mathbb{R}^+=\{x\in\mathbb{R}:x>0\}$도 아벨 군이다. 두 경우 모두 항등원은 1이며 x의 역원은 $\dfrac{1}{x}$이다.
- 일반적인 덧셈이 주어진 정수 집합 $\mathbb{Z}$은 아벨 군이다. 그러나 $\mathbb{Z}-\{0\}$은 일반적인 곱셈에 대해 아벨 군이 아닌데, 예를 들어 $\mathbb{Z}$에는 2의 곱셈에 대한 역원이 존재하지 않는다. 이와 대조적으로 $\mathbb{Q}-\{0\}$은 일반적인 곱셈에 대해 아벨 군이다.
- 복소평면의 단위원 S^1도 아벨 군의 예 중 하나다. 원을 $\{e^{i\theta}:\theta\in\mathbb{R}\}$인 집합으로 보면 이는 일반적인 복소수의 곱셈이 연산으로 주어진 군이다. 그런데 S^1 위의 점을 각 θ와 동일시하면 S^1은 법 2π에 대한 $\mathbb{R}$과 같으며, 이때 연산은 법 2π에 대한 덧셈이다.
- $\mathbb{Z}(N)$은 아벨 군이다. 원 위의 1의 N제곱근으로 보면 $\mathbb{Z}(N)$은 복소수의 곱셈 하에서의 군이다. 그러나 $\mathbb{Z}(N)$을 법 N에 대한 정수인 $\mathbb{Z}/N\mathbb{Z}$으로 해석하면 법 N에 대한 덧셈이 연산인 아벨 군이다.
- 마지막 예는 $\mathbb{Z}^*(q)$다. 이 군은 법 q에 대한 정수 중 **곱셈에 대한** 역원이 존재하는 정수 집합으로 정의한다. 이때 군 연산은 법 q에 대한 곱셈이다. 이 중요한 예에 관해서는 아래에서 자세히 설명한다.

두 아벨 군 G와 H 사이의 **준동형사상(homomorphism)**은 성질

$$f(a\cdot b)=f(a)\cdot f(b)$$

를 만족하는 사상 $f:G\to H$이다. 여기서 좌변의 점은 G에서의 연산이며 우변의 점은 H에서의 연산이다.

G에서 H로의 일대일 대응인 준동형사상이 존재하면 두 군 G와 H는 **동형(isomorphic)**이라고 하고, $G\approx H$라고 쓴다. 동치적으로 모든 $a\in G$와 $b\in H$에 대해

$$(\tilde{f}\circ f)(a)=a,\quad (f\circ\tilde{f})(b)=b$$

를 만족하는 또 다른 준동형사상 $\tilde{f}:H\to G$가 존재하면 G와 H는 동형이다. 간단히 말해 동형인 군은 잠재적으로 군의 구조가 동일하기 때문에(이것이 가장 중요하다) **동일한** 대상을 나타낸다. 그러나 특정 표기 하에서 군을 다르게 표현할 수도 있다.

예제 1 군 $\mathbb{Z}(N)$을 생각해 보면 우리는 이미 한 쌍의 동형인 아벨 군을 알고 있다. 하나는 $\mathbb{C}$에서 1의 N제곱근의 곱셈군이다. 다른 하나는 법 N에 대한 정수의 잉여류인 덧셈군 $\mathbb{Z}/N\mathbb{Z}$이다. 사상 $n \mapsto R(n)$은 1의 거듭제곱근 $z = e^{2\pi in/N} = \zeta^n$을 n에 의해 결정되는 $\mathbb{Z}/N\mathbb{Z}$의 잉여류와 대응시키며, 두 개의 다른 표현을 가지는 아벨 군 사이의 동형사상이다.

예제 2 예제 1과 유사하게 (곱셈이 주어진) 원과 (덧셈이 주어진) 법 2π에 대한 실수는 동형임을 알 수 있다.

예제 3 지수함수와 로그함수의 성질로부터 두 준동형사상

$$\exp : \mathbb{R} \to \mathbb{R}^+, \quad \log : \mathbb{R}^+ \to \mathbb{R}$$

이 서로의 역사상임을 알 수 있다. 따라서 (덧셈이 주어진) $\mathbb{R}$과 (곱셈이 주어진) $\mathbb{R}^+$는 동형이다.

이제부터는 주로 유한 아벨 군을 고려한다. 이 경우 G의 원소의 개수를 $|G|$로 나타내고 $|G|$를 군의 **위수(order)**라고 한다. 예를 들어 $\mathbb{Z}(N)$의 위수는 N이다.

몇 가지를 차례로 언급하고 넘어간다.

- G_1과 G_2가 유한 아벨 군일 때, 이들 군의 **직접곱(direct product)** $G_1 \times G_2$는 원소가 (g_1, g_2) (단, $g_1 \in G_1$이고 $g_2 \in G_2$)인 군이다. 이때 $G_1 \times G_2$에서의 연산은

$$(g_1, g_2) \cdot (g_1', g_2') = (g_1 \cdot g_1', g_2 \cdot g_2')$$

  과 같이 정의된다. G_1과 G_2가 유한 아벨 군이면 자연스럽게 $G_1 \times G_2$도 유한 아벨 군이다. 직접곱의 정의는 곧바로 유한개의 군을 곱한 $G_1 \times G_2 \times \cdots \times G_n$의 경우로도 일반화할 수 있다.
- 유한 아벨 군의 기본 정리에 따르면 유한 아벨 군은 $\mathbb{Z}(N)$ 꼴인 군들의 직접곱과 동형이다. 심화문제 2를 참고하라. 이는 모든 유한 아벨 군 집합이 어떻게 구성되어 있는지 개괄적으로 보여 주는 아주 좋은 결과다. 그러나 이후 내용에서 이 정리를 사용하지는 않으므로 증명은 생략한다.

이제 다음 장에서 디리클레 정리를 증명하는 데 중심 역할을 하는 아벨 군의 예를 간략히 다룬다.

군 $\mathbb{Z}^*(q)$

q를 양의 정수라고 하자. n이 법 q에 대하여 n'과 합동이고 m이 법 q에 대하여 m'과 합동이면 nm이 법 q에 대하여 $n'm'$과 합동이기 때문에 $\mathbb{Z}(q)$에서의 곱셈이 명확히 정의됨을 알 수 있다.

$$nm \equiv 1 \mod q$$

를 만족하는 정수 $m \in \mathbb{Z}(q)$가 존재하면 정수 $n \in \mathbb{Z}(q)$는 **가역원(unit)**이다. $\mathbb{Z}(q)$의 모든 가역원의 집합은 $\mathbb{Z}^*(q)$로 나타낸다. 정의에 의해 분명히 $\mathbb{Z}^*(q)$는 법 q에 대한 **곱셈** 하에서 아벨 군이다. 따라서 덧셈군 $\mathbb{Z}(q)$ 내에는 곱셈군인 집합 $\mathbb{Z}^*(q)$가 있다. 다음 장에서는 q와 서로소인 $\mathbb{Z}(q)$의 원소로서 $\mathbb{Z}^*(q)$를 묘사하는 다른 방법을 다룬다.

예제 4 $\mathbb{Z}(4) = \{0, 1, 2, 3\}$에서의 가역원은 $\mathbb{Z}^*(4) = \{1, 3\}$이다. 이는 홀수인 정수가 $4k+1$ 꼴과 $4k+3$ 꼴인 두 그룹(class)으로 나뉜다는 사실을 반영한다. 실제로 $\mathbb{Z}^*(4)$는 $\mathbb{Z}(2)$와 동형이다. 실제로

$$\begin{array}{ccc} \mathbb{Z}^*(4) & & \mathbb{Z}(2) \\ 1 & \longleftrightarrow & 0 \\ 3 & \longleftrightarrow & 1 \end{array}$$

과 같은 대응관계를 만들 수 있다. 이때 $\mathbb{Z}^*(4)$에서의 곱셈은 $\mathbb{Z}(2)$에서의 덧셈에 대응한다.

예제 5 $\mathbb{Z}(5)$에서의 가역원은 $\mathbb{Z}^*(5) = \{1, 2, 3, 4\}$이다. 또한 $\mathbb{Z}^*(5)$는 대응

$$\begin{array}{ccc} \mathbb{Z}^*(5) & & \mathbb{Z}(4) \\ 1 & \longleftrightarrow & 0 \\ 2 & \longleftrightarrow & 1 \\ 3 & \longleftrightarrow & 3 \\ 4 & \longleftrightarrow & 2 \end{array}$$

를 이용하면 $\mathbb{Z}(4)$와 동형임을 알 수 있다.

예제 6 $\mathbb{Z}(8) = \{0,1,2,3,4,5,6,7\}$에서의 가역원은 $\mathbb{Z}^*(8) = \{1,3,5,7\}$이다. 사실 $\mathbb{Z}^*(8)$은 직접곱 $\mathbb{Z}(2) \times \mathbb{Z}(2)$와 동형이다. 이때, 일대일 대응

$$\begin{array}{ccc} \mathbb{Z}^*(8) & & \mathbb{Z}(2) \times \mathbb{Z}(2) \\ 1 & \longleftrightarrow & (0,0) \\ 3 & \longleftrightarrow & (1,0) \\ 5 & \longleftrightarrow & (0,1) \\ 7 & \longleftrightarrow & (1,1) \end{array}$$

이 두 군 사이의 동형사상이 될 수 있다.

2.2 지표

G를 (곱셈 표기법을 쓰는) 유한 아벨 군이라고 하고 S^1을 복소평면의 단위원이라고 하자. G에서의 **지표(character)**는 모든 $a, b \in G$에 대해 조건

$$e(a \cdot b) = e(a)e(b) \tag{7.2}$$

를 만족하는 복소함수 $e : G \to S^1$이다. 다시 말해 지표는 G에서 원군(circle group)으로의 준동형사상이다. **자명한 지표(trivial character)** 또는 **단위 지표(unit character)**는 모든 $a \in G$에 대해 $e(a) = 1$로 정의된다. 지표는 유한 푸리에 급수를 다룰 때 중요한 역할을 하는데, 주로 곱셈 성질 (7.2)가 원 위에서의 지수함수에 대한 유사한 등식과 법칙

$$e_\ell(k+m) = e_\ell(k)e_\ell(m)$$

을 일반화하기 때문이다. 위 법칙은 $\mathbb{Z}(N)$에 대한 푸리에 이론에서 사용된 지수함수 $e_0, \cdots, e_{N-1}$들이 만족한다. $\mathbb{Z}(N)$에서 $0 \le \ell \le N-1$과 $k \in \mathbb{Z}(N)$에 대해 $e_\ell(k) = \zeta^{\ell k} = e^{2\pi i \ell k/N}$이며, 사실 함수 $e_0, \cdots, e_{N-1}$은 정확히 군 $\mathbb{Z}(N)$에서의 모든 지표다.

G가 유한 아벨 군일 때, G의 모든 지표의 집합을 $\hat{G}$로 나타낸다. 다음으로 이 집합이 아벨 군의 구조를 그대로 가짐을 확인할 것이다.

보조정리 2.1 집합 $\hat{G}$는 모든 $a \in G$에 대해

$$(e_1 \cdot e_2)(a) = e_1(a)e_2(a)$$

와 같이 정의되는 곱셈 아래에서 아벨 군이다.

자명한 지표가 항등원 역할을 한다는 것을 확인하면 보조정리 2.1의 증명은 바로 마무리할 수 있다. $\hat{G}$를 G의 **쌍대군(dual group)**이라고 한다.

앞에서 확인한 일반적인 아벨 군에 대한 지표와 $\mathbb{Z}(N)$에서의 지수함수 사이의 유사성을 고려할 때, 군과 쌍대군의 몇 가지 예를 더 살펴볼 필요가 있다. 이는 지표가 중심 역할을 한다는 증거를 추가로 보여 준다. 이는 연습문제 4, 연습문제 5, 연습문제 6을 참고하라.

예제 1 $G = \mathbb{Z}(N)$일 때, G의 모든 지표는 적당한 $0 \leq \ell \leq N-1$에 대해 $e_\ell(k) = \zeta^{\ell k} = e^{2\pi i \ell k/N}$ 꼴을 취한다. 또한 $e_\ell \mapsto \ell$이 $\widehat{\mathbb{Z}(N)}$에서 $\mathbb{Z}(N)$으로의 동형사상임을 쉽게 확인할 수 있다.

예제 2 원의 쌍대군[1]은 정확히 $\{e_n\}_{n\in\mathbb{Z}}$이다(단, $e_n(x) = e^{2\pi inx}$). 또한 $e_n \mapsto n$은 $\widehat{S^1}$과 정수 $\mathbb{Z}$ 사이의 동형사상이다.

예제 3 $\mathbb{R}$에서의 지표는 $\xi \in \mathbb{R}$에 대해 $e_\xi(x) = e^{2\pi i\xi x}$과 같다. 따라서 $e_\xi \mapsto \xi$는 $\widehat{\mathbb{R}}$에서 $\mathbb{R}$로의 동형사상이다.

예제 4 $\exp : \mathbb{R} \to \mathbb{R}^+$은 동형사상이므로 방금의 예제로부터 $\mathbb{R}^+$에서의 지표는 $\xi \in \mathbb{R}$에 대해

$$e_\xi(x) = x^{2\pi i\xi} = e^{2\pi i\xi \log x}$$

과 같이 주어지며, $\widehat{\mathbb{R}^+}$는 $\mathbb{R}$(또는 $\mathbb{R}^+$)과 동형임을 유도할 수 있다.

다음 보조정리에 따르면 어디에서도 0이 아닌 곱셈함수(multiplicative function)는 지표가 되는데, 나중에 이 결과를 유용하게 쓸 것이다.

1 식 (7.2)에 덧붙이자면, 무한 아벨 군에서 지표를 정의하려면 연속성이 필요하다. G가 원이나 $\mathbb{R}$ 또는 $\mathbb{R}^+$일 때, 일반적으로 **연속**의 의미는 극한을 이용한 개념을 가리킨다.

보조정리 2.2 G를 유한 아벨 군이라고 하고, $e: G \to \mathbb{C} - \{0\}$을 곱셈함수라고 하자. 즉, 모든 $a, b \in G$에 대해 $e(a \cdot b) = e(a)e(b)$이다. 그러면 e는 지표다.

증명

군 G는 유한 군이며 a는 G에 놓인 원소이므로, 모든 $a \in G$에 대하여 $c_1 \le |e(a)| \le c_2$인 양수 c_1, c_2가 존재한다. $|e(b^n)| = |e(b)|^n$이므로 모든 $b \in G$에 대해 $|e(b)| = 1$이다. ◀

다음으로 지표가 군 G에서의 함수로 이루어진 벡터공간 V에 대한 정규직교기저를 형성하는지 확인한다. $G = \mathbb{Z}(N)$라는 특수한 경우에 대해 이 사실이 성립함은 지표 e_0, $\cdots$, e_{N-1}을 명시적으로 표현함으로써 직접 확인했다.

일반적인 군은 직교관계를 정의하는 데에서 시작한다. 그런 다음 군의 위수만큼 많은 지표가 있음을 보임으로써 **충분한** 지표가 있음을 증명한다.

2.3 직교관계

유한 아벨 군 G에서 정의된 복소함수들로 이루어진 벡터공간을 V라고 하자. V의 차원은 G의 위수인 $|G|$이다. V에서의 에르미트 내적을 $f, g \in V$에 대해

$$(f, g) = \frac{1}{|G|} \sum_{a \in G} f(a)\overline{g(a)} \tag{7.3}$$

와 같이 정의한다. 여기서 합은 군의 원소에 대해 취하므로 유한합이다.

정리 2.3 G의 지표는 위에서 정의한 내적에 대해 정규직교집합을 형성한다.

모든 지표에 대해 $|e(a)| = 1$이므로

$$(e, e) = \frac{1}{|G|} \sum_{a \in G} e(a)\overline{e(a)} = \frac{1}{|G|} \sum_{a \in G} |e(a)|^2 = 1$$

이 성립함을 알 수 있다. $e \neq e'$이 모두 지표일 때, $(e, e') = 0$임을 증명해야 한다. 다음 보조정리에서 이 핵심적인 부분을 따로 증명한다.

보조정리 2.4 e가 군 G에 대한 자명하지 않은 지표이면 $\sum_{a \in G} e(a) = 0$이다.

증명

$e(b) \neq 1$이 되도록 $b \in G$를 택한다. 그러면

$$e(b)\sum_{a\in G} e(a) = \sum_{a\in G} e(b)e(a) = \sum_{a\in G} e(ab) = \sum_{a\in G} e(a)$$

가 성립한다. a의 범위가 군 G의 모든 원소이므로 ab의 범위 또한 G의 모든 원소이고, 마지막 등호가 성립한다. 따라서 $\sum_{a\in G} e(a) = 0$이다. ◀

정리 2.3의 증명을 마무리짓는다. e'이 e와 다른 지표라고 가정하자. $e(e')^{-1}$은 자명하지 않은 지표이므로 보조정리 2.4에 의해

$$\sum_{a\in G} e(a)(e'(a))^{-1} = 0$$

이 성립한다. $(e'(a))^{-1} = \overline{e'(a)}$이므로 정리가 증명되었다.

정리 2.3으로부터 서로 다른 지표는 일차독립임을 알 수 있다. V를 $\mathbb{C}$ 위에서의 벡터공간으로 볼 때 차원은 $|G|$이므로 $\hat{G}$의 위수는 유한하며 $|G|$ 이하임을 알 수 있다. 다음 절에서 사실은 $|\hat{G}| = |G|$임을 보일 것이다.

2.4 완전집합으로서의 지표

다음 정리를 통해 지표와 복소지수함수 사이의 유사성을 정립한다.

> **정리 2.5** 유한 아벨 군 G의 지표들은 G에서 정의된 함수들의 벡터공간에 대한 기저를 형성한다.

이 정리를 증명하는 몇 가지 방법이 있다. 하나는 앞에서 언급한 유한 아벨 군의 기본 정리를 이용한다. 유한 아벨 군의 기본 정리에 의하면 모든 유한 아벨 군은 순환군(cyclic group), 즉 $\mathbb{Z}(N)$ 꼴인 군들의 직접곱이다. 순환군의 쌍대군은 자기 자신이므로 이러한 사실을 이용하면 $|\hat{G}| = |G|$임을 알 수 있고, 따라서 지표는 G에서 정의된 함수들의 벡터공간에 대한 기저를 형성한다(심화문제 3 참고).

여기서는 이를 사용하지 않고 정리를 직접 증명한다.

V는 내적이 $(\cdot,\cdot)$인 d차원 벡터공간이라고 가정하자. 일차변환 $T : V \to V$가 내적을 보존하면, 즉 모든 $v, w \in V$에 대해 $(Tv, Tw) = (v, w)$이면 이를 **유니타리(unitary)**라고 한다. 선형대수학의 스펙트럼 정리에 따르면 모든 유니타리 변환은 대각화 가능하다. 다시 말해 $T(v_i) = \lambda_i v_i$를 만족하는 V의 기저 $\{v_1, \cdots, v_d\}$ (고유벡터)가 존재한다. 여기서 $\lambda_i \in \mathbb{C}$는 v_i에 대응하는 고윳값이다.

다음과 같은 스펙트럼 정리의 확장된 형태를 이용하여 정리 2.5를 증명한다.

보조정리 2.6 $\{T_1, \cdots, T_k\}$는 유한차원 내적공간 V에서 교환법칙이 성립하는 유니타리 변환 집합이라고 가정하자. 다시 말해 모든 i, j에 대해

$$T_iT_j = T_jT_i$$

가 성립한다. 그러면 T_1, $\cdots$, T_k는 동시 대각화 가능하다. 즉, 모든 T_i $(i = 1, \cdots, k)$에 대해 고유벡터가 되는 벡터들로 이루어진 V의 기저가 존재한다.

증명

k에 대해 귀납법을 쓴다. $k = 1$이면 단순히 스펙트럼 정리다. $k - 1$개의 교환법칙이 성립하는 유니타리 변환 집합에 대해 보조정리가 참이라고 가정하자. T_k에 대해 스펙트럼 정리를 적용하면 V는

$$V = V_{\lambda_1} \oplus \cdots \oplus V_{\lambda_s}$$

와 같이 V의 고유공간의 직접합[2]이다. 여기서 V_{λ_i}는 고윳값이 λ_i인 모든 고유벡터로 이루어진 부분공간이다. 이제 각각의 $T_1, \cdots, T_{k-1}$는 각 고유공간 V_{λ_i}를 자기자신으로 옮긴다는 것을 보인다. 실제로 $v \in V_{\lambda_i}$이고 $1 \leq j \leq k - 1$이면

$$T_kT_j(v) = T_jT_k(v) = T_j(\lambda_i v) = \lambda_i T_j(v)$$

가 성립한다. 따라서 $T_j(v) \in V_{\lambda_i}$이고 주장을 증명했다.

T_1, $\cdots$, T_{k-1}을 V_{λ_i}로 제한한 것들은 교환법칙이 성립하는 유니타리 일차변환 집합이므로, 귀납법 가정에 의해 T_1, $\cdots$, T_{k-1}은 각각의 부분공간 V_{λ_i}에서 동시 대각화 가능하다. 이 대각화로부터 V_{λ_i}마다 원하는 기저를 얻으며, 따라서 V에 대해서도 얻는다. ◀

이제 정리 2.5를 증명할 수 있다. G에서 정의된 복소함수들의 벡터공간 V는 차원이 $|G|$였음을 기억하자. 각각의 $a \in G$마다 일차변환 $T_a : V \to V$를 다음과 같이 정의하는데, 각 $x \in G$에 대해

$$(T_a f)(x) = f(a \cdot x)$$

2 (옮긴이) 관여하는 공간이 유한개일 때는 직접곱과 같은 개념이라고 보아도 무방하다.

와 같이 정의한다. G는 아벨 군이므로 모든 $a, b \in G$에 대해 $T_a T_b = T_b T_a$ 임은 분명하다. 또한 T_a 는 V에서 정의된 에르미트 내적 (7.3)에 대해 유니타리임을 쉽게 확인할 수 있다. 보조정리 2.6에 따르면 집합 $\{T_a\}_{a\in G}$는 동시 대각화 가능하다. 이는 각각의 $v_b(x)$가 모든 a에 대해 T_a의 고유함수가 되도록 하는 V에 대한 기저 $\{v_b(x)\}_{b\in G}$가 존재함을 의미한다. v를 이러한 기저의 원소 중 하나라고 하고 1을 G의 항등원이라고 하자. $v(1) \neq 0$이어야 하는데, 만약 그렇지 않다면

$$v(a) = v(a \cdot 1) = (T_a v)(1) = \lambda_a v(1) = 0$$

이 성립한다. 여기서 λ_a는 T_a에 대한 v의 고윳값이다. 따라서 $v = 0$이 되고, 이는 모순이다. 이제 함수 $w(x) = \lambda_x = \dfrac{v(x)}{v(1)}$가 G의 지표임을 보인다. 위와 같이 논증하여 모든 x에 대해 $w(x) \neq 0$ 이며

$$w(a \cdot b) = \frac{v(a \cdot b)}{v(1)} = \frac{\lambda_a v(b)}{v(1)} = \lambda_a \lambda_b \frac{v(1)}{v(1)} = \lambda_a \lambda_b = w(a)w(b)$$

가 성립함을 알 수 있다. 이제 보조정리 2.2를 적용하면 증명이 끝난다.

2.5 푸리에 역변환 공식과 프란셰렐 공식

이제 유한 아벨 군 G에서의 함수의 푸리에 전개를 다루기 위해 앞의 여러 절에서 얻은 결과를 종합한다. G에서의 함수 f와 G의 지표 e가 주어질 때, e에 대한 f이 **푸리에 계수**를

$$\hat{f}(e) = (f, e) = \frac{1}{|G|} \sum_{a\in G} f(a)\overline{e(a)}$$

와 같이 정의한다. 또한 f의 **푸리에 급수**를

$$f \sim \sum_{e\in\hat{G}} \hat{f}(e)e$$

와 같이 정의한다. 지표는 기저를 형성하므로 적당한 각각의 상수 c_e에 대해 $f = \sum_{e\in\hat{G}} c_e e$가 성립함을 알고 있다. 지표가 만족하는 직교관계에 의해 $(f, e) = c_e$를 얻고, 따라서 f는 실제로 f의 푸리에 급수와 같다. 즉,

$$f = \sum_{e\in\hat{G}} \hat{f}(e)e$$

가 성립한다. 이 결과를 다음 정리에 요약한다.

정리 2.7 G를 유한 아벨 군이라고 하자. G의 지표는 내적

$$(f,g)=\frac{1}{|G|}\sum_{a\in G}f(a)\overline{g(a)}$$

가 갖추어진 G에서의 함수의 벡터공간 V에 대한 정규직교기저를 이룬다. 특히, G에서의 모든 함수 f는 자기자신의 푸리에 급수

$$f=\sum_{e\in\hat{G}}\hat{f}(e)e$$

와 같다.

마지막으로 유한 아벨 군에 대한 파세발–프란셰렐 공식을 얻는다.

정리 2.8 f가 G에서의 함수이면 $\|f\|^2=\sum_{e\in\hat{G}}|\hat{f}(e)|^2$이다.

증명

G의 지표는 벡터공간 V에 대한 정규직교기저를 형성하고, $(f,e)=\hat{f}(e)$이므로

$$\|f\|^2=(f,f)=\sum_{e\in\hat{G}}(f,e)\overline{\hat{f}(e)}=\sum_{e\in\hat{G}}|\hat{f}(e)|^2$$

이 성립한다. ◀

정리 2.8과 정리 1.2가 확연히 달라보이는 이유는 사용한 푸리에 계수를 다르게 정규화했기 때문이다.

연습문제

1. f를 원 위의 함수라고 하자. 각각의 $N\geq 1$마다 f의 이산 푸리에 계수를 $n\in\mathbb{Z}$에 대해

$$a_N(n)=\frac{1}{N}\sum_{k=1}^{N}f(e^{2\pi ik/N})e^{-2\pi ikn/N}$$

과 같이 정의한다. 또한 통상적인 f의 푸리에 계수를

$$a(n) = \int_0^1 f(e^{2\pi ix})e^{-2\pi inx}\,dx$$

와 같이 나타낸다. 다음 물음에 답하라.

(a) $a_N(n) = a_N(n+N)$ 임을 보여라.

(b) f가 연속함수이면 $N \to \infty$ 일 때 $a_N(n) \to a(n)$ 임을 증명하라.

2. f가 원 위의 C^1 함수일 때, $0 < |n| \le \frac{N}{2}$ 이면 $|a_N(n)| \le \frac{c}{|n|}$ 임을 증명하라.

힌트 $a_N(n)[1-e^{2\pi i\ell n/N}] = \frac{1}{N}\sum_{k=1}^{N}[f(e^{2\pi ik/N}) - f(e^{2\pi i(k+\ell)/N})]e^{-2\pi ikn/N}$ 이라 쓰고 $\frac{\ell n}{N}$ 이 거의 $\frac{1}{2}$ 이 되도록 ℓ을 택한다.

3. 연습문제 2와 유사한 방법으로 f가 원 위의 C^2 함수이면 $0 < |n| \le \frac{N}{2}$ 일 때

$$|a_N(n)| \le \frac{c}{|n|^2}$$

가 성립함을 보여라.

힌트 대칭차 $f(e^{2\pi i(k+\ell)/N}) + f(e^{2\pi i(k-\ell)/N}) - 2f(e^{2\pi ik/N})$ 을 이용한다.

그 결과로, 푸리에 역변환 공식의 유한 버전으로부터 $f \in C^2$ 에 대한 역변환 공식

$$f(e^{2\pi ix}) = \sum_{n=-\infty}^{\infty} a(n)e^{2\pi inx}$$

을 증명하라.

힌트 N 이 홀수라고 하면 역변환 공식을 $f(e^{2\pi ik/N}) = \sum_{|n|<N/2} a_N(n)e^{2\pi ikn/N}$ 과 같이 쓴다.

4. e를 법 N 에 대한 정수의 덧셈군인 $G = \mathbb{Z}(N)$ 에서의 지표라고 하자. 모든 $k \in \mathbb{Z}(N)$ 에 대해

$$e(k) = e_\ell(k) = e^{2\pi i\ell k/N}$$

을 만족하는 유일한 $0 \le \ell \le N-1$ 이 존재함을 보여라. 역으로, 이러한 꼴의 함수는 모두 $\mathbb{Z}(N)$ 에서의 지표다. 이로부터 $e_\ell \mapsto \ell$ 은 $\hat{G}$ 에서 G 로의 동형사상을 정의함을 도출하라.

힌트 $e(1)$ 이 1의 N 제곱근임을 보여라.

5. S^1 에서의 모든 지표는 $n \in \mathbb{Z}$에 대해

$$e_n(x) = e^{2\pi inx}$$

과 같이 주어짐을 보여라. 또한 $e_n \mapsto n$은 $\widehat{S^1}$ 에서 $\mathbb{Z}$로의 동형사상을 정의함을 확인하라.

힌트 F가 연속함수이고 $F(x+y) = F(x)F(y)$ 이면 F는 미분가능하다. 이를 확인하기 위해 $F(0) \neq 0$ 이면 적절한 δ에 대해 $c = \int_0^\delta F(y)dy \neq 0$ 이며 $cF(x) = \int_x^{\delta+x} F(y)dy$ 임에 주목한다. 이를 미분하여 적당한 A에 대해 $F(x) = e^{Ax}$ 임을 보여라.

6. $\mathbb{R}$ 에서의 모든 지표는 $\xi \in \mathbb{R}$에 대해

$$e_\xi(x) = e^{2\pi i\xi x}$$

과 같은 꼴임을 증명하라. 또한 $e_\xi \mapsto \xi$는 $\widehat{\mathbb{R}}$ 에서 $\mathbb{R}$로의 동형사상을 정의함을 증명하라. 연습문제 5의 증명이 이 문제에도 적용된다.

7. $\zeta = e^{2\pi i/N}$ 이라고 하자. $N \times N$ 행렬 $M = (a_{jk})_{1 \leq j,k \leq N}$를 $a_{jk} = N^{-1/2}\zeta^{jk}$ 으로 정의한다.

(a) M이 유니타리임을 보여라.

(b) $\mathbb{Z}(N)$ 에서의 푸리에 급수 관점에서 항등식 $(Mu, Mv) = (u, v)$와 $M^* = M^{-1}$이 어떤 의미인지 해석하라.

8. $P(x) = \sum_{n=1}^{N} a_n e^{2\pi inx}$ 이라고 가정하자. 다음 물음에 답하라.

(a) 원과 $\mathbb{Z}(N)$에 대한 파세발 항등식을 이용하여

$$\int_0^1 |P(x)|^2\, dx = \frac{1}{N}\sum_{j=1}^{N} |P(j/N)|^2$$

이 성립함을 보여라.

(b) 점화식

$$P(x) = \sum_{j=1}^{N} P(j/N)K(x - (j/N))$$

를 증명하라. 여기서 K는

$$K(x) = \frac{e^{2\pi ix}}{N}\frac{1 - e^{2\pi iNx}}{1 - e^{2\pi ix}} = \frac{1}{N}(e^{2\pi ix} + e^{2\pi i2x} + \cdots + e^{2\pi iNx})$$

과 같다.

P는 $1 \leq j \leq N$에 대해 함숫값 $P(j/N)$에 의해 완전히 결정됨을 확인하라. 또한 $K(0) = 1$이며 j가 법 N에 대하여 0과 합동이 아니면 $K(j/N) = 0$이다.

9. 본문에 주어진 논증을 변형하여 다음을 증명하라.

(a) $N = 3^n$일 때 $\mathbb{Z}(N)$에서의 함수의 푸리에 계수는 $6N \log_3 N$번 이내의 연산으로 계산할 수 있음을 보여라.

(b) (a)를 α가 1보다 큰 정수일 때 $N = \alpha^n$에 대해 일반화하라.

10. G 전체를 생성하는 $g \in G$가 존재할 때, 다시 말해 모든 G의 원소는 적당한 $n \in \mathbb{Z}$에 대해 g^n과 같이 쓸 수 있을 때, 군 G는 **순환군(cyclic group)**이라고 한다. 유한 아벨 군이 순환군일 필요충분조건은 적당한 N에 대해 $\mathbb{Z}(N)$과 동형인 것임을 증명하라.

11. 각 군 $\mathbb{Z}^*(3)$, $\mathbb{Z}^*(4)$, $\mathbb{Z}^*(5)$, $\mathbb{Z}^*(6)$, $\mathbb{Z}^*(8)$, $\mathbb{Z}^*(9)$에 대해 안에 들어 있는 원소끼리 곱한 결과를 표로 작성하라. 이들 군 중에서 어느 군이 순환군인가?

12. G는 유한 아벨 군이며 $e : G \to \mathbb{C}$는 모든 $x, y \in G$에 대해 $e(x \cdot y) = e(x)e(y)$를 만족하는 함수라고 가정하자. e는 항등적으로 0이거나 e는 절대 0이 되지 않음을 증명하라. e가 절대 0이 되지 않을 때, 모든 x에 대해 $e(x) = e^{2\pi i r}$임을 보여라. 여기서 $r \in \mathbb{Q}$는 $r = \frac{p}{q}$ 꼴이며, 이때 $q = |G|$이다.

13. 통상적인 푸리에 급수와 유사하게 유한 푸리에 전개를 합성곱을 이용하여 다음과 같이 해석할 수 있다. G는 유한 아벨 군이며, 1_G는 G의 항등원이고 V는 G에서의 복소함수들의 벡터공간이라고 가정하자.

(a) V의 두 함수 f와 g의 합성곱은 각 $a \in G$에 대해

$$(f * g)(a) = \frac{1}{|G|} \sum_{b \in G} f(b) g(a \cdot b^{-1})$$

와 같이 정의된다. 모든 $e \in \hat{G}$에 대해 $\widehat{(f * g)}(e) = \hat{f}(e)\hat{g}(e)$임을 보여라.

(b) 정리 2.5를 이용하여 e가 G에서의 지표일 때, $c \in G$이고 $c \neq 1_G$이면

$$\sum_{e \in \hat{G}} e(c) = 0$$

이 성립함을 보여라.

(c) (b)에 따른 결과로 함수 $f \in V$의 푸리에 급수 $Sf(a) = \sum_{e \in \hat{G}} \hat{f}(e)e(a)$는

$$Sf = f * D$$

와 같은 꼴을 취함을 보여라. 여기서 D는

$$D(c) = \sum_{e \in \hat{G}} e(c) = \begin{cases} |G| & (c = 1_G) \\ 0 & (c \neq 1_G) \end{cases} \tag{7.4}$$

과 같이 정의된다. $f * D = f$이므로 $Sf = f$라는 사실을 다시 확인한다. 대략적으로 말해서 D는 **디랙 델타함수**(Dirac delta function)에 대응한다. 이 함수는 단위질량

$$\frac{1}{|G|} \sum_{c \in G} D(c) = 1$$

을 가지고, 식 (7.4)에 의하면 이 질량은 G의 항등원에 집중된다. 따라서 D를 좋은 핵의 **극한**이라고 해석할 수도 있다(2장 4절 참고).

비고 함수 D는 다음 장에서 $\delta_1(n)$으로 재등장한다.

심화문제

1. n과 m이 서로소인 두 양의 정수일 때

$$\mathbb{Z}(nm) \approx \mathbb{Z}(n) \times \mathbb{Z}(m)$$

을 증명하라.

힌트 $k \mapsto (k \mod n, k \mod m)$로 주어지는 사상 $\mathbb{Z}(nm) \to \mathbb{Z}(n) \times \mathbb{Z}(m)$을 생각하자. 또한 $xn + ym = 1$인 정수 x와 y가 존재한다는 사실을 이용한다.

***2.** 모든 유한 아벨 군 G는 순환군들의 직접곱과 동형이다. 이 정리를 다음과 같이 두 가지 방식으로 더 정확하게 공식화할 수 있다.

(i) G의 위수를 소인수분해 했을 때 등장하는 서로 다른 소수를 $p_1, \cdots, p_s$라고 하면

$$G \approx G(p_1) \times \cdots \times G(p_s)$$

가 성립한다. 여기서 각 $G(p)$는 $G(p) = \mathbb{Z}(p^{r_1}) \times \cdots \times \mathbb{Z}(p^{r_\ell})$ 꼴이다. 단, $0 \le r_1 \le \cdots \le r_\ell$이며 이는 물론 p에 따라 달라진다. 이러한 분해는 유일하다.

(ii) 다음을 만족하는 유일한 정수 $d_1, \cdots, d_k$가 존재한다.

$$d_1|d_2,\ d_2|d_3,\ \cdots,\ d_{k-1}|d_k, \qquad G \approx \mathbb{Z}(d_1) \times \cdots \times \mathbb{Z}(d_k)$$

(i)에서 (ii)를 유도하라.

3. 유한 아벨 군 G의 서로 다른 지표들을 모두 모은 것을 $\hat{G}$라 하자. 다음 물음에 답하라.

(a) $G = \mathbb{Z}(N)$이면 $\hat{G}$는 G와 동형임을 관찰하라.

(b) $\widehat{G_1 \times G_2} = \hat{G}_1 \times \hat{G}_2$임을 증명하라.

(c) 심화문제 2를 이용하여 G가 유한 아벨 군이면 $\hat{G}$는 G와 동형임을 증명하라.

***4.** p가 소수이면 군 $\mathbb{Z}^*(p)$는 순환군이며 $\mathbb{Z}^*(p) \approx \mathbb{Z}(p-1)$임을 보여라.

8

디리클레 정리
Dirichlet's Theorem

구스타프 르죈 디리클레(Gustav Lejeune Dirichlet)는 독일의 수학자로 1805년 뒤렌(Düren)에서 태어나 1859년 괴팅겐(Göttingen)에서 사망했다. 디리클레의 주된 관심사는 정수론이었다. 디리클레는 매우 사교적인 성격으로 파리에서 연구하는 동안 푸리에를 비롯해 마음이 맞는 수학자들과 친분을 쌓고 해석학을 배웠다. 그리하여 디리클레는 푸리에 해석학을 해석적 정수론에 적용하는 토대를 마련할 수 있었다.

S. **보크너**(*S. Bochner*), 1966

이제 등차수열에 포함된 소수(prime number)에 관련한 디리클레 정리를 증명한다. 디리클레 정리는 이산 푸리에 급수를 응용하여 얻는 놀라운 결과 중 하나로, 이 정리에 따르면 q와 ℓ이 서로소인 양의 정수일 때, 등차수열

$$\ell,\ \ \ell+q,\ \ \ell+2q,\ \ \ell+3q,\ \ \ \cdots,\ \ \ell+kq,\ \ \cdots$$

는 무한히 많은 소수를 포함한다. 이와 같이 새로운 주제를 다룸으로써 푸리에 해석학의 아이디어가 겉으로는 그렇게 보이지 않아도 다양한 영역에 광범위하게 적용 가능함을 알 수 있다. 디리클레 정리를 증명하는 과정에서 유한 아벨 군 $\mathbb{Z}^*(q)$의 푸리에 급수 이론이 핵심 역할을 한다.

1 기초 정수론

먼저 필요한 배경 지식을 소개한다. 특히 소수와 관련된 성질을 비롯하여 정수의 나눗셈에 대한 기초 개념을 다룰 것이다. 여기서 기본적으로 짚고 넘어갈 사실이 있다. 모든 정수는 본질적으로 유일한 소인수분해를 가진다는 것이며 이를 산술의 기본 정리라고 한다.

1.1 산술의 기본 정리

다음 정리는 나눗셈의 세로셈법을 수학적으로 기술한다.

정리 1.1 유클리드 알고리즘(유클리드 호제법, Euclid's algorithm)

임의의 정수 a와 b (단, $b>0$)에 대해 $0\le r<b$이며

$$a = qb + r$$

을 만족하는 정수 q와 r이 유일하게 존재한다.

여기서 q는 a를 b로 나눈 몫이고, r은 그 나머지로 b보다 작다.

증명

먼저 q와 r의 존재성을 증명한다. 모든 $a-qb$ (단, $q \in \mathbb{Z}$) 꼴인 음이 아닌 정수 집합을 S로 나타내자. 이 집합은 공집합이 아니며, $b \neq 0$이므로 S는 임의의 큰 양의 정수를 포함한다. r을 S의 가장 작은 원소라고 하여 어떤 정수 q에 대해

$$r = a - qb$$

가 성립한다고 하자. 정의에 의해 $0 \leq r$이며, 우리는 $r < b$임을 보일 것이다. 만약 그렇지 않다면 $0 \leq s < r$에 대해 $r = b + s$와 같이 쓸 수 있으므로 $b + s = a - qb$이다. 이는

$$s = a - (q+1)b$$

를 의미한다. 따라서 $s \in S$이면서 $s < r$인데, 이는 r이 최소인 원소라는 가정에 모순이다. 이로써 $r < b$이고, q와 r은 정리의 조건을 만족한다.

유일성을 증명하기 위해 $0 \leq r_1 < b$인 $a = q_1 b + r_1$도 존재한다고 가정하자. 여기서 $a = qb + r$를 빼면

$$(q - q_1)b = r_1 - r$$

을 알 수 있다. 좌변의 절댓값은 0이거나 b 이상인 반면에, 우변의 절댓값은 b보다 작다. 이제 양변은 0이어야 하며, $q = q_1$과 $r = r_1$을 얻는다. ◀

$ac = b$를 만족하는 정수 c가 존재할 때 정수 a는 b를 **나눈다(divide)**고 한다. 이때 $a|b$와 같이 쓰며 a는 b의 **약수(divisor)**라고 한다. 특히 1은 모든 정수를 나누며, 모든 a에 대해 $a|a$이다. **소수(prime number)**는 1과 자기 자신 이외의 양의 약수가 없는 1보다 큰 자연수다. 이 절의 주요 정리에 의하면 모든 양의 정수는 유일한 소인수분해를 가진다.

두 양의 정수 a와 b의 **최대공약수(greatest common divisor)**는 a와 b를 모두 나누는 최대 정수다. 보통 최대공약수는 $\gcd(a, b)$로 나타낸다. 두 양의 정수의 최대공약수가 1이면 두 수를 **서로소(relatively prime)**라고 한다. 다시 말해 1이 a와 b의 유일한 공약수다.

정리 1.2 $\gcd(a, b) = d$일 때,

$$ax + by = d$$

를 만족하는 정수 x와 y가 존재한다.

증명

모든 $ax + by$ (단, $x, y \in \mathbb{Z}$) 꼴인 양의 정수 집합 S를 생각하자. 그리고 s를 S의 가장 작은 원소라고 하자. $s = d$임을 보일 것이다. 정의에 따라

$$ax + by = s$$

를 만족하는 정수 x와 y가 존재한다. a와 b의 모든 공약수는 당연히 s를 나누므로 $d \leq s$여야 한다. $s|a$와 $s|b$를 보일 수 있다면 증명이 완성될 것이다. 유클리드 알고리즘에 따르면 $0 \leq r < s$에 대해 $a = qs + r$이라고 쓸 수 있다. 위 식에 q를 곱하면 $qax + qby = qs$이므로

$$qax + qby = a - r$$

이 성립한다. 따라서 $r = a(1 - qx) + b(-qy)$이다. s는 S의 원소 중 가장 작고 $0 \leq r < s$이므로 $r = 0$임을 알 수 있고, s는 a를 나눈다. 비슷한 방식으로 s가 b를 나눔을 보일 수 있다. 바라던 대로 $s = d$임을 보였다. ◀

정리 1.2에서 얻을 수 있는 세 가지 따름정리를 소개한다.

따름정리 1.3 두 양의 정수 a와 b가 서로소이기 위한 필요충분조건은 $ax + by = 1$인 정수 x와 y가 존재하는 것이다.

증명

a와 b가 서로소라면 정리 1.2에 의해 $ax+by = 1$인 두 정수 x와 y가 존재한다. 역으로, $ax+by = 1$이고 d가 a와 b의 공약수라면 d는 1을 나눈다. 따라서 $d = 1$이다. ◀

따름정리 1.4 a와 c가 서로소이고 c가 ab를 나누면 c는 b를 나눈다. 특히, p가 소수이고 a를 나누지 않으며 p가 ab를 나누면 p는 b를 나눈다.

증명

$1 = ax + cy$라고 쓸 수 있으므로 양변에 b를 곱하면 $b = abx + cby$이다. 따라서 $c|b$이다. ◀

따름정리 1.5 p가 소수이고 p가 $a_1 \cdots a_r$을 나누면 어떤 i에 대해 p는 a_i를 나눈다.

증명

따름정리 1.4에 따르면 p가 a_1을 나누지 않으면 p는 $a_2 \cdots a_r$을 나누고, 결국 어떤 i에 대해서는 $p|a_i$이어야 한다. ◀

이제 이번 절에서 가장 중요한 결과를 증명할 수 있다.

정리 1.6 1보다 큰 모든 양의 정수는 소인수분해가 유일하다.

증명

먼저 이러한 소인수분해가 가능함을 보인다. 소인수분해되지 않는 1보다 큰 양의 정수 집합 S가 공집합임을 증명함으로써 이를 보이자. 귀류법을 이용하기 위해 $S \neq \varnothing$이라고 가정한다. S의 가장 작은 원소를 n이라고 하자. n은 소수일 수 없으므로 $ab = n$인 정수 $a > 1$과 $b > 1$이 존재한다. 하지만 이 경우 $a < n$이고 $b < n$이므로 $a \notin S$인데다가 $b \notin S$이기도 하다. a와 b는 소인수분해되므로 두 수의 곱인 n도 마찬가지다. 이는 $n \notin S$임을 의미한다. 바라던 대로 S는 공집합이다.

이제 소인수분해의 유일성을 보인다. n이

$$\begin{aligned} n &= p_1 p_2 \cdots p_r \\ &= q_1 q_2 \cdots q_s \end{aligned}$$

와 같이 두 가지로 소인수분해된다고 가정하자. p_1은 $q_1 q_2 \cdots q_s$를 나누고, 따름정리 1.5를 적용하여 어떤 i에 대해 $p_1|q_i$임을 알 수 있다. q_i는 소수이므로 $p_1 = q_i$여야 한다. 이 논증을 계속해나가면 인수의 순서를 무시할 때 n의 두 소인수분해는 같음을 알 수 있다. ◀

잠시 주제를 전환하여 7장에 등장한 군 $\mathbb{Z}^*(q)$의 다른 정의를 소개한다. 앞서 정의한 바에 따르면 $\mathbb{Z}^*(q)$는 $\mathbb{Z}(q)$에서의 가역원으로 이루어진 곱셈군이다. 여기서 $\mathbb{Z}(q)$의 가역원은

$$nm \equiv 1 \mod q \tag{8.1}$$

를 만족하는 정수 m이 존재하는 $n \in \mathbb{Z}(q)$를 뜻한다. 같은 의미로 $\mathbb{Z}^*(q)$는 q와 서로소인 $\mathbb{Z}(q)$의

모든 정수로 이루어진 곱셈군이다. 실제로 식 (8.1)을 만족하면 자동적으로 n과 q는 서로소다. 역으로 n과 q가 서로소라고 가정하자. 그러면 따름정리 1.3에서 $a = n$과 $b = q$라고 두면

$$nx + qy = 1$$

이 성립함을 알 수 있다. 따라서 $nx \equiv 1 \mod q$이고, $m = x$로 두어 두 정의가 동치임을 알 수 있다.

1.2 소수의 무한성

소수 연구는 항상 산술에서 핵심 주제였다. 소수의 근본적인 문제 중에서는 소수가 무한히 많은지에 대한 여부를 결정하는 문제가 가장 먼저 등장했다. 『유클리드의 원론(Euclid's Elements)』에서는 이 문제를 간단하면서도 매우 명료하게 해결했다.

정리 1.7 소수는 무한히 많다.

증명

소수가 무한히 존재하지 않는다고 가정하고, 소수 전체 집합을 $p_1, \cdots, p_n$으로 나타내자. N을

$$N = p_1 p_2 \cdots p_n + 1$$

과 같이 정의한다. N은 모든 p_i보다 큰 수이므로 정수 N은 소수일 수 없다. 따라서 N은 앞서 나열한 소수들 중 하나로 나눌 수 있다. 그러나 이 또한 모순인데, 각각의 소수는 $p_1 \cdots p_n$을 나누지만 어느 소수도 1을 나누지는 않기 때문이다. 귀류법에 의해 증명을 마친다. ◀

유클리드의 논증을 변형하면 실제로 소수의 무한성에 대해 더 상세한 결과를 추론할 수 있다. 이를 확인하기 위해 다음 문제를 생각하자. (2를 제외한) 소수는 $4k + 1$ 꼴인지 또는 $4k + 3$ 꼴인지에 따라 두 집합으로 나눌 수 있으며, 정리 1.7에 따르면 이들 중 적어도 하나는 무한집합이어야 한다. 자연스럽게 두 집합이 모두 무한집합인지, 만약 그렇지 않다면 어느 쪽이 무한집합인지 질문을 던지게 된다. $4k + 3$ 꼴인 소수에 대해 유클리드의 증명과 유사한 방식을 이용하면 무한히 많이 존재한다는 사실을 증명할 수 있지만 약간의 차이가 있다. 만약 $4k + 3$ 꼴인 소수가 유한하다면 그러한 소수를 3을 제외하고 오름차순으로

$$p_1 = 7,\ p_2 = 11,\ \cdots,\ p_n$$

과 같이 나열한다. 그리고 N을

$$N = 4p_1p_2\cdots p_n + 3$$

과 같이 정의하자. N은 명백히 $4k+3$ 꼴이며 $N > p_n$이므로 소수는 아니다. $4m+1$ 꼴인 두 수의 곱은 다시 $4m+1$ 꼴이므로 N의 소인수 중 하나는(p라고 하자) $4k+3$ 꼴이어야 한다. 3은 N의 정의에서 $4p_1p_2\cdots p_n$을 나누지 않으므로 $p \neq 3$이어야 한다. 또한 p는 $4k+3$ 꼴인 다른 소수 중 어느 것도 될 수 없다. 즉, $p \neq p_i$ (단, $i = 1, \cdots, n$)인데 왜냐하면 p는 $p_1\cdots p_n$을 나누지만 3을 나누지 않기 때문이다. 이로써 $4k+3$ 꼴인 소수가 무한하다는 증명이 마무리된다.

이제 $4k+1$ 꼴인 소수가 무한히 많은지 결정하는 일이 남았다. $4m+3$ 꼴인 두 수를 곱해도 결코 $4m+3$ 꼴이 아니기 때문에 위의 논증을 조금 바꾸기만 해서는 증명할 수 없다. 이와 관련하여 르장드르(Legendre)가 더 일반적으로 기술한 내용이 있다. 르장드르는 이차 상호법칙(law of quadratic reciprocity)을 증명하기 위해 다음 명제가 성립한다고 주장했다.

q와 ℓ이 서로소일 때, 수열

$$\ell + kq \quad (k \in \mathbb{Z})$$

는 무한히 많은 소수를 포함한다. (따라서 적어도 하나의 소수를 포함한다!)

물론 q와 ℓ이 서로소라는 것은 필요조건인데, 그렇지 않다면 $\ell + kq$는 절대 소수가 아니기 때문이다. 다시 말해 이 가설에 의하면 소수가 적어도 한 번 등장하는 임의의 등차수열은 필연적으로 무한히 많은 소수를 포함한다.

르장드르의 주장은 디리클레가 증명하였다. 디리클레는 이를 증명하는 과정에서 오일러 곱 공식을 비롯해 소수에 대한 오일러의 해석적 접근법을 핵심적으로 사용하였다. 이를 이용하면 정리 1.7보다 한 발 더 나아간 결과를 얻을 수 있다. 이렇게 오일러의 통찰 덕분에 인해 소수 이론과 해석학 사이에 깊은 연관성을 이끌어낼 수 있었다.

제타함수와 오일러 곱

우선 무한곱을 빠르게 복습하고 넘어간다. $\{A_n\}_{n=1}^{\infty}$을 실수열이라고 하자.

$$\prod_{n=1}^{\infty} A_n = \lim_{N\to\infty} \prod_{n=1}^{N} A_n$$

에서 우변의 극한이 존재하면 이를 좌변과 같이 정의하고, 이 경우 곱이 수렴한다고 한다.

이 곱을 다룰 때는 로그를 취하여 곱을 합으로 바꿈으로써 자연스럽게 접근할 수 있다. 다음 보조정리에는 양의 실수에 대해 정의된 함수 $\log x$에 대한 필요한 성질을 모아두었다.

보조정리 1.8 지수함수와 로그함수는 다음 성질을 만족한다.

(1) $e^{\log x} = x$

(2) $\log(1+x) = x + E(x)$ (단, $|x| < 1/2$이면 $|E(x)| \le x^2$)

(3) $\log(1+x) = y$이고 $|x| < \dfrac{1}{2}$이면 $|y| \le 2|x|$이다.

O 표기법에서 성질 (2)는 $\log(1+x) = x + O(x^2)$과 같다.

증명

(1) 자명하게 성립한다.

(2) 이를 증명하기 위해 $|x| < 1$일 때 $\log(1+x)$의 멱급수 전개를 이용한다. 즉,

$$\log(1+x) = \sum_{n=1}^{\infty} \frac{(-1)^{n+1}}{n} x^n \tag{8.2}$$

을 이용하면

$$E(x) = \log(1+x) - x = -\frac{x^2}{2} + \frac{x^3}{3} - \frac{x^4}{4} + \cdots$$

을 얻는다. 또한 삼각부등식에 의해

$$|E(x)| \le \frac{x^2}{2}(1 + |x| + |x|^2 + \cdots)$$

이 성립한다. 따라서 $|x| \le \dfrac{1}{2}$일 때, 우변의 등비급수를 계산하여

$$\begin{aligned}|E(x)| &\le \frac{x^2}{2}\left(1 + \frac{1}{2} + \frac{1}{2^2} + \cdots\right)\\ &\le \frac{x^2}{2}\left(\frac{1}{1-1/2}\right) \le x^2\end{aligned}$$

이 성립함을 알 수 있다.

(3) $x \ne 0$이고 $|x| \le \dfrac{1}{2}$이면

$$\begin{aligned}\left|\frac{\log(1+x)}{x}\right| &\le 1 + \left|\frac{E(x)}{x}\right|\\ &\le 1 + |x| \le 2\end{aligned}$$

가 성립한다. 그리고 $x = 0$이면 (3)은 자명하게 참이다. ◀

이제 실수의 무한곱에 대한 주요 결과를 증명할 수 있다.

명제 1.9 $\sum |a_n|$이 수렴할 때 다음이 성립한다.

- $A_n = 1 + a_n$에 대해 무한곱 $\prod_n A_n$은 수렴한다.
- 이 무한곱이 0이 되기 위한 필요충분조건은 인수 A_n 중 하나가 0이 되는 것이다.
- 모든 n에 대해 $a_n \neq 1$이면 $\prod_n 1/(1-a_n)$은 수렴한다.

증명

$\sum |a_n|$이 수렴한다면 n이 충분히 클 때 $|a_n| < \frac{1}{2}$이어야 한다. 필요한 경우 유한히 많은 항을 무시하여 이 부등식이 모든 n에 대해 성립한다고 가정할 수 있다. 그러면 부분곱을

$$\prod_{n=1}^{N} A_n = \prod_{n=1}^{N} e^{\log(1+a_n)} = e^{B_N}$$

과 같이 나타낼 수 있다. 여기서 $B_N = \sum_{n=1}^{N} b_n$이고 $b_n = \log(1+a_n)$이다. 보조정리 1.8에 의해 $|b_n| \leq 2|a_n|$임을 알고 있으므로 B_N은 어떤 실수로 수렴하는데, 이를 B라고 하자. 지수함수는 연속이므로 $N \to \infty$일 때 $e^{B_N} \to e^B$임을 알 수 있고, 이로써 명제의 첫 번째 주장이 증명되었다.

모든 n에 대해 $1 + a_n \neq 0$이면 무한곱 $\prod_n A_n$은 e^B으로 나타나므로 0이 아닌 극한값으로 수렴한다. 따라서 두 번째 주장도 증명된다.

마지막으로 $\prod_n 1/(1-a_n)$의 부분곱이 $1/\prod_{n=1}^{N}(1-a_n)$임을 확인한 후 위와 같은 논증을 이용하면 분모의 곱이 0이 아닌 극한값으로 수렴함을 증명할 수 있다. ◀

이러한 기본 내용을 뒤로 하고 이제 핵심 문제를 다룬다. 1보다 큰 실수 s에 대해 **제타함수**를

$$\zeta(s) = \sum_{n=1}^{\infty} \frac{1}{n^s}$$

이라 정의한다. ζ를 정의하는 급수가 수렴함을 확인하기 위해, 그림 1에 묘사한 것처럼 f가 감소함수라면 $\sum f(n)$을 $\int f(x)\,dx$와 비교할 수 있다는 적분판정법을 사용한다. 3장에서 비슷한 기법을 사용했음을 기억하자. 그때는 적분을 이용하여 부분합의 하한을 계산했다.

여기서 $f(x) = 1/x^s$로 취하면

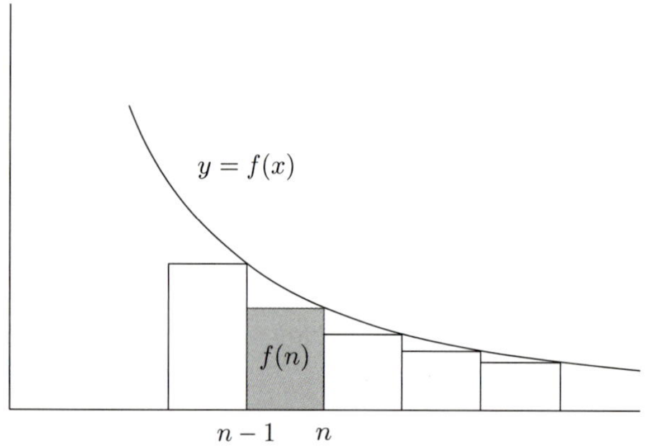

[그림 1] 급수와 적분의 비교

$$\sum_{n=1}^{\infty} \frac{1}{n^s} \leq 1 + \sum_{n=2}^{\infty} \int_{n-1}^{n} \frac{dx}{x^s} = 1 + \int_{1}^{\infty} \frac{dx}{x^s}$$

를 알 수 있다. 따라서 부등식

$$\zeta(s) \leq 1 + \frac{1}{s-1} \tag{8.3}$$

이 성립한다. 분명히 ζ를 정의하는 급수는 각각의 반직선 $s > s_0 > 1$에서 균등하게 수렴하므로 $s > 1$일 때 ζ는 연속이다. 제타함수는 푸아송 합 공식과 세타함수를 다루면서 이미 언급한 적이 있다.

다음 정리에 소개하는 오일러 곱 공식은 제타함수와 관련된 중요한 결과다.

> **정리 1.10** 모든 $s > 1$에 대해
>
> $$\zeta(s) = \prod_{p} \frac{1}{1 - 1/p^s}$$
>
> 이 성립한다. 여기서 우변의 곱은 모든 소수에 대해 취한다.

이 항등식은 산술의 기본 정리를 해석학적으로 표현했다는 점을 기억해야 한다. 실제로 곱에서 각 인수 $\dfrac{1}{1-p^{-s}}$은 수렴하는 등비급수

$$1 + \frac{1}{p^s} + \frac{1}{p^{2s}} + \cdots + \frac{1}{p^{Ms}} + \cdots$$

로 나타낼 수 있다. 따라서

$$\prod_{p_j}\left(1+\frac{1}{p_j^s}+\frac{1}{p_j^{2s}}+\cdots+\frac{1}{p_j^{Ms}}+\cdots\right)$$

을 생각하자. 여기서 곱은 모든 소수에 대해 취하며, 오름차순 $p_1 < p_2 < \cdots$ 로 정렬했다. 형식적으로 진행하여[1] 위의 곱을 (p_j 에 해당하는 등비급수에서) 항 $\frac{1}{p_j^{ks}}$ 을 택하여 얻은 각 항들의 합으로 계산한다. 여기서 k는 물론 j에 따라 달라지며, 충분히 큰 j에 대해 $k=0$이다. 이런 방식으로 얻은 항들의 곱은

$$\frac{1}{(p_1^{k_1}p_2^{k_2}\cdots p_m^{k_m})^s}=\frac{1}{n^s}$$

과 같다. 여기서 정수 n은 $n=p_1^{k_1}p_2^{k_2}\cdots p_m^{k_m}$ 과 같이 소수들의 곱으로 나타난다. 산술의 기본 정리에 의해 1 이상의 모든 정수는 소인수분해가 유일하므로, 위의 곱은

$$\sum_{n=1}^{\infty}\frac{1}{n^s}$$

과 같다. 이제 이러한 발견적 논증을 엄밀하게 증명한다.

정리 1.10의 증명

M과 N이 $M > N$인 양의 정수라고 가정하자. N 이하인 모든 양의 정수 n은 소인수분해가 유일하며, 이때 각 소인수는 N 이하여야 하고 각 소인수의 지수는 M보다 작아야 함을 명심한다. 따라서

$$\begin{aligned}\sum_{n=1}^{N}\frac{1}{n^s} &\le \prod_{p\le N}\left(1+\frac{1}{p^s}+\frac{1}{p^{2s}}+\cdots+\frac{1}{p^{Ms}}\right)\\ &\le \prod_{p\le N}\left(\frac{1}{1-p^{-s}}\right)\\ &\le \prod_{p}\left(\frac{1}{1-p^{-s}}\right)\end{aligned}$$

이 성립한다. $N\to\infty$를 취하면 부등식

$$\sum_{n=1}^{\infty}\frac{1}{n^s}\le\prod_{p}\left(\frac{1}{1-p^{-s}}\right)$$

을 얻는다. 반대 방향의 부등식을 보이기 위해 다음과 같이 논증한다. 산술의 기본 정리를 다시 사용하면

1 차후에 이처럼 식을 변형해도 됨을 엄밀하게 보일 것이다.

$$\prod_{p \le N} \left(1 + \frac{1}{p^s} + \frac{1}{p^{2s}} + \cdots + \frac{1}{p^{Ms}}\right) \le \sum_{n=1}^{\infty} \frac{1}{n^s}$$

이 성립함을 알 수 있다. $M \to \infty$를 취하면

$$\prod_{p \le N} \left(\frac{1}{1 - p^{-s}}\right) \le \sum_{n=1}^{\infty} \frac{1}{n^s}$$

을 얻는다. 따라서

$$\prod_{p} \left(\frac{1}{1 - p^{-s}}\right) \le \sum_{n=1}^{\infty} \frac{1}{n^s}$$

이 성립한다. 이로써 오일러 곱 공식을 증명했다. ◀

이제 오일러가 한 방식으로 정리 1.7을 증명한다. 이는 디리클레가 등차수열에 포함된 소수에 대한 일반적인 문제를 다룰 때 영감을 주었다. 다음 명제를 통해 이를 살펴본다.

명제 1.11 급수

$$\sum_{p} \frac{1}{p}$$

은 발산한다. 여기서 급수는 모든 소수 p에 대해 취한다.

물론 소수가 유한개만 있다면 명제 1.11의 급수는 당연히 수렴할 것이다.

증명

오일러 곱 공식의 양변에 로그를 취한다. $\log x$는 연속함수이므로 무한곱의 로그를 로그의 무한합으로 쓸 수 있다. 따라서 $s > 1$에 대해

$$-\sum_{p} \log\left(1 - \frac{1}{p^s}\right) = \log \zeta(s)$$

를 얻는다. $|x| \le \frac{1}{2}$일 때 $\log(1+x) = x + O(|x|^2)$이므로

$$-\sum_{p} \left[-\frac{1}{p^s} + O\left(\frac{1}{p^{2s}}\right)\right] = \log \zeta(s)$$

를 얻는다. 이로부터

$$\sum_p \frac{1}{p^s} + O(1) = \log \zeta(s)$$

를 알 수 있다. $\sum_p \frac{1}{p^{2s}} \le \sum_{n=1}^{\infty} \frac{1}{n^2}$ 이므로 $O(1)$ 항이 등장했다. 이제 $s \to 1^+$의 극한을 취하면 $\sum_{n=1}^{\infty} \frac{1}{n^s} \ge \sum_{n=1}^{M} \frac{1}{n^s}$ 이므로 $\zeta(s) \to \infty$ 임을 알 수 있다. 따라서 모든 M에 대해

$$\liminf_{s \to 1^+} \sum_{n=1}^{\infty} \frac{1}{n^s} \ge \sum_{n=1}^{M} \frac{1}{n}$$

이 성립한다. 따라서 $s \to 1^+$일 때 $\sum_p \frac{1}{p^s} \to \infty$ 임을 알 수 있다. 또한 모든 $s > 1$에 대해 $\frac{1}{p} > \frac{1}{p^s}$ 이므로 최종적으로

$$\sum_p \frac{1}{p} = \infty$$

를 얻는다. ◀

이 장의 나머지 부분에서는 디리클레가 오일러의 통찰을 어떻게 적용했는지 살펴본다.

2 디리클레 정리

여기서 우리가 목표한 바가 무엇이었는지를 상기하자.

정리 2.1 q와 ℓ이 서로소인 양의 정수일 때, $\ell + kq$ (단, $k \in \mathbb{Z}$) 꼴인 소수는 무한히 많이 있다.

오일러의 논증을 기반으로 디리클레는 급수

$$\sum_{p \equiv \ell \mod q} \frac{1}{p}$$

이 발산함을 보임으로써 이 정리를 증명했다. 여기서 급수는 법 q에 대하여 ℓ과 합동인 모든 소수에 대해 취한다. q를 고정했을 때 혼동할 여지가 없으면 법 q에 대하여 ℓ과 합동인 소수 p를 단순히

$p \equiv \ell$로 나타낸다. 증명은 여러 단계로 구성되며, 그 중 한 단계에서 군 $\mathbb{Z}^*(q)$에서의 푸리에 해석이 필요하다. 완전히 일반적인 상황에서 정리를 다루기에 앞서, 이전에 제기한 "$4k+1$ 꼴인 소수가 무한히 많이 있는가?"라는 특정한 문제에 간략히 답한다. $q = 4$이고 $\ell = 1$인 특수한 예를 통해 디리클레 정리의 증명에 필요한 모든 중요한 단계들을 확인할 수 있다.

$\chi(1) = 1$과 $\chi(3) = -1$로 정의된 $\mathbb{Z}^*(4)$에서의 지표로부터 시작한다. 이 지표를

$$\chi(n) = \begin{cases} 0 & (n \text{은 짝수}) \\ 1 & (n = 4k+1) \\ -1 & (n = 4k+3) \end{cases}$$

과 같이 $\mathbb{Z}$ 전체로 확장한다. 이 함수는 곱셈함수다. 다시 말해 $\mathbb{Z}$ **전체**에서 $\chi(nm) = \chi(n)\chi(m)$이다. $L(s,\chi) = \sum_{n=1}^{\infty} \frac{\chi(n)}{n^s}$이라 하면, 이는

$$L(s,\chi) = 1 - \frac{1}{3^s} + \frac{1}{5^s} - \frac{1}{7^s} + \cdots$$

과 같다. 그러면 $L(1,\chi)$는 수렴하는 급수

$$1 - \frac{1}{3} + \frac{1}{5} - \frac{1}{7} + \cdots$$

이다. 위 급수는 교대급수이며 각 항의 절댓값은 0으로 감소하면서 수렴하므로 $L(1,\chi) \neq 0$이다. χ는 곱셈함수이므로 오일러 곱 공식은 (나중에 증명하겠지만)

$$\sum_{n=1}^{\infty} \frac{\chi(n)}{n^s} = \prod_{p} \frac{1}{1 - \chi(p)/p^s}$$

과 같이 일반화된다. 양변에 로그를 취하면

$$\log L(s,\chi) = \sum_{p} \frac{\chi(p)}{p^s} + O(1)$$

을 알 수 있다. $s \to 1^+$가 되게 하면 $L(1,\chi) \neq 0$이라는 관찰로부터 $\sum_{p} \frac{\chi(p)}{p^s}$는 여전히 유계임을 보일 수 있다. 따라서 $s \to 1^+$일 때

$$\sum_{p\equiv 1}\frac{1}{p^s}-\sum_{p\equiv 3}\frac{1}{p^s}$$

은 유계다. 그런데 명제 1.11로부터 $s\to 1^+$일 때 $\sum_p \frac{1}{p^s}$은 유계가 아님을 알고 있다. 따라서 지금까지 살펴본 두 사실을 종합하면 $s\to 1^+$일 때

$$2\sum_{p\equiv 1}\frac{1}{p^s}$$

은 유계가 아니다. 따라서 $\sum_{p\equiv 1}\frac{1}{p}$은 발산하며, 결과적으로 $4k+1$ 꼴 소수는 무한히 많이 있다.

실제로는 $L(1,\chi)=\frac{\pi}{4}$임을 간략히 보이고 넘어가고자 한다. 이를 확인하기 위해 항등식

$$\frac{1}{1+x^2}=1-x^2+x^4-x^6+\cdots$$

의 양변을 적분하여

$$\int_0^y \frac{dx}{1+x^2}=y-\frac{y^3}{3}+\frac{y^5}{5}-\cdots \quad (0<y<1)$$

을 얻는다. 그런 다음 $y\to 1^-$이 되게 한다. 좌변의 적분은

$$\int_0^1 \frac{dx}{1+x^2}=\arctan u|_0^1=\frac{\pi}{4}$$

라고 계산할 수 있다. 따라서 이는 급수 $1-\frac{1}{3}+\frac{1}{5}-\cdots$이 $\frac{\pi}{4}$로 아벨 합 가능함을 증명한다. 이 급수가 수렴함을 알고 있으므로, 그 합은 아벨 합과 같아야 하고 따라서 $1-\frac{1}{3}+\frac{1}{5}-\cdots=\frac{\pi}{4}$이다.

이 장의 나머지 부분에서는 디리클레 정리를 완전히 증명한다. (사실 위의 예에서 마지막 단계인) 푸리에 해석에 대한 내용으로 시작하여 L–함수가 0이 되지 않음을 보이면 디리클레 정리를 증명하기에 충분함을 보인다.

2.1 푸리에 해석, 디리클레 지표와 정리의 축소

앞으로는 아벨 군 G를 $\mathbb{Z}^*(q)$로 간주한다. 곧 소개할 공식에서는 G의 위수 q와 서로소인 정수 n (단, $0\le n<q$)의 개수가 등장한다. 이 수를 이용하여 **오일러 피 함수(Euler phi function)** $\varphi(q)$를 정의한다. 이때 $|G|=\varphi(q)$이다.

G에서의 함수 δ_ℓ을 정의한다. 이 함수는 ℓ에 대한 특성함수로 둘 것이다.

즉, $n \in \mathbb{Z}^*(q)$일 때

$$\delta_\ell(n) = \begin{cases} 1 & (n \equiv \ell \mod q) \\ 0 & (n \not\equiv \ell \mod q) \end{cases}$$

이다. 이 함수를 푸리에 급수

$$\delta_\ell(n) = \sum_{e \in \hat{G}} \widehat{\delta_\ell}(e) e(n)$$

로 전개할 수 있다. 여기서

$$\widehat{\delta_\ell}(e) = \frac{1}{|G|} \sum_{m \in G} \delta_\ell(m) \overline{e(m)} = \frac{1}{|G|} \overline{e(\ell)}$$

이다. 따라서

$$\delta_\ell(n) = \frac{1}{|G|} \sum_{e \in \hat{G}} \overline{e(\ell)} e(n)$$

이 성립한다. m과 q가 서로소가 아닌 경우 $\delta_\ell(m) = 0$이 되도록 하여 함수 δ_ℓ을 $\mathbb{Z}$ 전체로 확장할 수 있다. 비슷하게 지표 $e \in \hat{G}$를

$$\chi(m) = \begin{cases} e(m) & (m\text{과 } q\text{가 서로소인 경우}) \\ 0 & (m\text{과 } q\text{가 서로소가 아닌 경우}) \end{cases}$$

과 같이 $\mathbb{Z}$ 전체로 확장할 수 있다. 이와 같이 지표 $e \in \hat{G}$를 확장한 것을 법 q에 대한 **디리클레 지표(Dirichlet characters)**라고 한다. G의 자명한 지표를 $\mathbb{Z}$로 확장한 함수를 χ_0로 나타낸다. 따라서 m과 q가 서로소일 때 $\chi_0(m) = 1$이고, 그렇지 않을 때 $\chi_0(m) = 0$이다. 법 q에 대한 디리클레 지표는 모든 $n, m \in \mathbb{Z}$에 대해

$$\chi(nm) = \chi(n)\chi(m)$$

이 성립한다는 의미에서 $\mathbb{Z}$ 전체에서 곱셈함수다. 정수 q는 고정되어 있으므로, 혼동할 우려 없이 q에 대한 언급을 생략하고 **디리클레 지표**라고 하겠다.[2]

$|G| = \varphi(q)$를 사용하여 위의 결과를 다음과 같이 다시 기술할 수 있다.

2 e 대신 χ로 표기하여 ($\mathbb{Z}$에서 정의된) 디리클레 지표 χ와 ($\mathbb{Z}^*(q)$에서 정의된) 지표 e를 구별한다.

보조정리 2.2 디리클레 지표는 곱셈함수다. 또한

$$\delta_\ell(m) = \frac{1}{\varphi(q)} \sum_{\chi} \overline{\chi(\ell)}\chi(m)$$

이 성립한다. 여기서 우변의 합은 모든 디리클레 지표에 대해 취한다.

보조정리 2.2를 통해 우리는 정리의 증명을 향한 첫 걸음을 내디뎠는데, 이 보조정리가

$$\begin{aligned}\sum_{p\equiv\ell} \frac{1}{p^s} &= \sum_{p} \frac{\delta_\ell(p)}{p^s} \\ &= \frac{1}{\varphi(q)} \sum_{\chi} \overline{\chi(\ell)} \sum_{p} \frac{\chi(p)}{p^s}\end{aligned}$$

를 보여 주기 때문이다. 따라서 $s \to 1^+$일 때 $\sum_p \chi(p)p^{-s}$ 값이 어떻게 변하는지 파악하면 충분하다. 실제로 χ가 자명한지 아닌지에 따라 위의 합을 두 부분으로 나눈다. 그러면

$$\begin{aligned}\sum_{p\equiv\ell} \frac{1}{p^s} &= \frac{1}{\varphi(q)} \sum_{p} \frac{\chi_0(p)}{p^s} + \frac{1}{\varphi(q)} \sum_{\chi\neq\chi_0} \overline{\chi(\ell)} \sum_{p} \frac{\chi(p)}{p^s} \\ &= \frac{1}{\varphi(q)} \sum_{q\text{의 소인수가 아닌 } p} \frac{1}{p^s} + \frac{1}{\varphi(q)} \sum_{\chi\neq\chi_0} \overline{\chi(\ell)} \sum_{p} \frac{\chi(p)}{p^s}\end{aligned} \tag{8.4}$$

를 얻는다. q의 소인수는 유한하므로 오일러 정리(명제 1.11)에 따르면 $s \to 1^+$일 때 우변의 첫 번째 합은 발산한다. 이를 확인하면 디리클레 정리가 정리 2.3의 결과임을 알 수 있다.

정리 2.3 $\chi \neq \chi_0$이면, $s \to 1^+$일 때 합

$$\sum_{p} \frac{\chi(p)}{p^s}$$

는 유계다.

정리 2.3을 증명하려면 L–함수를 도입해야 한다.

2.2 디리클레 L-함수

일찍이 제타함수 $\zeta(s) = \sum_n \frac{1}{n^s}$ 은

$$\sum_{n=1}^{\infty} \frac{1}{n^s} = \prod_p \frac{1}{(1-p^{-s})}$$

과 같이 곱의 형태로 표현될 수 있음을 증명했다. 디리클레는 이와 유사한 식이

$$L(s, \chi) = \sum_{n=1}^{\infty} \frac{\chi(n)}{n^s}$$

과 같이 $s > 1$에서 정의된 이른바 **L-함수(L-function)**에 대해서도 성립함을 확인했다. 여기서 χ는 디리클레 지표다.

> **정리 2.4** $s > 1$일 때,
>
> $$\sum_{n=1}^{\infty} \frac{\chi(n)}{n^s} = \prod_p \frac{1}{(1-\chi(p)p^{-s})}$$
>
> 이 성립한다. 여기서 우변의 곱은 모든 소수에 대해 취한다.

정리 2.4가 성립한다고 가정하면 형식적으로는 오일러의 논증을 그대로 이용할 수 있다. 로그를 취하고 x가 작을 때 $\log(1+x) = x + O(x^2)$이라는 사실을 이용하면

$$\begin{aligned}\log L(s,\chi) &= -\sum_p \log\left(1 - \frac{\chi(p)}{p^s}\right) \\ &= -\sum_p \left[-\frac{\chi(p)}{p^s} + O\left(\frac{1}{p^{2s}}\right)\right] \\ &= \sum_p \frac{\chi(p)}{p^s} + O(1)\end{aligned}$$

을 얻는다. $L(1,\chi)$ 값이 0이 아닌 유한값이라면, $s \to 1^+$일 때 $\log L(s,\chi)$는 유계다. 따라서 $s \to 1^+$일 때 급수 $\sum_p \frac{\chi(p)}{p^s}$는 유계임을 알 수 있다. 이제 위의 형식적인 논증이 실제로 성립하기 위해 검증해야 할 몇 가지를 짚고 넘어간다.

첫 번째로 정리 2.4의 곱 공식을 증명해야 한다. 디리클레 지표 χ는 복소수 값이 될 수 있으므로 로그를 $w = \frac{1}{1-z}$ (단, $|z| < 1$) 꼴인 복소수로 확장할 것이다(이를 위해 멱급수를 이용한다). 그런

다음 이러한 로그의 정의를 통해 앞서 주어진 오일러 곱 공식의 증명이 L–함수에도 적용될 수 있음을 보인다.

두 번째로 곱 공식의 양변에 로그를 취하는 것이 타당함을 보여야 한다. 디리클레 지표가 실함수라면 양변에 로그를 취하는 데에 문제가 없으며, 정확히 $4k+1$ 꼴인 소수에 대한 예제에서 이를 확인했다. 하지만 일반적으로 이러한 논증을 적용하기란 어렵다. $\chi(p)$가 복소수이고, 복소 로그함수는 함숫값이 하나만 존재하지 않기 때문이다. 특히, 곱에 대한 로그값을 로그값들의 합으로 나타낼 수 없다는 문제도 있다.

세 번째로 $\chi \neq \chi_0$이면 $s \to 1^+$일 때 $\log L(s, \chi)$가 유계임을 증명하는 일이 남아 있다. (앞으로 살펴보겠지만) $L(s, \chi)$는 $s = 1$에서 연속이므로

$$L(1, \chi) \neq 0$$

을 보이면 충분하다. 바로 0이 되지 않는다는 이 성질이 앞의 형식적 논증에서 필요했으며, 정리 2.1 다음에 소개한 예에서 이에 해당하는 부분은 교대급수가 0이 되지 않는 것이다. $L(1, \chi) \neq 0$이라는 사실을 보이는 게 증명에서 가장 어려운 부분이다.

따라서 다음 세 가지 사항에 중점을 둘 것이다.

(1) 복소 로그함수와 무한곱
(2) $L(s, \chi)$에 대한 학습
(3) $\chi \neq \chi_0$일 때 $L(1, \chi) \neq 0$을 증명

더 자세히 들어가기 전에, 잠시 멈추어서 디리클레 정리를 둘러싼 몇 가지 역사적 배경을 살펴본다.

역사적 배경

디리클레 정리와 가장 밀접하게 관련된 수학자들을 소개한다. 더 나은 시각에서 살펴보기 위해 이 수학자들이 35세가 된 연도를 같이 기입했다.

- 오일러(Euler), 1742
- 르장드르(Legendre), 1787
- 가우스(Gauss), 1812
- 디리클레(Dirichlet), 1840
- 리만(Riemann), 1861

앞서 언급했듯이 디리클레가 한 증명은 오일러가 발견한 제타함수에 대한 곱 공식에서 출발한다. 르장드르는 이차 상호법칙을 증명할 때 디리클레 정리가 필요했기에 이 정리가 성립할 것이라 추측했다. 그러나 이차 상호법칙은 가우스가 처음으로 성립함을 보였는데, 등차수열 속 소수에 대한 정리를

확인하지 않고도 여러 방법으로 이차 상호법칙을 증명했다. 이후에 리만은 제타함수에 대한 연구를 복소평면으로 확장했으며, 확장된 제타함수가 영점을 가지지 않음이 소수 분포를 이해하는 데 얼마나 중요한지를 밝혔다.

디리클레가 자신의 정리를 증명한 것은 1837년의 일이다. 디리클레가 젊은 시절 파리를 방문했을 때 친구가 된 푸리에는 겨우 수년 전 사망했다는 사실에 주목해야 한다. 이 시기는 수학 분야도 활기를 띠고 있었지만 예술, 특히 음악 분야가 매우 풍요로운 때였다. 10년 전까지만 해도 베토벤(Beethoven)의 시대가 지속되었으며, 당시 슈만(Schumann)은 창의성의 정점에 도달하고 있었다. 그러나 디리클레와 가장 비슷한 시대의 음악가는 (디리클레보다 4살 어린) 펠릭스 멘델스존(Felix Mendelssohn)이다. 디리클레가 자신의 정리를 성공적으로 증명한 다음 해에 멘델스존은 그의 유명한 바이올린 협주곡을 작곡하기 시작했다.

3 정리의 증명

이제 디리클레 정리의 증명으로 돌아가서 앞서 언급한 세 가지 어려운 점을 하나씩 짚어본다.

3.1 로그함수

293쪽에서 언급한 세 가지 사항 중 첫 번째를 다루기 위해 두 로그함수를 정의한다. 하나는 $\dfrac{1}{1-z}$ (단, $|z| < 1$) 꼴인 복소수로 $\log_1$ 로 나타낸다. 다른 하나는 함수 $L(s,\chi)$에 대한 것이며 $\log_2$ 로 나타낸다.

$|z| < 1$일 때 $\log_1$ 을

$$\log_1\left(\frac{1}{1-z}\right) = \sum_{k=1}^{\infty} \frac{z^k}{k}$$

과 같이 정의한다. 그러면 $\log_1 w$는 $\operatorname{Re}(w) > \dfrac{1}{2}$일 때 정의된다. 그리고 식 (8.2)로 인해 $\log_1 w$는 실수 $x > \dfrac{1}{2}$에 대해 정의된 $\log x$를 확장한 것이 된다.

명제 3.1 로그함수 $\log_1$ 은 다음 성질을 가진다.

(1) $|z| < 1$ 이면 $e^{\log_1\left(\frac{1}{1-z}\right)} = \dfrac{1}{1-z}$ 이다.

(2) $|z| < 1$ 이면 $\log_1\left(\dfrac{1}{1-z}\right) = z + E_1(z)$ 이다. 여기서 오차항 E_1 은 $|z| < \dfrac{1}{2}$ 이면 $|E_1(z)| \le |z|^2$ 이다.

(3) $|z| < \dfrac{1}{2}$ 이면 $\left|\log_1\left(\dfrac{1}{1-z}\right)\right| \le 2|z|$ 이다.

증명

(1) $0 \le r < 1$ 에 대해 $z = re^{i\theta}$ 이라고 하자. 이제

$$(1 - re^{i\theta})e^{\sum_{k=1}^{\infty}(re^{i\theta})^k/k} = 1 \tag{8.5}$$

을 보이면 충분하다. 이를 보이기 위해 좌변을 r 에 대해 미분하면

$$\left[-e^{i\theta} + (1 - re^{i\theta})\left(\sum_{k=1}^{\infty}(re^{i\theta})^k/k\right)'\right]e^{\sum_{k=1}^{\infty}(re^{i\theta})^k/k}$$

을 얻는다. 괄호 안의 항은

$$-e^{i\theta} + (1 - re^{i\theta})e^{i\theta}\left(\sum_{k=1}^{\infty}(re^{i\theta})^{k-1}\right) = -e^{i\theta} + (1 - re^{i\theta})e^{i\theta}\frac{1}{1 - re^{i\theta}} = 0$$

과 같다. 식 (8.5)의 좌변이 r 에 대해 상수임을 확인했으므로, $r = 0$ 으로 두면 원하는 결과를 얻는다.

(2), (3) 보조정리 1.8에 주어진 실수에서 정의된 로그함수에 대한 증명과 같은 방법으로 증명한다. ◀

이 결과를 이용하면 복소수의 무한곱이 수렴하기 위한 충분조건을 기술할 수 있다. 그 증명은 로그함수 $\log_1$ 을 사용한다는 점을 제외하면 실수의 무한곱에 대한 증명과 같다.

명제 3.2 $\sum |a_n|$ 이 수렴하고 모든 n 에 대해 $a_n \ne 1$ 이면 무한곱

$$\prod_{n=1}^{\infty}\left(\frac{1}{1-a_n}\right)$$

이 수렴한다. 또한, 이 무한곱은 0이 아니다.

증명

충분히 큰 n에 대해 $|a_n| < \dfrac{1}{2}$이므로 일반성을 잃지 않고 모든 $n \geq 1$에 대해 $|a_n| < \dfrac{1}{2}$이라고 가정할 수 있다. 그러면

$$\prod_{n=1}^{N}\left(\frac{1}{1-a_n}\right) = \prod_{n=1}^{N} e^{\log_1\left(\frac{1}{1-a_n}\right)} = e^{\sum_{n=1}^{N}\log_1\left(\frac{1}{1-a_n}\right)}$$

이 성립한다. 그런데 명제 3.1로부터 부등식

$$\left|\log_1\left(\frac{1}{1-z}\right)\right| \leq 2|z|$$

가 성립함을 알고 있다. 따라서 급수 $\sum |a_n|$이 수렴한다는 사실로부터 극한값

$$\lim_{N\to\infty}\sum_{n=1}^{N}\log_1\left(\frac{1}{1-a_n}\right) = A$$

가 존재함을 바로 알 수 있다. 지수함수는 연속함수이므로 위의 곱은 e^A으로 수렴함을 알 수 있고, 이는 분명히 0이 아니다. ◀

이제 앞서 말한 디리클레 곱 공식

$$\sum_n \frac{\chi(n)}{n^s} = \prod_p \frac{1}{1-\chi(p)p^{-s}}$$

을 증명할 수 있다. 간단히 표기하기 위해 위 등식의 좌변을 L이라고 하고

$$S_N = \sum_{n\leq N}\chi(n)n^{-s}, \quad \Pi_N = \prod_{p\leq N}\left(\frac{1}{1-\chi(p)p^{-s}}\right)$$

을 정의한다. 명제 3.2에 의해 무한곱 $\Pi = \lim_{N\to\infty}\Pi_N = \prod_p\left(\dfrac{1}{1-\chi(p)p^{-s}}\right)$은 수렴한다. 실제로, $a_n = \chi(p_n)p_n^{-s}$ (단, p_n은 n번째 소수)이라고 두면 $s > 1$일 때 $\sum |a_n| < \infty$이므로 해당 명제를 적용할 수 있다.

또한

$$\Pi_{N,M} = \prod_{p\leq N}\left(1 + \frac{\chi(p)}{p^s} + \cdots + \frac{\chi(p^M)}{p^{Ms}}\right)$$

을 정의하자. 이제 $\epsilon > 0$을 고정하고 충분히 큰 N을 택하여

$$|S_N - L| < \epsilon, \quad |\Pi_N - \Pi| < \epsilon$$

을 만족하게 한다. 다음으로 충분히 큰 M을 택하면

$$|S_N - \Pi_{N,M}| < \epsilon, \quad |\Pi_{N,M} - \Pi_N| < \epsilon$$

이 되도록 할 수 있다. 산술의 기본 정리와 디리클레 지표가 곱셈함수라는 사실을 이용하면 첫 번째 부등식이 참임을 보일 수 있다. 두 번째 부등식은 각각의 급수 $\sum_{n=1}^{\infty} \frac{\chi(p^n)}{p^{ns}}$이 수렴함을 이용하면 얻을 수 있다.

따라서 보이고자 한 바와 같이

$$|L - \Pi| \leq |L - S_N| + |S_N - \Pi_{N,M}| + |\Pi_{N,M} - \Pi_N| + |\Pi_N - \Pi| < 4\epsilon$$

이 성립한다.

3.2 L–함수

다음 단계는 L–함수를 더 잘 이해하는 것이다. s에 대한 함수로서 (특히 $s = 1$ 근방에서) L–함수가 보이는 성질은 χ가 자명한지, 혹은 자명하지 않은지에 따라 다르다. χ가 자명할 때, $L(s, \chi_0)$는 간단한 인수를 일부 무시하면 그저 제타함수와 다를 바가 없다.

명제 3.3 χ_0가 자명한 디리클레 지표

$$\chi_0(n) = \begin{cases} 1 & (n\text{과 } q\text{가 서로소인 경우}) \\ 0 & (n\text{과 } q\text{가 서로소가 아닌 경우}) \end{cases}$$

이라고 가정하자. 그리고 q의 소인수분해를 $q = p_1^{a_1} \cdots p_N^{a_N}$이라고 가정하자. 그러면

$$L(s, \chi_0) = (1 - p_1^{-s})(1 - p_2^{-s}) \cdots (1 - p_N^{-s})\zeta(s)$$

가 성립한다. 따라서 $s \to 1^+$일 때 $L(s, \chi_0) \to \infty$이다.

증명

이 항등식은 디리클레 곱 공식과 오일러 곱 공식을 비교하면 바로 알 수 있다. 마지막 문장은 $s \to 1^+$일 때 $\zeta(s) \to \infty$이기 때문에 성립한다. ◀

$\chi \neq \chi_0$인 나머지 지표에 대해서는 L–함수의 성질을 조사하기가 더 까다롭다. 여기서 나머지 지표들에 대해 L–함수는 $s > 0$에서 정의되며 연속이라는 점에 주목하자. 실제로는 더 많은 성질이 성립한다.

명제 3.4 χ가 자명하지 않은 디리클레 지표리면 급수

$$\sum_{n=1}^{\infty} \frac{\chi(n)}{n^s}$$

은 $s > 0$에 대해 수렴한다. 그리고 이 급수의 합을 $L(s, \chi)$로 나타낸다. 또한 다음이 성립한다.

(1) 함수 $L(s, \chi)$는 $0 < s < \infty$에 대해 연속미분가능하다.

(2) $s \to \infty$일 때

$$L(s, \chi) = 1 + O(e^{-cs}), \quad L'(s, \chi) = O(e^{-c's})$$

을 만족하는 상수 $c, c' > 0$이 존재한다.

먼저 자명하지 않은 디리클레 지표가 보이는 핵심적인 상쇄 성질을 따로 다룬다. 이러한 상쇄 성질을 이용하면 명제 3.4에 기술된 L–함숫값의 행태를 증명할 수 있다.

보조정리 3.5 χ가 자명하지 않은 디리클레 지표일 때, 모든 자연수 k에 대해

$$\left| \sum_{n=1}^{k} \chi(n) \right| \leq q$$

가 성립한다.

증명

먼저

$$\sum_{n=1}^{q} \chi(n) = 0$$

이 성립함을 기억하자. 실제로 위 급수의 합을 S라고 할 때 $a \in \mathbb{Z}^*(q)$이면 디리클레 지표 χ의 곱셈 성질에 의해

$$\chi(a)S = \sum \chi(a)\chi(n) = \sum \chi(an) = \sum \chi(n) = S$$

를 얻는다. χ는 자명하지 않은 지표이므로 적당한 a에 대해 $\chi(a) \neq 1$이고, 따라서 $S = 0$이다. 이제 $0 \leq b < q$에 대해 $k = aq + b$와 같이 쓰면

$$\sum_{n=1}^{k} \chi(n) = \sum_{n=1}^{aq} \chi(n) + \sum_{aq<n\leq aq+b} \chi(n) = \sum_{aq<n\leq aq+b} \chi(n)$$

이 성립한다. 그리고 마지막 우변의 급수에서 항의 개수는 q보다 적다. $|\chi(n)| \leq 1$임을 상기하면 증명을 마무리할 수 있다. ◀

명제 3.4의 증명

이제 명제 3.4를 증명할 수 있다. $s_k = \sum_{n=1}^{k} \chi(n)$이고 $s_0 = 0$이라 하자. $L(s,\chi)$는 $s > 1$에 대해 급수

$$\sum_{n=1}^{\infty} \frac{\chi(n)}{n^s}$$

으로 정의됨을 알고 있다. 이 급수는 $s > \delta > 1$에 대해 절대수렴하며 균등하게 수렴한다. 이 급수를 미분하여 얻은 급수도 마찬가지로 $s > \delta > 1$에 대해 절대수렴하며 균등하게 수렴하는데, 이는 $L(s,\chi)$가 $s > 1$에 대해 연속미분가능함을 보여 준다. 부분합 공식[3]을 이용하면 이 결과를 $s > 0$까지 확장할 수 있다. 실제로 부분합 공식에 의해

$$\begin{aligned}\sum_{k=1}^{N} \frac{\chi(k)}{k^s} &= \sum_{k=1}^{N} \frac{s_k - s_{k-1}}{k^s} \\ &= \sum_{k=1}^{N-1} s_k \left[\frac{1}{k^s} - \frac{1}{(k+1)^s}\right] + \frac{s_N}{N^s} \\ &= \sum_{k=1}^{N-1} f_k(s) + \frac{s_N}{N^s}\end{aligned}$$

이 성립한다. 여기서 $f_k(s) = s_k[k^{-s} - (k+1)^{-s}]$이다. $g(x) = x^{-s}$이라고 하면 $g'(x) = -sx^{-s-1}$이다. 따라서 $x = k$와 $x = k+1$ 사이에서의 평균값정리와 $|s_k| \leq q$라는 사실을 적용하면

$$|f_k(s)| \leq qsk^{-s-1}$$

이 성립함을 알 수 있다. 따라서 급수 $\sum f_k(s)$는 $s > \delta > 0$에 대해 절대수렴하며 균등하게 수렴하고, 이를 통해 $L(s,\chi)$가 $s > 0$에서 연속임을 증명할 수 있다. $L(s,\chi)$가 연속미분가능함을 증명하기 위해, 급수를 항별로 미분하여

$$\sum (\log n) \frac{\chi(n)}{n^s}$$

을 얻는다. 다시 부분합 공식을 이용해 이 급수를

3 부분합 공식은 2장 연습문제 7을 참고한다.

$$\sum s_k[-k^{-s}\log k + (k+1)^{-s}\log(k+1)]$$

과 같이 나타낸다. 그리고 함수 $g(x) = x^{-s}\log x$에 대해 평균값정리를 적용하면 위 급수의 항은 $O(k^{-\delta/2-1})$임을 보일 수 있다. 따라서 이는 위 급수가 $s > \delta > 0$에 대해 균등하게 수렴함을 증명한다. 따라서 $L(s,\chi)$는 $s > 0$에 대해 연속미분가능하다.

이제 충분히 큰 모든 s에 대해

$$\begin{aligned}|L(s,\chi) - 1| &\leq 2q\sum_{n=2}^{\infty} n^{-s} \\ &\leq 2^{-s}O(1)\end{aligned}$$

이 성립함을 확인할 수 있다. 따라서 $c = \log 2$로 두어 $s \to \infty$일 때 $L(s,\chi) = 1 + O(e^{-cs})$임을 알 수 있다. 비슷한 논증을 이용하여 $s \to \infty$일 때 $L'(s,\chi) = O(e^{-c's})$임도 보일 수 있는데, 이때 사실 $c' = c$이다. 이로써 명제의 증명을 마친다. ◀

지금까지 $L(s,\chi)$에 대해 알게 된 사실을 통해 L–함수의 로그를 정의할 수 있다. 이는 로그의 도함수를 적분하면 가능하다. 다시 말해 χ가 자명하지 않은 디리클레 지표이고 $s > 1$일 때,

$$\log_2 L(s,\chi) = -\int_s^{\infty} \frac{L'(t,\chi)}{L(t,\chi)}\,dt$$

를 정의한다.[4] $L(t,\chi)$는 무한곱으로 나타낼 수 있으므로(명제 3.2 참고) 모든 $t > 1$에 대해 $L(t,\chi) \neq 0$임을 알고 있다. 또한

$$\frac{L'(t,\chi)}{L(t,\chi)} = O(e^{-ct})$$

이 성립하므로 위의 적분은 수렴한다. 이 식은 명제 3.4에서 보인 무한대에서 $L(t,\chi)$와 $L'(t,\chi)$의 성질로부터 알 수 있다.

다음 명제를 통해 앞서 정의한 두 로그함수를 서로 연관시킬 수 있다.

명제 3.6

- $s > 1$이면 $e^{\log_2 L(s,\chi)} = L(s,\chi)$이다.
- $\log_2 L(s,\chi) = \sum_p \log_1\left(\frac{1}{1-\chi(p)/p^s}\right)$

4 이 맥락에서 사용된 $\log_2$의 표기법을 밑이 2인 로그와 혼동하지 않도록 하라.

증명

$e^{-\log_2 L(s,\chi)}L(s,\chi)$를 s에 대해 미분하면

$$-\frac{L'(s,\chi)}{L(s,\chi)}e^{-\log_2 L(s,\chi)}L(s,\chi)+e^{-\log_2 L(s,\chi)}L'(s,\chi)=0$$

을 얻는다. 따라서 $e^{-\log_2 L(s,\chi)}L(s,\chi)$는 상수함수이고, $s\to\infty$를 취하면 이 상수는 1임을 알 수 있다. 이로써 첫 번째 결론이 증명된다.

$\log_1$과 $\log_2$ 사이의 항등식을 증명하기 위해 s를 고정하고 양변에 지수함수를 합성한다. 좌변은 $e^{\log_2 L(s,\chi)}=L(s,\chi)$이고, 우변은 명제 3.1의 (1)과 디리클레 곱 공식에 의해

$$e^{\sum_p \log_1\left(\frac{1}{1-\chi(p)/p^s}\right)}=\prod_p e^{\log_1\left(\frac{1}{1-\chi(p)/p^s}\right)}=\prod_p\left(\frac{1}{1-\chi(p)/p^s}\right)=L(s,\chi)$$

와 같아진다. 따라서 각 s마다

$$\log_2 L(s,\chi)-\sum_p \log_1\left(\frac{1}{1-\chi(p)/p^s}\right)=2\pi i M(s)$$

를 만족하는 정수 $M(s)$가 존재한다. 여러분이 확인할 수 있듯이 좌변은 s에 대해 연속함수다. 이는 함수 $M(s)$가 연속임을 의미한다. 그런데 $M(s)$의 함숫값은 정수이므로 $M(s)$는 상수함수임을 알 수 있다. 그리고 $s\to\infty$를 취하면 이 상수는 0임을 알 수 있다. ◀

지금까지 확인한 바를 종합하면 정리 2.4 아래(292쪽)에서 형식적으로 논증한 것을 보다 엄밀하게 할 수 있다. 실제로 $\log_1$의 성질을 이용하면

$$\begin{aligned}\sum_p \log_1\left(\frac{1}{1-\chi(p)/p^s}\right)&=\sum_p\frac{\chi(p)}{p^s}+O\left(\sum_p\frac{1}{p^{2s}}\right)\\&=\sum_p\frac{\chi(p)}{p^s}+O(1)\end{aligned}$$

을 보일 수 있다. 이제 자명하지 않은 디리클레 지표 χ에 대해 $L(1,\chi)\neq 0$이라 하자. 적분으로 표현된 $\log_2 L(s,\chi)$의 정의로부터 $s\to 1^+$일 때 $\log_2 L(s,\chi)$는 유계다. 따라서 $\log_1$과 $\log_2$ 사이의 항등식으로부터 $s\to 1^+$일 때 $\sum_p \chi(p)p^{-s}$은 유계이며, 이것이 우리가 원하는 결과다. 따라서 디리클레 정리의 증명을 마무리하기 위해 χ가 자명하지 않으면 $L(1,\chi)\neq 0$임을 확인해야 한다.

3.3 L-함수와 자명하지 않은 디리클레 지표

이제 다음 결과를 증명하고자 한다. 이 사실은 꽤 보이기 어렵다.

> **정리 3.7** $\chi \neq \chi_0$이면 $L(1, \chi) \neq 0$이다.

이 사실을 증명하는 몇 가지 방법이 있는데, 어떤 방법은 대수적 정수론 내용을 필요로 하고(디리클레의 원래 논증이 이에 해당한다) 또 어떤 방법은 복소해석학 내용을 이용한다. 여기서는 이러한 분야에 대한 특별한 지식이 없어도 할 수 있게끔 기초적인 방법으로 증명하려고 한다. 이때 χ가 실함수인지 복소함수인지에 따라 두 경우로 나누어 증명한다.

디리클레 지표의 함숫값이 오직 실수(즉 $+1$, -1, 0)이면 **실 디리클레 지표(real Dirichlet character)**라고 하고, 그렇지 않다면 **복소 디리클레 지표(complex Dirichlet character)**라고 한다. 다시 말해 χ가 실함수이기 위한 필요충분조건은 모든 정수 n에 대해 $\chi(n) = \overline{\chi(n)}$인 것이다.

복소 디리클레 지표인 경우

두 경우 중에서 이 경우가 더 증명하기 쉽다. 귀류법으로 증명하는데, 다음 두 보조정리를 이용한다.

> **보조정리 3.8** $s > 1$이면
>
> $$\prod_{\chi} L(s, \chi) \geq 1$$
>
> 이 성립한다. 여기서 곱은 모든 디리클레 지표에 대해 취한다. 특히, 위의 곱은 실수다.

증명

앞서 $s > 1$에 대해

$$L(s, \chi) = \exp\left(\sum_{p} \log_1\left(\frac{1}{1 - \chi(p)p^{-s}}\right)\right)$$

이 성립함을 보였다. 따라서

$$\begin{aligned}\prod_{\chi} L(s, \chi) &= \exp\left(\sum_{\chi}\sum_{p} \log_1\left(\frac{1}{1 - \chi(p)p^{-s}}\right)\right) \\ &= \exp\left(\sum_{\chi}\sum_{p}\sum_{k=1}^{\infty} \frac{1}{k}\frac{\chi(p^k)}{p^{ks}}\right)\end{aligned}$$

$$= \exp\left(\sum_p \sum_{k=1}^{\infty} \sum_{\chi} \frac{1}{k} \frac{\chi(p^k)}{p^{ks}}\right)$$

이 성립한다. ($\ell = 1$일 때인) 보조정리 2.2에 의해 $\sum_{\chi} \chi(p^k) = \varphi(q)\delta_1(p^k)$이 성립한다. 따라서 지수함수 내에 있는 각 항이 음수가 아니므로 부등식

$$\prod_{\chi} L(s,\chi) = \exp\left(\varphi(q) \sum_p \sum_{k=1}^{\infty} \frac{1}{k} \frac{\delta_1(p^k)}{p^{ks}}\right) \geq 1$$

이 성립한다. ◀

보조정리 3.9

(1) $L(1,\chi) = 0$이면 $L(1,\overline{\chi}) = 0$이다.

(2) 자명하지 않은 디리클레 지표 χ에 대해 $L(1,\chi) = 0$이면

$$|L(s,\chi)| \leq C|s-1|$$

이 성립한다(단, $1 \leq s \leq 2$).

(3) 자명한 디리클레 지표 χ_0에 대해

$$|L(s,\chi_0)| \leq \frac{C}{|s-1|}$$

가 성립한다(단, $1 < s \leq 2$).

증명

(1) $L(1,\overline{\chi}) = \overline{L(1,\chi)}$이기 때문에 바로 성질 (1)이 성립한다.

(2) χ가 자명하지 않은 디리클레 지표일 때, $L(s,\chi)$가 $s > 0$에 대해 연속미분가능하므로 평균값 정리를 이용하면 증명할 수 있다.

(3) 명제 3.3에 의해

$$L(s,\chi_0) = (1-p_1^{-s})(1-p_2^{-s})\cdots(1-p_N^{-s})\zeta(s)$$

이다. 그리고 ζ는 유사한 계측인 부등식 (8.3)을 만족하므로 이로부터 성질 (3)을 증명할 수 있다. ◀

이제 자명하지 않은 복소 디리클레 지표 χ에 대해 $L(1,\chi) \neq 0$임을 증명할 수 있다. 귀류법을 이용하기 위해 $L(1,\chi) = 0$이 성립한다고 가정하자. 그러면 $L(1,\overline{\chi}) = 0$도 성립한다. $\chi \neq \overline{\chi}$이므로 무한곱

$$\prod_{\chi} L(s, \chi)$$

에는 $s \to 1^+$일 때 $|s-1|$처럼 0에 수렴하는 항이 적어도 두 개 있다. 이 항의 값이 커지는 데는 자명한 디리클레 지표만이 관여하며, 이 자명한 디리클레 지표에 의해 L-함수의 값은 기껏해야 $O(1/|s-1|)$만큼 커지므로 $s \to 1^+$일 때 이 곱이 0으로 수렴함을 알 수 있다. 이는 보조정리 3.8에서 이 곱이 1 이상이라는 사실에 모순된다.

실 디리클레 지표인 경우

χ가 자명하지 않은 실 디리클레 지표일 때 $L(1, \chi) \neq 0$임을 증명하는 일은 앞선 복소 디리클레 지표인 경우와 매우 다르다. 이번에는 쌍곡선을 따라 더하는 방법을 사용할 것이다. 한 가지 흥미로운 점은, 디리클레는 등차수열에 대한 자신의 정리가 증명된 지 12년 후 본인이 증명한 또 다른 유명한 결과인 **약수함수의 평균 차수**를 확인하기 위해 이 방법을 도입했다는 것이다. 그러나 디리클레는 이 두 정리의 증명 사이에 어떠한 연관성도 밝히지 않았다.

대신에 쌍곡선을 따라 더하는 방법을 살펴볼 간단한 예로, 먼저 디리클레의 약수 정리를 증명한다. 그런 뒤에는 이러한 아이디어를 적용하여 $L(1, \chi) \neq 0$임을 증명한다. 그전에 몇 가지 간단한 급수와 그에 대응하는 적분을 다루고 넘어갈 것이다.

급수와 적분의 비교

여기서는 급수와 그에 대응하는 적분을 비교하는 아이디어를 살펴본다. 이러한 아이디어는 제타함수에 대한 계측 (8.3)을 다룰 때 이미 사용했다.

명제 3.10 양의 정수 N에 대해 다음이 성립한다.

(1) $\displaystyle\sum_{1 \leq n \leq N} \frac{1}{n} = \int_1^N \frac{dx}{x} + O(1) = \log N + O(1)$

(2) 더 정확하게는

$$\sum_{1 \leq n \leq N} \frac{1}{n} = \log N + \gamma + O(1/N)$$

을 만족하는 실수 γ가 존재한다. 이때 γ를 오일러 상수라고 부른다.

증명

(2)에서 언급된 더 정교한 추정이 성립하는지 확인하기만 하면 충분하다. γ_n을

$$\gamma_n = \frac{1}{n} - \int_n^{n+1} \frac{dx}{x}$$

와 같이 정의하자. $\frac{1}{x}$은 감소함수이므로 분명히

$$0 \le \gamma_n \le \frac{1}{n} - \frac{1}{n+1} \le \frac{1}{n^2}$$

이 성립한다. 따라서 급수 $\sum_{n=1}^{\infty} \gamma_n$은 수렴하며, 이 극한값을 γ라고 한다. 또한 $f(x) = \frac{1}{x^2}$에 대해 $\sum f(n)$을 $\int f(x)dx$를 통해 계측하면

$$\sum_{n=N+1}^{\infty} \gamma_n \le \sum_{n=N+1}^{\infty} \frac{1}{n^2} \le \int_N^{\infty} \frac{dx}{x^2} = O(1/N)$$

이 성립함을 알 수 있다. 따라서

$$\sum_{n=1}^{N} \frac{1}{n} - \int_1^N \frac{dx}{x} = \gamma - \sum_{n=N+1}^{\infty} \gamma_n + \int_N^{N+1} \frac{dx}{x}$$

가 성립한다. 그리고 우변의 마지막 적분은 $N \to \infty$일 때 $O(1/N)$이다. ◀

명제 3.11 양의 정수 N에 대해

$$\begin{aligned}\sum_{1 \le n \le N} \frac{1}{n^{1/2}} &= \int_1^N \frac{dx}{x^{1/2}} + c' + O(1/N^{1/2}) \\ &= 2N^{1/2} + c + O(1/N^{1/2})\end{aligned}$$

이 성립한다.

이에 대한 증명은 사실 명제 3.10의 증명을 그대로 쓰기만 하면 되는데, 이번에는

$$\left| \frac{1}{n^{1/2}} - \frac{1}{(n+1)^{1/2}} \right| \le \frac{C}{n^{3/2}}$$

가 성립한다는 사실을 이용한다. 위 부등식은 $x = n$과 $x = n+1$ 사이에서 $f(x) = x^{-1/2}$에 대해 평균값정리를 적용하면 얻을 수 있다.

쌍곡급수

F가 양의 정수 순서쌍에 대해 정의된 함수일 때, 합

$$S_N = \sum\sum F(m,n)$$

을 계산하는 세 가지 방법이 있다. 여기서 합은 $mn \le N$인 모든 양의 정수 순서쌍 (m,n)에 대해 취한다. 다음 세 가지 방법 중 어느 하나를 택하여 이 합을 계산할 수 있다(그림 2 참고).

(1) 쌍곡선을 따라서 더하는 방법 : $S_N = \sum_{1\le k\le N}\left(\sum_{nm=k} F(m,n)\right)$

(2) 세로로 더하는 방법 : $S_N = \sum_{1\le m\le N}\left(\sum_{1\le n\le N/m} F(m,n)\right)$

(3) 가로로 더하는 방법 : $S_N = \sum_{1\le n\le N}\left(\sum_{1\le m\le N/n} F(m,n)\right)$

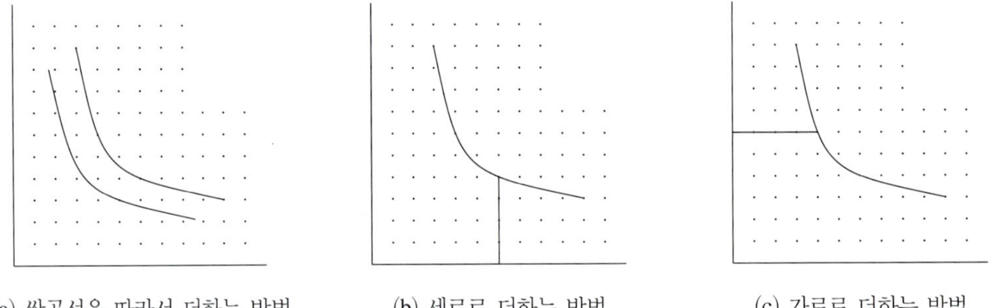

(a) 쌍곡선을 따라서 더하는 방법 (b) 세로로 더하는 방법 (c) 가로로 더하는 방법

[그림 2] 합을 계산하는 세 가지 방법

놀랍게도, 이러한 세 가지 방법으로 계산하여 얻은 결괏값이 모두 같다는 자명한 사실로부터 흥미로운 결론을 이끌어 낼 수 있다. 이 아이디어를 먼저 약수 문제를 학습할 때 적용해 보겠다.

막간의 약수 문제

양의 정수 k에 대해 k의 양의 약수의 개수를 $d(k)$라고 하자. 예를 들어 몇 가지 $d(k)$ 값은 다음 표와 같다.

k	1	2	3	4	5	6	7	8	9	10	11	12	13	14	15	16	17
$d(k)$	1	2	2	3	2	4	2	4	3	4	2	6	2	4	4	5	2

$k \to \infty$일 때 $d(k)$ 값은 상당히 불규칙하게 변하며, 실제로 k에 대해 간단한 해석적인 식으로 $d(k)$를 근사하기란 어렵다고 여겨진다. 하지만 $d(k)$ 값이 평균적으로 어떤지에 대해서는 자연스럽게 생각해볼 수 있다. 다시 말해 $N \to \infty$일 때

$$\frac{1}{N}\sum_{k=1}^{N} d(k)$$

의 값이 어떻게 변할지 질문을 던질 수 있다. 디리클레가 이에 대한 답을 쌍곡급수(hyperbolic sum)를 이용하여 제시했다. 이때

$$d(k) = \sum_{nm=k,\ 1\le n,m} 1$$

이 성립함을 기억하자.

> **정리 3.12** 양의 정수 k에 대해
>
> $$\frac{1}{N}\sum_{k=1}^{N} d(k) = \log N + O(1)$$
>
> 이 성립한다. 더 정확하게는
>
> $$\frac{1}{N}\sum_{k=1}^{N} d(k) = \log N + (2\gamma - 1) + O\left(\frac{1}{N^{1/2}}\right)$$
>
> 이 성립한다. 여기서 γ는 오일러 상수다.

증명

$S_N = \sum_{k=1}^{N} d(k)$라고 하자. 상수함수 $F = 1$을 쌍곡선을 따라 더하면 S_N을 얻음을 확인한다. 세로로 더하면

$$S_N = \sum_{1\le m\le N}\ \sum_{1\le n\le N/m} 1$$

이 성립함을 알 수 있다. 그런데 $\sum_{1\le m\le N/m} 1 = \left[\frac{N}{m}\right] = \frac{N}{m} + O(1)$이다. 여기서 $[x]$는 x 이하인 최대 정수다. 따라서

$$S_N = \sum_{1\le m\le N}(N/m + O(1)) = N\left(\sum_{1\le m\le N} 1/m\right) + O(N)$$

이 성립한다. 따라서 명제 3.10의 (1)에 의해

$$\frac{S_N}{N} = \log N + O(1)$$

을 얻고, 이로써 첫 번째 결론을 얻었다.

더 정교하게 추정하기 위해 다음과 같이 진행한다. 그림 3에 주어진 세 영역 I, II, III를 생각하자. 이 세 영역은

$$I = \{1 \le m < N^{1/2},\ N^{1/2} < n \le N/m\}$$

$$II = \{1 \le m \le N^{1/2},\ 1 \le n \le N^{1/2}\}$$

$$III = \{N^{1/2} < m \le N/n,\ 1 \le n < N^{1/2}\}$$

과 같이 정의된다.

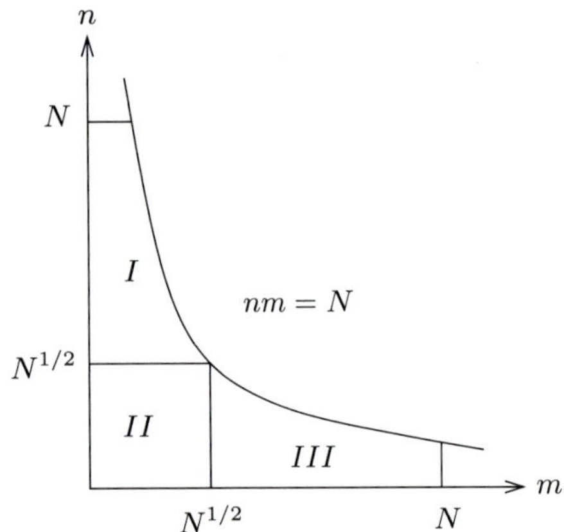

[그림 3] 세 영역 I, II, III

영역 I, II, III에서의 합을 각각 S_I, S_{II}, S_{III}이라고 하면 대칭성에 의해 $S_I = S_{III}$이므로

$$\begin{aligned} S_N &= S_I + S_{II} + S_{III} \\ &= 2(S_I + S_{II}) - S_{II} \end{aligned}$$

가 성립한다. 이제 세로로 더하고, 명제 3.10의 (2)를 이용하면

$$
\begin{aligned}
S_I + S_{II} &= \sum_{1\le m\le N^{1/2}} \left(\sum_{1\le n\le N/m} 1 \right) \\
&= \sum_{1\le m\le N^{1/2}} \left[\frac{N}{m} \right] \\
&= \sum_{1\le m\le N^{1/2}} \left(\frac{N}{m} + O(1) \right) \\
&= N \left(\sum_{1\le m\le N^{1/2}} \frac{1}{m} \right) + O(N^{1/2}) \\
&= N \log N^{1/2} + N\gamma + O(N^{1/2})
\end{aligned}
$$

을 얻는다. 마지막으로 S_{II}는 정사각형에서의 합이므로

$$
S_{II} = \sum_{1\le m\le N^{1/2}} \sum_{1\le n\le N^{1/2}} 1 = [N^{1/2}]^2 = N + O(N^{1/2})
$$

이 성립한다. 이러한 추정을 종합하여 N으로 나누면 정리의 두 번째 결론을 얻는다. ◀

$L(1,\chi) \neq 0$의 최종 증명

이번 절의 핵심은 자명하지 않은 실 디리클레 지표 χ에 대해 $L(1,\chi) \neq 0$인데, 이 사실을 증명할 때 쌍곡선을 따라 더하는 것이 아주 중요하다.

그러한 지표가 주어졌을 때, F를

$$
F(m,n) = \frac{\chi(n)}{(nm)^{1/2}}
$$

과 같이 두자. 또한 S_N을

$$
S_N = \sum \sum F(m,n)
$$

과 같이 정의한다. 여기서 우변의 합은 $nm \le N$인 모든 정수 $m, n \ge 1$에 대해 취한다.

명제 3.13

(1) 적당한 상수 $c > 0$에 대해 $S_N \ge c \log N$

(2) $S_N = 2N^{1/2} L(1,\chi) + O(1)$

$L(1,\chi)=0$이라고 가정하면 바로 명제 3.13에 모순되므로 이를 증명하면 충분하다.

먼저 쌍곡선을 따라 더한다. 다음

$$\sum_{nm=k}\frac{\chi(n)}{(nm)^{1/2}}=\frac{1}{k^{1/2}}\sum_{n|k}\chi(n)$$

을 확인하자. 명제 3.13의 (1)은 다음 보조정리를 보이면 충분하다.

보조정리 3.14 모든 k에 대하여

$$\sum_{n|k}\chi(n)\geq 0$$

이 성립한다. 특히, 어떤 $\ell\in\mathbb{Z}$에 대해 $k=\ell^2$이면

$$\sum_{n|k}\chi(n)\geq 1$$

이 성립한다.

보조정리 3.14를 이용하면

$$S_N\geq\sum_{k=\ell^2,\ \ell\leq N^{1/2}}\frac{1}{k^{1/2}}\geq c\log N$$

을 얻으며, 여기서 마지막 부등식은 명제 3.10의 (1)로부터 알 수 있다.

보조정리 3.14는 간단히 증명할 수 있다. k가 소수의 거듭제곱이면($k=p^a$라고 하자) k의 약수는 1, p, p^2, $\cdots$, p^a이므로

$$\begin{aligned}\sum_{n|k}\chi(n)&=\chi(1)+\chi(p)+\chi(p^2)+\cdots+\chi(p^a)\\&=1+\chi(p)+\chi(p)^2+\cdots+\chi(p)^a\end{aligned}$$

이 성립한다. 이 합은 $\chi(p)$와 a에 따라

$$\sum_{n|k}\chi(n)=\begin{cases}a+1 & (\chi(p)=1)\\ 1 & (\chi(p)=-1\text{이고 } a\text{는 짝수})\\ 0 & (\chi(p)=-1\text{이고 } a\text{는 홀수})\\ 1 & (\chi(p)=0,\ \text{즉 } p|q)\end{cases}$$

과 같다. 일반적으로 $k=p_1^{a_1}\cdots p_N^{a_N}$일 때, k의 임의의 약수는 $p_1^{b_1}\cdots p_N^{b_N}$ 꼴이다(단, 모든 j에

대해 $0 \le b_j \le a_j$). 따라서 χ의 곱셈 성질에 의해

$$\sum_{n|k} \chi(n) = \prod_{j=1}^{N} \left(\chi(1) + \chi(p_j) + \chi(p_j^2) + \cdots + \chi(p_j^{a_j})\right)$$

을 얻고, 이로써 증명을 마친다.

명제 3.13의 (2)를 증명하기 위해

$$S_N = S_I + (S_{II} + S_{III})$$

와 같이 나타낸다. 여기서 S_I, S_{II}, S_{III}는 앞서 정의했다(그림 3도 참고). S_I은 세로로 더하고, $S_{II} + S_{III}$는 가로로 더한다. 이와 같이 더하려면 다음과 같은 간단한 결과가 필요하다.

보조정리 3.15 모든 정수 $0 < a < b$에 대해 다음이 성립한다.

(1) $\displaystyle\sum_{n=a}^{b} \frac{\chi(n)}{n^{1/2}} = O(a^{-1/2})$

(2) $\displaystyle\sum_{n=a}^{b} \frac{\chi(n)}{n} = O(a^{-1})$

증명

명제 3.4를 증명할 때 했듯이 부분합 공식을 사용하여 증명한다.

(1) $s_n = \displaystyle\sum_{1 \le k \le n} \chi(k)$라 하고 모든 n에 대해 $|s_n| \le q$임을 기억하자. 그러면

$$\begin{aligned}\sum_{n=a}^{b} \frac{\chi(n)}{n^{1/2}} &= \sum_{n=a}^{b-1} s_n \left[n^{-1/2} - (n+1)^{-1/2}\right] + O(a^{-1/2}) \\ &= O\left(\sum_{n=a}^{\infty} n^{-3/2}\right) + O(a^{-1/2})\end{aligned}$$

이 성립한다. 급수 $\displaystyle\sum_{n=a}^{\infty} n^{-3/2}$을 $f(x) = x^{-3/2}$의 적분과 비교하면 마지막 식의 첫 번째 항도 $O(a^{-1/2})$임을 알 수 있다.

(2) 비슷한 논증을 이용하여 증명할 수 있다. ◀

이제 명제 3.13의 증명을 마무리지을 것이다. 세로로 더하면

$$S_I = \sum_{m<N^{1/2}} \frac{1}{m^{1/2}} \left(\sum_{N^{1/2}<n\leq N/m} \chi(n)/n^{1/2} \right)$$

을 알 수 있다. 보조정리 3.15와 명제 3.11에 의해 $S_I = O(1)$ 임을 보일 수 있다. 마지막으로 가로로 더하면

$$\begin{aligned}
S_{II} + S_{III} &= \sum_{1\leq n\leq N^{1/2}} \frac{\chi(n)}{n^{1/2}} \left(\sum_{m\leq N/n} 1/m^{1/2} \right) \\
&= \sum_{1\leq n\leq N^{1/2}} \frac{\chi(n)}{n^{1/2}} \left\{ 2(N/n)^{1/2} + c + O((n/N)^{1/2}) \right\} \\
&= 2N^{1/2} \sum_{1\leq n\leq N^{1/2}} \frac{\chi(n)}{n} + c \sum_{1\leq n\leq N^{1/2}} \frac{\chi(n)}{n^{1/2}} + O\left(\frac{1}{N^{1/2}} \sum_{1\leq n\leq N^{1/2}} 1 \right) \\
&= A + B + C
\end{aligned}$$

를 얻는다. 이제 보조정리 3.15와 $L(s,\chi)$의 정의로부터

$$A = 2N^{1/2}L(1,\chi) + O(N^{1/2}N^{-1/2})$$

을 알 수 있다. 게다가 보조정리 3.15의 (1)로부터 $B = O(1)$ 이고, $C = O(1)$ 임은 자명하다. 따라서 $S_N = 2N^{1/2}L(1,\chi) + O(1)$ 이고, 이는 명제 3.13의 (2)이다.

이로써 $L(1,\chi) \neq 0$ 임을 증명했으며, 따라서 디리클레 정리도 증명되었다.

연습문제

1. 소수가 오직 $p_1, \cdots, p_N$ 으로 유한개만 존재한다고 가정하면

$$\prod_{j=1}^{N} \frac{1}{1-1/p_j} \geq \sum_{n=1}^{\infty} \frac{1}{n}$$

이 성립함을 관찰하여 소수가 무한히 많음을 증명하라.

2. 본문에서는 기존에 유클리드가 증명한 방법을 변형하여 $4k+3$ 꼴인 소수가 무한히 많음을 보였다. 비슷한 방법으로 $3k+2$ 꼴인 소수와 $6k+5$ 꼴인 소수가 무한히 많음을 보여라.

3. p와 q가 서로소일 때, $\mathbb{Z}^*(p) \times \mathbb{Z}^*(q)$는 $\mathbb{Z}^*(pq)$와 동형임을 증명하라.

4. n 이하인 양의 정수 중 n과 서로소인 정수의 개수를 $\varphi(n)$이라 하자. 연습문제 3을 이용하여 n과 m이 서로소일 때,

$$\varphi(nm) = \varphi(n)\varphi(m)$$

이 성립함을 보여라. 다음 과정을 따르면 오일러 피 함수에 대한 식을 얻을 수 있다.

(a) p가 소수일 때 $\mathbb{Z}^*(p)$의 원소의 개수를 세어서 $\varphi(p)$를 계산하라.

(b) p가 소수이고 $k \geq 1$일 때 $\mathbb{Z}^*(p^k)$의 원소의 개수를 세어서 $\varphi(p^k)$에 대한 식을 구하라.

(c) $\varphi(n) = n \prod_i \left(1 - \dfrac{1}{p_i}\right)$을 보여라. 여기서 p_i는 n의 소인수다.

5. 양의 정수 n에 대하여

$$n = \sum_{d|n} \varphi(d)$$

를 보여라. 여기서 φ는 오일러 피 함수다.

힌트 $\gcd(m,n) = d$인 정수 m (단, $1 \leq m \leq n$)의 개수는 정확히 $\varphi(n/d)$이다.

6. 군 $\mathbb{Z}^*(3)$, $\mathbb{Z}^*(4)$, $\mathbb{Z}^*(5)$, $\mathbb{Z}^*(6)$, $\mathbb{Z}^*(8)$에서 모든 지표를 구하라.

(a) 실지표와 복소지표를 구분하라.

(b) 홀수 지표와 짝수 지표를 구분하라. $\chi(-1) = 1$이면 짝수 지표이고, 그렇지 않으면 홀수 지표다.

7. $|z| < 1$에 대해

$$\log_1\left(\frac{1}{1-z}\right) = \sum_{k\geq 1}\frac{z^k}{k}$$

이 성립함을 상기한다. 앞서

$$e^{\log_1\left(\frac{1}{1-z}\right)} = \frac{1}{1-z}$$

이 성립함을 확인한 바 있다. 다음 물음에 답하라.

(a) $w = 1/(1-z)$일 때, $|z| < 1$이기 위한 필요충분조건은 $\text{Re}(w) > \dfrac{1}{2}$임을 보여라.

(b) $\text{Re}(w) > \dfrac{1}{2}$이고 $\rho > 0$, $|\varphi| < \pi$에 대해 $w = \rho e^{i\varphi}$이면

$$\log_1 w = \log\rho + i\varphi$$

를 보여라.

힌트 $e^{\zeta} = w$일 때, ζ의 실수부는 유일하게 결정되며 ζ의 허수부는 법 2π에 대하여 유일하게 결정된다.

8. ζ를 $s > 1$에 대하여 정의된 제타함수라고 하자. 다음 물음에 답하라.

(a) $\zeta(s)$와 $\displaystyle\int_1^{\infty} x^{-s}dx$를 비교하여

$$s \to 1^+\text{일 때,}\quad \zeta(s) = \frac{1}{s-1} + O(1)$$

을 보여라.

(b) (a)를 이용하여

$$s \to 1^+\text{일 때,}\quad \sum_p \frac{1}{p^s} = \log\left(\frac{1}{s-1}\right) + O(1)$$

을 보여라.

9. 법 q에 대하여 자명한 디리클레 지표를 χ_0라고 하고, q의 서로 다른 소인수를 p_1, $\cdots$, p_k라고 하자. $L(s,\chi_0) = (1-p_1^{-s})\cdots(1-p_k^{-s})\zeta(s)$임을 기억하고, 이로부터

$$s \to 1^+ \text{일 때,}\quad L(s,\chi_0) = \frac{\varphi(q)}{q}\frac{1}{s-1} + O(1)$$

이 성립함을 보여라.

힌트 연습문제 8의 ζ에 대한 점근식을 이용한다.

10. ℓ과 q가 서로소이면

$$s \to 1^+ \text{일 때,}\quad \sum_{p\equiv\ell}\frac{1}{p^s} = \frac{1}{\varphi(q)}\log\left(\frac{1}{s-1}\right) + O(1)$$

이 성립함을 보여라. 이는 디리클레 정리를 정량적으로 표현한 것이다.

힌트 식 (8.4)를 이용한다.

11. $\mathbb{Z}^*(3)$, $\mathbb{Z}^*(4)$, $\mathbb{Z}^*(5)$, $\mathbb{Z}^*(6)$에서의 지표를 이용하여 법 q에 대하여 자명하지 않은 모든 디리클레 지표에 대해 $L(1,\chi) \neq 0$임을 직접적으로 확인하라(단, $q = 3,\ 4,\ 5,\ 6$).

힌트 각각의 경우에서 적절한 교대급수를 생각한다.

12. χ가 자명하지 않은 실 디리클레 지표라고 가정하자. $L(1,\chi) \neq 0$임을 가정하여 $L(1,\chi) > 0$임을 직접적으로 보여라.

힌트 $L(s,\chi)$에 대한 곱 공식을 이용한다.

13. $\{a_n\}_{n=-\infty}^{\infty}$은 $n = m \mod q$이면 $a_n = a_m$인 복소수열이라고 하자. 급수

$$\sum_{n=1}^{\infty}\frac{a_n}{n}$$

이 수렴하기 위한 필요충분조건은 $\sum_{n=1}^{q} a_n = 0$임을 보여라.

힌트 부분합 공식을 이용한다.

14. $|\theta| < \pi$에 대해 정의된 급수

$$F(\theta) = \sum_{|n| \neq 0} \frac{e^{in\theta}}{n}$$

은 모든 θ에 대해 수렴한다. 또한 이 급수는 $F(0) = 0$이고 $[-\pi, \pi]$에서

$$F(\theta) = \begin{cases} i(-\pi - \theta) & (-\pi \leq \theta < 0) \\ i(\pi - \theta) & (0 < \theta \leq \pi) \end{cases}$$

와 같이 정의되며 $\mathbb{R}$ 전체에서 (주기가 2π인) 주기함수로 확장되는 함수의 푸리에 급수다(2장 연습문제 8 참고).

$\theta \neq 0 \mod 2\pi$이면 급수

$$E(\theta) = \sum_{n=1}^{\infty} \frac{e^{in\theta}}{n}$$

도 수렴함을 보여라. 또한

$$E(\theta) = \frac{1}{2}\log\left(\frac{1}{2 - 2\cos\theta}\right) + \frac{i}{2}F(\theta)$$

를 보여라.

15. $n = m \mod q$이면 $a_n = a_m$이고 $\sum_{n=1}^{q} a_n = 0$일 때, 다음 순서대로 급수 $\sum_{n=1}^{\infty} \frac{a_n}{n}$의 합을 구하라.

(a) $\zeta = e^{2\pi i/q}$에 대해 $A(m) = \sum_{n=1}^{q} a_n \zeta^{-mn}$을 정의하자. 이때 $A(q) = 0$이다. 연습문제 14에서 정의한 E를 이용하여

$$\sum_{n=1}^{\infty} \frac{a_n}{n} = \frac{1}{q} \sum_{m=1}^{q-1} A(m)E(2\pi m/q)$$

를 증명하라.

힌트 $\mathbb{Z}(q)$에서의 푸리에 역변환을 이용한다.

(b) $\{a_m\}$에 대해 $a_{-m} = -a_m$이면, $a_0 = a_q = 0$임을 확인하고 $m \in \mathbb{Z}$에 대해

$$A(m) = \sum_{1 \leq n < q/2} a_n(\zeta^{-mn} - \zeta^{mn})$$

을 보여라.

(c) $\{a_m\}$에 대해 $a_{-m} = -a_m$이라고 가정하면 다음이 성립함을 보여라.

$$\sum_{n=1}^{\infty} \frac{a_n}{n} = \frac{1}{2q} \sum_{m=1}^{q-1} A(m)F(2\pi m/q)$$

힌트 $\tilde{A}(m) = \sum_{n=1}^{q} a_n \zeta^{mn}$ 이라 정의하고 푸리에 역변환 공식을 적용한다.

16. 연습문제 15를 이용하여

$$\frac{\pi}{3\sqrt{3}} = 1 - \frac{1}{2} + \frac{1}{4} - \frac{1}{5} + \frac{1}{7} - \frac{1}{8} + \cdots$$

을 보여라. 이는 법 3에 대하여 자명하지 않은 디리클레 (홀수) 지표에 대한 $L(1, \chi)$ 값이다.

심화문제

*__1.__ 지금 소개하는 예들은 연습문제 15에서 사용한 방법으로 합을 구할 수 있는 다른 급수들이다.

(a) 법 6에 대한 자명하지 않은 디리클레 지표에 대해 $L(1, \chi)$ 값은 다음과 같다.

$$\frac{\pi}{2\sqrt{3}} = 1 - \frac{1}{5} + \frac{1}{7} - \frac{1}{11} + \frac{1}{13} + \cdots$$

(b) 법 8에 대한 디리클레 홀수 지표에 대해, $L(1, \chi)$ 값은 다음과 같다.

$$\frac{\pi}{2\sqrt{2}} = 1 + \frac{1}{3} - \frac{1}{5} - \frac{1}{7} + \frac{1}{9} + \frac{1}{11} \cdots$$

(c) 법 7에 대한 디리클레 홀수 지표에 대해, $L(1, \chi)$ 값은 다음과 같다.

$$\frac{\pi}{\sqrt{7}} = 1 + \frac{1}{2} - \frac{1}{3} + \frac{1}{4} - \frac{1}{5} - \frac{1}{6} \cdots$$

(d) 법 8에 대한 디리클레 짝수 지표에 대해, $L(1, \chi)$ 값은 다음과 같다.

$$\frac{\log(1+\sqrt{2})}{\sqrt{2}} = 1 - \frac{1}{3} - \frac{1}{5} + \frac{1}{7} + \frac{1}{9} - \frac{1}{11} \cdots$$

(e) 법 5에 대한 디리클레 홀수 지표에 대해, $L(1, \chi)$ 값은 다음과 같다.

$$\frac{2}{\sqrt{5}} \log\left(\frac{1+\sqrt{5}}{2}\right) = 1 - \frac{1}{2} - \frac{1}{3} + \frac{1}{4} + \frac{1}{6} - \frac{1}{7} - \frac{1}{8} + \frac{1}{9} + \frac{1}{11} \cdots$$

2. k의 양의 약수의 개수를 $d(k)$라고 하자.

(a) k의 소인수분해가 $k = p_1^{a_1} \cdots p_n^{a_n}$이면

$$d(k) = (a_1 + 1) \cdots (a_n + 1)$$

을 보여라.

정리 3.12로부터 $d(k)$의 **평균**이 $\log k$ 정도로 증가함을 알 수 있지만, (a)를 이용하면 $d(k)$에 대한 다음 성질들을 증명할 수 있다.

(b) 무한히 많은 k에 대해 $d(k) = 2$이다.

(c) 임의의 양의 정수 N에 대하여, 무한히 많은 k에 대해 $d(k) \geq c(\log k)^N$이 되게 하는 상수 $c > 0$이 존재한다.

힌트 $p_1, \cdots, p_N$을 N개의 서로 다른 소수라고 하자. 그리고 $m = 1, 2, \cdots$에 대해 $(p_1 p_2 \cdots p_N)^m$ 꼴의 k를 생각한다.

3. p와 q가 서로소일 때,

$$\prod_{\chi} \left(1 - \frac{\chi(p)}{p^s}\right) = \left(\frac{1}{1 - p^{fs}}\right)^g$$

이 성립함을 보여라. 여기서 $g = \varphi(q)/f$이고, f는 $\mathbb{Z}^*(q)$에서 p의 위수다($p^n \equiv 1 \mod q$인 가장 작은 n). 무한곱은 모든 법 q에 대한 디리클레 지표에 대해 취한다.

4. 심화문제 3을 이용하여

$$\prod_{\chi} L(s, \chi) = \sum_{n \geq 1} \frac{a_n}{n^s}$$

을 증명하라. 여기서 $a_n \geq 0$이며, 무한곱은 모든 법 q에 대한 디리클레 지표에 대해 취한다.

적분

Integrals

[부록]에서는 $\mathbb{R}$에서 리만 적분의 주요 성질과 $\mathbb{R}^d$에서 적절한 연속함수의 적분을 빠르게 다시 살펴본다. 여러분에게는 이미 어느 정도 익숙할 내용이므로 간단히 짚고 넘어가겠다.

우선 실수 집합 위의 유계이고 닫힌 구간에서의 리만 적분 이론으로부터 시작한다. 적분에 대한 기본 결과를 비롯해 측도가 0인 집합의 개념도 다루며, 리만 적분가능하기 위해 함수의 불연속점 집합이 만족시켜야 할 필요충분조건을 제시한다.

또한 중적분과 반복적분도 다룬다. 특히 무한대에서 충분히 빠르게 감소하는 함수에 대해, 적분 개념을 전체 공간 $\mathbb{R}^d$로 제한적으로 확장한다.

1 리만 적분

f는 닫힌 구간 $[a,b] \subset \mathbb{R}$에서 정의된 **유계**(bounded)인 실함수라고 하자. $[a,b]$의 **분할(partition)** P는

$$a = x_0 < x_1 < \cdots < x_{N-1} < x_N = b$$

를 만족하는 유한 수열 $x_0, x_1, \cdots, x_N$을 의미한다. 이러한 분할이 주어질 때, 구간 $[x_{j-1}, x_j]$를 I_j로 나타내고 그 길이를 $|I_j|$로 쓴다. 즉, $|I_j| = x_j - x_{j-1}$이다. P에 대한 f의 상합과 하합을 각각

$$\mathcal{U}(P,f) = \sum_{j=1}^{N} [\sup_{x \in I_j} f(x)]|I_j|, \quad \mathcal{L}(P,f) = \sum_{j=1}^{N} [\inf_{x \in I_j} f(x)]|I_j|$$

와 같이 정의한다. f는 유계라 가정했으므로 상한과 하한이 존재한다. $\mathcal{U}(P,f) \geq \mathcal{L}(P,f)$임은 분명하다. 각각의 $\epsilon > 0$에 대해 분할 P가 있어

$$\mathcal{U}(P,f) - \mathcal{L}(P,f) < \epsilon$$

을 만족하면, 함수 f는 **리만 적분가능(Riemann integrable)**하다고 하거나 간단히 **적분가능(integrable)**하다고 한다. f의 적분값을 정의하려면 간단하지만 유심히 살펴보아야 할 것이 있다. P에 일부 점을 추가하여 P'을 얻었을 때, 분할 P'을 분할 P의 **세분(refinement)**이라고 한다.

점을 하나씩 추가하면

$$\mathcal{U}(P', f) \leq \mathcal{U}(P, f), \quad \mathcal{L}(P', f) \geq \mathcal{L}(P, f)$$

가 성립함을 쉽게 확인할 수 있다. 여기서 P_1과 P_2가 $[a, b]$에 대한 2개의 분할이면

$$\mathcal{U}(P_1, f) \geq \mathcal{L}(P_2, f)$$

가 성립함을 알 수 있다. 왜냐하면 P'을 P_1과 P_2의 공통 세분으로 택할 수 있고,

$$\mathcal{U}(P_1, f) \geq \mathcal{U}(P', f) \geq \mathcal{L}(P', f) \geq \mathcal{L}(P_2, f)$$

를 얻기 때문이다. f는 유계이므로 두 값

$$U = \inf_P \mathcal{U}(P, f), \quad L = \sup_P \mathcal{L}(P, f)$$

가 모두 존재하며 $U \geq L$이다(이때 상한과 하한은 $[a, b]$의 모든 분할에 대해 취한다). 또한 f가 적분가능하다면 $U = L$이어야 하고, 이 공통값을 $\int_a^b f(x)\, dx$로 **정의**한다.

마지막으로 유계인 복소함수 $f = u + iv$는 실수부 u와 허수부 v가 모두 적분가능할 때 적분가능하다고 하며, 적분값은

$$\int_a^b f(x)\, dx = \int_a^b u(x)\, dx + i \int_a^b v(x)\, dx$$

으로 정의한다. 상수함수는 적분가능한 함수이며, $c \in \mathbb{C}$일 때 $\int_a^b c\, dx = c(b - a)$임은 자명하다.

연속함수는 적분가능한 함수다. 이는 유계인 닫힌 구간 $[a, b]$에서 연속함수는 균등 연속이기 때문으로, 다시 말해 $\epsilon > 0$이 주어지면 $|x - y| < \delta$일 때 항상 $|f(x) - f(y)| < \epsilon$이 되는 $\delta > 0$이 존재하기 때문이다. 따라서 $\frac{b - a}{n} < \delta$가 되도록 n을 택하면

$$a,\ a + \frac{b - a}{n},\ \cdots,\ a + k\frac{b - a}{n},\ \cdots,\ a + (n - 1)\frac{b - a}{n},\ b$$

와 같은 분할 P에 대해 $\mathcal{U}(P, f) - \mathcal{L}(P, f) \leq \epsilon(b - a)$가 성립한다.

1.1 기본 성질

명제 1.1 f와 g가 $[a,b]$에서 적분가능할 때, 다음이 성립한다.

(1) $f+g$도 적분가능하며, $\int_a^b f(x)+g(x)\,dx = \int_a^b f(x)\,dx + \int_a^b g(x)\,dx$이다.

(2) $c \in \mathbb{C}$에 대해 $\int_a^b cf(x)\,dx = c\int_a^b f(x)\,dx$이다.

(3) f와 g가 실함수이고 $f(x) \le g(x)$이면 $\int_a^b f(x)\,dx \le \int_a^b g(x)\,dx$이다.

(4) $c \in [a,b]$에 대해 $\int_a^b f(x)\,dx = \int_a^c f(x)\,dx + \int_c^b f(x)\,dx$이다.

증명

(1) f와 g가 실함수라 가정해도 무방하다. P가 $[a,b]$의 분할이면

$$\mathcal{U}(P,f+g) \le \mathcal{U}(P,f) + \mathcal{U}(P,g), \quad \mathcal{L}(P,f+g) \ge \mathcal{L}(P,f) + \mathcal{L}(P,g)$$

가 성립한다. $\epsilon > 0$이 주어지면 $\mathcal{U}(P_1,f) - \mathcal{L}(P_1,f) < \epsilon$이고 $\mathcal{U}(P_2,g) - \mathcal{L}(P_2,g) < \epsilon$이 되게 하는 분할 P_1과 P_2가 존재한다. 따라서 P_0가 P_1과 P_2의 공통 세분이라고 하면

$$\mathcal{U}(P_0,f+g) - \mathcal{L}(P_0,f+g) < 2\epsilon$$

을 얻는다. 따라서 $f+g$는 적분가능하다. 그리고 $I = \inf_P \mathcal{U}(P,f+g) = \sup_P \mathcal{L}(P,f+g)$라고 두면

$$\begin{aligned} I &\le \mathcal{U}(P_0,f+g) + 2\epsilon \le \mathcal{U}(P_0,f) + \mathcal{U}(P_0,g) + 2\epsilon \\ &\le \int_a^b f(x)\,dx + \int_a^b g(x)\,dx + 4\epsilon \end{aligned}$$

이 성립함을 알 수 있다. 비슷한 방법으로 $I \ge \int_a^b f(x)\,dx + \int_a^b g(x)\,dx - 4\epsilon$임을 보일 수 있다. 이로써 $\int_a^b f(x)+g(x)\,dx = \int_a^b f(x)\,dx + \int_a^b g(x)\,dx$임을 증명했다.

(2), (3) 증명하기 매우 쉽다.

(4) 점 c를 추가하여 $[a,b]$의 분할을 세분하기만 하면 된다. ◀

증명해야 할 또 다른 중요한 성질은 f와 g가 적분가능하면 fg도 적분가능하다는 것이다.

보조정리 1.2 f가 $[a,b]$에서 적분가능한 실함수이고 φ가 $\mathbb{R}$에서 연속인 실함수이면, $\varphi \circ f$도 $[a,b]$에서 적분가능하다.

증명

$\epsilon > 0$이라 두고 f가 유계임을 기억하자(즉, $|f| \leq M$). φ는 $[-M,M]$에서 균등 연속이므로 $s,t \in [-M,M]$이고 $|s-t| < \delta$이면 $|\varphi(s) - \varphi(t)| < \epsilon$이 되도록 $\delta > 0$을 택할 수 있다. 이제 $[a,b]$의 분할 $P = \{x_0, \cdots, x_N\}$을 $\mathcal{U}(P,f) - \mathcal{L}(P,f) < \delta^2$이 되도록 택한다. $I_j = [x_{j-1}, x_j]$라 하고 두 가지 경우로 구분한다.

$\sup_{x \in I_j} f(x) - \inf_{x \in I_j} f(x) < \delta$이면 $j \in \Lambda$라고 쓴다. 이 경우 앞에서 둔 φ의 설정에 의해

$$\sup_{x \in I_j} \varphi \circ f(x) - \inf_{x \in I_j} \varphi \circ f(x) < \epsilon$$

이 성립한다. 이 외에는 $j \in \Lambda'$이라 쓴다. 이제

$$\delta \sum_{j \in \Lambda'} |I_j| \leq \sum_{j \in \Lambda'} [\sup_{x \in I_j} f(x) - \inf_{x \in I_j} f(x)]|I_j| \leq \delta^2$$

이다. 따라서 $\sum_{j \in \Lambda'} |I_j| < \delta$이다. 즉, $j \in \Lambda$와 $j \in \Lambda'$으로 나누어 생각하면

$$\mathcal{U}(P, \varphi \circ f) - \mathcal{L}(P, \varphi \circ f) \leq \epsilon(b-a) + 2\mathcal{B}\delta$$

가 성립한다. 이때 $\mathcal{B}$는 $[-M,M]$에서 φ의 상한, 즉 $|\varphi| \leq \mathcal{B}$이다. 또한 $\delta < \epsilon$이 되도록 택할 수 있기 때문에 보조정리를 증명했다. ◀

보조정리 1.2로부터 두 가지 사실을 알 수 있다.

(1) f와 g가 $[a,b]$에서 적분가능하면 그 곱인 fg도 $[a,b]$에서 적분가능하다. 이는 보조정리에서 $\varphi(t) = t^2$으로 두면 $fg = \frac{1}{4}([f+g]^2 - [f-g]^2)$에서 알 수 있다.

(2) f가 $[a,b]$에서 적분가능하면 $|f|$는 적분가능하고 $\left| \int_a^b f(x)\, dx \right| \leq \int_a^b |f(x)|\, dx$이다. 보조정리 1.2에서 $\varphi(t) = |t|$로 두면 $|f|$가 적분가능함을 보일 수 있다. 또한 이 부등식은 명제 1.1(3)에 의해 성립한다.

적분가능성을 함의하는 두 가지 결과를 소개한다.

명제 1.3 구간 $[a,b]$에서 유계인 단조함수 f는 적분가능하다.

증명

일반성을 잃지 않고 $a=0$, $b=1$이며 f는 단조증가한다고 가정해도 무방하다. 이때 각 N에 대해 $x_j = \frac{j}{N}$ $(j=0,\cdots,N)$와 같이 주어진, 균등 분할 P_N을 택할 수 있다. 여기서 $\alpha_j = f(x_j)$로 두면

$$\mathcal{U}(P_N,f) = \frac{1}{N}\sum_{j=1}^{N}\alpha_j, \quad \mathcal{L}(P_N,f) = \frac{1}{N}\sum_{j=1}^{N}\alpha_{j-1}$$

이 성립한다. 따라서 모든 x에 대해 $|f(x)| \le B$이면

$$\mathcal{U}(P_N,f) - \mathcal{L}(P_N,f) = \frac{\alpha_N - \alpha_0}{N} \le \frac{2B}{N}$$

를 얻는다. 이로써 주어진 명제를 증명했다. ◀

명제 1.4 f는 구간 $[a,b]$에서 정의된 유계 함수라고 하자. 어떤 $c \in (a,b)$가 있어 모든 작은 $\delta > 0$에 대해 f가 구간 $[a, c-\delta]$와 $[c+\delta, b]$에서 적분가능하면, f는 $[a,b]$에서 적분가능하다.

증명

$|f| \le M$이라 가정하고 $\epsilon > 0$이라 하자. $4\delta M \le \frac{\epsilon}{3}$이 되도록 $\delta > 0$을 (작게) 택한다. 이제 P_1과 P_2를 각각 $[a, c-\delta]$와 $[c+\delta, b]$의 분할이라고 하자. 이때 P_i는 $\mathcal{U}(P_i,f) - \mathcal{L}(P_i,f) < \frac{\epsilon}{3}$ $(i=1,2)$이 되도록 택한다. f가 각 구간에서 적분가능하므로 이렇게 둘 수 있다. 이제 $P = P_1 \cup \{c-\delta\} \cup \{c+\delta\} \cup P_2$와 같이 분할을 취하면 $\mathcal{U}(P,f) - \mathcal{L}(P,f) < \epsilon$임을 바로 알 수 있다. ◀

근사와 관련 있는 유용한 보조정리와 함께 기본 성질을 마무리짓는다. 원 위의 함수는 $\mathbb{R}$에서 주기가 2π인 함수와 같음을 기억하자.

보조정리 1.5 f가 원 위에서 적분가능하고 $|f| \le B$라고 가정하자. 그러면 원 위에 연속함수열 $\{f_k\}_{k=1}^{\infty}$가 있어 다음이 성립한다.

- $\sup_{x \in [-\pi,\pi]} |f_k(x)| \le B \quad (k = 1, 2, \cdots)$
- $k \to \infty$일 때 $\int_{-\pi}^{\pi} |f(x) - f_k(x)|\,dx \to 0$

증명

f가 실함수라고 가정하자(일반적인 복소함수로 가정하면 다음 증명을 실수부와 허수부에 각각 적용한다). $\epsilon > 0$이 주어질 때, f의 상합과 하합이 최대 ϵ만큼 차이가 나도록 구간 $[-\pi, \pi]$의 분할 $-\pi = x_0 < x_1 < \cdots < x_N = \pi$를 택할 수 있다. 계단함수 f^*를

$$x \in [x_{j-1}, x_j)\text{일 때} \quad f^*(x) = \sup_{x_{j-1} \le y \le x_j} f(y) \quad (\text{단, } 1 \le j \le N)$$

라고 생각해 보자. 위 정의대로라면 $|f^*| \le B$이고, 또한

$$\int_{-\pi}^{\pi} |f^*(x) - f(x)|\, dx = \int_{-\pi}^{\pi} (f^*(x) - f(x))\, dx < \epsilon \tag{A.1}$$

이 성립한다. 이제 f^*를 변형하여 연속인 주기함수이지만 보조정리 관점에서 여전히 f에 가까운 함수 $\tilde{f}$를 만들 수 있다. 작은 $\delta > 0$에 대해 x에서 각각의 분할점 $x_0, \cdots, x_N$까지 거리를 잴 때, 거리가 모두 δ보다 크거나 같으면 $\tilde{f}(x) = f^*(x)$로 두자. x_j $(j = 1, \cdots, N-1)$의 δ–근방에서는 $\tilde{f}(x)$를 $\tilde{f}(x_j \pm \delta) = f^*(x_j \pm \delta)$인 일차함수로 정의한다. $x_0 = -\pi$ 근방에서 $\tilde{f}$는 $\tilde{f}(-\pi) = 0$이고 $\tilde{f}(-\pi + \delta) = f^*(-\pi + \delta)$인 일차함수다. 이와 비슷하게, $x_N = \pi$ 근방에서 $\tilde{f}$는 $\tilde{f}(\pi) = 0$이면서 $\tilde{f}(\pi - \delta) = f^*(\pi - \delta)$인 일차함수다. 그림 1은 $x_0 = -\pi$ 근방에서의 상황을 묘사한다. 두 번째 그림에서는 상황을 명확히 보여주기 위해 $\tilde{f}$의 그래프를 약간 아래쪽으로 옮겼다.

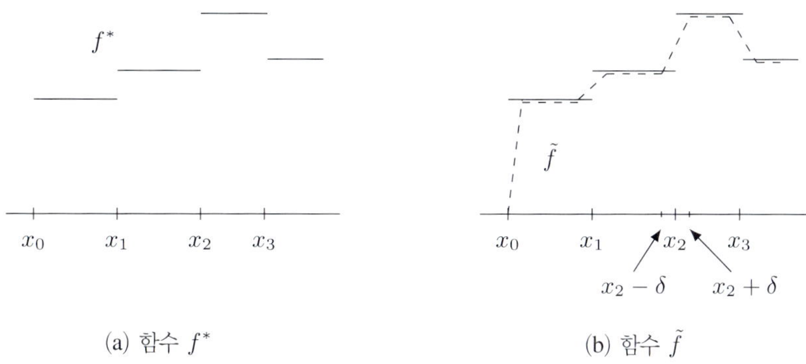

[그림 1] 함수 f^*와 $\tilde{f}$의 일부

그러면 $\tilde{f}(-\pi) = \tilde{f}(\pi)$이므로 $\tilde{f}$를 $\mathbb{R}$에서 연속이고 주기가 2π인 함수로 확장할 수 있다. 이렇게 확장한 함수의 절댓값도 B보다 작거나 같다. 또한 $\tilde{f}$는 분할점 주변의 길이가 2δ인 N개의 구간에서만 f^*와 다르다. 따라서

$$\int_{-\pi}^{\pi} |f^*(x) - \tilde{f}(x)|\, dx \le 2BN(2\delta)$$

가 성립한다.

δ를 충분히 작게 택하면

$$\int_{-\pi}^{\pi} |f^*(x) - \tilde{f}(x)|\, dx < \epsilon \tag{A.2}$$

을 얻는다. 결과적으로 등식 (A.1), (A.2)와 삼각부등식(triangle inequality)에 의해

$$\int_{-\pi}^{\pi} |f(x) - \tilde{f}(x)|\, dx < 2\epsilon$$

이 성립한다. 이렇게 구성된 $\tilde{f}$를 f_k라 하면 $2\epsilon = \dfrac{1}{k}$일 때, 연속함수열 $\{f_k\}$는 보조정리에서 요구하는 성질을 가진다. ◀

1.2 측도가 0인 집합과 적분가능함수의 불연속점

모든 연속함수는 적분가능함을 확인했다. 이에 대한 증명을 약간 수정하면 조각마다 연속(piecewise continuous)인 함수도 항상 적분가능함을 보일 수 있다. 사실 이 결과는 명제 1.4를 여러 번 적용시켜 보면 얻을 수 있다. 이제 적분가능한 함수의 불연속점을 보다 주의 깊게 알아보고자 한다.

측도의 정의부터 살펴보자.[1] 임의의 $\epsilon > 0$에 대하여 열린 구간들을 원소로 하는 집합 $\{I_k\}_{k=1}^{\infty}$가 존재하여 다음 조건을 만족하면 $\mathbb{R}$의 부분집합 E는 **측도가 0인 집합(a set of measure 0)**이라고 한다.

(1) $E \subset \bigcup_{k=1}^{\infty} I_k$

(2) $\sum_{k=1}^{\infty} |I_k| < \epsilon$ (단, $|I_k|$는 구간 I_k의 길이)

(1)에 따르면 구간의 합집합이 E를 덮어야 하며, (2)는 이 합집합의 크기가 작음을 의미한다. 여러분은 어렵지 않게 임의의 유한집합이 측도가 0임을 증명할 수 있을 것이다. 셀 수 있는 집합이 측도가 0임을 증명하려면 좀 더 세밀한 논증이 필요하다. 사실 보조정리 1.6은 이 결과를 포함한다.

보조정리 1.6 측도가 0인 집합이 셀 수 있는 만큼 많이 있다면 그 집합들의 합집합도 측도가 0이다.

1 《프린스턴 해석학 시리즈》의 제3권인 『Real analysis : Measure Theory, Integration, and Hilbert Spaces』에 수록된 르베그 적분 이론에서 집합의 측도를 체계적으로 다룬다.

증명

$E_1, E_2, \cdots$ 가 측도가 0인 집합이라고 하고, $E = \bigcup_{i=1}^{\infty} E_i$ 라고 하자. $\epsilon > 0$이라 하고 각 i에 대해

$$E_i \subset \bigcup_{k=1}^{\infty} I_{i,k}, \quad \sum_{k=1}^{\infty} |I_{i,k}| < \frac{\epsilon}{2^i}$$

을 만족하는 열린 구간 $I_{i,1}$, $I_{i,2}$, $\cdots$ 를 택한다. 이제, $E \subset \bigcup_{i,k=1}^{\infty} I_{i,k}$ 임은 분명하고 우리가 보이고자 하는 식이

$$\sum_{i=1}^{\infty}\sum_{k=1}^{\infty} |I_{i,k}| \leq \sum_{i=1}^{\infty} \frac{\epsilon}{2^i} \leq \epsilon$$

과 같이 성립한다. ◀

여기서 유심히 살펴야 할 것은 E가 측도가 0이면서 **콤팩트**(compact) 집합이라면 측도가 0인 조건 (1), (2)를 만족하는 **유한개** 열린 구간 I_k $(k = 1, \cdots, N)$를 찾을 수 있다는 점이다.

함수의 불연속점과 관련있는 리만 적분가능한 함수의 특성을 증명해 보자.

> **정리 1.7** $[a, b]$에서 정의된 유계 함수 f가 적분가능하기 위한 필요충분소선은 f의 불연속짐 집합의 측도가 0인 것이다.

정리 1.7을 증명하기에 앞서 구간을 $J = [a, b]$라 쓰고, 중심이 c이고 반경이 $r > 0$인 열린 구간을 $I(c, r) = (c - r, c + r)$이라 쓰자. $I(c, r)$에서 f의 **진동(oscillation)**을

$$\operatorname{osc}(f, c, r) = \sup |f(x) - f(y)|$$

라 정의하자. 이때 상한은 모든 x, $y \in J \cap I(c, r)$에 대해 취한다. f는 유계이므로 이 값은 존재한다. c에서 f의 **진동**을

$$\operatorname{osc}(f, c) = \lim_{r \to 0} \operatorname{osc}(f, c, r)$$

이라 정의한다. $\operatorname{osc}(f, c, r) \geq 0$이고 $\operatorname{osc}(f, c, r)$이 r에 대해 감소함수이므로 이 극한값은 존재한다. 요점은 f가 c에서 연속이기 위한 필요충분조건이 $\operatorname{osc}(f, c) = 0$이란 것이다. 이는 정의에 따라 자명하다.

각 $\epsilon > 0$에 대해 집합 A_ϵ을

$$A_\epsilon = \{c \in J : \operatorname{osc}(f, c) \geq \epsilon\}$$

이라 정의한다. 이와 같이 하면 J에서 f의 불연속점 집합은 단순히 $\bigcup_{\epsilon>0} A_\epsilon$임을 알 수 있다. 이는 정리 1.7을 증명하는 중요한 단계다.

보조정리 1.8 $\epsilon > 0$일 때, 집합 A_ϵ은 닫힌 집합이며 따라서 콤팩트하다.

증명

증명은 간단하다. $c_n \in A_\epsilon$이 c로 수렴한다고 가정하고 $c \notin A_\epsilon$이라 하자. $\delta > 0$에 대해 $\operatorname{osc}(f, c) = \epsilon - \delta$라고 쓰자. $\operatorname{osc}(f, c, r) < \epsilon - \delta/2$가 되도록 r을 고르고, $|c_n - c| < r/2$인 n을 택한다. 이제 $\operatorname{osc}(f, c_n, r/2) < \epsilon$이므로 $\operatorname{osc}(f, c_n) < \epsilon$인데, 이는 모순이다. ◀

이제 정리 1.7의 한쪽 방향을 증명할 준비가 되었다. f의 불연속점 집합 $\mathcal{D}$는 측도가 0이라고 가정하고, $\epsilon > 0$이라 하자. $A_\epsilon \subset \mathcal{D}$이므로 전체 길이가 ϵ보다 작은 유한개 열린 구간 $I_1, \cdots, I_N$으로 A_ϵ을 덮을 수 있다. 이 구간들의 합집합 I의 여집합은 콤팩트하며, 이 여집합의 각 점 z 근방에서 $\sup_{x,\, y \in F_z} |f(x) - f(y)| \leq \epsilon$인 구간 F_z를 찾을 수 있다. 왜냐하면 단순히 $z \notin A_\epsilon$이기 때문이다. 이제 $\bigcup_{z \in I^c} I_z$의 부분덮개를 유한개 택할 수 있다. 이를 $I_{N+1}, \cdots, I_{N'}$이라 하자. 구간 $I_1, I_2, \cdots, I_{N'}$의 양 끝점을 모두 취해

$$\mathcal{U}(P, f) - \mathcal{L}(P, f) \leq 2M \sum_{j=1}^{N} |I_j| + \epsilon(b - a) \leq C\epsilon$$

을 만족하는 $[a, b]$의 분할 P를 얻을 수 있다. 따라서 f는 $[a, b]$에서 적분가능하다.

반대로, f가 $[a, b]$에서 적분가능하다고 가정하고 $\mathcal{D}$를 f의 불연속점 집합이라고 하자. $\mathcal{D}$는 $\bigcup_{n=1}^{\infty} A_{1/n}$과 같으므로 각 $A_{1/n}$이 측도가 0임을 증명하면 충분하다. $\epsilon > 0$이라 하고 $\mathcal{U}(P, f) - \mathcal{L}(P, f) < \frac{\epsilon}{n}$이 되도록 분할 $P = \{x_0, x_1, \cdots, x_N\}$을 택한다. 그럼 $A_{1/n}$과 $I_j = (x_{j-1}, x_j)$의 교집합이 공집합이 아니면 $\sup_{x \in I_j} f(x) - \inf_{x \in I_j} f(x) \geq \frac{1}{n}$이어야 하고,

$$\frac{1}{n} \sum_{\{j : I_j \cap A_{1/n} \neq \varnothing\}} |I_j| \leq \mathcal{U}(P, f) - \mathcal{L}(P, f) < \frac{\epsilon}{n}$$

이 성립한다. $A_{1/n}$과 교집합을 갖는 구간들을 택하고 이들을 약간 더 크게 만들면 총 길이가 2ϵ보다

작거나 같은 열린 구간들로 $A_{1/n}$을 덮을 수 있다. 따라서 $A_{1/n}$은 측도가 0이고 정리 1.7의 증명이 끝났다.

부수적으로 이는 f와 g가 적분가능하면 fg도 적분가능하다는 것을 증명하는 또 다른 방법을 제시한다.

2 중적분

여러분은 유계 집합에서 정의된 함수의 중적분에 대한 일반적인 이론에 익숙하다고 가정하겠다. 여기서는 중적분 이론의 주요 정의와 결과를 간략히 복습한다. 그런 다음 적분 범위를 $\mathbb{R}^d$ 전체로 확장하는 **이상**(improper) 중적분의 개념을 설명한다. 이러한 내용은 푸리에 변환에 대한 학습과 관련있다. 5장과 6장에서와 같이 무한대에서 적절히 감소하는 연속함수의 적분을 정의할 것이다.

벡터공간 $\mathbb{R}^d$는 모든 d–순서쌍 $x = (x_1, x_2, \cdots, x_d)$ $(x_j \in \mathbb{R})$로 구성되며, 덧셈과 스칼라 곱이 성분별로 정의되었음을 기억하자.

2.1 $\mathbb{R}^d$에서의 리만 적분

정의

직사각형 $R \subset \mathbb{R}^d$에서의 리만 적분 개념은 구간 $[a, b] \subset \mathbb{R}$에서의 리만 적분 개념을 자연스럽게 일반화한 것이다. 우리는 여기에서 연속함수만 고려한다. 이러한 함수들은 항상 적분가능하다.

$\mathbb{R}^d$의 **닫힌 직사각형(closed rectangle)**은 집합

$$R = \{a_j \leq x_j \leq b_j : 1 \leq j \leq d\}$$

를 의미한다. 이때 a_j, $b_j \in \mathbb{R}\,(1 \leq j \leq n)$이다. 다시 말해 R은 일차원 구간들 $[a_j, b_j]$의 곱집합

$$R = [a_1, b_1] \times \cdots \times [a_d, b_d]$$

이다. P_j가 닫힌 구간 $[a_j, b_j]$의 분할일 때, $P = (P_1, \cdots, P_d)$를 R의 **분할**이라고 한다. 또 S_j가 분할 P_j의 부분구간이면 $S = S_1 \times \cdots \times S_d$는 분할 P의 **부분직사각형(subrectangle)**이다.

부분직사각형 S의 부피 $|S|$는 각 변의 길이의 곱 $|S| = |S_1| \times \cdots \times |S_d|$로 자연스럽게 주어진다. 이때 $|S_j|$는 구간 S_j의 길이를 나타낸다.

이제 R에서의 적분 개념을 정의할 준비가 되었다. R에서 정의된 유계 실함수 f와 분할 P가 주어질 때, P에 대한 f의 상합과 하합을

$$\mathcal{U}(P, f) = \sum [\sup_{x \in S} f(x)]|S|, \quad \mathcal{L}(P, f) = \sum [\inf_{x \in S} f(x)]|S|$$

라고 정의한다. 이때 상합과 하합에 있는 합은 분할 P의 모든 부분직사각형에 대해 취한다. 이러한 정의들은 일차원에서의 유사한 개념을 그대로 일반화한 것이다.

각 P'_j이 P_j의 세분일 때, 분할 $P' = (P'_1, \cdots, P'_d)$을 분할 $P = (P_1, \cdots, P_d)$의 **세분**이라 하자. 일차원에서 그랬듯이 이러한 세분을 이용하여, U와 L이 모두

$$U = \inf_P \mathcal{U}(P, f), \quad L = \sup_P \mathcal{L}(P, f)$$

로 존재하고 유한한 값을 가지며 $U \geq L$임을 알 수 있다.

모든 $\epsilon > 0$에 대해

$$\mathcal{U}(P, f) - \mathcal{L}(P, f) < \epsilon$$

을 만족하는 분할 P가 존재하면 f는 R에서 **리만 적분가능**하다고 한다. 따라서 적분가능하다는 것은 $U = L$임을 의미하고, 이 공통값이 정의상 R에서 f의 적분값이며

$$\int_R f(x_1, \cdots, x_d)\, dx_1 \cdots dx_d, \quad \int_R f(x)\, dx, \quad \int_R f$$

와 같이 나타낸다.

f가 복소함수 $f(x) = u(x) + iv(x)$ (단, u와 v는 실함수)일 때

$$\int_R f(x)\, dx = \int_R u(x)\, dx + i \int_R v(x)\, dx$$

라고 정의하면 자연스럽다. 이어지는 결과에서 우리는 주로 연속함수에 관심을 둔다. f가 닫힌 직사각형 R에서 연속이면 f는 R에서 균등 연속이므로 적분가능함은 알기 쉽다. 또한 f가 닫힌 공(closed ball) B에서 연속이면 B에서의 적분을 다음과 같이 정의할 수 있다.

g는 f의 확장으로 $x \notin B$일 때 $g(x) = 0$과 같이 정의되면 g는 B를 포함하는 임의의 직사각형 R에서 적분가능하며

$$\int_B f(x)\,dx = \int_R g(x)\,dx$$

라고 둘 수 있다.

2.2 반복적분

많은 경우 피적분함수의 역도함수를 찾을 수 있기 때문에, 미분적분학의 기본정리를 이용해 여러 일차원 적분을 계산할 수 있다. d차원 적분은 실제로 d개의 일차원 적분으로 환원할 수 있기 때문에, $\mathbb{R}^d$에서의 중적분도 계산할 수 있다. 이 사실을 정확히 기술하면 다음과 같다.

정리 2.1 f가 닫힌 직사각형 $R \subset \mathbb{R}^d$에서 정의된 연속함수라고 하자. $d = d_1 + d_2$인 $R_1 \subset \mathbb{R}^{d_1}$과 $R_2 \subset \mathbb{R}^{d_2}$에 대해 $R = R_1 \times R_2$라고 하자. $x = (x_1, x_2)$와 같이 쓰면 (단, $x_i \in \mathbb{R}^{d_i}$) $F(x_1) = \int_{R_2} f(x_1, x_2)\,dx_2$는 R_1에서 연속이고

$$\int_R f(x)dx = \int_{R_1} \left(\int_{R_2} f(x_1, x_2)dx_2 \right) dx_1$$

이 성립한다.

증명

F의 연속성은 R에서의 f의 균등 연속성과

$$|F(x_1) - F(x_1')| \le \int_{R_2} |f(x_1, x_2) - f(x_1', x_2)|\,dx_2$$

라는 사실로부터 알 수 있다. 정리의 등식을 증명하기 위해 P_1과 P_2를 각각 R_1과 R_2의 분할이라고 하자. S와 T가 P_1과 P_2 안의 부분직사각형일 때, 두 식

$$\sup_{S\times T} f(x_1, x_2) \ge \sup_{x_1 \in S} \left(\sup_{x_2 \in T} f(x_1, x_2) \right), \quad \inf_{S\times T} f(x_1, x_2) \le \inf_{x_1 \in S} \left(\inf_{x_2 \in T} f(x_1, x_2) \right)$$

를 중요하게 살펴보아야 한다. 그러므로

$$\begin{aligned}
\mathcal{U}(P, f) &= \sum_{S,T} [\sup_{S\times T} f(x_1, x_2)] |S \times T| \\
&\ge \sum_S \sum_T \sup_{x_1 \in S} [\sup_{x_2 \in T} f(x_1, x_2)] |T| \times |S| \\
&\ge \sum_S \sup_{x_1 \in S} \left(\int_{R_2} f(x_1, x_2)\,dx_2 \right) |S|
\end{aligned}$$

$$\geq \mathcal{U}\left(P_1, \int_{R_2} f(x_1, x_2)\, dx_2\right)$$

가 성립한다. 하합에 대해서도 비슷하게

$$\mathcal{L}(P, f) \leq \mathcal{L}(P_1, \int_{R_2} f(x_1, x_2)\, dx_2) \leq \mathcal{U}(P_1, \int_{R_2} f(x_1, x_2)\, dx_2) \leq \mathcal{U}(P, f)$$

를 얻을 수 있다. 앞선 부등식들을 통해 정리를 증명했다. ◀

이 증명을 반복하면 따름정리로 다음을 얻는다.

> f가 $R = [a_1, b_1] \times \cdots [a_d, b_d]$와 같이 주어진 직사각형 $R \subset \mathbb{R}^d$에서 연속이면
>
> $$\int_R f(x)\, dx = \int_{a_1}^{b_1} \left(\int_{a_2}^{b_2} \cdots \left(\int_{a_d}^{b_d} f(x_1, \cdots, x_d)\, dx_d\right) \cdots dx_2\right) dx_1$$
>
> 이 성립한다. 이때 우변은 d번 반복된 일차원 적분을 나타낸다.

또한 정리 2.1에서 바로 알 수 있는 점은, 반복적분에서 원하는대로 적분 순서를 바꿀 수 있다는 것이다.

2.3 치환적분법

C^1 미분동형사상 $g : A \to B$는 연속적으로 미분할 수 있고 가역적이며, 역사상 $g^{-1} : B \to A$도 연속적으로 미분할 수 있는 사상이다. g의 도함수 또는 야코비안(Jacobian)을 Dg로 나타낸다. 이때 치환적분법은 다음을 의미한다.

> **정리 2.2** A와 B가 $\mathbb{R}^d$의 콤팩트 부분집합이라고 하고 $g : A \to B$가 C^1 미분동형사상이라고 하자. f가 B에서 연속이면
>
> $$\int_{g(A)} f(x)\, dx = \int_A f(g(y))|\det(Dg)(y)|\, dy$$
>
> 가 성립한다.

정리 2.2의 증명은 우선 g가 선형변환 L인 특수한 상황을 생각하며 시작한다. 이 경우 R이 직사각형이면

$$|g(R)| = |\det(L)|\,|R|$$

이 성립한다. 이는 $|\det(Dg)|$ 항이 어떻게 나타나는지 보여준다. 실제로 이 항은 변수변환할 때 나타나는 부피의 새 무한소 성분에 해당한다.

2.4 구면좌표

치환적분법의 중요한 응용 중에는 $\mathbb{R}^2$에서의 극좌표, $\mathbb{R}^3$에서의 구면좌표와 $\mathbb{R}^d$에서의 일반화가 있다. 이는 함수나 적분 영역이 어떤 회전대칭성(또는 구형대칭성)을 가질 때 특히 중요하다. $d = 2$와 $d = 3$인 경우는 6장에서 다뤘다. 보다 일반적으로 $\mathbb{R}^d$에서의 구면좌표계는 $x = g(r, \theta_1, \cdots, \theta_{d-1})$과 같이 주어지며, 여기서

$$\begin{cases} x_1 & = r\sin\theta_1\sin\theta_2\cdots\sin\theta_{d-2}\cos\theta_{d-1} \\ x_2 & = r\sin\theta_1\sin\theta_2\cdots\sin\theta_{d-2}\sin\theta_{d-1} \\ \vdots & \\ x_{d-1} & = r\sin\theta_1\sin\theta_2 \\ x_d & = r\cos\theta_1 \end{cases}$$

이다. 이때 $0 \le \theta_i \le \pi\,(1 \le i \le d-2)$이고 $0 \le \theta_{d-1} \le 2\pi$이다. 이 변환에 대한 야코비안의 행렬식은

$$r^{d-1}\sin^{d-2}\theta_1\sin^{d-3}\theta_2\cdots\sin\theta_{d-2}$$

로 주어진다. 어떠한 점 $x \in \mathbb{R}^d - \{0\}$이라도 $r\gamma$와 같이 유일하게 나타낼 수 있다. 이때 $\gamma \in S^{d-1}$이고 S^{d-1}은 $\mathbb{R}^d$의 단위구다. $\int_{S^{d-1}} f(\gamma)\,d\sigma(\gamma)$를

$$\int_{S^{d-1}} f(\gamma)\,d\sigma(\gamma) = \int_0^{\pi}\int_0^{\pi}\cdots\int_0^{2\pi} f(g(r,\theta))\sin^{d-2}\theta_1\sin^{d-3}\theta_2\cdots\sin\theta_{d-2}d\theta_{d-1}\cdots d\theta_1$$

이라 정의하고, 원점이 중심이고 반지름의 길이가 N인 공을 $B(0,N)$으로 나타내면

$$\int_{B(0,N)} f(x)\,dx = \int_{S^{d-1}}\int_0^N f(r\gamma)r^{d-1}\,dr\,d\sigma(\gamma) \tag{A.3}$$

가 성립한다. 실제로 단위구 $S^{d-1} \subset \mathbb{R}^d$의 **면적(area)**을

$$\omega_d = \int_{S^{d-1}} d\sigma(\gamma)$$

라 정의한다. 구면좌표의 한 가지 주요 응용으로 $\displaystyle\int_{A(R_1,R_2)} |x|^\lambda\, dx$의 적분을 계산할 수 있다. 이때 $A(R_1, R_2)$는 원환 $A(R_1, R_2) = \{R_1 \le |x| \le R_2\}$를 나타내며 $\lambda \in \mathbb{R}$이다. 구면좌표를 적용하면

$$\int_{A(R_1,R_2)} |x|^\lambda\, dx = \int_{S^{d-1}} \int_{R_1}^{R_2} r^{\lambda+d-1}\, dr d\sigma(\gamma)$$

를 알 수 있다. 따라서

$$\int_{A(R_1,R_2)} |x|^\lambda\, dx = \begin{cases} \dfrac{\omega_d}{\lambda+d}[R_2^{\lambda+d} - R_1^{\lambda+d}] & (\lambda \ne -d) \\ \omega_d[\log(R_2) - \log(R_1)] & (\lambda = -d) \end{cases}$$

이 성립한다.

3 $\mathbb{R}^d$에서의 이상적분

지금까지 논의한 정리의 대부분은 피적분함수가 무한대에서 적당히 감소한다고 가정하면 $\mathbb{R}^d$ 전체에서 적분하는 함수로 확장할 수 있다.

3.1 적절히 감소하는 함수의 적분

고정된 각 $N > 0$에 대해 중심이 원점이고 축에 평행한 길이가 N인 모서리를 가지는 $\mathbb{R}^d$의 닫힌 입방체를 생각하자. 즉 $Q_N = \{|x_j| \le N/2 : 1 \le j \le d\}$를 생각한다. f가 $\mathbb{R}^d$에서 연속인 함수라고 하자. 극한 $\displaystyle\lim_{N\to\infty} \int_{Q_N} f(x)\, dx$가 존재하면 이를

$$\int_{\mathbb{R}^d} f(x)\, dx$$

라고 나타낸다. $\mathbb{R}^d$에서의 적분값이 존재하는, 특수한 함수를 생각해 보자.

$$|f(x)| \le \frac{A}{1+|x|^{d+1}}$$

를 만족하는 $A > 0$이 존재하면 $\mathbb{R}^d$에서 정의된 연속함수 f는 **적절히 감소한다(moderate decrease)**고 한다. $d = 1$인 경우는 5장에서 정의했다. $\mathbb{R}$에서 적절히 감소하는 함수의 중요한 한 가지 예는 $\mathcal{P}_y(x) = \frac{1}{\pi}\frac{y}{x^2+y^2}$로 주어지는 푸아송 핵이다.

이제 f가 적절히 감소하는 함수일 때 앞서 소개한 극한값이 존재함을 보이자. $I_N = \int_{Q_N} f(x)\,dx$라고 두면 f는 연속이고 따라서 적분가능하므로 각 I_N은 존재한다. $M > N$에 대해

$$|I_M - I_N| \le \int_{Q_M - Q_N} |f(x)|\,dx$$

가 성립한다. 집합 $Q_M - Q_N$은 원환 $A(aN, bM) = \{aN \le |x| \le bM\}$에 포함됨을 알아두자. 이때 a와 b는 차원 d에 의해서만 결정되는 상수다. 이는 입방체 Q_N의 경계면이 원환 $\frac{N}{2} \le |x| \le \frac{N\sqrt{d}}{2}$에 포함되므로 $a = \frac{1}{2}$ 및 $b = \frac{\sqrt{d}}{2}$로 택할 수 있기 때문이다. 따라서 f가 적절히 감소하는 함수라는 사실을 이용하여

$$|I_M - I_N| \le A \int_{aN \le |x| \le bM} |x|^{-d-1}\,dx$$

를 얻는다. 이제 구면좌표(333쪽)를 소개할 때 나온 적분 계산에 $\lambda = -d-1$을 대입하면

$$|I_M - I_N| \le C\left(\frac{1}{aN} - \frac{1}{bM}\right)$$

임을 알 수 있다. 따라서 f가 적절히 감소하는 함수라면 $\{I_N\}_{N=1}^{\infty}$은 코시 수열이고, 따라서 $\int_{\mathbb{R}^d} f(x)\,dx$가 존재한다.

직사각형 Q_N 대신 원점을 중심으로 하고 반지름의 길이가 N인 공 B_N을 택할 수도 있다. 그렇다면 여러분은 f가 적절히 감소하는 함수일 때, $\lim_{N\to\infty}\int_{B_N} f(x)\,dx$가 존재하고 이 극한값이 $\lim_{N\to\infty}\int_{Q_N} f(x)\,dx$와 같음을 어렵지 않게 증명할 수 있다.

적절히 감소하는 함수의 적분에 대한 몇 가지 기초 성질은 6장에 요약되어 있다.

3.2 반복적분

5장과 6장에서는 적절히 감소하는 함수에 대해 푸리에 변환의 곱셈 공식이 성립함을 확인했다. 이를 보이기 위해 적분순서를 적절히 바꾸는 게 필요했고, 푸아송 핵과 같이 합성곱으로 정의된 연산자의 경우에도 비슷했다.

이제 반복적분에 필요한 식들이 성립함을 보인다. 여러분이 다음 결과를 임의의 차원으로 확장하는 데 어려움이 없겠지만, 책에서는 $d = 2$인 경우만을 고려한다.

정리 3.1 f가 $\mathbb{R}^2$에서 연속이고 적절히 감소한다고 가정하자. 그러면 함수

$$F(x_1) = \int_{\mathbb{R}} f(x_1, x_2)\, dx_2$$

는 $\mathbb{R}$에서 적절히 감소하는 함수다. 그리고

$$\int_{\mathbb{R}^2} f(x)\, dx = \int_{\mathbb{R}} \left(\int_{\mathbb{R}} f(x_1, x_2)\, dx_2 \right) dx_1$$

이 성립한다.

증명

F가 적절히 감소하는 함수임을 알아내기 위해 먼저

$$|F(x_1)| \leq \int_{\mathbb{R}} \frac{A dx_2}{1 + (x_1^2 + x_2^2)^{3/2}} \leq \left(\int_{|x_2| \leq |x_1|} + \int_{|x_2| \geq |x_1|} \right) \frac{A dx_2}{1 + (x_1^2 + x_2^2)^{3/2}}$$

를 확인한다. 첫 번째 적분에서 피적분함수는 $\dfrac{A}{1 + |x_1|^3}$ 보다 작거나 같으므로 부등식

$$\int_{|x_2| \leq |x_1|} \frac{A dx_2}{1 + (x_1^2 + x_2^2)^{3/2}} \leq \frac{A}{1 + |x_1|^3} \int_{|x_2| \leq |x_1|} dx_2 \leq \frac{A'}{1 + |x_1|^2}$$

을 얻는다. 두 번째 적분에서는

$$\int_{|x_2| \geq |x_1|} \frac{A dx_2}{1 + (x_1^2 + x_2^2)^{3/2}} \leq A'' \int_{|x_2| \geq |x_1|} \frac{dx_2}{1 + |x_2|^3} \leq \frac{A'''}{1 + |x_1|^2}$$

이 성립한다. 따라서 F는 적절히 감소하는 함수다. 사실 이 논증과 정리 2.1을 통해 F가 연속함수들의 균등 극한 함수이므로 F도 연속함수임을 알 수 있다.

정리에 나오는 등식을 확인하기 위해 유한한 직사각형에서 적분값에 대한 근사와 정리 2.1을 사용한다. 집합 S의 여집합을 S^c로 나타낸다. $\epsilon > 0$이 주어지면 N을 충분히 크게 택하여

$$\left| \int_{\mathbb{R}^2} f(x_1, x_2)\, dx_1 dx_2 - \int_{I_N \times I_N} f(x_1, x_2)\, dx_1 dx_2 \right| < \epsilon$$

이 성립하도록 한다. 이때 $I_N = [-N, N]$이다. 이제

$$\int_{I_N \times I_N} f(x_1, x_2)\, dx_1 dx_2 = \int_{I_N} \left(\int_{I_N} f(x_1, x_2)\, dx_2 \right) dx_1$$

이 성립함을 알 수 있다. 그런데 여기서 마지막 반복적분은

$$\begin{aligned} = \int_{\mathbb{R}} \left(\int_{\mathbb{R}} f(x_1, x_2)\, dx_2 \right) dx_1 - \int_{I_N^c} \left(\int_{\mathbb{R}} f(x_1, x_2)\, dx_2 \right) dx_1 \\ - \int_{I_N} \left(\int_{I_N^c} f(x_1, x_2)\, dx_2 \right) dx_1 \end{aligned}$$

과 같이 쓸 수 있다. 이제

$$\begin{aligned} \left| \int_{I_N} \left(\int_{I_N^c} f(x_1, x_2)\, dx_2 \right) dx_1 \right| &\le O\left(\frac{1}{N^2} \right) + C \int_{1 \le |x_1| \le N} \left(\int_{|x_2| \ge N} \frac{dx_2}{(|x_1| + |y_1|)^3} \right) dx_1 \\ &\le O\left(\frac{1}{N} \right) \end{aligned}$$

을 얻는다. 비슷한 방법으로

$$\left| \int_{I_N^c} \left(\int_{\mathbb{R}} f(x_1, x_2)\, dx_2 \right) dx_1 \right| \le \frac{C}{N}$$

를 보일 수 있다. 따라서 N을 충분히 크게 택하여

$$\left| \int_{I_N \times I_N} f(x_1, x_2)\, dx_1 dx_2 - \int_{\mathbb{R}} \left(\int_{\mathbb{R}} f(x_1, x_2)\, dx_2 \right) dx_1 \right| < \epsilon$$

이 성립하도록 할 수 있다. 이로써 증명이 끝났다. ◀

3.3 구면좌표

$\mathbb{R}^d$에서 구면좌표는 $x = r\gamma$와 같이 주어진다. 이때 $r \ge 0$이고 γ는 단위구 S^{d-1}에 놓여 있다. f가 적절히 감소하는 함수라면 고정된 각 $\gamma \in S^{d-1}$에 대해 함수 $f(r\gamma)r^{d-1}$ 또한 $\mathbb{R}$에서 적절히 감소하는 함수다. 실제로

$$\left| f(r\gamma) r^{d-1} \right| \le A \frac{r^{d-1}}{1 + |r\gamma|^{d+1}} \le \frac{B}{1 + r^2}$$

를 얻을 수 있다.

결과적으로 식 (A.3)에 극한 $R \to \infty$을 취하면 식

$$\int_{\mathbb{R}^d} f(x)\,dx = \int_{S^{d-1}} \int_0^\infty f(r\gamma) r^{d-1}\,dr d\sigma(\gamma)$$

를 얻는다. 따라서 R이 회전변환일 때

$$\int_{\mathbb{R}^d} f(R(x))\,dx = \int_{\mathbb{R}^d} f(x)\,dx$$

가 성립함을 생각하자. 위 사실과 등식 (A.3)을 결합하면

$$\int_{S^{d-1}} f(R(\gamma))\,d\sigma(\gamma) = \int_{S^{d-1}} f(\gamma) d\sigma(\gamma) \tag{A.4}$$

를 얻는다.

장별 참고사항

Seeley의 책 29는 푸리에 급수와 푸리에 변환을 우아하면서도 간결하게 소개한다. Zygmund의 책 36은 푸리에 급수를 다룬 권위 있는 책이다. 푸리에 해석을 더욱 다양한 주제에 적용한 예를 보려면 Dym과 McKean의 책 8이나 Körner의 책 21을 보면 된다. 또한 Kahane와 Lemarié–Rieusset의 책 20을 참고하길 권한다. 이 책은 푸리에 급수와 관련된 여러 역사적 사실과 또 다른 결과를 담고 있다.

1장 푸리에 해석학의 기원

- 푸리에(Fourier)가 무명의 수신자(아마도 라그랑주(Lagrange))에게 보낸 편지에서 인용했다. Herivel의 책 15에서 이를 확인할 수 있다.
- Riemann의 회고록 27의 1절~3절에서 푸리에 급수의 초기 역사에 대해 더 많은 사실을 찾을 수 있다.

2장 푸리에 급수의 기본 성질

- Riemann의 논문 27에서 발췌한 내용을 번역하여 인용했다.
- **타우버 정리**(Tauberian theorems)와 관련된 내용을 비롯하여 리틀우드 정리(Littlewood's theorem, 심화문제 3)의 증명은 참고문헌 32의 7장에서 확인할 수 있다.

3장 푸리에 급수의 수렴성

- Dirichlet의 회고록 6에 나온 구절을 번역하여 인용했다.

4장 푸리에 급수의 응용

- Hurwitz의 논문 17을 번역하여 인용했다.
- 정사각형 안에서 광선이 반사되는 문제는 Hardy와 Wright의 책 13의 23장에서 다루었다.
- 곡선의 지름과 푸리에 계수 사이의 관계(심화문제 1)는 참고문헌 26에서 탐구한 바 있다.
- Kuipers와 Niederreiter의 책 22에서 심화문제 2와 심화문제 3의 결과를 비롯해 수열의 등분포와 관련된 여러 주제를 더 찾아볼 수 있다.

5장 $\mathbb{R}$에서의 푸리에 변환

- Schwartz의 책 28의 한 구절을 의역하여 인용했다.
- 금융에 대한 주제는 Duffie의 책 7에서 확인할 수 있다. 특히 블랙–숄즈 이론(심화문제 1,

심화문제 2)에 대한 내용은 5장을 참고하라.

- 참고문헌 **19**와 참고문헌 **34**에서 심화문제 4, 심화문제 5, 심화문제 6에 등장하는 결과를 다룬다.
- 심화문제 7은 참고문헌 **35**의 2장을 참고하라.
- Hardy의 논문 **12**는 함수 f_1(심화문제 8)이 어디에서도 미분불가능하다는 증명을 최초로 다룬다.

6장 $\mathbb{R}^d$에서의 푸리에 변환

- Cormack의 노벨상 수상 기념 강연 **5**를 발췌하여 인용했다.
- 심화문제 3, 심화문제 4, 심화문제 5의 결과를 비롯해 파동 방정식에 관련된 추가 내용은 참고문헌 **9**에서 확인할 수 있다.
- 참고문헌 **31**의 4장에서는 회전대칭, 푸리에 변환 및 베셀 함수 사이의 관계를 다룬다.
- 라돈 변환에 대한 추가 내용은 참고문헌 **18**의 1장, 참고문헌 **14**과 **25**에서 확인할 수 있다.

7장 유한 푸리에 해석

- 참고문헌 **2**를 인용했다.
- 유한 아벨 군에 대한 구조 정리의 증명(심화문제 2)은 참고문헌 **16**의 2장, 참고문헌 **23**의 2장 또는 참고문헌 **21**의 104장에서 확인할 수 있다.
- 심화문제 4와 관련해서는 참고문헌 **1**을 참고하라. 이 책에서 간단한 증명을 확인할 수 있다.

8장 디리클레 정리

- 참고문헌 **3**을 인용했다. 약수함수에 대한 추가적인 내용은 참고문헌 **13**의 18장에서 확인할 수 있다.
- $L(1,\chi) \neq 0$에 대한 또 다른 **기초적인** 증명은 참고문헌 **11**의 3장에서 확인할 수 있다.
- 참고문헌 **33**은 대수적 정수론에 기초한 $L(1,\chi) \neq 0$의 또 다른 증명을 소개한다. 참고문헌 **21**의 109장과 참고문헌 **30**의 6장에서는 해석학적 방법을 이용하여 $L(1,\chi) \neq 0$을 각기 다르게 증명했다. 심화문제 3, 심화문제 4와 관련해서는 참고문헌 **30**을 참고하라.

부록 적분

- 적분 결과를 추가로 상세히 다룬 내용은 참고문헌 **10**의 4장, 참고문헌 **4**의 4장, 참고문헌 **24**의 20장에서 확인할 수 있다.

참고문헌

1 G. E. Andrews. *Number theory.* Dover Publications, New York, 1994. Corrected reprint of the 1971 originally published by W.B. Saunders Company.

2 C. Bingham and J.W. Tukey. Fourier methods in the frequency analysis of data. *The Collected Works of John W Tukey*, Volume II Time Series: 1965-1984(Wadsworth Advanced Books & Software), 1984.

3 S. Bochner. *The role of Mathematics in the Rise of Science.* Princeton University Press, Princeton, NJ, 1966.

4 R. C. Buck. *Advanced Calculus.* McGraw-Hill, New York, third edition, 1978.

5 A. M. Cormack. *Nobel Prize in Physiology and Medicine Lecture*, volume Volume 209. Science, 1980.

6 G. L. Dirichlet. Sur la convergence des séries trigonometriques qui servent à representer une fonction arbitraire entre des limites données. *Crelle, Journal für die reine angewandte Mathematik*, 4:157–169, 1829.

7 D. Duffie. *Dynamic Asset Pricing Theory.* Princeton University Press, Princeton, NJ, 2001.

8 H. Dym and H. P. McKean. *Fourier Series and Integrals.* Academic Press, New York, 1972.

9 G. B. Folland. *Introduction to Partial Differential Equations.* Princeton University Press, Princeton, NJ, 1995.

10 G. B. Folland. *Advanced Calculus.* Prentice Hall, Englewood Cliffs, NJ, 2002.

11 A. O. Gelfond and Yu. V. Linnik. *Elementary Methods in Analytic Number Theory.* Rand McNally & Compagny, Chicago, 1965.

12 G. H. Hardy. Weierstrass' s non-differentiable function. *Transactions, American Mathematical Society*, 17:301–325, 1916.

13 G. H. Hardy and E. M. Wright. *An Introduction to the Theory of Numbers.* Oxford University Press, London, fifth edition, 1979.

14 S. Helgason. The Radon transform on Euclidean spaces, compact two-point homogeneous spaces and Grassman manifolds. *Acta. Math.*, 113:153–180, 1965.

15 J. Herivel. *Joseph Fourier The Man and the Physicist.* Clarendon Press, Oxford, 1975.

16 I. N. Herstein. *Abstract Algebra.* Macmillan, New York, second edition, 1990.

17 A. Hurwitz. Sur quelques applications géometriques des séries de Fourier. *Annales de l'Ecole Normale Supérieure*, 19(3):357–408, 1902.

18 F. John. *Plane Waves and Spherical Mean Applied to Partial Differential Equations.* Interscience Publishers, New York, 1955.

19 F. John. *Partial Differential Equations.* Springer-Verlag, New York, fourth edition, 1982.

20 J.P. Kahane and P. G. Lemarié-Rieusset. *Séries de Fourier et ondelettes.* Cassini, Paris, 1998. English version: Gordon & Breach, 1995.

21 T. W. Körner. *Fourier Analysis.* Cambridge University Press, Cambridge, UK, 1988.

22 L. Kuipers and H. Niederreiter. *Uniform Distribution of Sequences.* Wiley, New York, 1974.

23 S. Lang. *Undergraduate Algebra.* Springer-Verlag, New York, second edition, 1990.

24 S. Lang. *Undergraduate Analysis.* Springer-Verlag, New York, second edition, 1997.

25 D. Ludwig. The Radon transform on Euclidean space. *Comm. Pure Appl. Math.*, 19:49–81, 1966.

26 A. Pfluger. On the diameter of planar curves and Fourier coefficients. *Colloquia Mathematica Societatis János Bolyai, Functions, series, operators*, 35:957–965, 1983.

27 B. Riemann. Ueber die Darstellbarkeit einer Function durch eine trigonometrische Reihe. *Habilitation an der Universität zu Göttingen*, 1854. CollectedWorks, Springer Verlag, New York, 1990.

28 L. Schwartz. *Théorie des distributions*, volume Volume I. Hermann, Paris, 1950.

29 R. T. Seeley. *An Introduction to Fourier Series and Integrals.* W. A. Benjamin, New York, 1966.

30 J.P. Serre. *A course in Arithmetic.* GTM 7. Springer Verlag, New York, 1973.

31 E. M. Stein and G. Weiss. *Introduction to Fourier Analysis on Euclidean Spaces.* Princeton University Press, Princeton, NJ, 1971.

32 E. C. Titchmarsh. *The Theory of Functions.* Oxford University Press, London, second edition, 1939.

33 H. Weyl. *Algebraic Theory of Numbers*, volume Volume 1 of *Annals of Mathematics Studies.* Princeton University Press, Princeton, NJ, 1940.

34 D. V. Widder. *The Heat Equation.* Academic Press, New York, 1975.

35 N. Wiener. *The Fourier Integral and Certain of its Applications.* Cambridge University Press, Cambridge, UK, 1933.

36 A. Zygmund. *Trigonometric Series*, volume Volumes I and II. Cambridge University Press, Cambridge, UK, second edition, 1959. Reprinted 1993.

기호 목록

늘 그렇듯이 $\mathbb{Z}$는 정수 집합, $\mathbb{Q}$는 유리수 집합, $\mathbb{R}$은 실수 집합, $\mathbb{C}$는 복소수 집합을 나타낸다.

$\triangle$	라플라스 작용소	35, 214쪽
$\|z\|$	복소수 z의 절댓값	38쪽
$\overline{z}$	복소수 z의 켤레복소수	38쪽
e^z	복소 지수함수	39쪽
$\sinh z$	쌍곡사인함수	43쪽
$\cosh z$	쌍곡코사인함수	43쪽
$\hat{f}(n)$, a_n	푸리에 계수	50, 47쪽
$f(\theta) \sim \sum a_n e^{in\theta}$	푸리에 급수	51쪽
$S_N(f)$	푸리에 급수의 부분합	51쪽
D_N, $\mathcal{D}_R$	디리클레 핵	53, 191쪽
$\tilde{D}_N$	켤레 디리클레 핵	113쪽
D_N^*	변형된 디리클레 핵	191쪽
P_r, $\mathcal{P}_y$, $\mathcal{P}_y^{(d)}$	푸아송 핵	54, 173, 239쪽
O, o	O, o 표기법	58, 78쪽
C^k	k번 연속미분가능한 함수의 집합	60쪽
$f * g$	합성곱	60, 163, 213, 271쪽
σ_N, $\sigma_N(f)$	체사로 평균	68, 68쪽
F_N, $\mathcal{F}_R$	페제르 핵	69, 189쪽
$A(r)$, $A_r(f)$	아벨 합	70, 70쪽
$\chi_{[a,b]}$	특성함수	77쪽
$f(\theta^+)$, $f(\theta^-)$	비약 불연속점에서 한쪽 극한	79쪽
$\mathbb{R}^d$, $\mathbb{C}^d$	유클리드 공간	87쪽
$X \perp Y$	직교벡터	89쪽
$\ell^2(\mathbb{Z})$	제곱합 가능한 수열의 집합	90쪽

$\mathcal{R}$	리만 적분가능한 함수의 집합	92쪽
$\zeta(s)$	제타함수	115쪽
$[x]$	정수부분	125쪽
$\langle x \rangle$	소수부분	125쪽
$\triangle_N$, $\sigma_{N,K}$, $\tilde{\triangle}_N$	지연된 평균	134, 148, 201쪽
H_t, $\mathcal{H}_t$, $\mathcal{H}_t^{(d)}$	열 핵	139, 169, 238쪽
$\mathcal{M}(\mathbb{R})$	$\mathbb{R}$에서 적절히 감소하는 함수의 집합	155쪽
$\hat{f}(\xi)$	푸리에 변환	157, 210쪽
$\mathcal{S}$, $\mathcal{S}(\mathbb{R})$, $\mathcal{S}(\mathbb{R}^d)$	슈바르츠 공간	158쪽
$\mathbb{R}^2_+$	상반평면	173쪽
$\overline{\mathbb{R}^2_+}$	상반평면의 폐포	175쪽
ϑ, $\Theta(z\|\tau)$	세타함수	180, 180쪽
Γ	감마함수	191쪽
$\|X\|$, $\|x\|$; (x, y), $x \cdot y$	$\mathbb{R}^d$에서 노름과 내적	88, 88, 205쪽
x^α, $\|\alpha\|$	단항식과 차수(order)	205, 205쪽
$\left(\frac{\partial}{\partial x}\right)^\alpha$	미분연산자	205쪽
S^1	$\mathbb{R}^2$에서 단위원	208쪽
S^2	$\mathbb{R}^3$에서 단위구	209쪽
S^{d-1}	$\mathbb{R}^d$에서 단위구	210쪽
M_t, $\tilde{M}_t$	구면평균	219, 245쪽
J_ν	베셀 함수	227, 242쪽
$\mathcal{P}$, $\mathcal{P}_{t,\gamma}$	평면	206, 231쪽
$\mathcal{R}$	라돈 변환	230쪽
$\mathcal{R}^*$	쌍대 라돈 변환	234쪽
A_d	$\mathbb{R}^d$에서 단위구의 면적	238쪽
V_d	$\mathbb{R}^d$에서 단위공의 부피	238쪽
$\mathbb{Z}(N)$	1의 모든 N 제곱근의 군	251쪽
$\mathbb{Z}/N\mathbb{Z}$	법 N에 대한 정수군	253쪽

찾아보기